超值多媒体光盘
多媒体语音视频教程
实例素材和源文件

✓ 总结了作者多年Oracle数据库教学心得
✓ 全面讲解Oracle 11g的要点和难点
✓ 包含大量数据库管理与应用的典型实例
✓ 提供丰富的实验指导和习题
✓ 配书光盘提供了多媒体语音视频教程

■ 许勇　郭磊　景丽　等编著

Oracle 11g 中文版
数据库管理 应用与开发
标准教程

清华大学出版社
北　京

内 容 简 介

本书全面介绍 Oracle 11g 中文版数据库管理和应用的知识。本书共分为 15 章，介绍关系数据库的基本理论，Oracle 数据库的应用结构、体系结构，管理 Oracle 数据库，SQL*Plus 命令、基本的 SQL 语句和 Oracle 对事务的管理，在 Oracle 数据库中使用 PL/SQL 进行编程，Oracle 数据库的模式对象管理，Oracle 数据库的文件管理，Oracle 数据库的安全性等。本书内容全面、结构完整、深入浅出、通俗易懂，并且每章都提供了实验指导，以帮助读者掌握面向实际的应用知识。附书光盘提供了本书实例完整的素材文件和全程配音教学视频文件。

本书可作为各级院校 Oracle 11g 数据库管理的教材，也可作为 Oracle 数据库应用和开发人员的参考资料。

本书封面贴有清华大学出版社防伪标签，无标签者不得销售。
版权所有，侵权必究。举报：010-62782989，beiqinquan@tup.tsinghua.edu.cn。

图书在版编目（CIP）数据

Oracle 11g 中文版数据库管理、应用与开发标准教程 / 许勇等编著. —北京：清华大学出版社，2009.4（2024.1 重印）
ISBN 978-7-302-19407-1

Ⅰ. O… Ⅱ. 许… Ⅲ. 关系数据库 – 数据库管理系统，Oracle 11g – 教材
Ⅳ. TP311.138

中国版本图书馆 CIP 数据核字（2009）第 012746 号

责任编辑：冯志强
责任校对：徐俊伟
责任印制：丛怀宇
出版发行：清华大学出版社　　　　　　　　　　地　　址：北京清华大学学研大厦 A 座
　　　　　https://www.tup.com.cn　　　　　　 邮　　编：100084
　　　　　社 总 机：010-83470000　　　　　　 邮　　购：010-62786544
　　　　　投稿与读者服务：010-62776969，c-service@tup.tsinghua.edu.cn
　　　　　质量反馈：010-62772015，zhiliang@tup.tsinghua.edu.cn
印 装 者：三河市龙大印装有限公司
经　　销：全国新华书店
开　　本：185mm×260mm　　印　张：25　　字　数：619 千字
　　　　　附光盘 1 张
版　　次：2009 年 4 月第 1 版　　　　　　　 印　次：2024 年 1 月第 15 次印刷
定　　价：69.00 元

本书如存在文字不清、漏印、缺页、倒页、脱页等印装质量问题，请与清华大学出版社出版部联系调换。联系电话：010-62770177 转 3103　产品编号：031019-02

前言

Oracle 数据库作为当今世界上最优秀、使用最广泛的关系数据库管理系统，以能够提供分布式信息安全性、完整性、一致性，很强的并发控制和恢复能力以及管理超大规模数据库的能力而著称于世。在硬件允许的前提下，Oracle 数据库能支持上万的用户，管理数百 GB 的数据，而且 Oracle 的跨平台性能非常好。

Oracle 公司总在跟踪并利用计算机科学中的最新成就，以保证 Oracle 数据库在功能、理论和实践方面处于领先地位。因此，Oracle 数据库系统较为复杂，学习时要掌握的东西较多，相对于初学者入门比较困难。

到目前为止，Oracle 公司推出的最新版本的数据库产品为 Oracle 11g，11g 和 10g 都提供了网格计算的能力，但 11g 又在 10g 的基础上进行了扩充。虽然本书以 Oracle 11g 为例，系统地介绍 Oracle 数据库的基础知识和应用，但是本书所介绍的知识同样适用于其他版本。

1. 本书内容

本书作为 Oracle 11g 的入门教程，共分为 15 章。第 1~3 章介绍关系数据库的基本理论、Oracle 数据库的体系结构和管理 Oracle 数据库。第 4~5 章介绍 SQL*Plus 命令、基本的 SQL 语句和 Oracle 对事务的管理。第 6~7 章介绍在 Oracle 数据库中使用 PL/SQL 进行编程的知识。第 8~10 章主要介绍 Oracle 数据库的模式对象管理，Oracle 数据库的模式对象包括基本表、索引和索引组织表、分区表和分区索引、外部表、临时表、簇和簇表、视图、序列和同义词等。第 11、12 章介绍对 Oracle 数据库的文件进行管理的知识，包括控制文件、日志文件和数据文件，以及与数据库文件对应的表空间。第 13~15 章介绍 Oracle 数据库的安全性，包括用户权限、角色、导入/导出数据、备份数据。

2. 本书特色

本书内容详略得当、重点突出，理论讲解、虚实结合，简明实用，是一本优秀的 Oracle 11g 中文版教程。

- ❑ **实验指导** 本书安排了丰富的实验指导，以实例形式演示 Oracle 11g 中文版的应用和开发，便于读者模仿学习操作，同时方便教师组织授课内容。实验指导内容加强了本书的实践操作性。
- ❑ **丰富实例** 本书结合了 10 多个 Oracle 11g 应用实例展开内容，涵盖了 Oracle 的主要应用领域。
- ❑ **多媒体光盘** 随书光盘提供了全部的案例素材文件，为读者的实际操作提供了一个完善的练习平台。

3. 本书读者对象

本书内容全面、结构完整、深入浅出、通俗易懂、可读性和可操作性强，并配有多媒体光盘。既适合作为各级院校学生学习 Oracle 11g 数据库管理的教材，也可作为 Oracle 数据库应用和开发人员的参考资料。

参与本书编写的除了封面署名人员外，还有王敏、马海军、祁凯、孙江玮、田成军、刘俊杰、赵俊昌、王泽波、张银鹤、刘治国、何方、李海庆、王树兴、朱俊成、康显丽、崔群法、孙岩、倪宝童、王立新、王咏梅、辛爱军、牛小平、贾栓稳、赵元庆、杨宁宁、郭晓俊、方宁、王黎、安征、亢凤林、李海峰等。

　　由于时间仓促，水平有限，疏漏之处在所难免，欢迎读者朋友登录清华大学出版社的网站 www.tup.com.cn 与我们联系，帮助我们改进提高。

目录

第 1 章 Oracle 11g 简介 ... 1
1.1 关系数据库的基本理论 ... 1
- 1.1.1 数据库系统与关系数据库 ... 1
- 1.1.2 关系数据库的逻辑模型 ... 2
- 1.1.3 关系数据库的设计规范 ... 3

1.2 Oracle 数据库与网格技术 ... 6
- 1.2.1 网格技术 ... 6
- 1.2.2 Oracle 网格体系结构 ... 7

1.3 Oracle 应用结构 ... 8
- 1.3.1 多数据库的独立宿主结构 ... 8
- 1.3.2 客户机/服务器结构 ... 9
- 1.3.3 分布式结构 ... 9

1.4 Oracle 11g for Windows 的安装与配置 ... 10

1.5 Oracle 11g 的管理工具 ... 16
- 1.5.1 使用 SQL*Plus ... 16
- 1.5.2 使用 Oracle Enterprise Manager ... 17
- 1.5.3 使用 DBCA 创建数据库 ... 18

第 2 章 Oracle 的体系结构 ... 19
2.1 Oracle 体系结构概述 ... 19
2.2 逻辑存储结构 ... 20
- 2.2.1 数据块 ... 21
- 2.2.2 盘区 ... 22
- 2.2.3 段 ... 22
- 2.2.4 表空间 ... 23

2.3 物理存储结构 ... 25
- 2.3.1 数据文件 ... 25
- 2.3.2 控制文件 ... 26
- 2.3.3 其他文件 ... 27

2.4 实例的内存结构 ... 30
- 2.4.1 系统全局区 ... 30
- 2.4.2 程序全局区 ... 33

2.5 实例的进程结构 ... 35
- 2.5.1 用户进程 ... 35
- 2.5.2 服务器进程 ... 36
- 2.5.3 后台进程 ... 36

2.6 数据字典 ... 41
2.7 思考与练习 ... 42

第 3 章 管理 Oracle 数据库 ... 44
3.1 管理初始化参数 ... 44
- 3.1.1 常用初始化参数 ... 44
- 3.1.2 初始化参数文件 ... 45
- 3.1.3 创建初始化参数文件 ... 46
- 3.1.4 显示和设置初始化参数文件 ... 47

3.2 启动数据库与实例 ... 50
- 3.2.1 启动数据库的步骤 ... 50
- 3.2.2 启动模式 ... 51
- 3.2.3 转换启动模式 ... 53

3.3 关闭数据库与实例 ... 55
- 3.3.1 数据库的关闭步骤 ... 55
- 3.3.2 正常关闭方式（NORMAL） ... 56
- 3.3.3 立即关闭方式（IMMEDIATE） ... 56
- 3.3.4 事务关闭方式（TRANSACTIONAL） ... 57
- 3.3.5 终止关闭方式（ABORT） ... 57

3.4 数据库的特殊状态 ... 58
- 3.4.1 静默状态 ... 58
- 3.4.2 挂起状态 ... 59

3.5 思考与练习 ... 60

第 4 章 SQL*Plus 命令 ... 62
4.1 SQL*Plus 的运行环境 ... 62

    4.1.1 使用 SET 语句选项 …………… 62
    4.1.2 设置运行环境示例 …………… 64
  4.2 SQL*Plus 命令 …………………………… 67
    4.2.1 HELP 命令 …………………… 67
    4.2.2 DESCRIBE 命令 ……………… 68
    4.2.3 PROMPT 命令 ………………… 69
    4.2.4 SPOOL 命令 …………………… 69
  4.3 格式化查询结果 ………………………… 70
    4.3.1 COLUMN 命令 ………………… 70
    4.3.2 TTITLE 和 BTITLE 命令 …… 73
  4.4 缓存区 …………………………………… 74
  4.5 实验指导 ………………………………… 76
  4.6 思考与练习 ……………………………… 77

第 5 章 SQL 语句基础 …………………………… 78
  5.1 用户模式 ………………………………… 78
    5.1.1 SCOTT 模式 …………………… 78
    5.1.2 HR 模式 ………………………… 79
    5.1.3 其他模式 ……………………… 80
  5.2 SELECT 语句的用法 …………………… 81
    5.2.1 检索单表数据 ………………… 81
    5.2.2 过滤数据 ……………………… 84
    5.2.3 排序数据 ……………………… 87
    5.2.4 多表检索 ……………………… 89
  5.3 函数的使用 ……………………………… 94
    5.3.1 字符函数 ……………………… 94
    5.3.2 数学函数 ……………………… 97
    5.3.3 时间和日期函数 ……………… 98
    5.3.4 转换函数 ……………………… 99
    5.3.5 统计函数 ……………………… 101
    5.3.6 分组技术 ……………………… 101
  5.4 子查询 …………………………………… 103
    5.4.1 子查询的概念 ………………… 103
    5.4.2 单行子查询 …………………… 104
    5.4.3 多行子查询 …………………… 105
    5.4.4 关联子查询 …………………… 106
  5.5 操作数据 ………………………………… 107
    5.5.1 插入数据 ……………………… 107
    5.5.2 更新数据 ……………………… 109
    5.5.3 删除数据 ……………………… 109

  5.6 Oracle 事务处理 ………………………… 110
    5.6.1 事务的基本概念 ……………… 110
    5.6.2 事务控制 ……………………… 111
  5.7 实验指导 ………………………………… 113
  5.8 思考与练习 ……………………………… 114

第 6 章 PL/SQL 编程基础 ……………………… 116
  6.1 PL/SQL 概述 …………………………… 116
  6.2 变量与数据类型 ………………………… 118
    6.2.1 PL/SQL 变量的声明 ………… 118
    6.2.2 %TYPE 变量 ………………… 119
    6.2.3 复合变量 ……………………… 120
  6.3 条件语句 ………………………………… 122
    6.3.1 IF…THEN 条件语句 ………… 122
    6.3.2 IF…THEN…ELSE
          条件语句 ……………………… 123
    6.3.3 IF…THEN…ELSIF
          条件语句 ……………………… 124
    6.3.4 CASE 条件语句 ……………… 125
  6.4 循环语句 ………………………………… 126
    6.4.1 LOOP…END LOOP 循环 …… 126
    6.4.2 WHILE 循环 ………………… 127
    6.4.3 FOR 循环 ……………………… 128
  6.5 游标的使用 ……………………………… 130
    6.5.1 隐式游标 ……………………… 130
    6.5.2 显式游标 ……………………… 132
    6.5.3 游标 FOR 循环 ……………… 134
  6.6 异常处理 ………………………………… 135
    6.6.1 预定义异常 …………………… 135
    6.6.2 非预定义异常 ………………… 138
    6.6.3 用户定义的异常 ……………… 139
  6.7 实验指导 ………………………………… 140
  6.8 思考与练习 ……………………………… 143

第 7 章 存储过程、触发器
        和程序包 ………………………………… 145
  7.1 存储过程 ………………………………… 145
    7.1.1 创建存储过程 ………………… 145
    7.1.2 参数 …………………………… 148
    7.1.3 默认值 ………………………… 153
    7.1.4 过程中的事务处理 …………… 154

目录

- 7.2 函数 ·················· 155
- 7.3 触发器 ················ 156
  - 7.3.1 触发器概述 ········ 157
  - 7.3.2 语句级触发器 ······ 158
  - 7.3.3 行级触发器 ········ 161
  - 7.3.4 instead of 触发器 ·· 162
  - 7.3.5 用户事件触发器 ···· 164
- 7.4 程序包 ················ 166
  - 7.4.1 程序包规范 ········ 166
  - 7.4.2 程序包主体 ········ 167
  - 7.4.3 重载 ·············· 169
- 7.5 实验指导 ·············· 171
- 7.6 思考与练习 ············ 173

第 8 章 管理表 ············ 176
- 8.1 创建表 ················ 176
  - 8.1.1 表结构 ············ 176
  - 8.1.2 创建表 ············ 178
  - 8.1.3 表特性 ············ 179
- 8.2 修改表 ················ 184
  - 8.2.1 增加和删除字段 ···· 184
  - 8.2.2 更新字段 ·········· 186
  - 8.2.3 重命名表 ·········· 186
  - 8.2.4 改变表的存储表空间和存储参数 ········ 187
  - 8.2.5 删除表定义 ········ 188
  - 8.2.6 修改表的状态 ······ 189
- 8.3 定义和管理数据完整性约束 ·· 190
  - 8.3.1 非空约束 ·········· 191
  - 8.3.2 主键约束 ·········· 192
  - 8.3.3 唯一性约束 ········ 193
  - 8.3.4 外键约束 ·········· 194
  - 8.3.5 禁止和激活约束 ···· 197
  - 8.3.6 删除约束 ·········· 198
- 8.4 使用大对象数据类型 ····· 199
- 8.5 实验指导 ·············· 201
- 8.6 思考与练习 ············ 202

第 9 章 索引与索引组织表 ··· 204
- 9.1 索引基础 ·············· 204
- 9.2 建立索引 ·············· 207
  - 9.2.1 建立 B 树索引 ····· 207
  - 9.2.2 建立位图索引 ······ 209
  - 9.2.3 建立反向键索引 ···· 212
  - 9.2.4 基于函数的索引 ···· 214
- 9.3 修改索引 ·············· 215
  - 9.3.1 合并索引和重建索引 · 215
  - 9.3.2 删除索引 ·········· 216
  - 9.3.3 显示索引信息 ······ 217
- 9.4 索引组织表 ············ 218
  - 9.4.1 索引组织表与标准表 · 219
  - 9.4.2 修改索引组织表 ···· 220
- 9.5 实验指导 ·············· 221
- 9.6 思考与练习 ············ 222

第 10 章 其他模式对象 ····· 224
- 10.1 管理表分区与索引分区 ·· 224
  - 10.1.1 分区的概念 ······· 224
  - 10.1.2 建立分区表 ······· 225
  - 10.1.3 修改分区表 ······· 231
  - 10.1.4 分区索引和全局索引 · 236
- 10.2 外部表 ··············· 238
  - 10.2.1 建立外部表 ······· 238
  - 10.2.2 处理外部表错误 ··· 239
  - 10.2.3 修改外部表 ······· 241
- 10.3 临时表 ··············· 241
- 10.4 簇与簇表 ············· 242
  - 10.4.1 索引簇 ··········· 242
  - 10.4.2 散列簇 ··········· 245
  - 10.4.3 显示簇信息 ······· 248
- 10.5 管理视图 ············· 249
  - 10.5.1 创建视图 ········· 249
  - 10.5.2 管理视图 ········· 252
- 10.6 管理序列 ············· 254
  - 10.6.1 创建序列 ········· 254
  - 10.6.2 修改序列 ········· 256
- 10.7 管理同义词 ··········· 256
- 10.8 实验指导 ············· 258
- 10.9 思考与练习 ··········· 260

第 11 章 控制文件与日志文件的管理 ················ 262
- 11.1 管理控制文件 ········· 262

11.1.1 控制文件简介 ………… 262
11.1.2 复合控制文件 ………… 263
11.1.3 建立控制文件 ………… 265
11.1.4 控制文件的备份与恢复 … 268
11.1.5 删除控制文件 ………… 269
11.1.6 查看控制文件信息 …… 269
11.2 管理重做日志文件 ………… 270
11.2.1 重做日志简介 ………… 270
11.2.2 增加重做日志 ………… 271
11.2.3 删除重做日志 ………… 272
11.2.4 改变重做日志的
位置或名称 …………… 273
11.2.5 显示重做日志信息 …… 274
11.3 管理归档日志 ……………… 275
11.3.1 日志操作模式 ………… 275
11.3.2 控制归档 ……………… 276
11.3.3 配置归档文件格式 …… 278
11.3.4 配置归档位置 ………… 278
11.3.5 显示归档日志信息 …… 280
11.4 查看日志信息 ……………… 281
11.4.1 LogMiner 概述 ……… 281
11.4.2 创建 LogMiner 使用的
字典文件 ……………… 282
11.4.3 指定分析的日志文件 … 283
11.4.4 启动 LogMiner ……… 284
11.4.5 查看分析结果 ………… 285
11.4.6 结束 LogMiner ……… 285
11.5 实验指导 …………………… 285
11.6 思考与练习 ………………… 286

第 12 章 管理表空间和数据文件 … 288
12.1 建立表空间 ………………… 288
12.1.1 建立普通表空间 ……… 288
12.1.2 建立大文件表空间 …… 290
12.1.3 建立临时表空间 ……… 291
12.1.4 建立非标准块表空间 … 293
12.2 维护表空间 ………………… 294
12.2.1 改变表空间可用性 …… 294
12.2.2 改变表空间读写状态 … 296
12.2.3 改变表空间名称 ……… 297
12.2.4 设置默认表空间 ……… 297

12.2.5 删除表空间 …………… 297
12.2.6 查询表空间信息 ……… 298
12.3 管理数据文件 ……………… 298
12.3.1 数据文件的管理策略 … 298
12.3.2 添加表空间数据文件 … 299
12.3.3 改变数据文件的大小 … 300
12.3.4 改变数据文件的可用性 … 301
12.3.5 改变数据文件的
名称和位置 …………… 301
12.4 管理 UNDO 表空间 ………… 303
12.4.1 UNDO 概述 …………… 303
12.4.2 UNDO 参数 …………… 304
12.4.3 建立 UNDO 表空间 … 304
12.4.4 修改 UNDO 表空间 … 305
12.4.5 切换 UNDO 表空间 … 305
12.4.6 设置 UNDO 记录保留
的时间 ………………… 306
12.4.7 删除 UNDO 表空间 … 306
12.4.8 查看 UNDO 表
空间信息 ……………… 307
12.5 实验指导 …………………… 307
12.6 思考与练习 ………………… 308

第 13 章 用户权限与安全 ………… 310
13.1 用户和模式 ………………… 310
13.2 管理用户 …………………… 311
13.2.1 创建用户 ……………… 311
13.2.2 修改用户 ……………… 314
13.2.3 删除用户 ……………… 315
13.3 资源配置 PROFILE ………… 316
13.3.1 PROFILE 概念 ……… 316
13.3.2 使用 PROFILE
管理密码 ……………… 316
13.3.3 使用 PROFILE
管理资源 ……………… 319
13.3.4 修改和删除 PROFILE … 321
13.3.5 显示 PROFILE 信息 … 322
13.4 管理权限 …………………… 323
13.4.1 权限简介 ……………… 323
13.4.2 管理系统权限 ………… 324
13.4.3 管理对象权限 ………… 329

13.5 管理角色 ·················· 332
    13.5.1 角色的概念 ············ 332
    13.5.2 预定义角色 ············ 333
    13.5.3 管理自定义角色 ········ 334
13.6 实验指导 ··················· 338
13.7 思考与练习 ················· 339

第 14 章 导出与导入 ··········· 341
14.1 EXPDP 和 IMPDP 简介 ··· 341
14.2 EXPDP 导出数据 ··········· 342
    14.2.1 调用 EXPDP ··········· 342
    14.2.2 EXPDP 命令参数 ······ 345
14.3 IMPDP 导入数据 ··········· 347
    14.3.1 IMPDP 参数 ············ 347
    14.3.2 调用 IMPDP ··········· 349
    14.3.3 移动表空间 ············ 350
14.4 SQL*Loader 导入外部数据 ··· 353
    14.4.1 SQL *Loader 概述 ······ 353
    14.4.2 加载数据 ··············· 354
14.5 实验指导 ··················· 356
14.6 思考与练习 ················· 357

第 15 章 备份与恢复 ··········· 358
15.1 备份与恢复概述 ············· 358
15.2 RMAN 概述 ················· 359
    15.2.1 RMAN 组件 ··········· 360
    15.2.2 RMAN 通道 ··········· 362

    15.2.3 RMAN 命令 ··········· 366
15.3 使用 RMAN 备份数据库 ····· 367
    15.3.1 RMAN 备份策略 ······ 367
    15.3.2 使用 RMAN 备份数据
            库文件和归档日志 ········ 370
    15.3.3 多重备份 ··············· 373
    15.3.4 BACKUP 增量备份 ··· 373
    15.3.5 镜像复制 ··············· 374
15.4 RMAN 完全恢复 ············ 375
    15.4.1 RMAN 恢复机制 ······ 375
    15.4.2 恢复处于 NOARCHIVELOG
            模式的数据库 ············ 377
    15.4.3 恢复处于 ARCHIVELOG
            模式的数据库 ············ 378
15.5 RMAN 不完全恢复 ·········· 379
    15.5.1 基于时间的不完全恢复 ··· 379
    15.5.2 基于撤销的不完全恢复 ··· 381
    15.5.3 基于更改的不完全恢复 ··· 382
15.6 维护 RMAN ················· 383
    15.6.1 交叉验证备份
            CROSSCHECK ·········· 383
    15.6.2 添加操作系统备份 ···· 384
    15.6.3 查看备份信息 ·········· 384
    15.6.4 定义保留备份的策略 ··· 386
15.7 实验指导 ··················· 387
15.8 思考与练习 ················· 388

第 1 章 Oracle 11g 简介

随着计算机技术、通信技术和网络技术的发展，人类社会已经进入信息化时代。信息资源已经成为最重要和宝贵的资源之一，确保信息资源的存储及其有效性就变得非常重要，而保存信息的核心就是数据库技术。对于数据库技术，当前应用最为广泛的是关系型数据库，而在关系型数据库中，Oracle 公司推出的 Oracle 数据库是其中的佼佼者。到目前为止，Oracle 数据库的最新版本为 11g，也就是本书所基于的数据库。

本章首先介绍一些关系数据库的理论基础知识，并对 Oracle 数据库提供的网格技术进行介绍。作为学习 Oracle 的第一步，首先要做的是在自己的机器上安装 Oracle 数据库服务器。因此，本章还对 Oracle 的应用结构、安装时的注意事项和常用的管理工具进行讲解，这是随后学习的基础。

本章学习要点：
- 关系数据库的逻辑模型
- 关系数据库的设计规范
- 理解什么是网格技术
- 了解 Oracle 的应用结构
- 正确安装 Oracle 11g 数据库
- 使用 SQL*Plus 连接到数据库
- 通过 OEM 连接到数据库

1.1 关系数据库的基本理论

关系数据库有坚实的理论基础，这一理论有助于关系数据库的设计和用户对数据库信息需求的有效处理。它涉及有关模式的基本知识、关系数据库的标准语言 SQL 以及关系数据理论，本节将对这些做简要介绍。

1.1.1 数据库系统与关系数据库

数据库系统是指一个计算机存储记录的系统，它需要特定的软件和一系列硬件支持。利用数据库系统能够存储大量的数据记录，支持用户进行检索和更新所需的信息。数据库系统通常在企业应用或科学研究中用于对大量数据进行存储和分析，从而为实际应用提供帮助信息。

数据库系统的硬件设备主要包括以下两部分。

- ❏ 二级存储设备以及相关的 I/O 设备、设备控制器等。最常用的存储设备即为磁盘，数据库系统利用存储设备为数据记录提供物理存储空间。
- ❏ 处理器以及相应的主存。足够快的 CPU 和足够大的内存用于支持数据库系统软件的运行。

在物理数据库（即存储物理数据的存储设备）与数据库用户之间有一个中间层，这就是数据库软件，它通常被称为数据库管理系统 DBMS。DBMS 建立在操作系统的基础上，对物理数据库进行统一的管理和控制。用户对数据库提出的访问请求都是由 DBMS 来处理的。DBMS 还提供了许多数据操作的实用程序。

DBMS 提供的基本功能为数据库用户屏蔽了数据库物理层的细节，使得数据库管理员或者用户可以以更高级的方式对物理数据进行管理和操作。另外，DBMS 通常也指某个特定厂商的特定产品，例如，Oracle 公司的 Oracle 11g 是一个非常优秀的 DBMS。

实际上，数据库系统经历了由层次模型到网状模型、再由网状模型到关系模型的发展过程。当今的数据库大部分是支持关系模型的关系数据库。

关系数据库模型主要由 3 部分组成。

- **数据结构**　在关系数据库中，只有一种数据结构——关系。简单地说，关系就是一张二维表，而关系数据库就是许多表的集合。
- **关系操作**　关系操作的特点就是集合操作方式，即操作的对象和结果都是集合。
- **完整性规则**　完整性规则用于限制能够对数据和数据对象进行的关系操作，提供对数据和数据结构的保护。

1.1.2　关系数据库的逻辑模型

在关系数据库的设计阶段，需要为它建立逻辑模型。关系数据库的逻辑模型可以通过实体和关系组成的图来表示，这种图称为 E-R 图。使用 E-R 图表示的逻辑模型被称为 ER 模型。一个典型的 ER 模型由如下 3 部分组成：实体、联系和属性。

1. 实体和属性

客观存在并可相互区分的事物称为实体。实体可以指实际的对象，也可以指某些概念，例如，一个雇员、一个职位都是实体。在 E-R 模型中，实体用矩形表示，矩形框内写明实体名，以区别于现实世界中的其他对象。

每个实体由一组属性来表示，其中的某一部分属性可以唯一标识实体，如雇员编号。实体集是具有相同属性的实体集合，例如，学校所有教师具有相同的属性，因此教师的集合可以定义为一个实体集；学生也具有相同的属性，因此学生的集合可以定义为另一个实体集。

在数据库中，每个实体集都对应于一个表，实体集中的每个实体是表中的一条记录，而实体的每个属性就是表中的一个字段。例如，企业中的雇员、职位和部门可以分别定义为一个实体集，这些实体集分别对应表 EMPLOYEES、JOBS 和 DEPARTMENTS。每个实体又有它自己的属性，这些属性组成了表的字段。例如，雇员实体具有雇员编号、姓名、电话号码、职位、薪水、所属部门等属性。

2. 联系

实际应用中的实体之间是存在联系的，这种联系必须在逻辑模型中表示出来。在 E-R 模型中，联系用菱形表示，菱形框内写明联系名，并用无向边分别与有关实体连接起来，同时在无向边旁标注上联系的类型。两个实体之间的联系可以分为 3 类。

- **一对一**　若对于某个实体集 A 中的每一个实体，实体集 B 中至多有一个实体与之相关；反之亦然，则称实体集 A 与实体集 B 具有一对一的联系，记为 1∶1。
- **一对多**　若对于实体集 A 中的每一个实体，实体集 B 中有多个实体与之相关，反过来，对于实体集 B 中的每一个实体，实体集 A 中至多有一个实体与之相关，则称实体集 A 与实体集 B 有一对多的联系，记为 1∶n。
- **多对多**　若对于实体集 A 中的每一个实体，实体集 B 中有多个实体与之相关，反过来，对于实体集 B 中的每一个实体，实体集 A 中也有多个实体与之相关，

Oracle 11g 简介

则称实体集 A 与实体集 B 具有多对多的联系，记为 m:n。

例如，一个雇员只能属于一个部门，而一个部门可以同时对应多个雇员，因此，雇员与部门之间具有一对多的联系，在 E-R 模型中的表示如图 1-1 所示。

通过逻辑设计，可以将 E-R 图表示的逻辑模型转换为具体 DBMS 处理的数据模型——关系表。从 E-R 模型向关系表转换时，所遵循的规则如下。

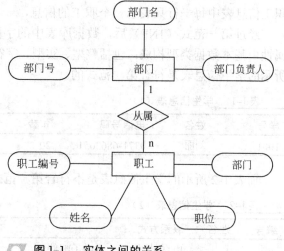

图 1-1 实体之间的关系

- 每个实体都要转换成一个关系表，它的属性为关系表的各个列。
- 一个 1:1 的联系可以转换为一个关系表，或者与任意一端的关系表合并。若独立转换为一个关系表，那么两端关系表的键及联系的属性为该关系表的列；若与一端合并，那么将另一端的键与联系的属性合并到该端。
- 一个 1:n 联系可以转换为一个关系表，或与 n 端的关系表合并。若独立转换为一个关系表，那么两端关系表的键及联系的属性为关系表的列。
- 对于 n:m 的联系可以转换为一个关系表，那么两端关系表的键及联系的属性为关系表的列，而关系表的键为两端实体的键的组合。

例如，在上面的 E-R 模型中，可以将部门号合并到职工信息表中作为一个列。

1.1.3 关系数据库的设计规范

在关系数据库中，为了保证构造的表（关系）既能准确地反应现实世界，又有利于应用和具体操作，还需要对构造的表进行规范化，常用的规范化方法就是对关系应用不同的设计范式。在关系数据库中构造数据库时必须遵循一定的规则，这种规则就是范式。

关系数据库中的关系表必须满足一定的要求，即满足不同的范式。目前关系数据库有 6 种范式：第一范式（1NF）、第二范式（2NF）、第三范式（3NF）、第四范式（4NF）、第五范式（5NF）和第六范式（6NF）。满足最低要求的范式是第一范式（1NF）。在第一范式的基础上进一步满足更多要求的称为第二范式（2NF），其余范式依次类推。一般说来，数据库只需满足第三范式（3NF）就足够了。下面举例介绍第一范式（1NF）、第二范式（2NF）和第三范式（3NF）。

1. 第一范式（1NF）

在任何一个关系数据库中，第一范式（1NF）是对关系模式的基本要求，不满足第一范式（1NF）的数据库就不是关系数据库。

所谓第一范式（1NF）是指数据库表中的每一列都是不可分割的基本数据项，同一列中不能有多个值；即实体的某个属性不能具有多个值或者不能有重复的属性。如果出现重复的属性，就可能需要定义一个新的实体，新的实体由重复的属性构成，新实体与原实体之间为一对多关系。

在第一范式（1NF）中，表的每一行只包含一个实例的信息。例如，对于职工信息表，不能将职工信息都放在一列中显示，也不能将其中的两列或多列存入在一列中显示；职工信息表中每一行只表示一个职工的信息，一个职工的信息在表中只出现一次。

经过第一范式（1NF）后，数据库表中的字段都是单一的、不可再分的。这个单一属性由基本数据类型构成：包括整型、实型、字符型、逻辑型、日期型等。例如，表 1-1 所示的学生信息表是符合第一范式的。

表 1-1　学生信息表（1）

学号	姓名	电话号码	年龄	课程名称	成绩	学分
1001	刘丽	0371-6862651	20	物理	80	2

而表 1-2 所示的学生信息表是不符合第一范式的。

表 1-2　学生信息表（2）

编号	姓名	联系方式		年龄	课程名称	成绩	学分
		电话号码	电子邮件				

很显然，第一范式是任何关系数据库管理系统（DBMS）必须满足的基本条件，任何关系表中各个列的数据类型都是基本的数据类型，不允许再进行分割。

2．第二范式（2NF）

第二范式（2NF）是在第一范式（1NF）的基础上建立起来的，即满足第二范式（2NF）必须先满足第一范式（1NF）。第二范式（2NF）要求数据库表中的每个实体，或者各个行必须可以被唯一地区分。为实现区分各行通常需要为表加上一个列，以存储各个实体的唯一标识。职工信息表中加上了员工编号列，因为每个员工的员工编号是唯一的，因此每个员工可以被唯一区分。这个唯一属性列被称为主关键字或主键、主码。

第二范式（2NF）要求实体的属性完全依赖于主关键字。所谓完全依赖是指不能存在仅依赖主关键字一部分的属性，如果存在，那么这个属性和主关键字的这一部分应该分离出来形成一个新的实体，新实体与原实体之间是一对多的关系。为实现区分通常需要为表加上一个列，以存储各个实例的唯一标识。简而言之，第二范式就是非主属性非部分依赖于主关键字。

假定上述学生信息表为表示学生选课信息，以（学号，课程名称）为组合关键字，因为存在如下决定关系。

（学号,课程名称）→（姓名,联系电话,年龄,成绩,学分）

因为存在如下决定关系，这个关系表不满足第二范式。

（课程名称）→（学分）
（学号）→（姓名,年龄）

即存在组合关键字中的部分字段决定非关键字的情况。由于不符合 2NF，这个学生选课关系表会存在如下问题。

❑ **数据冗余**　由于同一门课程可以由 n 个学生选修，则"学分"就重复 n 次；同样，一个学生选修了 m 门课程，则"姓名"和"年龄"等列也就会重复 m 次。

❑ **更新异常**　若调整了某门课程的学分，关系表中所有行的"学分"值都要更新，否则会出现同一门课程学分不同的情况。
- ❏ **插入异常** 假设要开设一门新的课程，暂时还没有人选修。这样，由于还没有"学号"关键字，"课程名称"和"学分"将无法录入数据库。
- ❏ **删除异常** 假设一批学生已经完成课程的选修，这些选修记录就应该从关系表中删除。与此同时，"课程名称"和"学分"信息也将会被删除了。

为克服上述问题，可以把上述关系表改为如下3个表。

```
学生：STUDENT(学号,姓名,年龄,电话号码)
课程：COURSE(课程名称,学分)
选课关系：SELECTCOURSE(学号,课程名称,成绩)
```

进行上述分解后，关系表就符合了第二范式，消除了数据冗余、更新异常、插入异常和删除异常。另外，所有单关键字的关系表都符合第二范式，因为不可能存在组合关键字。

3. 第三范式（3NF）

满足第三范式（3NF）必须先满足第二范式（2NF），第三范式要求关系表不存在非关键字列对任一候选关键字列的传递函数依赖。简而言之，第三范式要求一个关系表中不包含已在其他表中已包含的非主关键字信息。

所谓传递函数依赖，就是指如果存在关键字段 x 决定非关键字段 y，而非关键字段 y 决定非关键字段 z，则称非关键字段 z 传递函数依赖于关键字段 x。

例如，假定学生关系表 STUDENT（学号，姓名，年龄，所在学院，学院地点，学院电话），该关系表的关键字为单一关键字"学号"，因此存在如下决定关系：

```
(学号)→(姓名,年龄,所在学院,学院地点,学院电话)
```

这个关系表是符合 2NF 的，但是它不符合 3NF，因为存在如下决定关系：

```
(学号)→(所在学院)→(学院地点,学院电话)
```

即存在非关键字列"学院地点"、"学院电话"对关键字段"学号"的传递函数依赖。该关系表也会存在数据冗余、更新异常、插入异常和删除异常的情况。因此，可以把学生关系表分解为如下两个表。

```
学生：STUDENT(学号,姓名,年龄,所在学院)
学院：DEPARTMENT(学院,地点,电话)
```

这样关系表就符合了第三范式，消除了数据冗余、更新异常、插入异常和删除异常。

4. BCNF 范式

当第三范式消除了主关键字列对候选关键字列的部分和传递函数依赖，则称为BCNF。举一个示例来说明，假设仓库管理关系表（仓库编号，存储物品编号，管理员编号，数量），并且规定一个管理员只在一个仓库工作，一个仓库可以存储多种物品。则这个关系表中存在如下决定关系。

```
(仓库编号,存储物品编号)→(管理员编号,数量)
(管理员编号,存储物品编号)→(仓库编号,数量)
```

所以，（仓库编号，存储物品编号）和（管理员编号，存储物品编号）都是仓库管理关系表的候选关键字列，表中的唯一非关键字列为"数量"，它是符合第三范式的。但是，由于存在如下决定关系。

（仓库编号）→（管理员编号）
（管理员编号）→（仓库编号）

即存在关键字段决定关键字段的情况，所以它不符合 BCNF 范式。它会出现如下异常情况：

- **删除异常**　当清空仓库删除"存储物品编号"和"数量"信息时，"仓库编号"和"管理员编号"信息也将被同时删除。
- **插入异常**　当仓库没有存储任何物品时，无法给仓库分配管理员。
- **更新异常**　如果仓库换了管理员，则表中所有行的管理员编号都要修改。

同样，可以将仓库管理关系表分解为两个关系表。

仓库管理表(仓库ID,管理员ID)
仓库信息表(仓库ID,存储物品ID,数量)

这样创建的关系表就符合了 BCNF 范式，消除了删除异常、插入异常和更新异常。

1.2　Oracle 数据库与网格技术

Oracle 数据库是 Oracle 公司出品的十分优秀的 DBMS，当前 Oracle DBMS 以及相关的产品几乎在全世界各个工业领域中都有应用。无论是大型企业中的数据仓库应用，还是中小型的联机事务处理业务，都可以找到成功使用 Oracle 数据库系统的典范。到目前为止，11g 是 Oracle 数据库的最新版本，它在 10g 的基础上对企业级网格计算进行了扩展，提供了众多特性支持企业网格计算。

1.2.1　网格技术

超级计算机作为复杂科学计算领域的主宰，以其强大的处理能力著称。但以超级计算机为中心的计算模式明显存在不足，由于它造价极高，通常只有一些国家级的部门，如航天、气象等部门才有能力配置。而随着日常工作遇到的商业计算越来越复杂，人们越来越需要数据处理能力更强大的计算机。于是，人们开始寻找一种造价低廉而数据处理能力超强的计算模式，最终找到了答案——网格计算（GRID COMPUTING）。

网格计算是伴随着互联网而迅速发展起来的，专门针对复杂科学计算的新型计算模式。这种计算模式利用互联网把分散在不同地理位置的电脑组织成一个"虚拟的超级计算机"，其中每一台参与计算的计算机就是一个"节点"，而整个计算由成千上万个"节点"组成"虚拟的一张网格"，所以这种计算方式叫网格计算。简单而言，网格计算就是把整个因特网整合成一台巨大的超级计算机，实现各种资源的全面共享。当然，网格并不一定要整合整个因特网，也可以构造地区性的网格。网格的根本特征不是它的规模，而是资源共享。

实际上，网格计算是分布式计算的一种，如果某项任务是分布式的，那么参与这项任务的一定不只是一台计算机，而是一个计算机网络，显然这种计算方式将具有很强的数据处理能力。这种组织方式有两个优势：一个是超强的数据处理能力；另一个是能充分利用网上的闲置处理能力。网格计算模式首先把要计算的数据分割成若干"小片"，然

Oracle 11g 简介

后由不同节点的计算机根据自己的处理能力下载一个或多个数据片断。当节点的计算机空闲时,就会处理下载的任务片断,这样一台计算机的闲置计算能力就被充分地调动起来了。

网格计算和标准的网络计算看起来全然不同。现在很多服务都是基于客户机/服务器模式进行的。在这种模式中,通过确认客户、检查其授权级别,决定客户可以在服务器上所做的操作来确保安全。而对于网格计算,客户机和服务器的功能划分远没有如此明确。在网格计算模式中,一台计算机可以要求另一台计算机去完成一项任务的同时,还可能为其他计算机进行着一项任务,而用户不用考虑这些互动是通过怎样的途径来实现的。

关于网格计算的另一个重要概念是它强大的数据处理功能,它被设计成来完成兆兆字节规模或更大规模的计算。

1.2.2 Oracle 网格体系结构

Oracle 10g/11g 中的 g 代表网格计算,Oracle 数据库作为第一个为企业级网格计算而设计的数据库,为管理信息和应用提供了最灵活的、成本最低的方式。例如,通过 Oracle 网格计算,可以在几个互连的数据库服务器网格上运行不同的应用。当应用需求增加时,数据库管理员能够自动为应用提供更多的服务器支持。网格计算使用最高端的负载管理机制,使得应用能够共享多个服务器上的资源,从而提高数据处理能力,减少对硬件资源的需求,节省企业成本。

Oracle 数据库为支持企业网格计算提供了以下特性。
- 使用低成本的硬件集群技术提供高性能的、大规模的处理能力。
- Oracle 具有高级集成特性,通过分布式计算使得应用和数据能够位于网络的任何地方。
- Oracle 提供了许多自动化功能,使得一个管理员能够管理大量的服务器。
- Oracle 提供了较高的安全性能,使得用户能够在信任的机制上共享网格资源。

集群和网格之间存在一定的差异,集群是用于创建网格框架的一种技术,简单集群对于特定的应用提供静态资源。而网格可以包含多个集群,为不同应用和用户提供动态资源池。在网格服务器中,能够调度和移植应用,网格能够在不同的系统所有者之间共享资源。对于最高层的应用,网格计算被当作为一种计算工具。简单地说,用户不须关心数据的存储位置以及由哪个计算机处理用户请求。

从服务器端来看,网格关注资源分配、信息共享和高可用性。资源分配使得请求的资源能够得到保证,防止请求未得到服务而相关资源被闲置。信息共享保证用户和应用所需的信息能够可用。高可用性保证所有的数据和计算能够提供更高的服务质量。

网格计算保证计算资源能够动态分配应用程序,资源的分配是按照业务优先级和需求进行分配的,Oracle 提供了许多特性支持计算资源分配。

- **真正应用集群(RAC)**

RAC 是 Oracle 9i 数据库中采用的一项新技术,也是 Oracle 数据库支持网格计算环境的核心技术。它的出现解决了传统数据库应用中面临的一个重要问题:高性能、高可伸缩性与低价格之间的矛盾。RAC 技术通过 CPU 共享和存储设备共享实现多节点之间的无缝集群,用户提交的每一项任务被自动分配给集群中的多台机器执行,用户不必通过冗余的硬件来满足高可靠性要求。另一方面，RAC 可以实现 CPU 的共享，即使普通服务器组成的集群也能实现过去只有大型主机才能提供的高性能。

Oracle 11g 数据库使得管理集群数据库更加容易。Oracle 11g 数据库支持所有平台均可使用集成的集群组件，它们的功能包括集群连接、消息和锁定、集群控制和恢复及工作负载管理框架。集成的集群组件消除了购买、安装、配置和支持第三方集群组件的需求，从而使得 Oracle RAC 变得容易。自动负载管理简化了动态服务器对负载的响应，可以定义规则使之在正常工作时和应对故障时自动为每个服务分配处理资源，这些规则可以动态修改以满足不断变化的业务需求。除了集群管理的改进以外，Oracle 数据库中的 RAC 还提供了在集群配置发生改变时向中间层发送自动通知事件的功能，于是中间层能够立即进行例程故障切换或使用新例程。这使终端用户能够在发生例程失败时继续工作，而不会发生由于网络超时而引起的延迟。如果有新例程可用，中间层能够立即启动到该例程的负载平衡连接。

❑ 自动存储管理（ASM）

对于数据库而言，一个非常重要的资源就是存储器。对于大型数据库而言，要尽量获得最大吞吐量，在磁盘存储器之间存放数据的过程可能是一个费时的过程。Oracle 数据库的自动存储管理 ASM 解决了这些问题，ASM 为 Oracle 数据库提供全面的存储管理，不需要文件系统和大容量磁盘管理。ASM 自动向所有磁盘散布数据，以最小的管理成本提供最高的 I/O 吞吐率。

❑ Oracle 资源管理器

虽然 Oracle 数据库在很大程度上是自动管理数据库，但是使用 Oracle 资源管理器，资源管理员能够控制如何为用户分配 Oracle 资源。

1.3 Oracle 应用结构

在安装、部署 Oracle 11g 数据库时，需要根据硬件平台和操作系统的不同采取不同的结构，下面介绍几种常用的应用结构。

1.3.1 多数据库的独立宿主结构

这种应用结构在物理上只有一台服务器，服务器上有一个或多个硬盘。但是在功能上是多个逻辑数据库服务器和多个数据库，如图 1-2 所示。

图 1-2 多数据库的独立宿主结构

这种应用结构由多个数据库服务器、多个数据库文件组成，也就是在一台计算机上

Oracle 11g 简介

装 2 个版本的 Oracle 数据库（如 Oracle 10g、Oracle 11g）。尽管它们在同一台计算机上，但无论是内存结构、服务器进程、数据库文件等都不是共享的，它们各自都有自己的内存结构、服务器进程和数据库文件。

对于这种情况，数据库的文件要尽可能地存储在不同硬盘的不同路径下，由于每个逻辑服务器都要求分配全局系统区内存和服务器后台进程，因此对硬件要求较高。

1.3.2 客户机/服务器结构

在客户/服务器结构中，数据库服务器的管理和应用分布在两台计算机上，客户机上安装应用程序和连接工具，通过 Oracle 专用的网络协议 SQL *Net 建立和服务器的连接，发出数据请求。服务器上运行数据库，通过网络协议接收连接请求，将执行结果回送给客户机。客户/服务器结构如图 1-3 所示。

同一个网络中可以有多台物理数据库服务器和多台物理客户机。在一台物理数据库服务器上可以安装多种数据库服务器，或者一种数据库服务器的多个数据库例程。Oracle 支持多主目录，允许在一台物理数据库服务器上同时安装 Oracle 10g 和 Oracle 11g，它们可以独立存在于两个不同的主目录中。

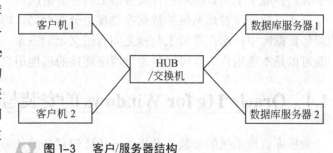

图 1-3 客户/服务器结构

客户/服务器结构的主要优点如下：

- 客户机、服务器可以选用不同的硬件平台，服务器（一个或几个）配置要高，客户机（可能是几个、几十个、上百个）配置可低些，从而可以降低成本。
- 客户机、服务器可以选用不同的操作系统，因此可伸缩性好。
- 应用程序和服务器程序分别在不同的计算机上运行，从而减轻了服务器的负担。
- 具有较好的安全性。
- 可以进行远程管理，只要有通信网络（包括局域网、WWW 网），就可以对数据库进行管理，这也是 Oracle 数据库的管理器 OEM 所要实现的功能。

1.3.3 分布式结构

分布式结构是客户机/服务器结构的一种特殊类型。在这种结构中，分布式数据库系统在逻辑上是一个整体，但在物理上分布在不同的计算机网络里，通过连接网络连接在一起。网络中的每个节点可以独立处理本地数据库服务器中的数据，执行局部应用，同时也可处理多个异地数据库服务器中的数据，执行全局应用。

各数据库相对独立，总体上又是完整的，数据库之间通过 SQL*Net 协议连接。因此异种网络之间也可以互连，操作系统和硬件平台可伸缩性好，可以执行对数据的分布式查询和处理，网络可扩展性好，可以实现局部自治与全局应用的统一。分布式结构如图 1-4 所示。

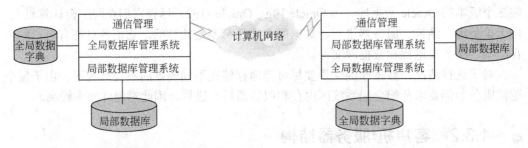

● 图1-4 分布式数据库系统结构

其中，局部数据库管理系统负责创建和管理局部数据，执行局部应用和全局应用的子查询；而全局数据库管理系统则负责协调各个局部数据库管理系统，共同完成全局事务的执行，并保证全局数据库执行的正确性和全局数据的完整性；通信管理则负责实现分布在网络中各个数据库之间的通信；局部数据库存放了全局数据的部分信息；全局数据字典则存放了全局数据库在各服务器上的存放情况。

分布式数据库管理系统的数据在物理上分布存储，即数据存放在计算机网络上不同的局部数据库中；而在逻辑上数据之间有语义上的联系，属于一个系统。访问数据的用户既可以是本地用户，也可以是通过网络连接的远地用户。

1.4 Oracle 11g for Windows 的安装与配置

数据库管理系统的安装与升级是一项比较复杂的任务。为了使 Oracle 11g 数据库系统可以安装在多种平台上，Oracle 提供的 Oracle 通用安装工具（Oracle Universal Installer，OUI）是基于 Java 技术的图形界面安装工具，利用它可以完成在不同操作系统平台上的、不同类型的、不同版本的 Oracle 数据库软件的安装。无论是 Windows NT/XP/2003、Sun Solaris、HP UNIX、Digital UNIX、VMS 还是 OS/390 都可以通过使用 OUI 以标准化的方式来完成安装任务。本节主要介绍如何在 Windows 平台上安装和配置 Oracle 数据库服务器。

Oracle 11g 数据库服务器由 Oracle 数据库和 Oracle 例程组成。安装数据库服务器就是将管理工具、网络服务、实用工具、基本的客户机软件等部分，或者相应的文件从安装盘复制到计算机硬盘的文件夹结构中，并创建数据库、配置网络、启动服务等。

Oracle 11g 数据库服务器有两种安装方式：高级安装和基本安装。由于基本安装比较简单，配置参数较少，只需要按照 Oracle 11g 的安装步骤要求一步一步往下安装就可以了，而高级安装较为复杂。下面以高级安装为例进行介绍，其安装步骤如下。

（1）运行安装文件夹中的 Setup.exe，将启动 Universal Installer，出现 Oracle Universal Installer 自动运行窗口，即快速检查计算机的软件、硬件安装环境，如果不满足最小需求，则返回一个错误并异常终止，如图 1-5 所示。

（2）当 OUI 检查完软、硬件环境之后，出现【选择要安装的产品】窗口，如图 1-6 所示。

如果想快速安装 Oracle 11g 数据库，可以选择【基本安装】单选按钮，再输入数据库登录密码，然后单击【下一步】按钮开始基本安装。由于这种方法比较简单，只需要输入少量信息，读者可自己按照步骤要求去学习安装。

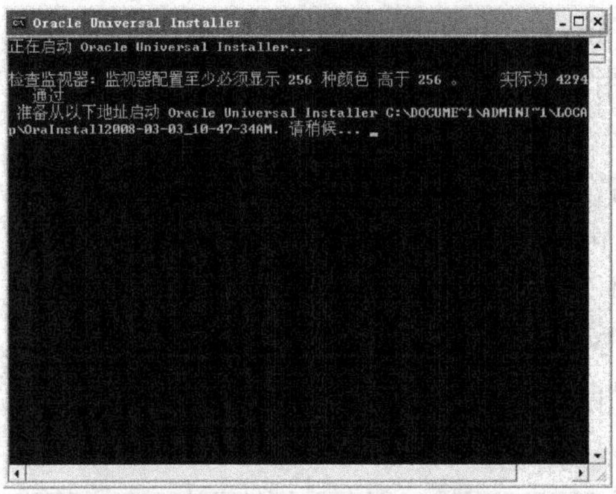

Oracle 11g 简介

图 1-5　Oracle Universal Installer 自动运行窗口

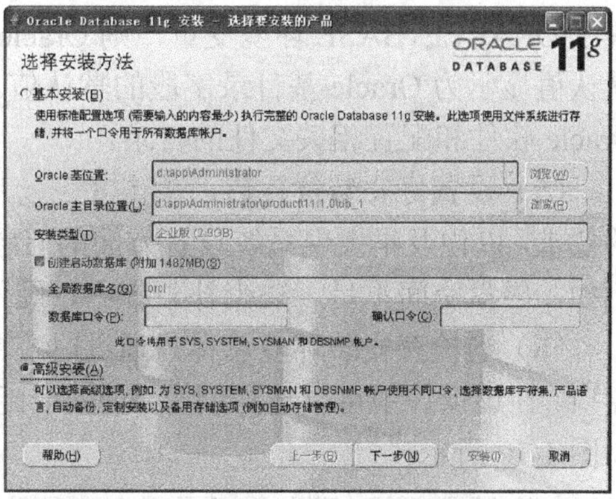

图 1-6　选择要安装的产品

（3）选择【高级安装】单选按钮，再单击【下一步】按钮，出现【选择安装类型】窗口，如图 1-7 所示。

在该窗口中可以选择如下安装类型。

- ❏ **企业版**　该类型适用于面向企业级应用，用于对安全性要求较高并且任务至上的联机事务处理（OLTP）和数据仓库环境。在标准版的基础上安装所有许可的企业版选项。
- ❏ **标准版**　该类型适用于工作组或部门级别的应用，也适用于中小企业。提供核心的关系数据库管理服务和选项。
- ❏ **个人版**　个人版数据库只提供基本的数据库管理服务，它适用于单用户开发环境，对系统配置的要求也比较低，主要面向技术开发人员。
- ❏ **定制**　允许用户从可安装的组件列表中选择安装单独的组件。还可以在现有的安装中安装附加的产品选项，如要安装某些特殊的产品或选项就必须选择此选项。定制安装要求用户是一个经验丰富的 Oracle DBA。

（4）选择【企业版】单选按钮后单击【下一步】按钮，开始安装企业版 Oracle 数据库，出现【指定主目录详细信息】窗口，如图 1-8 所示。

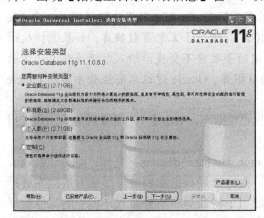

图 1-7　选择安装类型

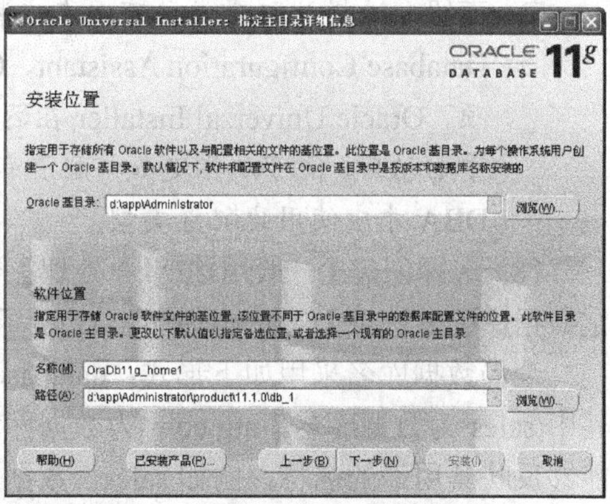

图 1-8　指定主目录详细信息

在该窗口中可以指定存储所有与 Oracle 软件以及与配置相关的文件的 Oracle 基目录。Oracle 基目录是用于安装各种 Oracle 软件产品的顶级目录，如果在操作系统中已设置了 ORACLE_BASE 环境变量，则 Oracle Universal Installer 将 ORACLE_BASE 变量的默认值显示为 Oracle 基目录字段的默认值。用户也可以单击【浏览】按钮指定存储所有 Oracle 软件和配置相关文件的目录。

（5）设置好安装位置后，单击【下一步】按钮，OUI 将检查安装环境是否符合最低的要求，以便及早发现系统设置方面的问题，可减少用户在安装期间遇到问题的可能性。例如，磁盘空间不足、缺少补丁程序、硬件不合适等问题，如图 1-9 所示。

（6）当检查安装环境总体为通过时，单击【下一步】按钮，打开【选择配置选项】窗口。在该窗口中可以选择创建数据库，配置自动存储管理实例，或只安装 Oracle 软件，如图 1-10 所示。

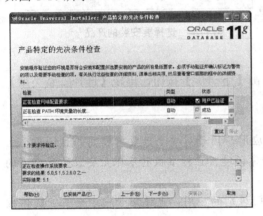

图 1-9　产品特定的先决条件检查

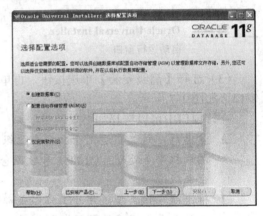

图 1-10　选择配置选项

（7）采用默认设置（即在安装数据库服务器软件时创建数据库），单击【下一步】按钮，打开如图 1-11 所示的【选择数据库配置】窗口。

在该窗口中，用户可以根据自己的需求选择以下数据库配置之一。

- **一般用途/事务处理**　选择此配置类型可以创建适合各种用途的预配置数据库。
- **数据仓库**　选择此配置类型可以创建适用于针对特定主题的复杂查询环境。数据仓库通常用于存储历史记录数据。
- **高级**　选择此配置类型可以在安装结束后运行 Oracle 数据库配置助手（Oracle Database Configuration Assistant，ODCA），进行手工配置数据库。如果选择此选项，Oracle Universal Installer 在运行该助手之前不会提示输入数据库信息。该助手启动后，便可以指定如何配置新的数据库。Oracle 建议只有经验丰富的 Oracle DBA 才应使用此配置类型。

（8）选择创建【一般用途/事务处理】类型的数据库，单击【下一步】按钮，出现【指定数据库配置选项】窗口，如图 1-12 所示。

全局数据库名采用如下形式：database_name.database_domain。例如：sales.atg.com，其中 sales 为数据库名，atg.com 为数据库域。指定全局数据库名时，尽量为数据库选择能够反映其用途的名称，例如 sales。数据库域用于将数据库与分布式环境中的其他数据库区分开来。例如在上海的数据库可以命名为 sales.shanghai.com，北京的数据库可以命名为 sales.beijing.com。即使数据库名都相同，但数据库域不同，所以也能区分开。

SID 定义了 Oracle 数据库实例的名称，因此 SID 主要用于区分同一台计算机上不同的实例。Oracle 数据库实例由一组用于管理数据库的进程和内存结构组成，对于单实例数据库，其 SID 通常与数据库名相同。

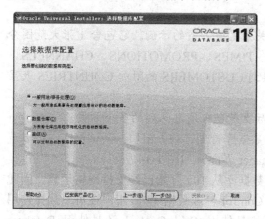

图 1-11 选择数据库配置　　　　　图 1-12 指定数据库配置选项

（9）采用默认设置，单击【下一步】按钮，出现如图 1-13 所示的【指定数据库配置详细资料】窗口。可以在该窗口中对数据库的内存、字符集、安全性、示例方案配置进行设置。

在【内存】选项卡中，可以设置要分配给数据库的物理内存（RAM）。可以通过滑块和微调按钮调整可用物理内存的最大值和最小值限制。如果选中【启用自动内存管理】复选框，则系统会在共享全局区（SGA）与程序全局区（PGA）之间将采用动态分配。

在【字符集】选项卡中，可以设置在数据库中要使用哪些语言组，采用默认设置即可。

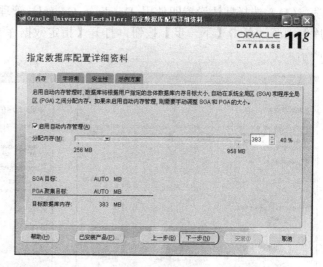

图 1-13 指定数据库配置详细资料

在【安全性】选项卡中，可以选择是否要在数据库中禁用默认安全设置，Oracle 11g 增强了数据库的安全设置。

在【示例方案】选项卡中，可以设置是否要在数据库中包含示例方案。Oracle 提供了与产品和文档示例一起使用的示例方案。如果选择安装示例方案，则会在数据库中创建 EXAM-PLES 表空间。当选择添加示例方案后，将在数据库中添加如下示例。

- 人力资源　人力资源（HR）方案是基本的关系数据库方案。在 HR 方案中有 6 张表：雇员、部门、地点、国家/地区、工作和工作历史。
- 定单输入　定单输入（OE）方案建立在完全的关系型人力资源（HR）方案上，该方案具有某些对象关系和面向对象的特性。OE 方案包含 7 张表：客户、产品说明、产品信息、定单项目、定单、库存和仓库。OE 方案具有到 HR 方案和 PM 方案的链接。
- 产品媒体　产品媒体(PM)方案包含 2 张表 ONLINE_MEDIA 和 PRINT_MEDIA、

1种对象类型ADHEADER_TYP以及1张嵌套表TEXTDOC_TYP。PM方案包含INTERMedia和LOB列类型。
- 销售历史 销售历史（SH）方案是关系星型方案的示例。它包含1张大范围分区的事实表SALES和5张维表：TIMES、PROMOTIONS、CHANNELS、PRODUCTS和CUSTOMERS。链接到CUSTOMERS的附加COUNTRIES表显示一个简单雪花。
- 发运队列 发运队列（QS）方案实际上是包含消息队列的多个方案。

（10）单击【下一步】按钮，出现【选择数据库管理选项】窗口，在该窗口中可以选择要用于管理数据库的Oracle Enterprise Manager界面，如图1-14所示。

在选择数据库管理选项时，由于Oracle数据库从10g开始已经支持网格运算，因此除了使用Oracle Enterprise Manager Database Control管理数据库外，用户还可以选择使用Oracle Enterprise Manager Grid Control。无论是使用Grid Control还是使用Database Control，用户都可以执行相同的数据库管理任务，但使用Database Control只能管理一个数据库。

（11）选择默认设置即使用Database Console管理数据库，就可以在本地进行数据库管理了，单击【下一步】按钮，打开【指定数据库文件存储选项】窗口，如图1-15所示。

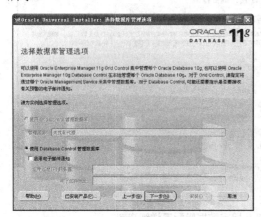

图1-14 选择数据库管理选项　　　　图1-15 指定数据库文件存储选项

在该窗口中可以选择用于存储数据库文件的方法，Oracle 11g提供了如下两种存储方法。
- 文件系统 选择该选项后，Oracle将使用操作系统的文件系统存储数据库文件。
- 自动存储管理 如果要将数据库文件存储在自动存储管理磁盘组中，则选择此选项。通过指定一个或多个由单独的Oracle自动存储管理实例管理的磁盘设备，可以创建自动存储管理磁盘组，自动存储管理可以最大化提高I/O性能。

（12）选择【文件系统】单选按钮，存储位置采用默认设置，单击【下一步】按钮，出现【指定备份和恢复选项】窗口，在该窗口中可以指定是否要为数据库启用自动备份功能，如图1-16所示。

如果选择启用自动备份功能，Oracle会在每天的同一时间对数据库进行备份。默认情况下，备份作业安排在凌晨2:00运行。要配置自动备份，必须在磁盘上为备份文件指定一个名为"快速恢复区"的存储区域，可以将文件系统或自动存储管理磁盘组用于快

Oracle 11g 简介

速恢复区。备份文件所需的磁盘空间取决于用户选择的存储机制，一般原则上必须指定至少 2GB 的磁盘空间的存储位置。也可以在创建数据库后再启用自动备份功能。

（13）采用默认设置（即不启用自动备份功能），单击【下一步】按钮，出现【指定数据库方案的口令】窗口，如图 1-17 所示。

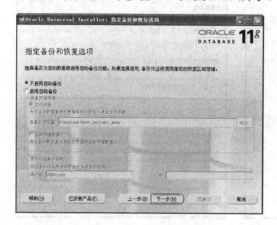
图 1-16　指定备份和恢复选项

图 1-17　指定数据库方案的口令

Oracle 从 10g 开始已经不再采用默认的口令，而建议为每个账户（尤其是管理账户，如 SYS、SYSTEM、SYSMAN、DBSNMP）指定不同的密码。这里为了方便，设置所有账户使用同一个密码。

（14）单击【下一步】按钮，经过短暂的处理后会出现如图 1-18 所示的【Oracle Configuration Manager 注册】窗口。

（15）采用默认设置，单击【下一步】按钮，出现【概要】窗口，如图 1-19 所示。

图 1-18　Oracle Configuration Manager 注册

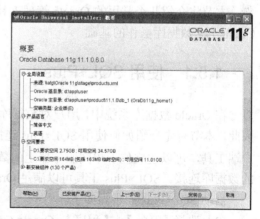
图 1-19　安装概要

用户可以在【概要】窗口中检查前面对数据库的设置是否满意，如不满意可以单击【上一步】按钮，返回到前一个步骤进行修改。

（16）单击【安装】按钮，OUI 将正式开始安装 Oracle 系统，如果前面选择了创建数据库选项，OUI 则会在安装的过程中打开数据库配置助手创建数据库，如图 1-20 所示。

（17）创建数据库完毕后，就会显示如图 1-21 所示的数据库配置助手窗口。单击【口令管理】按钮，弹出【口令管理】窗口，在此窗口中可以锁定、解除数据库用户账户，设置用户账户的密码。在这里解除了 SCOTT 和 HR 用户账户，设置其密码分别为 tiger 和 hr。

图 1-20　DBCA 创建数据库　　　　　　　　图 1-21　设用数据库用户密码

（18）单击【确定】按钮，结束创建数据库，OUI 将显示【安装结束】窗口。需要注意该窗口中会显示基于 web 的 OEM 连接地址，另外，该 URL 地址及其端口号还被记录到文件 D:\app\user\product\11.1.0\db_1\install.int 中。

1.5　Oracle 11g 的管理工具

本节将介绍几个常用的 Oracle 管理工具程序，这既是对安装结果进行验证，也是对 Oracle 11g 数据库操作的基础。

1.5.1　使用 SQL*Plus

在 Oracle 数据库系统中，用户对数据库的操作主要是通过 SQL*Plus 工具来实现的，因此，本节首先介绍如何使用 SQL*Plus 连接到 Oracle 数据库。SQL*Plus 作为 Oracle 客户端工具，可以建立位于相同服务器上的数据库连接，或者建立位于网络中不同服务器的数据库连接。SQL*Plus 工具可以满足 Oracle 数据库管理员的大部分需求。

启动 SQL*Plus 的步骤如下。

（1）选择【开始】|【程序】|Oracle-OraDb11g-home1|【应用程序开发】|SQL*Plus 命令，打开 SQL*Plus 的登录界面，如图 1-22 所示。

（2）输入相应的用户名称和登录密码（如 SYSTEM），这是由用户在创建数据库时指定的。输入正确的用户名和密码后，按 Enter 键，SQL*Plus 将连接到数据库。

也可以在【运行】窗口中输入 CMD 命令。打开命令提示窗口，并在窗口中输入 SQLPLUS 命令以启动 SQL*Plus 工具，运行该命令的语法如下：

```
sqlplus [username]/[password] [@server] [ as sysdba | as sysoper]
```

Oracle 11g 简介

其中，USERNAME 用于指定数据库用户名，PASSWORD 用于指定用户口令，SERVER 用于指定网络服务名，AS SYSDBA 表示以 SYSDBA 特权登录。当连接到本地数据库时，不需要提供网络服务名。示例如图 1-23 所示。

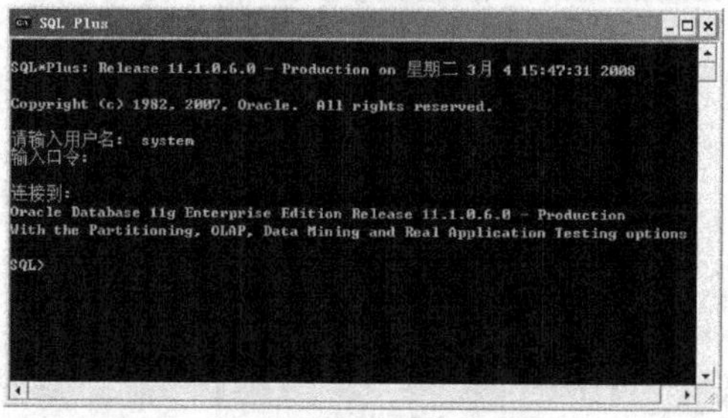

图 1-22　SQL*Plus 的登录界面

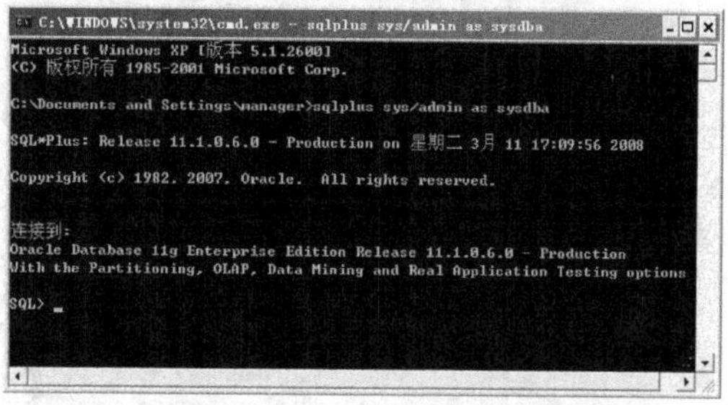

图 1-23　通过命令提示窗口启动 SQL*Plus

1.5.2　使用 Oracle Enterprise Manager

Oracle Enterprise Manager（OEM）提供了基于 Web 界面的、可用于管理单个 Oracle 数据库的工具。由于 Oracle Enterprise Manager 采用基于 Web 的应用，它对数据库的访问也采用了 HTTP/HTTPS 协议，即使用三层结构访问 Oracle 数据库系统。

在成功安装完 Oracle 后，OEM 也就被安装完毕，使用 Oracle 11g OEM 时只需要通过启动浏览器，输入 OEM 的 URL 地址（如 https://atg:1158/em），或者直接在【开始】菜单的 Oracle 程序组中选择 Database Control – orcl 命令即可。

启动 Oracle 11g OEM 后，就会出现 OEM 的登录页面，用户需要在此输入系统管理员名（如 SYSTME、SYS）和密码，如图 1-24 所示。

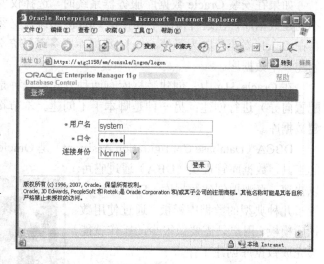

图 1-24　OEM 的登录页面

在相应的文本框中输入相应的用户名和密码后，单击【登录】按钮，就会出现【数据库】主页面的【主目录】属性页，如图 1-25 所示。如果是第一次使用 OEM，就会出现许可证确认页面，单击 I Agree 按钮，就会出现【数据库】主页的【主目录】属性页。

由于 OEM 以图形化方式提供用户对数据库的操作，避免了学习大量的命令。因此，对于初学者而言，最常用的操作方法就是通过 OEM 对数据库进行操作。但是，通过在 SQL*Plus 中运行相应的命令，可以更好地理解 Oracle 数据库。因此，本书主要介绍在 SQL*Plus 中运行相应的命令，事实上，OEM 也是通过用户的设置来生成相应的命令。

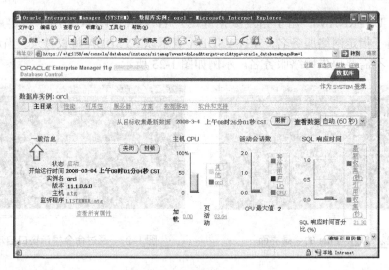

图 1-25　OEM 中的【主目录】属性页

1.5.3　使用 DBCA 创建数据库

如果在安装 Oracle 数据库服务器系统时，选择仅安装 Oracle 数据库服务器软件，而不创建数据库，在这种情况下要使用 Oracle 系统还必须创建数据库。如果在系统中已经存在 Oracle 数据库，为了使 Oracle 数据库服务系统充分利用服务器的资源，建议不要再创建一个数据库。

在 Oracle 11g 中，创建数据库有两种方式：一种是利用图形界面的 DBCA（数据库配置向导）进行创建；另一种是脚本手工创建。本节将介绍如何使用数据库配置助手创建数据库。

DBCA（Database Configuration Assistant）是 Oracle 提供的一个具有图形化用户界面的工具，数据库管理员（DBA）通过它可以快速、直观地创建数据库。DBCA 中内置了几种典型的数据库模板，通过使用数据库模板，用户只需要做很少的操作就能够完成数据库创建工作。

使用 DBCA 创建数据库时只需要选择【开始】|【程序】| Oracle - OraDb11g_home1|【配置和移置工具】| Database Configuration Assistant 命令，打开如图 1-26 所示的 DBCA 界面。

图 1-26　DBCA 的【欢迎使用】界面

用户只需要根据 DBCA 的提示逐步进行设置，就可以根据相应的配置创建数据库。

第 2 章 Oracle 的体系结构

本章不会涉及任何具体的 Oracle 操作,而是对整个 Oracle 数据库系统的体系结构和基本理论进行详细介绍。数据库的体系结构是从某一角度来分析数据库的组成和工作过程,以及数据库如何管理和组织数据。因此,这部分内容对全面深入地掌握 Oracle 数据库系统是至关重要的,对于初学者而言,体系结构与基本理论的学习会涉及到大量新的概念和术语,掌握这些概念和术语对于以后的学习会如虎添翼。

通过本章的学习,初学者可以对 Oracle 数据库的物理和逻辑存储方式有一个基本的认识,理解这两种存储方式的基本概念与组成结构,以及 Oracle 实例和数据库的组成。

本章学习要点:

- Oracle 实例与数据库
- Oracle 数据库的物理存储结构
- Oracle 数据库的逻辑存储结构
- 逻辑存储结构与物理存储结构的关系
- Oracle 实例的内存结构
- Oracle 实例的进程结构
- 了解主要后台进程的作用
- 理解 Oracle 数据库中数据字典的作用

2.1 Oracle 体系结构概述

完整的 Oracle 数据库系统通常由两部分组成:实例(INSTANCE)和数据库(DATABASE)。数据库是一系列物理文件的集合(数据文件,控制文件,联机日志,参数文件等);实例则是一组 Oracle 后台进程/线程以及在服务器分配的共享内存区。

实例和数据库有时可以互换使用,不过两者的概念完全不同。实例和数据库之间的关系是:数据库可以由多个实例装载和打开,而实例可以在任何时间装载和打开一个数据库。准确地讲,一个实例在其生存期最多只能装载和打开一个数据库。如果要想再打开其他数据库,必须先丢弃这个实例,并创建一个新的实例。

数据库的主要功能是保存数据,实际上可以将数据库看作是存储数据的容器。数据库的存储结构也就是数据库存储数据的方式,Oracle 数据库的存储结构分为逻辑存储结构和物理存储结构,这两部分是相互独立但又密切相关的。逻辑存储结构主要用于描述 Oracle 内部组织和管理数据的方式,而物理存储结构则用于描述 Oracle 外部即操作系统中组织和管理数据的方式。

Oracle 对逻辑存储结构和物理存储结构的管理是分别进行的,两者之间不直接影响。因此,Oracle 的逻辑存储结构能够适用于不同的操作系统平台和硬件平台,而不需要考虑物理实现方式。

在启动 Oracle 数据库服务器时,实际上是在服务器的内存中创建一个 Oracle 实例(即在服务器内存中分配共享内存并创建相关的后台进程),然后由这个实例来访问和控制磁盘中的数据文件。图 2-1 以最简单的形式展示了 Oracle 实例和数据库。Oracle 有一个很大的内存块,称为系统全局区(SGA)。

当用户连接到数据库时,实际上是连接到实例中,由实例负责与数据库通信,然后再将处理结构返回给用户。

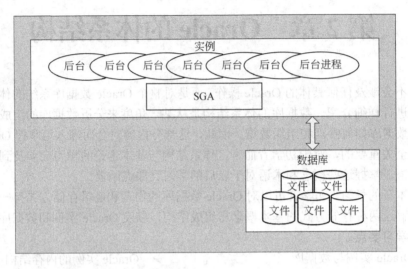

图 2-1　Oracle 实例和数据库

　　Oracle 数据库服务器的后台进程的数量与其工作模式有密切关系。Oracle 服务器处理请求有两种最常见的方式，分别是专用服务器连接和共享服务器连接。在专用服务器连接下，Oracle 数据库为每个用户请求分配一个专用服务器进程为其提供服务，当用户请求结束后，对应的服务器进程也相应被终止。如果同时存在大量的用户请求，则需要同等数量的服务器进程提供服务。

　　而在共享服务器连接下，Oracle 数据库始终保持一定数量的服务器进程，用户的请求首先被连接到一个称为"调度程序"的特殊服务进程，然后由调度程序为用户分配一个服务器进程为其提供服务。这意味着只需要使用很少的服务器进程，便可以为多个用户进程提供服务。

2.2　逻辑存储结构

　　逻辑存储结构是 Oracle 数据库存储结构的核心内容，对 Oracle 数据库的所有操作都会涉及到其逻辑存储结构。数据库的逻辑结构是从逻辑的角度分析数据库的构成，即创建数据库后形成的逻辑概念之间的关系。在逻辑上，Oracle 将保存的数据划分为一个个小单元来进行存储和维护，高一级的存储单元由一个或多个低一级的存储单元组成。Oracle 的逻辑存储单元从小到大依次为：数据块（Data Blocks）、盘区（Extent）、段（Segments）和表空间（Table Spaces）。图 2-2 显示了各逻辑单位之间的关系。

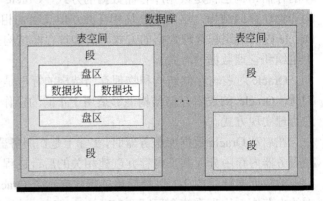

图 2-2　数据库的逻辑存储组成

Oracle 的体系结构

由图 2-2 可知，Oracle 数据库由多个表空间组成，而表空间又由许多段组成，段由多个盘区组成，盘区又由多个数据块组成。

2.2.1 数据块

数据块是 Oracle 用来管理存储空间的最小单元，也是执行数据库输入输出操作的最小单位。相对应地，操作系统执行输入输出操作最小单位为一个操作系统块的大小。在操作系统中，执行 I/O 操作以操作系统块为单位，而在 Oracle 中，执行的 I/O 操作以 Oracle 数据块为单位。

Oracle 块的大小是操作系统块大小的整数倍。以 Windows NT 操作系统为例，NTFS 格式的磁盘分区一般为 4KB 大小，因此 Oracle 块的大小为 8KB 等。数据块的标准大小由初始化参数 DB_BLOCK_SIZE 确定，具有标准大小的块被称为标准块。Oracle 支持在同一个数据库中使用多种大小的块，与标准块大小不同的块称为非标准块。

可以通过查询 V$PARAMETER 数据字典获得参数 DB_BLOCK_SIZE 的值，该参数值同时也是数据块的尺寸大小，例如：

```
SQL> select name,value
  2  from v$parameter where name ='db_block_size';

NAME                           VALUE
------------------------------ ----------
db_block_size                  8192
```

在数据块中可以存储各种类型的数据，如表数据、索引数据、簇数据等。无论数据块中存放何种类型的数据，块都具有相同的结构。图 2-3 列出了一个 Oracle 块的基本结构。

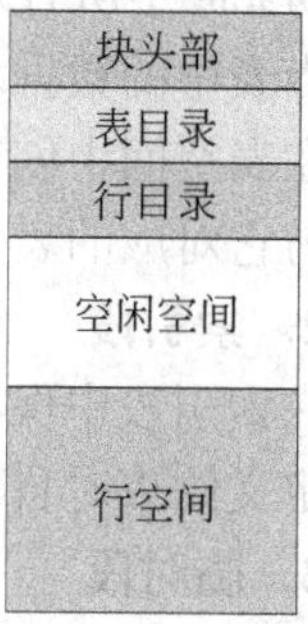

数据块的各组成部分分别介绍如下。

- **块头部** 块头部包含块中一般的属性信息，如块的物理地址、块所属的段的类型（如数据段、索引段、回退段等）。
- **表目录** 如果块中存储的数据是表数据（表中一行或多行记录），则在表目录中存储有关该表的相关信息。
- **行目录** 如果块中存储的数据为表数据（表中一行或多记录），则在行目录中保存这些记录的相关信息。
- **空闲空间** 空闲空间是块中尚未使用的存储空间。当向数据块中添加新数据时，将减小空闲空间。
- **行空间** 行空间是块中已经使用的存储空间，在行空间中存储了数据库对象的数据。例如，表中一行或多行记录。

图 2-3 数据块的结构

块头部、表目录和行目录共同组成块的头部信息区。块的头部信息区中并不存放实际的数据库数据，它只起到引导系统读取数据的作用。因此，如果头部信息区被损坏，则整个数据块将失效，数据块中存储的数据将丢失。而空闲空间和行空间则共同构成块的存储区，空闲空间和行空间的总和即是块的总容量。

2.2.2 盘区

盘区是由一系列物理上连续存放的数据块所构成的 Oracle 存储结构，由一个或多个数据块组成一个盘区，而一个或多个盘区组成一个段。当一个段中的所有空间被使用完后，系统将自动为该段分配一个新的盘区。盘区是 Oracle 存储分配的最小单位。

在 Oracle 中创建带有实际存储结构的数据库对象时，Oracle 将为对象分配相应的盘区，以构成一个段来提供存储空间。当段中已经分配的盘区写满后，Oracle 将为段分配一个新的盘区，以便容纳更多的数据库。

2.2.3 段

段是由一系列盘区组成的，它也不再是存储空间的分配单位，而是一个独立的逻辑存储结构。对于具有独立存储结构的对象，它的数据全部存储在保存它的段中。一个段只属于一个特定的数据库对象，每当创建一个具有独立段的数据库对象时，Oracle 将为它创建一个段。例如，在 Oracle 中创建表时会为它分配若干个盘区以组成表的数据段。

在 Oracle 中，不同类型的数据库对象拥有不同类型的段。根据段中存放的数据库对象类型，可以将段分为几种类型：数据段、索引段、临时段、回退段和 LOB 段。

1．数据段

在数据段中保存的是表中的记录。用户创建表的同时，Oracle 系统将为表创建数据段。Oracle 中所有未分区的表都使用一个段来保存数据。

当表中的数据增加时，数据段也将变大，数据段的增大过程是通过添加新盘区实现的。在表空间中创建了多少个表，相应地在该表空间就有同量的数据段，并且数据段的名称与它对应的表名相同。

2．索引段

在索引段中保存的是索引中的索引信息。在使用 CREATE INDEX 语句创建索引或者在定义约束时自动创建索引的同时，Oracle 将为索引创建它的索引段。

3．临时段

当用户执行查询等操作时，Oracle 可能会需要使用一些临时存储空间，用于临时保存解析过的查询语句以及在排序过程中产生的临时数据。Oracle 会自动在专门用于存储临时数据的表空间中为操作分配临时段。

在执行如下几种类型的 SQL 语句时，Oracle 都会在临时表空间中为语句操作分配一个临时段。

- ❑ CREATE INDEX。
- ❑ SELECT…ORDER BY。
- ❑ SELECT…DISTINCT。
- ❑ SELECT…GROUP BY。
- ❑ SELECT…UNION。
- ❑ SELECT…INTERSECT。
- ❑ SELECT…MINUS。

如果需要经常执行上面类型的语句，最好调整 SORT_AREA_SIZE 初始化参数来增大排序区，使排序操作尽量能够在内存中完成，以获得更好的性能。

当操作执行完毕后，为该操作分配的临时段将被释放。当带有排序的操作十分频繁时，临时段的分配和释放也将十分频繁。因此，为了提高性能，Oracle 创建了一个独立的临时表空间，并在其中存放临时段，这样可以避免与其他表空间争用存储空间。

4．回退段

回退段用于保存回退条目，Oracle 将修改前的值保存在回退条目中。利用这些信息，可以撤销未提交的操作。Oracle 可以利用回退段来维护数据库的读写一致性，并能够从崩溃实例中进行恢复。

在 Oracle 11g 中，回退也被称为撤销管理，并且不需要为数据库创建多个回退段，也不需要管理回退段，只需要创建一个撤销表空间。对回退段的管理由 Oracle 自动完成，这就是自动撤销管理。

5．LOB 段

如果表中含有如 CLOB 和 BLOB 等大型对象类型数据时，系统将创建 LOB 段以存储相应的大型对象数据。LOB 段独立于表中其他数据的数据段。

2.2.4 表空间

表空间是在 Oracle 中可以使用的最大的逻辑存储结构，在数据库中建立的所有内容都被存储在表空间中。Oracle 使用表空间将相关的逻辑结构组合在一起，表空间在物理上与数据文件相对应，每一个表空间由一个或多个数据文件组成，一个数据文件只可以属于一个表空间，这是逻辑与物理的统一。所以存储空间在物理上表现为数据文件，而在逻辑上表现为表空间。数据库管理员可以创建若干个表空间，也可以为表空间增加或删除数据文件。表空间通过数据文件来扩大，表空间的大小等于构成该表空间的所有数据文件的大小之和。

由于表空间物理上对应了操作系统的一个或多个数据文件，因此在表空间中创建的对象在物理上可以有如下两种存储方式。

- ❑ 若表空间只对应一个数据文件，该表空间中的所有对象都存储在这个数据文件中。
- ❑ 若表空间对应多个数据文件，Oracle 可将对象存储在该表空间的任意一个数据文件中。事实上，Oracle 可以将同一个对象的数据分布在表空间的多个数据文件中。

在创建数据库时，Oracle 会自动创建一些默认的表空间，其中除了用于存储用户数据的普通表空间外，在一个数据库中还会存在 3 种类型的表空间：SYSTEM 表空间、撤销表空间和临时表空间。这 3 种表空间的创建、维护与管理都与普通的用户表空间不同，本节将分别进行简单介绍。

1．SYSTEM 表空间

在每一个数据库中，都有一个名为 SYSTEM 的表空间，即系统表空间。该表空间是在创建数据库时自动创建的，在 SYSTEM 表空间中保存有如下信息。

- ❑ 在 SYSTEM 表空间中存储数据库的数据字典和内部系统表基表。数据字典是一组保存数据库自身信息的内部系统表和视图。
- ❑ 在 SYSTEM 表空间中存储所有 PL/SQL 程序的源代码和解析代码，包括存储过程、函数、包和触发器等。在需要保存大量 PL/SQL 程序的数据库中，应当设置足够大的 SYSTEM 表空间。
- ❏ 在 SYSTEM 表空间中存储数据库对象（如视图、对象类型说明、同义词和序列）的定义。当在数据库中创建一个新的对象时，对象的实际数据可以存储在其他表空间中，但对象的定义信息保存在 SYSTEM 表空间中。

通过使用如下语句，可以查看数据库中数据字典的信息：

```
select * from dict
```

查看内部系统表的 SQL：

```
select * from v$fixed_view_definition
```

数据库管理员 DBA 对数据库系统中的数据字典必须有一个很深刻的了解，必须准备一些基础的 SQL 语句，通过这些 SQL 可以立即了解系统的状况和数据库的状态。大量的读取操作、少量的写入操作是该表空间的一个显著的特点。

因此，SYSTEM 表空间对于 Oracle 数据库而言是至关重要的。一般在 SYSTEM 表空间中只保存属于 SYS 模式的对象，即与 Oracle 自身相关的数据，而用户的对象和数据都保存在非 SYSTEM 表空间中。另外，在 10g 和 11g 中，Oracle 新增了表空间 SYSAUX，以此作为 SYSTEM 表空间的辅助表空间。SYSAUX 表空间一般不用于存储用户数据，由 Oracle 系统内部自动维护。

2．撤销表空间

撤销表空间是特殊的表空间，它专门用来在自动撤销管理方式下存储撤销信息，即回退信息。当数据库进行更新、插入、删除等操作的时候，新的数据被更新到原来的数据文件中，而旧的数据就被放到撤销段中。如果数据需要回滚，那么可以从撤销段将数据再复制到数据文件中，来完成数据的回退。在系统恢复的时候，撤销段可以用来撤销没有被提交的数据，解决系统的一致性问题。

除了撤销段外，在撤销表空间中不能建立任何其他类型的段，即任何数据库用户都不能在撤销表空间中创建数据库对象（如表、索引等）。在撤销表空间中，存在大量的写入操作，而只有少量的读取操作。

数据库管理员可以为数据库创建多个撤销表空间，但是每个数据库实例最多只能使用一个撤销表空间。在使用 DBCA 创建数据库时，一般会自动建立一个默认的撤销表空间 UNDOTBS。在数据库建立后，也可以根据需要创建其他撤销表空间，并设置数据库实例所使用的撤销表空间。

3．临时表空间

在实例运行过程中，Oracle 必须使用一些临时空间来保存 SQL 语句在执行过程中所产生的临时数据。在 Oracle 11g 中，系统为所有数据库用户指定了一个专门的临时表空间 TEMP。在使用 DBCA 创建数据库时，会自动建立默认的临时表空间 TEMP；此外，在数据库已经建立后，也可以使用 CREATE TEMPORARY TABLESPACE 语句来创建其他临时表空间。

在临时表空间中，同一个实例中的所有 SQL 语句的排序操作将共享使用一个排序段。排序段在执行第一条具有排序操作的 SQL 语句时被创建，在实例关闭时被释放。

2.3 物理存储结构

与逻辑存储结构相比，物理存储结构相对简单并且更容易理解。但是物理存储结构并不是独立存在的，它与数据库逻辑存储结构之间有着不可分割的联系。从整体上看，Oracle 的数据在逻辑上存储在表空间中，而在物理上存储在表空间所对应的数据文件中。数据库逻辑结构与物理结构中的数据文件有着十分密切的联系，如图 2-4 所示。

数据库物理存储结构主要包括 3 类物理文件：数据文件、控制文件和重做日志文件。除此之外，Oracle 数据库还具有一些参数文件。

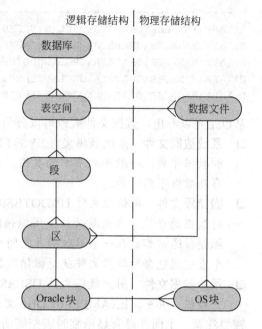

图 2-4 物理存储结构与逻辑存储结构之间的关系

2.3.1 数据文件

数据库中的数据在物理上保存在若干个操作系统文件中，这些操作系统文件就是数据文件。一个表空间在物理上对应一个或多个数据文件，而一个数据文件只能属于一个表空间。数据文件是操作系统文件，Oracle 通过表空间创建数据文件，从硬盘中获取存储数据所需的物理存储空间，一个数据文件只能属于唯一的一个表空间。

在存取数据时，Oracle 数据库首先从数据文件中读取数据，并存储在内存的数据缓冲区中。查询数据时，如果查询的数据不在数据缓冲区中，则这时 Oracle 数据库进行启动相应的进程从数据文件中读取数据，并保存到数据缓冲区中。修改数据时，对数据的修改保存在数据缓冲区中，然后由 Oracle 的相应后台进程将数据写入到数据文件中。这样的存取方式减少了磁盘的 I/O 操作，提高了系统的响应性能。

在为数据库创建表空间时，Oracle 将同时创建该表空间的数据文件。在表空间中创建数据库对象时，是无法指定使用哪一个数据文件来进行存储的，只能由 Oracle 负责为数据库对象选择一个数据文件，并在其中分配物理存储空间。一个数据库对象的数据可以全部保存在一个数据文件中，也可以分布存放在同一个表空间的多个数据文件中。

随着不断在表空间中创建和更新数据库对象，表空间对应的数据文件的物理存储空间将被消耗殆尽，这时就需要为表空间分配更多的物理存储空间。数据文件的大小在创建时确定。当表空间中的物理存储空间不足时，可以通过 3 种方式来增加存储空间。

- ❏ 为表空间追加新的数据文件。
- ❏ 通过手工方式扩大现有的数据文件。
- ❏ 配置数据文件为自动增长方式。当数据文件需要更多的存储空间时，Oracle 会自动增大数据文件。

可以通过如下方式查看数据文件：

```
SQL> select name from v$datafile;

NAME
--------------------------------------------------
D:\APP\MANAGER\ORADATA\ORCL\SYSTEM01.DBF
D:\APP\MANAGER\ORADATA\ORCL\SYSAUX01.DBF
D:\APP\MANAGER\ORADATA\ORCL\UNDOTBS01.DBF
D:\APP\MANAGER\ORADATA\ORCL\USERS01.DBF
D:\APP\MANAGER\ORADATA\ORCL\EXAMPLE01.DBF
```

从以上可以看出，数据文件大致可以分为以下几类。

- **系统数据文件** 系统数据文件 SYSTEM_01.DBF 和 SYSAUX01.DBF 存放系统表和数据字典，一般不放用户的数据，但是用户脚本如过程、函数、包等却是保存在数据字典中的。
- **撤销段文件** 撤销段文件 UNDOTBS01.DBF 对应撤销表空间。如果数据库进行对数据的修改，那么就必须使用撤销段，撤销段用来临时存放修改前的数据。撤销段通常都放在一个单独的表空间中（撤销表空间），避免表空间碎片化，这个表空间包含的数据文件就是撤销段数据文件。
- **用户数据文件** 用户数据文件 USERS01.DBF 和 EXAMPLE01.DBF 用于存放用户数据。其中，EXAMPLE01.DBF 文件存放示例方案中的数据。

需要注意，上面并没有显示临时表空间所对应的临时数据文件。因为临时数据文件是一类比较特殊的数据文件，临时数据文件的信息只能通过数据字典视图 DBA_TEMP_FILE 和动态性能视图 V$TEMPFILE 来查看，而不能像普通数据文件一样通过 DBA_DATA_FILES 和 V$DATAFILE 视图查看。

```
SQL> select name from v$tempfile;

NAME
--------------------------------------------------
D:\APP\MANAGER\ORADATA\ORCL\TEMP01.DBF
```

2.3.2 控制文件

数据库控制文件是一个很小的二进制文件，其中包含了关于数据库物理结构的重要信息。通过在加载数据库时读取控制文件，Oracle 才能找到自己所需的操作系统文件（数据文件、重做日志文件等）。

控制文件对于数据库的成功启动和正常运行是至关重要的。在加载数据库时，实例必须首先找到数据库的控制文件。如果控制文件正常，实例才能加载并打开数据库。但是如果控制文件中记录了错误的信息，或者实例无法找到一个可用的控制文件，数据库将无法被加载，当然也法打开。

在数据库运行的过程中，Oracle 会不断地更新控制文件中的内容，因此控制文件必须在整个数据库打开期间始终保持可用状态。如果由于某种原因导致控制文件不可用，则数据库将会崩溃。

每个数据库必须至少拥有一个控制文件，一个数据库可以同时拥有多个控制文件，但是一个控制文件只能属于一个数据库。在数据库的控制文件中包含有关该数据库物理结构的信息,控制文件中的主要信息包括:数据库的名字、检查点信息、数据库创建的时间戳、所有的数据文件、重做日志文件、归档日志文件信息和备份信息等。

有了控制文件中的这些信息,Oracle 就可以确定哪些文件是数据文件、现在的重做日志文件,这些都是系统启动和运行的基本条件。由于控制文件是非常重要的,一般采用多个镜像复本或 RAID 来保护控制文件。控制文件的丢失,将使数据库的恢复变得很复杂。控制文件信息可以从 V$CONTROLFILE 中查询获得:

```
SQL> select name from v$controlfile;

NAME
--------------------------------------------------
D:\APP\MANAGER\ORADATA\ORCL\CONTROL01.CTL
D:\APP\MANAGER\ORADATA\ORCL\CONTROL02.CTL
D:\APP\MANAGER\ORADATA\ORCL\CONTROL03.CTL
```

> **注意**
> 控制文件中的内容只能够由 Oracle 本身来修改,任何数据库管理员都不能直接编辑控制文件。

2.3.3 其他文件

除了上述 3 种类型的文件外,Oracle 还提供了其他一些类型的文件,如参数文件、归档日志文件、跟踪和密码文件等。本节将对这些类型的文件进行简单介绍。

1. 归档日志文件

Oracle 利用重做日志文件记录对数据库所做的修改,但是重做日志文件是以循环方式使用的,在重新写入重做日志文件时,原来保存的信息将被覆盖。如果能够将所有的重做记录永久地保留下来,就可以完整地记录数据库的全部修改过程。这可以通过对重做日志文件进行归档来实现。

在重做日志文件被覆盖之前,Oracle 能够将已经写满的重做日志文件通过复制操作系统文件的方式保存到指定的位置。保存下来的重做日志文件的集合称为归档重做日志,复制的过程称为归档。

Oracle 数据库可以运行在两种模式下,即归档模式和不归档模式。只有数据库处于归档模式下,系统才会对重做日志文件执行归档操作,归档操作由后台进程 ACRn 自动完成。当数据库运行在归档模式下时,归档重做日志文件会占用大量的硬盘空间。也就是说,数据库在归档模式下是以牺牲硬盘空间来获取数据安全性的。

2. 参数文件

在 Oracle 数据库系统中,参数文件包含了数据库的配置信息。数据库实例在启动之前,Oracle 数据库系统首先会读取这些参数文件中设置的参数,并根据这些初始化参数来配置实例的启动。

参数文件包括文本参数文件和服务器参数文件两种类型。在 Windows 平台中,服务器参数文件的名称格式为 SPFILE<SID>.ora,文本参数的名称格式为 init<SID>.ora,其中 SID 为数据库实例名。

用户可以通过如下 3 种方法查看数据库的参数值。

- 查看 init<SID>.ora 文件。该参数文件以文本形式存储参数，可以直接打开该参数文件查看数据库参数。
- 查询视图 V$PARAMETER。可利用该动态性能视图来确定参数的默认值是否被修改过，以及是否可以用 ALTER SYSTEM 和 ALTER SESSION 命令修改。

> **注意**
> 应该特别注意 ISMODIFIED、ISDEFAULT、ISADJUSTED、ISSYS_MODIFIABLE、ISSES_MODIFIABLE 列中的值。

- 使用 SQL*Plus 的 SHOW PARAMETER 命令。用户通过修改 init<SID>.ora 文件，可以修改所有的参数，但是必须关闭数据库，然后再重启数据库实例才能生效。另外，也可以使用 ALTER SYSTEM、ALTER SYSTEM DEFERRED 和 ALTER SESSION 命令修改参数，修改参数后无需重新启动实例即可生效，但是这不能修改所有参数。

3. 密码文件

在 Oracle 数据库系统中，要以特权用户身份（INTERNAL/SYSDBA/SYSOPER）登录 Oracle 数据库，可以使用两种身份验证的方法：使用与操作系统集成的身份验证、使用 Oracle 数据库的密码文件进行身份验证。因此，对密码文件的管理可以控制授权用户从远端或本地登录 Oracle 数据库系统。

Oracle 密码文件的默认存放位置在%ORACLE_HOME%\DATABASE 目录下，密码文件的名称格式为 pwd<SID>.ora，其中 SID 代表数据库实例名。数据库管理员可以根据需要，使用工具 ORAPWD.EXE 手工创建密码文件，命令格式如下：

```
C:\>ORAPWD FILE=<FILENAME> PASSWORD=<PASSWORD> ENTRIES=<MAX_USERS>
```

各命令参数的含义如下。

- **FILENAME** 密码文件名。
- **PASSWORD** 设置 INTERNAL/SYS 账户的口令。
- **MAX_USERS** 密码文件中可以存放的最大用户数，对应允许以 SYSDBA/SYSOPER 权限登录数据库的最大用户数。

创建了密码文件之后，需要设置初始化参数 REMOTE_LOGIN_PASSWORDFILE 来控制密码文件的使用状态。在 Oracle 数据库实例的初始化参数文件中，此参数控制着密码文件的使用及其状态。该参数的取值如下。

- **NONE** 指示 Oracle 系统不使用密码文件，特权用户的登录通过操作系统进行身份验证。
- **EXCLUSIVE** 指示只有一个数据库实例可以使用此密码文件。
- **SHARED** 指示多个数据库实例可以使用此密码文件。在此设置下只有 INTERNAL/SYS 账户能被密码文件识别，即使文件中存在其他用户的信息，也不允许他们以 SYSOPER/SYSDBA 的权限登录。

当初始化参数 REMOTE_LOGIN_PASSWORDFILE 设置为 EXCLUSIVE 时，系统允许除 INTERNAL/SYS 以外的其他用户以管理员身份从远端或本地登录到 Oracle 数据库系统，执行数据库管理工作。但是，这些用户名必须存在于密码文件中，这样系统才能识别他们。不管是在创建数据库实例时自动创建的密码文件，还是使用工具 ORAPWD.EXE 手工创建的密码文件，都只包含 INTERNAL/SYS 用户的信息；因此，在实际操作中，可能需要向密码文件添加或删除其他用户账户。

要进行此项授权操作，需使用 SYSDBA 权限连接到数据库，并且初始化参数 REMOTE_LOGIN_PASSWORDFILE 必须被设置为 EXCLUSIVE。具体操作步骤如下。

（1）创建相应的密码文件。

（2）修改初始化参数 REMOTE_LOGIN_PASSWORDFILE=EXCLUSIVE。

```
SQL> show parameter remote_login_passwordfile;

NAME                           TYPE          VALUE
------------------------------ ------------- ----------
remote_login_passwordfile      string        EXCLUSIVE
```

（3）使用 SYSDBA 权限登录。

```
SQL> connect sys/password as sysdba;
已连接。
```

（4）向用户授予 SYSOPER 和 SYSDBA 权限。

```
SQL> grant sysdba to hr;
授权成功。
```

（5）现在，用户 HR 可以以管理员身份登录到数据库系统。

```
SQL> connect hr/hr as sysdba
已连接。
```

注意　　收回权限的语句为：REVOKE SYSDBA FROM USER_NAME。

可以通过查询视图 V$PWFILE_USERS 来获取拥有 SYSOPER/SYSDBA 系统权限的用户的信息，表中 SYSOPER/SYSDBA 列的取值 TRUE/FALSE 表示此用户是否拥有相应的权限。

```
SQL> select * from v$pwfile_users;

USERNAME          SYSDB       SYSOP       SYSAS
---------------   -------     -------     -------
SYS               TRUE        TRUE        FALSE
HR                TRUE        FALSE       FALSE
```

4．预警日志文件

预警日志文件记录了数据库启动、关闭和一些重要的出错信息，这些信息是按照时间顺序存放的。通过使用预警日志文件，数据库管理员可以查看 Oracle 内部错误、数据块损坏错误，可以监视特权用户的操作和数据库物理结构的改变。

预警日志文件的位置由初始化参数 BACKGROUND_DUMP_DEST 参数确定，名称格式为alert<SID>.log，其中SID为实例名，并且其信息由服务器进程和后台进程（DBWR、LGWR）写入，例如：

```
SQL> select value from v$parameter
  2  where name ='background_dump_dest';

VALUE
--------------------------------------------------
d:\app\manager\diag\rdbms\orcl\orcl\trace
```

注意　需要注意，因为预警日志文件所记载的消息和错误是按照时间顺序存放的，所以查看预警日志文件时应从文件尾部查看。由于随着时间的推移预警日志文件会越来越大，DBA应该定期删除预警日志文件。

5．后台或用户跟踪文件

后台进程跟踪文件用于记录后台进程的警告或错误消息，每个后台进程都有相应的跟踪文件。后台进程跟踪文件的位置由初始化参数 BACKGROUND_DUMP_DEST 确定，名称格式为<SID>_<processname>_<SPID>.trc。

用户进程跟踪文件用于记录与用户进程相关的信息，它主要用于跟踪SQL语句。通过用户进程跟踪文件，可以诊断SQL语句的性能，为调整SQL语句提供支持。用户进程跟踪文件的位置由初始化参数 USER_DUMP_DEST 确定，名称格式为<SID>_ora_<SPID>.trc。

2.4　实例的内存结构

内存结构是Oracle数据库体系结构中最为重要的部分之一，内存也是影响数据库性能的主要因素。在Oracle数据库中，服务器内存的大小将直接影响数据库的运行速度，特别是多个用户连接数据库时，服务器必须有足够的内存支持，否则有的用户可能连接不到服务器，或查询速度明显下降。

实例的内存结构从总体上看可以分为两部分：SGA区（系统全局区，System Global Area）和PGA区（程序全局区，Program Global Area）。SGA区位于系统的共享内存段中，因此SGA区中的数据可以被所有的服务和后台进程共享。PGA区中保存的是某个服务进程私有的数据和控制信息，它是非共享内存。Oracle中每个服务进程都拥有自己的PGA区。

2.4.1　系统全局区

系统全局区SGA由一组内存结构组成，它是所有用户进程共享的一块内存区域。如果多个用户连接到同一个数据库实例，则该实例SGA区中的数据可被多个用户共享。在数据库实例启动时，SGA的内存被自动分配；当数据库实例关闭时，SGA被回收。SGA区主要包含如下内存结构：数据缓冲区、共享池、重做日志缓存、Java池和大型池等。

Oracle 的体系结构

需要注意的是，Oracle 8i 使用静态内存管理，即 SGA 内存区是预先在参数中配置好的，数据库启动时就按这些配置来进行内存分配。Oracle 10g 和 11g 引入了动态内存管理，即在数据库运行过程中，内存大小可以在线修改与自动配置。

1. 数据缓冲区

数据缓冲区（Database Buffer Cache）用于存放最近访问的数据块信息。当用户向数据库请求数据时，如果所需的数据已经位于数据缓冲区，则 Oracle 将直接从数据缓冲区提取数据并返回给用户，而不必再从数据文件中读取数据。

数据缓冲区为所有用户所共享。当用户第一次执行查询或修改数据操作时，后台进程将所需的数据从数据文件中读取出来，并装入到数据缓冲区中。当其他用户或该用户再访问相同的数据时，Oracle 就不必再从数据文件中读取数据，而可以直接将数据缓冲区中的数据返回给用户。由于访问内存的速度要比访问硬盘快许多倍，这样可以极大地提高数据库对用户请求的响应速度。

数据缓冲区由许多大小相同的缓存块组成，这些缓存块的大小与数据块的大小相同。根据缓存块是否被使用，可以将数据缓存区中的缓存块分为如下 3 类。

- ❑ **脏缓存块**　脏缓存块中保存的数据为已经被修改过的数据，这些数据需要重新被写入到数据文件中。当一条 SQL 语句对某些缓存块中的数据修改后，这些缓存块将被标记为脏。然后等待后台进程 DBWR 写回数据文件，永久地保留更改结果。
- ❑ **空闲缓存块**　空闲缓存块中不包含任何数据，它们在等待后台进程或服务器进程向其中写入数据。当 Oracle 从硬盘中的数据文件读取数据后，将会寻找空闲缓存块来容纳这些数据。
- ❑ **命中缓存块**　命中缓存块是那些正在被用户访问的缓存块，这些缓存块将被保留在数据缓冲区中，不会被换出内存。

Oracle 通过两个列表来管理数据缓冲区中的缓存块。这两个列表分别是最近最少使用列表（LRU）和写入列表（DIRTY）。这两个列表的作用如下。

- ❑ **最近最少使用列表（LRU 列表）**　LRU 列表包含所有的空闲缓存块、命中缓存块以及脏缓存块。LRU 列表使用 LRU 算法，将数据缓冲区中那些最近一段时间内访问次数最少的缓存块移出缓冲区，这样可以保证最频繁使用的块被保留在内存中，而将不必要的数据移出缓冲区。
- ❑ **写入列表（脏缓存块列表）**　脏缓存块列表包含那些已经被修改并且需要重新写入数据文件的缓存块。

可以将 LRU 列表看作是一个队列，那些最近最频繁使用的缓存块位于队列的头部，而最近最少使用的缓存块被放置在队列的尾部。当某个进程访问某个缓存块时，这个缓存块将被移动到 LRU 列表的头部。被访问的缓存块不断地移动到头部，LRU 列表中的其他不经常被访问的脏缓存块将逐渐向尾部移动。

当某个用户进程需要访问某些数据块时，Oracle 首先在数据缓冲区中查找，如果该进程所需要的数据块已经位于数据缓冲区中，Oracle 将直接从内存中读取数据并返回给用户，这种情况称为缓存命中。反之，如果在数据缓冲区中找不到所需的数据块，Oracle 必须先从数据文件中将所需的数据块复制到缓存中。然后再从缓存中读取它返回给用户，这种情况称为缓存失败。

如果发生缓存失败，在将数据文件中的数据复制到缓冲区之前，必须首先找到空闲缓存块以容纳新的数据块。Oracle 将从 LRU 列表中查找空闲缓存块，如果没有空闲块，则将 LRU 列表中的脏缓存块移入到脏缓存块列表中。当脏缓存块列表超过一定长度时，再由后台进程 DBWR 将脏缓存块中的数据写入到磁盘数据文件中，重新刷新数据缓冲区，最后再将磁盘数据文件中的数据读出存入到数据缓冲区。

在 Oracle 8i 以前的版本中，数据缓存的大小由 DB_BLOCK_SIZE 和 DB_BLOCK_BUFFERS 两个参数决定。其中 DB_BLOCK_SIZE 参数用于决定数据块的大小；而 DB_BLOCK_BUFFERS 参数用于设置数据缓冲区所包含的缓存块的数量。这样，数据缓冲区的大小就为这两个参数的乘积。在 Oracle 9i 后，数据缓存的大小可以直接由参数 DB_CACHE_SIZE 指定。

数据缓冲区对数据库的存取速度有直接的影响。如果数据缓冲区设置的过小，则缓存失败的机率将增大，这将影响数据库的响应速度，特别是用户较多时尤为明显。因此如果能够使用更大的数据库缓存，就可以明显提高数据库的访问性能。但是系统的物理内存是有限的，如果将有限的物理内存全部分配给数据库缓存，则会影响到操作系统和数据库其他方面的性能。因此，在调整数据缓冲区时，需要权衡利弊设置适当的数据缓冲区大小。

2．共享池

共享池是 SGA 区中的一系列内存结构，用于缓存与 SQL 或 PL/SQL 语句、数据字典、资源锁以及其他控制结构相关的数据。共享池主要包括库缓存、数据字典缓存，以及用于存储并行操作信息和控制结构的缓存。

在 Oracle 11g 中，可以通过使用 ALTER SYSTEM 命令修改参数 SHARED_POOL_SIZE 动态改变共享池的大小。例如：

```
SQL> alter system set shared_pool_size=10m;
系统已更改。
```

下面对共享池的主要部分库缓存和数据字典缓存进行介绍。

❑ 库缓存

库缓存用于存放最近执行过的 SQL 语句和 PL/SQL 程序代码信息，以提高 SQL 语句或 PL/SQL 程序的执行效率。当一条 SQL 语句提交时，Oracle 首先在共享池的库缓冲区内进行搜索，查看相同的 SQL 语句是否已经被解析并执行过。如果存在，Oracle 将利用库缓冲区中的 SQL 语法分析结果和执行计划来执行该语句，而不必重新解析。使用库缓冲区中的解析代码可以明显提高 SQL 语句和 PL/SQL 程序的执行效率。

库缓存主要包括共享 SQL 工作区和私有 SQL 工作区两个结构。每条被缓存的 SQL 语句都被分成两个部分，分别存放在共享 SQL 工作区和私有 SQL 工作区中。共享 SQL 工作区存放 SQL 语句的语法分析结果和执行计划。如果以后其他用户执行类似的 SQL 语句，则可以利用共享 SQL 工作区中已缓存的信息，这样可以提高语句执行的效率。Oracle 在执行一条新的 SQL 语句时，将为它在共享 SQL 工作区中分配空间。分配空间的大小取决于 SQL 语句的复杂程度，如果共享区中已经没有空闲空间，Oracle 则会利用 LRU 算法换出最近最少使用的 SQL 语句，以释放更多的空闲空间。

私有 SQL 工作区存放 SQL 语句中的绑定变量、环境和会话参数等信息，这些信息是属于执行该语句的用户的私有信息，其他用户即使执行相同的 SQL 语句也不能使用这些信息。

❑ 数据字典缓存

在数据库的运行过程中，Oracle 会频繁地对数据字典和视图进行访问。为了提高访问效率，Oracle 在共享池的数据字典缓冲区中保存了最常使用的数据字典信息，例如数据库用户的账户信息、数据库的结构信息等。

3. 重做日志缓存区

重做日志缓存区是位于 SGA 区中的一个缓存区，用于缓存在对数据进行修改操作的过程中生成的日志信息。当重做日志缓冲区中的日志信息达到一定的数量时，由日志写入进程 LGWR 将日志信息写入重做日志文件。

重做日志缓存区是一个循环缓存区，在使用时从顶端向底端写入数据，当到达日志缓冲区的最底端时，再返回到缓冲区的起始点循环写入。

日志缓冲区的大小由 LOG_BUFFER 参数指定，该参数也可以在数据库运行过程中动态修改。相对于数据缓存区而言，重做日志缓存区的大小对数据库性能的影响较小，通常较大的重做日志缓存区能减少重做日志文件的 I/O 次数，比较适合长时间运行的、会产生大量重做记录的操作。

4. 大型池

大型池是 SGA 区中的一个可选的内存结构。数据库管理员可以根据实际需要决定是否在 SGA 区中创建大型池。在执行某些特定类型的操作时，可能会需要在内存中使用大量的缓存，这些操作列举如下。

❑ 数据库的备份和恢复操作。
❑ 执行具有大量排序操作的 SQL 语句。
❑ 执行并行化的数据库操作。

如果没有在 SGA 区中创建大型池，则上述操作所需的缓存空间将在共享池或 PGA 中分配。由于这些操作将占用大量的缓存空间，所以会影响到共享池或 PGA 的使用效率。

大型池的大小通过 LARGE_POOL_SIZE 参数定义，在 Oracle 9i 之前，为了改变大型池的大小，必须修改参数文件并重新启动数据库。从 Oracle 9i 开始，数据库管理员可以使用 ALTER SYSTEM 命令动态地改变大缓存池的大小。例如：

```
SQL> alter system set large_pool_size=20m;
系统已更改。

SQL> show parameter large_pool_size;
NAME                 TYPE              VALUE
----------           ----------        ----------
large_pool_size      big integer       20M
```

5. Java 池

Java 池（Java pool）是 Oracle 8.1.5 版本中增加的，目的是支持在数据库中运行 Java 程序。如果使用 Java 编写一个存储过程，Oracle 会在处理代码时使用 Java 池的内存。参数 JAVA_POOL_SIZE 用于指定为所有 Java 代码和数据分配的 Java 池内存量。

2.4.2 程序全局区

程序全局区（PGA）是保存特定服务进程的数据和控制信息的内存结构，这个内存结构是非共享的，只有服务进程本身才能够访问它自己的 PGA 区。每个服务进程都有它自己的 PGA 区，各个服务进程 PGA 区的总和即为实例的 PGA 区的大小。

PGA 区是每个服务进程所拥有的一块非共享内存区域，它不属于实例的内存结构，而应当看作进程结构的一部分。PGA 的内容与结构和数据库的连接模式有关，在专用服务器模式和共享服务器模式下，PGA 有着不同的结构和内容。一般情况下，PGA 区都由私有 SQL 工作区和会话内存区组成。

1．私有 SQL 工作区

当一个用户连接到数据库时，将在实例中创建一个会话。SQL 工作区中包含有绑定变量以及 SQL 语句运行时的内存结构等信息。多条相同的 SQL 语句只会建立一个共享 SQL 工作区，但是可以对应多个私有 SQL 工作区；如果多个用户执行一条相同的 SQL 语句，每个用户都会为自己的会话创建一个私有 SQL 工作区，而使用同一个共享 SQL 工作区来保存共享信息。因此，多个私有 SQL 工作区可能关联到同一个共享 SQL 工作区。将一个私有 SQL 工作区与对应的共享 SQL 工作区合并在一起，就可以获得一条 SQL 语句的完整缓存数据。

注 意 ──── 共享 SQL 工作区位于 SGA 区的共享池中。

每个会话的私有 SQL 工作区可以分为静态区和动态区两部分。静态区中的内容在会话过程中保持不变，直到会话结束时静态区才被释放。而动态区中的内容在会话过程中是不断变化的，一旦 SQL 语句执行完毕，动态区就会被释放。

通常 Oracle 在开始执行 SQL 语句时创建动态区。对于 INSERT、UPDATE 和 DELETE 语句来说，一旦语句执行完毕，动态区将被立即释放。而对于 SELECT 语句而言，Oracle 将等到所有的查询结果都被返回才释放动态区。

在执行比较复杂的查询时，经常需要在 PGA 中创建一个比较大的动态区，用来专门执行如下一些必须在内存中进行的操作。

- 排序（包括使用 ORDER BY、GROUP BY 等子句的查询语句）。
- 连接（包括各种连接查询语句）。
- 集合运算（包括使用 UNION、INTERSET、MINUS 等运算符的查询语句）。

在手动管理 PGA 区情况下，数据库管理员需要设置 SORT_AREA_SIZE、HASH_AREA_SIZE、CREATE_BITMAP_AREA_SIZE 等初始化参数来控制 PGA 区中各种类型的 SQL 工作区的大小。

但如何为这些参数设置一个合理的值将非常困难，因为用户将执行哪些类型的 SQL 语句，以及这些 SQL 语句在执行过程中的行为和状态往往是难以准确预料的。因此，在 Oracle 9i 后，引入了一个新的参数 PGA_AGGREGATE_TARGET 实现自动管理 PGA。这样只需要为 PGA_AGGREGATE_TARGET 参数指定一个值，Oracle 就会将该值作为所有 SQL 工作区大小总和的限制，在这个限制的基础上，Oracle 会为各个进程自动设置 PGA 区的大小。

2．会话内存区

会话内存区用于保存用户会话的变量（登录信息），以及其他与会话相关的信息。如果数据库处于共享服务器连接模式下，会话内存区将位于 SGA 区中而不是 PGA 区中，因为会话信息会被所有的共享服务进程所使用。

如果数据库处于专用服务器连接模式下,会话内存区将位于为这个会话提供服务的专用服务进程的 PGA 区中。因为这时只有该服务进程需要使用该会话的会话信息。

2.5 实例的进程结构

进程是操作系统中一个独立的可以调度的活动,用于完成指定的任务。进程与程序的区别在于前者是一个动态概念,后者是一个静态实体。程序仅仅是指令的有序集合,而进程则强调执行过程。进程可以动态地创建,当完成任务后即会消亡。

在 Oracle 系统工作过程中,主要涉及如下 3 类进程。

- **用户进程** 在用户连接数据库时会创建一个用户进程。用户进程执行的是一个应用程序或 Oracle 工具程序的代码,以完成用户指定的任务。用户进程不是实例的组成部分。
- **服务器进程** 这些进程根据客户的请求来完成工作。
- **后台进程** 这些进程随数据库而启动,用于完成各种维护任务,如将数据块写至磁盘进程 DBWR、维护在线重做日志进程 LGWR、清理异常中止的进程等。

图 2-5 显示了服务器进程、用户进程和后台进程之间的关系。

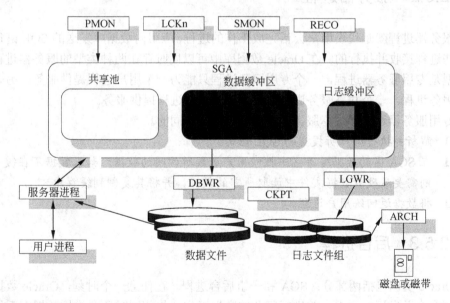

图 2-5 服务器进程、用户进程和后台进程之间的关系

2.5.1 用户进程

当用户执行一个 Oracle 应用程序或者启动一个 Oracle 工具(如 SQL*Plus)时,Oracle 将创建一个用户进程来执行相应的用户任务。与用户进程相关的有两个概念:连接和会话。

连接是一个用户进程与数据库实例之间的一条通信路径,这条通信路径通过操作系统平台中进程间的通信机制或网络连接来实现。会话则是一个用户到数据库的指定连接。例如当一个用户启动 SQL*Plus，并输入正确的用户名和密码连接到一个数据库后，就为该用户创建了一个会话。会话在用户连接到实例的过程中始终存在，直到用户断开连接或终止应用程序为止。

可以看出，会话是通过连接来建立的。同一个用户可以通过建立多个连接来创建到 Oracle 数据库的多个会话。例如，一个用户可以使用同一个账户启动多个 SQL*Plus 程序来对数据库进行操作。可以在 SQL*Plus 中查询动态性能视图 V$SESSION 来查看实际的会话。

```
SQL> connect system/admin
已连接。
SQL> select username,sid,serial#,server,status
  2  from v$session
  3  where username=USER;

USERNAME          SID       SERIAL#    SERVER        STATUS
--------------    ------    -------    --------      --------
SYSTEM            130       66         DEDICATED     ACTIVE
```

2.5.2 服务器进程

服务器进程就是代表用户会话完成工作的进程，应用向数据库发送的 SQL 语句就是由这些进程接收并执行的。在 Oracle 数据库中可以同时存在两种类型的服务器进程：一种类型是专用服务器进程，一个专用服务进程只能为一个用户进程提供服务；另一种是共享服务进程，一个共享服务进程可以为多个用户进程提供服务。

专用服务器进程和共享服务器进程的任务是相同的。
- 解析并执行用户所提交的 SQL 语句。
- 在 SGA 区的数据缓存区中搜索用户进程所访问的数据；如果数据不在缓存中，则需要从硬盘数据文件中读取所需的数据，并将其复制到缓存中。
- 将数据返回给用户进程。

2.5.3 后台进程

Oracle 实例包括两部分：SGA 和一组后台进程。在任意一个时刻，Oracle 数据库可以处理多个并发用户请求，并进行复杂的数据操作，与此同时还要维护数据库系统使其始终具有良好的性能。为了完成这些任务，Oracle 具有一组后台进程保证数据库运行所需的实际维护任务顺利完成。

可以使用 V$BGPROCESS 视图查看所有可能的 Oracle 后台进程，图 2-6 展示了有一个中心用途的 Oracle 后台进程。

启动实例时并不会看到所有这些进程，有一些进程只有在特殊情况下才会存在。例如，如果数据库在归档模式下，则会启用归档进程 ARCn；如果运行了 Oracle RAC，这种 Oracle 配置允许一个集群中不同机器上的多个实例装载并打开相同的物理数据库，这时就会启动 LMD0、LCKn、LMON 和 LMSn 等进程。只有 DBWR、LGWR、CKPT、SMON

Oracle 的体系结构

和 PMON 等进程是实例所必需的。本节将介绍 Oracle 实例中常见的一些后台进程。

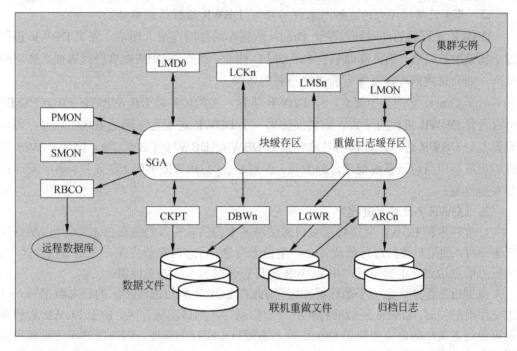

图 2-6 中心后台进程

1. DBWR（数据写进程）

数据写进程 DBWR 负责将缓存区中的数据写入到数据文件，它是管理缓存区的一个 Oracle 后台进程。当数据缓存区中某个缓冲块的数据被修改时，它被标志为"弄脏"。DBWR 的主要任务是将"弄脏"的缓存块的数据写入磁盘，使缓冲区保持"干净"。需要注意，只有在满足一定的条件时，DBWR 进程才开始成批地将脏缓存块写入数据文件，这样做能够尽量避免 DBWR 进程与其他进程之间发生 I/O 冲突，并且减少数据库执行物理 I/O 操作的次数。

另外，DBWR 进程也不是将所有的脏缓存块写入数据文件，因为脏缓存块一旦被写入数据文件，它将被标记为空闲缓存块，其中保存的数据将丢失。如果随后立即有其他用户进程需要访问脏缓存块中之前所保存的数据，Oracle 需要重新到数据文件中去读取数据。为了避免这样的缓存失败，可以通过 LRU 算法解决这个问题。将那些经常被访问的脏缓存块继续保留在缓存中，而将最近未被访问过的缓存块标记为"冷缓存块"，DBWR 进程只将那些同时被标记为"脏"和"冷"的缓存块写入数据文件。

只有发生下列情况时，DBWR 进程才将脏缓存块写入数据文件。

- 当用户进程执行 INSERT 和 UPDATE 等操作时，会首先将插入的数据写入数据缓存。在这个过程中，如果 Oracle 在数据缓存的 LRU 列表中搜索了一定数量的缓存块后，仍然没有找到可用的空闲缓存块，DBWR 进程被启动。由 DBWR 进程将脏缓存块写入数据文件，以获得空闲缓存块。
- 当出现检查点时，LGWR 将通知 DBWR 进行写操作。
- 当将缓存区的脏数据块移入到脏列表中，如果脏列表达到临界长度时，将通知 DBWR 将脏数据块写入到数据文件。该临界长度为初始化参数 DB_BLOCK_

WRITE_BATCH 的一半。
- 若出现超时（大约 3 秒内未被启动），DBWR 进程将被启动。

DBWR 进程的启动时间对整个 Oracle 数据库的性能有很大影响。如果 DBWR 进程过于频繁地被启动，则将降低整个系统的 I/O 性能。但如果 DBWR 进程间隔很久才启动一次，则会对数据库恢复等方面带来不利的影响。

一个 Oracle 实例至少要有一个 DBWR 进程，初始化参数 DB_WRITE_PROCESSES 可以设置 DBWR 进程的个数。如果仅使用一个 DBWR 进程无法满足系统的需要，可以设置多个 DBWR 进程，进程的名称分别为 DBW0、DBW1、DBW2 等。但是 DBWR 进程的数量不应当超过系统处理器的数量，否则多余的 DBWR 不但无法发挥作用，反而耗费系统资源。

2．LGWR（日志写进程）

日志写进程 LGWR 负责将重做日志缓冲区中的信息写入到磁盘日志文件组。数据库在运行时，如果对数据进行修改就会产生日志信息，日志信息首先保存在日志缓冲区中。当日志信息达到一定数量时，由 LGWR 将日志数据写入日志文件组。

由于日志缓冲区是一个循环缓冲区，因此在 LGWR 将日志缓冲区的日志数据写入日志文件组的同时，Oracle 还能够将新的日志信息写入到日志缓存区。由于 LGWR 进程写入重做日志文件的速度要快于 Oracle 写入重做日志缓存的速度，因此能够保证重做日志缓存中始终有足够的空闲空间。

LGWR 进程并不是随时都在运行，只有下述情况之一发生时，LGWR 进程才开始将日志缓冲区中的数据写入到日志文件组。
- 用户提交当前事务。
- 日志缓冲区被写满三分之一。
- DBWR 进程将脏缓存块写入到数据文件。
- 每隔 3 秒发生一次超时，出现超时将启动 LGWR。

如果日志文件组包含多个日志成员，则 LGWR 进程将日志信息同时写入到一个日志文件组的多个日志成员文件中。如果组中一个成员文件已经损坏，LGWR 进程可将日志信息继续写到该组的其他文件中，以免影响数据库正常运行。

Oracle 使用快速提交机制，即可以将事务提交写入到日志文件组时，其修改的数据可以还没有写入到数据文件。如果事务的提交记录和重做信息都被写入重做日志文件，这样即使发生数据库崩溃，事务对数据库所做的更改也不会丢失，因为这可以通过相应的日志信息完成恢复。

在 LGWR 执行日志切换时，它会生成一个检查点，而该检查点将通知 DBWR 将脏缓存块从缓存区写入到数据文件中。这是很重要的，因为 LGWR 开始向一个日志文件组写入日志时，可能需要覆盖该日志文件组中的日志信息，如果这些日志信息是一个事务留下的，而 LGWR 进程不在覆盖日志文件前通知 DBWR 将脏数据块写入数据文件，则这时如果数据库发生故障，就无法对其进行恢复。

3．CKPT（检查点进程）

检查点就是一个事件，当该事件发生时，数据缓存中的脏缓存块将被写入到数据文件中，同时系统对数据库的控制文件和数据文件进行更新，以记录当前数据库的状态。通常情况下，检查点在日志切换时产生。检查点可以保证所有被修改过的缓存块都被写入到数据文件，此时数据库处于一个完整状态。如果数据库崩溃，则只需要将数据库恢复到上一个检查点时刻即可，这样可以缩短数据库恢复所需的时间。

CKPT 进程负责以下两项任务。
- 检查点进程 CKPT 负责将检查点更新到控制文件。
- 启动 DBWR 进程将脏缓存块写入数据文件。

数据库管理员可以根据实际情况为检查点选择一个合适的执行间隔。如果检查点执行间隔太短，将会产生过多的磁盘 I/O 操作。反之，如果检查点执行的间隔过长，则数据库恢复将耗费太多的时间。Oracle 数据库提供了 3 个与检查点相关的初始化参数：一个是参数 LOG_CHECKPOINT_TIMEOUT，该参数决定执行一个检查点的时间间隔，这样每到一定的时间，不论数据库中是否有操作，都将产生检查点；另一个参数是 LOG_CHECKPOINT_INTERVAL，该参数决定执行一个检查点时需要填写的日志文件块数，即每产生多少个日志数据，系统将产生一个检查点；还有一个是参数 LOG_CHECKPOINT_TO_ALERT 用于设置是否将检查点信息记录到警告日志中，通过将检查点信息记录到警告日志中，可以便于数据库管理员确认检查点是否是按所需频率出现的。

4. ARCn（归档进程）

Oracle 数据库有两种运行模式：归档和非归档模式。如果数据库运行在非归档模式下，则日志文件在切换时将被直接覆盖而不会产生归档日志，如图 2-7 所示。

当数据库运行在归档模式下时，如果发生日志切换，则启动归档进程 ARCn 将已写满的重做日志文件复制到指定的存储设备中，避免已经写满的重做日志文件被覆盖，如图 2-8 所示。

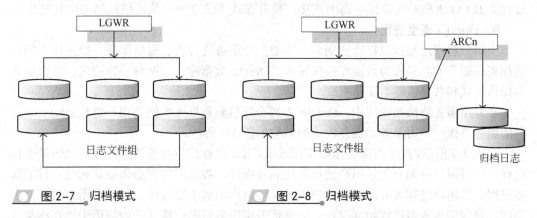

图 2-7　归档模式　　　　　图 2-8　归档模式

如果要启动 ARCn 进程，则需要数据库运行在归档模式下。ARCn 进程启动后，数据库将具有自动归档功能。在默认情况下，实例启动时只会启动一个归档进程 ARC0。当 ARC0 进程在归档一个重做日志文件时，任何其他进程都无法访问这个重做日志文件。由于重做日志文件是循环使用的，如果 LGWR 进程要使用的重做日志文件正在进行归档，数据库将被挂起，直到该重做日志文件归档完毕为止。因此，为了加快重做日志文件的归档速度，避免发生等待，LGWR 进程会根据需要自动启动多个归档进程。

5. SMON（系统监视进程）

系统监视进程 SMON 在数据库实例启动时负责对数据库进行恢复操作。如果数据库非正常关闭，则当下次启动数据库实例时，SMON 进程将根据重做日志文件对数据库进行恢复。除此之外，SMON 进程还负责回收临时表空间或临时段中不再使用的存储空间，以及合并各个表空间中的空闲空间碎片。

SMON 进程除了会在数据库实例启动时执行一次外，在数据库实例运行期间，它会被定期地唤醒，检查是否有工作需要它来完成。如果其他进程需要使用 SMON 进程的功能，则系统将随时启动 SMON 进程。

6. PMON（进程监视进程）

进程监视进程 PMON 主要用于清除失效的用户进程，释放用户进程所占用的资源。如 PMON 将回退未提交的工作，并释放分配给失败进程的 SGA 资源。

在某些情况下，用户与 Oracle 数据库的连接可能会非正常终止。例如，用户可能在没有从数据库中正常退出就关闭了其客户端程序，或者由于网络突然中断而造成了数据库连接非正常终止。在这些情况下，Oracle 将启动 PMON 进程来清除中断或失败的用户进程，并释放该进程所使用的系统资源。

除此之外，PMON 进程还会周期性地检查调度程序和服务进程的状态，如果它们失败，PMON 将尝试重新启动它们，并释放它们所占用的各种资源。与 SMOP 进程类似，PMON 进程在数据库实例运行期间会被定期地唤醒，以检查是否有工作需要它来完成。如果其他进程需要使用 PMON 进程完成某些任务，则 PMON 进程将会随时被启动。

7. RECO（恢复进程）

恢复进程 RECO 负责在分布式数据库环境中自动恢复那些失败的分布式事务。在分布式数据库系统中包含多个数据库实例，它们就像一个实例一样运行，其中任何一个实例都可以修改其他数据库中的数据。分布式数据库系统允许在多个数据库中进行数据的修改，RECO 进程负责查找分布在网络中的进程，帮助修复由于通信故障而失败的修改过程。RECO 进程不断尝试所需的连接，使分布式系统更快地从通信故障中恢复过来。

8. Dnnn（调度进程）

当用户进程连接到数据库实例后，需要一个服务进程为它提供服务，数据库为用户进程提供服务的方式称为数据库操作模式。Oracle 数据库具有两种操作模式：专用服务器操作模式和共享服务器操作模式。

在专用服务器操作模式中，Oracle 为每个连接到数据库实例的用户进程启动一个专门的服务进程。专用服务器操作模式的结构如图 2-9 所示。

如图 2-9 所示，在专用服务器操作模式下，用户进程数与服务器进程数的比例是 1:1。这样，如果同一时刻有大量用户进程连接到数据库，数据库实例必须创建相同数目的服务器进程。当用户进程大分部时间为空闲时，数据库的效率比较低。因为在用户进程空闲期间，对应的服务器进程始终存在。因此，专用服务器操作模式一般应用于"在线事务处理（OLTP）"应用环境中，例如售票系统等。

与专用服务器操作模式不同，共享服务器操作模式可以实现只运行少量的服务器进程，由少量的服务器进程为大量用户进程提供服务。在共享服务器操作模式下，数据库实例启动的同时也将启动一定数量的服务进程，在调度进程 Dnnn 的调度下为任意数量的用户进程提供服务。共享服务器操作模式的结构如图 2-10 所示。

由图 2-10 可以看出，调度进程 Dnnn 是位于用户进程与共享服务进程之间的关键进程，它负责将用户进程分配给空闲的服务进程，并将处理后的结果返回给用户进程。在一个数据库实例中，可以同时运行多个调度进程，对每种网络协议至少要建立一个调度进程。数据库管理员可以根据实际的情况增加或删除调度进程。当启动多个调度进程时，各调度进程的名称依次为：D000、D001、…、Dnnn。

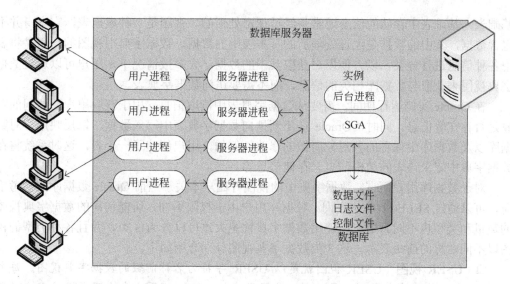

图 2-9 专用服务器操作模式

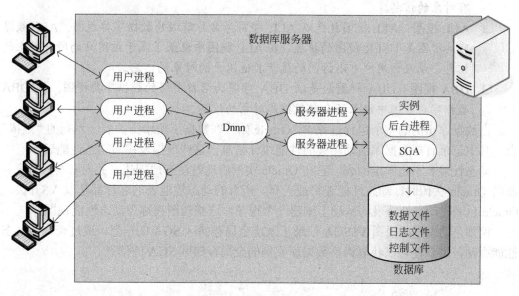

图 2-10 共享服务器操作模式

2.6 数据字典

数据字典是 Oracle 数据库的核心组件，它由一系列对于用户而言是只读的基础表和视图组成，它保存了关于数据库本身以及其中存储的所有对象的基本信息。可以认为数据字典记录了数据库实例自身的重要信息。

对数据字典的管理和维护由 Oracle 系统负责，任何数据库用户都无法对数据字典中的内容进行修改，但是数据库用户可以查看数据字典中的内容。为了方便用户查看数据字典中的信息，这些信息是通过表和视图的形式组织起来的，数据字典和视图都保存在 SYSTEM 表空间中。

数据字典中的信息实际上保存在基础表中，并且只有 Oracle 系统才有权读取和写入基础表。基础表中存储的信息通常是经过加密处理的。视图是一种虚拟表,它本身并不包含数据,其中的数据是经过处理后的基本表中的数据。数据字典中视图的作用是将表中各种信息进行分类,以方便用户获取其中的数据。大多数情况下,用户可以通过数据字典视图来获取与数据库相关的信息,而不需要访问数据字典表。

在 Oracle 实例运行期间,需要从数据字典表中读取信息,用于获取用户要访问的对象是否存在等信息。同时,Oracle 还不断地向数据字典表中写入数据,以反映用户对数据库以及数据库中保存的各对象所做的修改。例如,用户创建了一个表,这时系统将在数据字典中记录该表的结构信息、存储信息等。

对于数据库用户而言,数据字典中的视图好比一本关于当前 Oracle 数据库的参考手册,可以通过 SELECT 语句查询。数据库用户由于权限不同,所能访问的数据字典视图的数量和类型也不同。用户所使用数据字典视图大致可以分为 3 类,并且各种类型的视图以不同名称的前缀表示。这 3 类数据字典视图分别介绍如下。

- **USER 视图**　USER 视图就是以 USER_字符为名称前缀的数据字典视图。每个数据库用户都有一组属于自己的视图,在 USER 视图中包含了属于该用户的所有对象的信息。
- **ALL 视图**　ALL 视图就是以 ALL_字符为名称前缀的数据字典视图。ALL 数据字典视图是 USER 视图的扩展,在 ALL 视图中记录了属于该用户的所有对象的信息,以及该用户可以访问的属于其他用户的对象的信息。
- **DBA 视图**　DBA 视图就是以 DBA_字符为名称前缀的数据字典视图。在 DBA 数据字典视图中记录了全部数据库对象的信息。

在数据库实例的整个运行过程中,Oracle 始终在数据字典中维护着一系列的"虚拟"表,其中记录着与数据库活动相关的性能统计信息,这些虚拟表称为动态性能表。

动态性能表不是固定的表,它在 Oracle 实例启动时动态地创建,并向其写入信息;而当 Oracle 关闭时,动态性能表将被丢弃。所有的动态性能表的名称都是以 V$开头。Oracle 自动在动态性能表的基础上创建一个视图,这些视图被称为动态性能视图。

例如,动态性能视图 V$SGA 记录了系统全局存储区 SGA 的信息,通过查询该动态性能视图,用户使可以获取当前数据库实例的全局存储区 SGA 的信息。

```
SQL> select name,value from v$sga;

NAME                      ALUE
----------------     ----------
Fixed Size                1333312
Variable Size           310380480
Database Buffers         58720256
Redo Buffers              6201344
```

2.7 思考与练习

一、填空题

1. Oracle 数据库系统的物理存储结构主要由 3 类文件组成,分别为数据文件、_____、控制文件。

2. 用户对数据库的操作如果产生日志信息,则该日志信息首先被存储在_____,随后由_____进程保存到_____。

3. 在物理上,一个表空间对应一个或多个_____。

4. 在 Oracle 的逻辑存储结构中,根据存储数据的类型，可以将段分为_____、索引段、_____、LOB 段和_____。

5．在 Oracle 的逻辑存储结构中，_____是最小的 I/O 单元。

6．在 Oracle 实例的进程结构中，进程大致可以分为 3 类，分别为_____、后台进程和_____。当用户运行一个应用程序（如 PRO*C 程序）或一个 Oracle 工具（如 SQL*Plus）时，系统将建立一个_____。

二、选择题

1．当用户与 Oracle 服务器的连接非正常中断时，哪个后台进程负责释放用户所锁定的资源？（　　）
   A．DBWn   B．LGWR
   C．SMON   D．PMON

2．向数据库发出一个 COMMIT 命令提交事务时，哪个后台进程将重做日志缓冲区的内容写入联机重做日志文件？（　　）
   A．DBWn   B．LGWR
   C．CKPT   D．CMMT

3．当启动 Oracle 实例时，默认情况下，哪个后台进程不会被启动？（　　）
   A．DBWn   B．LGWR
   C．CKPT   D．ARCn

4．在数据库逻辑结构中，按从大到小的次序排列是正确的是（　　）。
   A．表空间、区、段、块
   B．表空间、段、区、块
   C．段、表空间、区、块
   D．区、表空间、段、块

5．在全局存储区 SGA 中，哪部分内存区域是循环使用的？（　　）
   A．数据缓冲区   B．日志缓冲区
   C．共享池   D．大池

6．解析后的 SQL 语句在 SGA 的哪个区域中进行缓存？（　　）
   A．数据缓冲区   B．日志缓冲区
   C．共享池   D．大池

7．哪一个内存结构记录实例对数据库所做的所有修改？（　　）
   A．数据库缓冲区缓存
   B．数据字典缓存
   C．共享池
   D．重做日志缓冲区

8．哪个后台进程负责将脏数据缓冲区的内容写入数据文件？（　　）
   A．DBWn   B．SMON
   C．LGWR   D．CKPT

9．哪个后台进程和其相关的数据库组成部分保证即使数据库的修改还没有记录到数据文件，提交的数据也能保留下来？（　　）
   A．DBWn 和数据库高速缓冲存储区
   B．LGWR 和联机重做日志文件
   C．CKPT 和控制文件
   D．DBWn 和归档重做日志文件

10．脏（DIRTY）缓冲区指的是什么？（　　）
   A．正在被访问的数据缓冲区
   B．已经被修改，但还没有写到文件的数据缓冲区
   C．空闲的数据缓冲区
   D．已经被修改，并且已经写到磁盘的数据缓冲区

11．当一个服务器进程找不到足够的空闲空间来放置从磁盘读入的数据块时，将发生什么？（　　）
   A．通知 CKPT 进程清楚 DIRTY 缓冲区
   B．通知 SMON 进程清楚 DIRTY 缓冲区
   C．通知 CKPT 进程激活一个检查点
   D．通知 DBWn 进程将 DIRTY 缓冲区写到磁盘

12．下列哪个组件不是 Oracle 实例的一部分？（　　）
   A．系统全局区（SGA）
   B．进程监控进程（PMON）
   C．控制文件
   D．共享池

13．以下哪些事件不会引起 LGWR 进程启动？（　　）
   A．用户提交事务
   B．用户执行 UPDATE
   C．在 DBWn 进程将修改的缓冲区数据写到磁盘前
   D．当重做日志缓冲达到 1/3 满时

14．下列哪个不是重做日志缓冲区的特点？（　　）
   A．可循环再用
   B．包含已经修改的块信息
   C．其大小由参数 LOG_BUFFER 定义
   D．是 PGA 区的一部分

三、简答题

1．简述表空间和数据文件之间的关系。
2．概述 Oracle 数据库体系的物理结构。
3．简要介绍表空间、段、盘区和数据块之间的关系。
4．简述 Oracle 实例系统中各后台进程的作用。
5．共享操作模式和专用操作模式的工作过程有什么区别？

第 3 章 管理 Oracle 数据库

Oracle 数据库系统由实例和数据库两部分组成。为了使客户程序能够访问 Oracle 数据库系统，必须在服务器端启动实例并打开数据库，即启动 Oracle 数据库系统。由于 Oracle 数据库的启动是分步骤进行的，其中会涉及到实例的启动、数据库的加载和打开 3 种状态。本章将对数据库的启动和关闭过程进行详细介绍。

本章学习要点：
- 参数文件的类型
- 常用的参数
- 创建参数文件
- 显示和设置初始化参数文件
- 启动数据库的步骤
- 启动模式
- 转换启动模式
- 数据库的关闭步骤
- 各种关闭数据库的方式
- 数据库的特殊状态
- 启动与关闭数据库服务

3.1 管理初始化参数

初始化参数用于设置实例和数据库的特征。通过设置初始化参数，不仅可以定义例程和数据库的特征，还可以定义许多其他特征和限制。例如，通过使用初始化参数可以定义 SGA 的大小、设置数据库的名称、定义用户和进程的限制、定义控制文件、跟踪文件和警告日志的位置等。在 Oracle 数据库中，初始化参数是存储在参数文件中的，启动实例、打开数据库时都必须提供相应的参数文件。

3.1.1 常用初始化参数

Oracle 11g 提供了 200 多个初始化参数，并且多数初始化参数都具有默认值。使用 Oracle 数据库时，只需要根据特定需求设置相应的参数即可，并且多数参数都可以保留默认值。表 3-1 分别介绍了一些常用的初始化参数。

表 3-1 初始化参数

参数	说明
DB_NAME	该参数用于定义数据库的名称
DB_DOMAIN	该参数用于指定数据库在分布式网络环境中的逻辑位置。设置该参数时，应该将其设置为网络域名。该参数和 DB_NAME 共同构成了全局数据库名
INSTANCE_NAME	该参数用于指定实例的唯一名称，主要用于在 RAC 环境中标识同一个数据库的不同例程。在单实例数据库系统中，其值应与 DB_NAME 保持完全一致
SERVICE_NAMES	该参数用于指定客户连接到实例时可以使用的一个或多个服务名称，默认值为 DB_NAME.DB_DOMAIN
CONTROL_FILES	该参数用于指定一个或多个控制文件名。当指定多个控制文件时，名称之间用逗号隔开。需要注意，设置该参数时，最多可以指定 8 个控制文件

管理 Oracle 数据库

续表

参数	说明
DB_BLOCK_SIZE	该参数用于指定 Oracle 数据库标准块的大小
DB_CACHE_SIZE	该参数用于指定标准数据高速缓存的大小，在标准 Oracle 块上的读写操作会使用标准数据高速缓存
SHARED_POOL_SIZE	该参数用于指定共享池的大小
LOG_BUFFER	该参数用于指定重做日志缓存区的大小
SGA_MAX_SIZE	指定 SGA 的最大大小
JAVA_POOL_SIZE	该参数用于指定 Java 池的大小。如果在数据库中安装 Java 虚拟机，必须设置该参数，并且其值不要低于 20MB
LARGE_POOL_SIZE	该参数用于指定大缓存池的大小
REMOTE_LOGIN_PASSWORDFILE	该参数用于指定特权用户的验证方式，其取值可以是 NONE、SHARED、EXCLUSIVE。其中，NONE 表示使用 OS 验证特权用户，SHARED 表示多个数据库可以共用同一个密码文件，EXCLUSIVE 表示密码文件只能用于单个数据库
UNDO_MANAGEMENT	该参数用于指定 UNDO 管理模式，其取值为 AUTO 或 MANUAL。设置为 AUTO 时，表示使用撤销表空间管理回退数据；设置为 MANUAL 时，表示使用回滚段管理回退数据
UNDO_TABLESPACE	该参数用于指定启动实例时使用的撤销表空间名。需要注意，该参数指定的撤销表空间必须是已经存在的撤销表空间
BACKGROUND_DUMP_DEST	该参数用于指定预警文件和后台进程跟踪文件所在的目录
USER_DUMP_DEST	该参数用于指定服务器进程跟踪文件所在的目录
PROCESSES	该参数用于指定连接到 Oracle 的并发用户进程的最大个数
NLS_DATE_FORMAT	指定使用的默认日期格式。该参数的值可以是包含在双引号内的任何有效的日期格式掩码。例如："MMM/DD/YYYY"

3.1.2 初始化参数文件

在传统上，Oracle 在启动实例时将读取本地的一个文本文件，并利用从中获取的初始化参数对实例和数据库进行设置，这个文本文件称为初始化参数文件（简称 PFILE）。如果要对初始化参数进行修改，必须先关闭数据库，然后在初始化参数文件中进行编辑，再重新启动数据库使修改生效。

从 Oracle 8i 开始，许多初始化参数都成了动态参数，也就是说可以在数据库运行期间利用 ALTER SYSTEM（或 ALTER SESSION）语句来修改初始化参数，并且不需要重新启动数据库，修改后就可以立即生效。但是使用 ALTER SYSTEM 语句对初始化参数进行的修改并不能保存在初始化参数文件中。因此，在下一次启动数据库时，Oracle 依然会使用初始化参数文件中的参数对实例进行设置。如果要永久性地修改某个初始化参数，数据库管理必须通过手动方式对初始化参数文件进行编辑，这就为初始化参数的管理带来了困难。

因此，从 Oracle 9i 开始提供了服务器端初始化参数文件（简称 SPFILE）。服务器端初始化参数文件是一个二进制格式的文件，它始终存放于数据库服务器端。这样，如果在数据库的任何一个实例中使用 ALTER SYSTEM 语句对初始化参数进行了修改，在默认情况下都会被永久地记录在服务器端初始化参数文件中。当下一次启动数据库时，这些修改会自动继续生效。因此，不必对初始化参数文件进行手动编辑，就能够保证在数据库运行过程中对初始化参数的修改不会丢失。

> **注意** 服务器端初始化参数文件是一个二进制格式的文件。尽管能够打开它并查看其中的内容，但是任何用户都不应当手工对其中的内容进行编辑，否则实例将无法启动。

在启动数据库时必须提供一个初始化参数文件，因为在启动数据库时将按照如下顺序寻找初始化参数文件。
- 首先检查是否使用 SPFILE 参数指定了服务器端初始化参数文件。
- 然后再检查是否使用了 PFILE 参数指定了文本初始化参数文件。
- 如果没有使用 SPFILE 参数和 PFILE 参数，则在默认位置寻找默认名称的服务器端初始化参数文件。
- 如果没有找到默认服务器端初始化参数文件，则在默认位置寻找默认名称的文本初始化参数文件。

3.1.3 创建初始化参数文件

如果当前实例正在使用 SPFILE，那么使用 ALTER SYSTEM 命令将无法修改某些初始化参数，如 DB_NAME。为了修改这些初始化参数，必须建立 PFILE，并且手工修改该 PFILE 文件的相应参数。可以使用 CREATE PFILE 命令可以建立文本参数文件，其语法如下：

```
create pfile [='pfile_name'] from spfile [='spfile_name']
```

其中，PFILE_NAME 用于指定 PFILE 的文件全名，SPFILE_NAME 用于指定 SPFILE 的文件全名。如果不指定 PFILE 文件名，则会在默认路径下建立默认 PFILE；如果不指定 SPFILE 文件，则会使用当前实例正在使用的 SPFILE 文件。需要注意，只有特权用户才能执行 CREATE PFILE 命令，例如：

```
C:\ >sqlplus sys/password as sysdba

SQL*Plus: Release 11.1.0.6.0 - Production on 星期三 3月 12 10:54:05 2008
Copyright (c) 1982, 2007, Oracle.  All rights reserved.

连接到:
Oracle Database 11g Enterprise Edition Release 11.1.0.6.0 - Production
With the Partitioning, OLAP, Data Mining and Real Application Testing
options

SQL> create pfile from spfile;
文件已创建。
```

因为 SPFILE 易于管理，并且可以对其进行备份，所以 Oracle 建议使用 SPFILE。使用 PFILE 修改了某些初始化参数后，为了将 PFILE 转换为 SPFILE，可以使用 CREATE SPFILE 命令建立服务器参数文件。语法如下：

```
create spfile [='spfile_name'] from pfile [='pfile_name']
```

其中，SPFILE_NAME 用于指定 SPFILE 文件全名，PFILE_NAME 用于指定 PFILE 文件全名。如果不指定 SPFILE 文件名，则会在默认路径下建立 SPFILE；如果不指定 PFILE 文件名，则使用默认的 PFILE 文件。需要注意，只有特权用户才能执行 CREATE SPFILE 命令。

> **注意**：在执行 CREATE SPFILE 语句时不需要启动实例，如果已经启动了实例，并且实例已经使用了一个服务器端初始化参数文件，则新建的服务器端初始化参数文件不能覆盖正在使用的那个文件。

举例如下：

```
C:\>sqlplus sys/password as sysdba
SQL*Plus: Release 11.1.0.6.0 - Production on 星期三 3月 12 11:14:10 2008
Copyright (c) 1982, 2007, Oracle. All rights reserved.

连接到:
Oracle Database 11g Enterprise Edition Release 11.1.0.6.0 - Production
With the Partitioning, OLAP, Data Mining and Real Application Testing
options

SQL> create spfile from pfile;
create spfile from pfile
*
第 1 行出现错误:
ORA-32002: 无法创建已由实例使用的 SPFILE
```

启动实例时，既可以使用 PFILE，也可以使用 SPFILE。当实例处于运行状态时，如果要确认实例使用的参数文件类型，首先应以特权用户登录，然后显示初始化参数 SPFILE 的值。示例如下：

```
SQL> conn sys/password as sysdba
已连接。
SQL> show parameter spfile

NAME                 TYPE         VALUE
------------------   ----------   -----------------------------------
spfile               string       D:\APP\MANAGER\PRODUCT\11.1.0\
                                  DB_1\DATABASE\SPFILEORCL.ORA
```

如果 VALUE 存在返回值，表示实例正在使用 SPFILE；如果 VALUE 没有任何返回结果，则表示实例正在使用 PFILE。

3.1.4 显示和设置初始化参数文件

为了在 SQL*Plus 中显示初始化参数，可以使用 SHOW PARAMETER 命令。该命令会显示初始化参数的名称、类型和参数值。

为了显示所有初始化参数的位置，可以直接执行 SHOW PARAMETER 命令，例如：

```
SQL>show parameter
NAME                                 TYPE         VALUE
------------------------------------ ------------ ------------------------------
db_writer_processes                  integer      1
dbwr_io_slaves                       integer      0
ddl_lock_timeout                     integer      0
dg_broker_config_file1               string       D:\APP\MANAGER\PRODUCT\11.1.0\
                                                  DB_1\DATABASE\DR1ORCL.DAT
dg_broker_config_file2               string       D:\APP\MANAGER\PRODUCT\11.1.0\
                                                  DB_1\DATABASE\DR2ORCL.DAT
dg_broker_start                      boolean      FALSE
...
```

SHOW PARAMETER 命令也可以显示特定初始化参数。为了显示特定初始化参数的名称、类型和参数值，可以在 SHOW PARAMETER 命令后指定参数名。示例如下：

```
SQL> show parameter db_block_size

NAME                                 TYPE         VALUE
------------------------------------ ------------ ------------------------------
db_block_size                        integer      8192
```

当使用 SHOW PARAMETER 命令显示初始化参数信息时，只能显示参数名、类型和参数值，为了取得初始化参数的详细信息，应该查询动态性能视图 V$PARAMETER，例如：

```
SQL> select isses_modifiable,issys_modifiable,ismodified
  2  from v$parameter where name='sort_area_size';

ISSES       ISSYS_MOD   ISMODIFIED
----------- ----------- -----------
TRUE        DEFERRED    FALSE
```

ISSES_MODIFIABLE 用于标识初始化参数是否可以使用 ALTER SESSION 命令进行修改，当取值为 TRUE 时表示可以修改；取值为 FALSE 则表示不可以修改。ISSYS_MODIFIABLE 用于标识初始化参数是否可以使用 ALTER SYSTEM 命令进行修改，取值为 IMMEDIATE 时表示可以直接修改；取值为 DEFERRED 表示需要使用带有 DEFERRED 的选项进行修改；取值为 FALSE 表示不能进行修改。ISMODIFIED 用于标识该初始化参数是否已经被修改，取值为 MODIFIED 表示使用 ALTER SESSION 进行了修改；取值为 SYSTEM_MOD 表示使用 ALTER SYSTEM 命令进行了修改；取值为 FALSE 表示未进行修改。

静态参数是指只能通过修改参数文件而改变的初始化参数；动态参数是指在数据库运行时可以使用 ALTER SESSION 或 ALTER SYSTEM 命令动态改变的初始化参数。下面的命令将显示系统的静态参数。

```
SQL> select name from v$parameter
```

管理 Oracle 数据库

```
  2  where isses_modifiable='FALSE';

NAME
--------------------------------------
lock_name_space
processes
sessions
resource_limit
license_max_sessions
license_sessions_warning
cpu_count
instance_groups
event
sga_max_size
pre_page_sga
shared_memory_address
hi_shared_memory_address
use_indirect_data_buffers
lock_sga
shared_pool_size
large_pool_size
java_pool_size
...
```

　　动态参数是指在数据库运行过程中可以动态修改的初始化参数。修改动态参数可以使用 ALTER SESSION 命令，也可以使用 ALTER SYSTEM 命令。这两者之间的区别是：ALTER SESSION 是对会话的设置，会话结束后就失效了；ALTER SYSTEM 修改的是数据库系统的配置，是全局性质。

　　在使用 ALTER SYSTEM 语句时，可以在 SET 子句中通过 SCOPE 选项来设置 ALTER SYSTEM 语句的影响范围。所谓影响范围，也就是 ALTER SYSTEM 语句对参数的修改是仅对当前实例有效还是永久有效。

　　SCOPE 选项的取值如下。

- **SCOPE=MEMORY**　　对参数的修改仅记录在内存中。对于动态初始化参数，更改将立即生效，并且由于修改不会记录在服务器端初始化参数文件中，在下一次启动数据库时，仍然会使用修改前的参数设置。对于静态参数，则不能使用该选项。
- **SCOPE=SPFILE**　　对参数的修改仅记录在服务器端初始化参数文件中。该选项同时适用于动态参数与静态参数。修改后的参数只在下一次启动数据库时更改后才会生效。
- **SCOPE=BOTH**　　对参数的修改将同时记录在内存中和服务器端初始化参数文件中。对于动态初始化参数，在更改后将立即生效，并且在下一次启动数据库时将使用修改后的参数设置。对于静态参数，则不能使用这个选项值。在执行 ALTER SYSTEM 语句时，Oracle 默认地将 SCOPE 选项设置为 BOTH。

在修改静态初始化参数时，只能将 SCOPE 选项设置为 SPFILE。

在修改动态初始化参数时,还可以指定 DEFERRED 关键字,这样对参数所做的修改将延迟到新的会话产生时才生效。如果数据库没有使用服务器端初始化参数文件,在 ALTER SYSTEM 语句中将 SCOPE 选项设置为 SPFILE 或 BOTH 将会产生错误。

例如,利用下面的语句将对动态初始化参数 LOG_CHECKPOINT_INTERVAL 进行修改,修改结果不仅在当前实例中有效,而且还将记录在服务器端初始化参数文件中。

```
SQL> alter system set log_checkpoint_interval=50;
系统已更改。
```

如果要修改静态参数,则必须将 SCOPE 选项设置为 SPFILE。例如修改静态初始化参数 DB_FILES。

```
SQL> alter system set db_files=100 scope=spfile;
系统已更改。

SQL> alter system set db_files=200 scope=memory;
alter system set db_files=200 scope=memory
                 *
第 1 行出现错误:
ORA-02095: 无法修改指定的初始化参数
```

3.2 启动数据库与实例

由于 Oracle 数据库的启动过程是分步进行的,因此数据库有多种启动模式。不同的启动模式之间能够相互切换。此外,除正常方式启动数据库外,还能够将数据库设置为受限状态或只读状态,以满足特殊管理工作的需要。

3.2.1 启动数据库的步骤

由于实例是 Oracle 用来管理数据库的一个实体,在启动数据库时将在内存中创建与该数据库所对应的实例。Oracle 数据库的完整启动过程分为如下 3 个步骤。

(1) 创建并启动与数据库对应的实例。在启动实例时,将为实例创建一系列后台进程和服务进程,并且在内存中创建 SGA 区等内存结构。在实例启动的过程中只会使用到初始化参数文件,数据库是否存在对实例的启动并没有影响。如果初始化参数设置有误,实例将无法启动。

(2) 为实例加载数据库。加载数据库时实例将打开数据库的控制文件,从控制文件中获取数据库名称、数据文件的位置和名称等有关数据库物理结构的信息,为打开数据库做好准备。如果控制文件损坏,则实例将无法加载数据库。在加载数据库阶段,实例并不会打开数据库的物理文件——数据文件和重做日志文件。

(3) 将数据库设置为打开状态。打开数据库时,实例将打开所有处于联机状态的数据文件和重做日志文件。控制文件中的任何一个数据文件或重做日志文件无法正常打开,数据库都将返回错误信息,这时需要进行数据库恢复。

只有将数据库设置为打开状态后,数据库才处于正常运行状态,这时普通用户才能够访问数据库。在很多情况下,启动数据库时并不是直接完成上述 3 个步骤,而是逐步完成的，然后执行必要的管理操作，最后再使数据库进入正常运行状态。

例如，如果需要重新命名数据库中的某个数据文件，而数据库当前正处于正常启动状态，可能还会有用户正在访问该数据文件中的数据，因此无法对数据文件进行更改。这时必须将数据库关闭，并进入到加载（但不打开）状态，这样将断开与所有用户的连接，然后再对数据文件进行重命名。完成操作后再重新打开数据库供用户使用。因此，数据库管理需要根据不同的情况决定以不同的方式启动数据库，并且还需要在各种启动状态之间进行切换。

在启动实例之前，首先需要启动 SQL*Plus 并连接到 Oracle。具体步骤如下：

（1）在命令提示符窗口中输入如下命令，以不连接数据库的方式启动 SQL*Plus。

```
C:\>sqlplus /nolog

SQL*Plus: Release 11.1.0.6.0 - Production on 星期三 3月 12 16:17:01 2008
Copyright (c) 1982, 2007, Oracle.  All rights reserved.
```

（2）以 SYSDBA 身份连接到 Oracle。

```
SQL> connect system/admin as sysdba
已连接。
```

3.2.2 启动模式

由上面的介绍可知，数据库和实例的启动过程可以分为 3 个步骤：启动实例，加载数据库，打开数据库。数据库管理员可以根据实际情况的需要，以不同的模式启动数据库。启动数据库所使用的 STARTUP 命令格式如下：

```
startup [nomount | mount | open | force]
        [resetrict] [pfile=filename]
```

其中，NOMOUNT 选项用于指定启动实例；MOUNT 选项用于指定启动例程并装载数据库；OPEN 选项用于指定启动例程、装载并打开数据库，这也是默认的选项；FORCE 选项用于指定终止实例并重新启动数据库；RESTRICT 用于指定以受限会话方式启动数据库；PFILE 则用于指定启动实例时所使用的文本参数文件。

由于数据库实例在启动时必须读取一个初始化参数文件，以便从中获得有关实例的参数配置信息。当用 STARTUP 语句启动数据库时，通过 PFILE 参数指定一个服务器端初始化参数文件或文本初始化参数文件。如果在 STARTUP 语句中没有指定 PFILE 参数，Oracle 首先读取默认位置的服务器端初始化参数文件 SPFILE，如果没有找到默认服务器端初始化参数文件，Oracle 则将继续读取默认位置的文本初始化参数文件。下面将详细介绍如何使用 STARTUP 语句启动数据库到各种启动模式。

1. 启动实例不加载数据库（NOMOUNT 模式）

这种启动模式只会创建实例，并不加载数据库，Oracle 仅为实例创建各种内存结构和服务进程，不会打开任何数据文件。当要执行下列维护工作时，必须在 NOMOUNT 启动模式下进行。

- ❑ 创建新数据库。
- ❑ 重建控制文件。

进入这种启动模式需要使用带有 NOMOUNT 子句的 STARTUP 语句。下面显示了在 SQL*Plus 中启动数据库进入 NOMOUNT 模式的过程。

```
SQL> shutdown immediate
数据库已经关闭。
已经卸载数据库。
ORACLE 例程已经关闭。
SQL> startup nomount
ORACLE 例程已经启动。

Total System Global Area      376635392 bytes
Fixed Size                      1333312 bytes
Variable Size                 310380480 bytes
Database Buffers               58720256 bytes
Redo Buffers                    6201344 bytes
```

启动到 NOMOUNT 模式下，只能访问那些与 SGA 区相关的数据字典视图，包括 V$PARAMETER、V$SGA、V$PROCESS 和 V$SESSION 等，这些视图中的信息都是从 SGA 区中获取的，与数据库无关。

2. 加载数据但不打开数据库（MOUNT 模式）

这种启动模式将为实例加载数据库，却保持数据库的关闭状态，这在进行一些特定的数据库维护工作是十分必要的。

在执行下列维护工作时必须在 MOUNT 启动模式下进行。

- ❑ 重命名数据文件。
- ❑ 添加、删除或重命名重做日志文件。
- ❑ 执行数据库完全恢复操作。
- ❑ 改变数据库的归档模式。

加载数据库时需要打开数据库控制文件，但数据文件和重做日志文件都无法进行读写，用户也就无法对数据库进行操作。进入这种启动模式需要使用 MOUNT 子句的 STARTUP 语句。下面显示了在 SQL*Plus 中启动数据库进入 MOUNT 模式的过程。

```
SQL> startup mount
ORACLE 例程已经启动。

Total System Global Area      376635392 bytes
Fixed Size                      1333312 bytes
Variable Size                 310380480 bytes
Database Buffers               58720256 bytes
Redo Buffers                    6201344 bytes
数据库装载完毕。
```

启动到 MOUNT 模式下，只能访问到那些与控制文件相关的数据字典视图，包括 V$THREAD、V$CONTROLFILE、V$DATABASE、V$DATAFILE 和 V$LOGFILE 等，这些视图中的信息都是从控制文件中获取的。

3. 打开数据库（OPEN 模式）

这是正常启动模式，用户要对数据库进行操作时，数据库必须处于 OPEN 启动模式。

进入这种启动模式可以使用不带任何子句的 STARTUP 语句。下面显示了在 SQL*Plus 中启动数据库进入 OPEN 模式的过程。

```
SQL> startup
ORACLE 例程已经启动。

Total System Global Area      376635392 bytes
Fixed Size                      1333312 bytes
Variable Size                 310380480 bytes
Database Buffers               58720256 bytes
Redo Buffers                    6201344 bytes
数据库装载完毕。
数据库已经打开。
```

4．强制启动数据库

在某些情况下，使用上述各种启动模式可能都无法成功启动数据库，这时需要强行启动数据库。强制启动数据库时需要使用带有 FORCE 子句的 STARTUP 语句，例如：

```
SQL> startup force
ORACLE 例程已经启动。

Total System Global Area      376635392 bytes
Fixed Size                      1333312 bytes
Variable Size                 310380480 bytes
Database Buffers               58720256 bytes
Redo Buffers                    6201344 bytes
数据库装载完毕。
数据库已经打开。
```

3.2.3 转换启动模式

在进行某些特定的管理和维护操作时，需要使用某种特定的启动模式来启动数据库。但是当管理或维护操作完成后，需要改变数据库的启动模式。例如，为一个未加载数据库的实例加载数据库，或者将一个处于未打开状态的数据库设置为打开状态等。

在数据库的各种启动模式之间切换需要使用 ALTER DATABASE 语句。下面分别介绍在不同的情况下，如何利用 ALTER DATABASE 语句来改变数据库的启动模式。

1．实例加载数据库

在执行一些特殊的管理和维护操作时，需要进入 NOMOUNT 启动模式。在完成操作后，可以使用如下语句为实例加载数据库，切换到 MOUNT 启动模式。

```
SQL> startup nomount
ORACLE 例程已经启动。

Total System Global Area      376635392 bytes
Fixed Size                      1333312 bytes
Variable Size                 310380480 bytes
Database Buffers               58720256 bytes
Redo Buffers                    6201344 bytes
SQL> alter database mount;

数据库已更改。
```

2. 打开数据库

为实例加载数据库后，数据库可能仍然处于关闭状态。为了使用户能够访问数据库，可以使用如下语句打开数据库，即切换到 OPEN 启动模式。

```
SQL> alter database open;
```

数据库已更改。

数据库设置为打开状态后，用户可以以正常方式访问数据库。

3. 切换受限状态

在正常启动模式下（OPEN 启动模式），可以选择将数据库设置为非受限状态和受限状态。在受限状态下，只有具有管理权限的用户才能够访问数据库。当需要进行如下数据库维护操作时，必须将数据库置于受限状态。

- ❑ 执行数据导入或导出操作。
- ❑ 暂时拒绝普通用户访问数据库。
- ❑ 进行数据库移植或升级操作。

当打开的数据库被设置为受限状态时，只有同时具有 CREATE SESSION 和 RESTRICTED SESSION 系统权限的用户才能够访问。具有 SYSDBA 和 SYSOPER 系统权限的用户也有权连接到受限状态的数据库。

可以使用如下的语句启动数据库，将数据库启动到受限状态的 OPEN 模式。

```
SQL> startup restrict
ORACLE 例程已经启动。

Total System Global Area     376635392 bytes
Fixed Size                     1333312 bytes
Variable Size                310380480 bytes
Database Buffers              58720256 bytes
Redo Buffers                   6201344 bytes
数据库装载完毕。
数据库已经打开。
```

如果在完成管理操作后需要将数据库恢复为非受限状态，可以使用 ALTER SYSTEM 语句来改变数据库的状态，例如：

```
SQL> alter system disable restricted session;
```

系统已更改。

如果在数据库运行过程中需要由非受限状态切换到受限状态，同样可以通过 ALTER SYSTEM 语句来实现，例如：

```
SQL> alter system enable restricted session;
```

系统已更改。

注意

进入受限状态后，系统中仍然可能会存在活动的普通用户会话。

4. 切换只读状态

在正常启动状态下，默认的数据库处于读写状态。此时用户不但能够从数据库中读取数据，而且还可以修改已有的数据库对象或创建新的数据库对象。在必要的时候，可以将数据库设置为只读状态。当数据库处理只读状态时，用户只能查询数据库，但是不能以任何方式对数据库对象进行修改。

> **注意**　处于只读状态的数据库能够保证数据文件和重做日志文件中的内容不被修改，但是并不限制那些不会写入数据文件与重做日志文件的操作。

可以使用 ALTER DATABASE 语句在数据库运行过程中切换为只读模式，例如：

```
SQL> startup mount
ORACLE 例程已经启动。

Total System Global Area      376635392 bytes
Fixed Size                      1333312 bytes
Variable Size                 310380480 bytes
Database Buffers               58720256 bytes
Redo Buffers                    6201344 bytes
数据库装载完毕。
SQL> alter database open read only;

数据库已更改。
```

同样可以利用 ALTER DATABASE 语句重新将数据库设置为读写模式，例如：

```
SQL> alter database open read write;

数据库已更改。
```

3.3 关闭数据库与实例

与数据库的启动相对应，关闭数据库也是分步骤进行的。在关闭数据库与实例时，需要使用一个具有 SYSDBA 权限的用户账户连接到 Oracle 中，然后使用 SHUTDOWN 语句执行关闭操作。

3.3.1 数据库的关闭步骤

与启动数据库实例的 3 个步骤相同，关闭数据库与实例也可以分为 3 步：关闭数据、实例卸载数据库、最后终止实例。

关闭数据库时，Oracle 会将日志缓存中的重做日志记录到重做日志文件，并将数据缓存中被修改的数据写入数据文件，然后再关闭所有的数据文件和重做日志文件。这时数据库的控制文件仍然处于打开状态，但是由于数据库已经处于关闭状态，用户也将无法访问数据库。

关闭数据库后,实例才能够卸载数据库。这时,数据库的控制文件已经被关闭,但是实例仍然存在。

最后是终止实例,实例所拥有的所有后台进程和服务进程都将被终止,内存中的 SGA 区被回收。

在 SQL*Plus 中可以使用 SHUTDOWN 语句关闭数据库,SHUTDOWN 语句可以带有不同的子句以控制数据库关闭的方式。其语法格式如下:

```
shutdown [normal | transactional | immediate | abort]
```

3.3.2 正常关闭方式(NORMAL)

如果对关闭数据库的时间没有限制,通常会使用正常方式来关闭数据库。使用带有 NORMAL 子句的 SHTUDOWN 语句将以正常方式关闭数据库,下面显示了在 SQL*Plus 中以正常方式关闭数据库的过程。

```
SQL> shutdown normal
数据库已经关闭。
已经卸载数据库。
ORACLE 例程已经关闭。
```

以正常方式关闭数据库时,Oracle 将执行如下操作。
- 阻止任何用户建立新的连接。
- 等待当前所有正在连接的用户主动断开连接,已经连接的用户能够继续当前的操作。
- 一旦所有的用户都断开连接,则立即关闭、卸载数据库,并终止实例。

注意

以正常方式关闭数据库时,Oracle 并不会断开当前用户的连接,而是等待当前用户主动断开连接。因此,在使用 SHUTDOWN NORMAL 语句关闭数据库时,应该通知所有在线的用户尽快断开连接。

3.3.3 立即关闭方式(IMMEDIATE)

立即方式能够在尽可能短的时间内关闭数据库。以立即方式关闭数据库时,Oracle 将执行如下操作。
- 阻止任何用户建立新的连接,同时阻止当前连接的用户开始任何新的事务。
- 任何未提交的事务均被回退。
- Oracle 不再等待用户主动断开连接,而是直接关闭、卸载数据库,并终止实例。

以立即方式关闭数据库,只需要使用带 IMMEDIATE 子句的 SHUTDOWN 语句,例如:

```
SQL> shutdown immediate
数据库已经关闭。
```

已经卸载数据库。
ORACLE 例程已经关闭。

在立即关闭方式下，Oracle 不仅会立即中断当前用户的连接，而且会强行终止用户的当前事务，并将未完成的事务回退。与正常方式类似，以立即方式关闭数据库后，在下次启动数据库时不需要进行任何恢复操作。

> **注意**：如果存在太多未提交的事务，立即方式仍然会耗费很长的时间。这时如果需要快速关闭数据库，可以使用 SHUTDOWN ABORT 语句。

3.3.4 事务关闭方式（TRANSACTIONAL）

事务关闭方式介于正常关闭方式与立即关闭方式之间，它能够在尽可能短的时间内关闭数据库，但是能够保证当前所有的活动事务都可以被提交。使用事务方式关闭数据库时，Oracle 将等待所有未提交的事务完成后再关闭数据库。

使用带有 TRANSACTIONAL 子句的 SHUTDOWN 语句将以事务方式关闭数据库，例如：

```
SQL> shutdown transactional
数据库已经关闭。
已经卸载数据库。
ORACLE 例程已经关闭。
```

以事务方式关闭数据库时，Oracle 将执行如下操作。
- 阻止任何用户建立新的连接，同时阻止当前连接的用户开始任何新的事务。
- 等待所有未提交的活动事务提交完毕，然后立即断开用户的连接。
- 关闭、卸载数据库，并终止实例。

事务关闭方式既能保证用户不会丢失当前工作的信息，又可以尽可能快地关闭数据库。因此，事务关闭数据库方式也是最常用的数据库关闭方式。

3.3.5 终止关闭方式（ABORT）

如果上述 3 种关闭方式都无法关闭数据库，说明数据库产生了严重的错误，这时只能使用终止方式来关闭数据库。终止关闭方式将丢失一部分数据信息，会对数据库的完整性造成损害。因此，如果重新启动实例并打开数据库时，后台进程 SMON 会执行实例恢复操作。一般情况下，应当尽量避免使用这种方式来关闭数据库。

使用带有 ABORT 子句的 SHUTDOWN 语句可以以终止方式关闭数据库，例如：

```
SQL> shutdown abort
ORACLE 例程已经关闭。
```

以终止方式关闭数据库时，Oracle 将执行如下操作。
- 阻止任何用户建立新的连接，同时阻止当前连接的用户开始任何新的事务。

- ❏ 立即终止当前正在执行的 SQL 语句。
- ❏ 任何未提交的事务均不被回退。
- ❏ 立即断开所有用户的连接，关闭、卸载数据库，并终止实例。

3.4 数据库的特殊状态

静默状态和挂起状态是两种特殊的数据库状态。当数据库处于静默状态时，只有 SYS 和 SYSTEM 用户能够在数据库中进行操作。当数据库处于挂起状态时，数据库 I/O 操作都会被暂时停止。利用这两种数据库状态，数据库管理员可以完成一些特殊的管理和维护操作。

3.4.1 静默状态

在静默状态下，只有具有管理员权限的用户才能够在数据库中执行查询、更新操作和运行 PL/SQL 程序，任何非管理员用户都不能在数据库中执行任何操作。

在数据库运行过程中，执行如下的语句将进入静默状态。

```
SQL> alter system quiesce restricted;
系统已更改。
```

执行上述语句后，数据库将等待所有正在运行的非管理员用户会话主动终止，同时不再允许开始任何新的非管理员用户会话。当所有的非管理员用户的活动会话都被暂停后，ALTER SYSTEM QUIESCE RESTRICTED 语句执行完毕，这时数据库被认为处于静默状态。

由于等待所有的非管理员用户会话都终止可能会需要很长一段时间，在这个过程中如果执行 ALTER SYSTEM 语句的会话被意外终止，进行静默状态的操作将被撤销，已经暂停的会话将被恢复。

如果数据库处于静默状态，可以执行如下语句从静默状态恢复为正常状态：

```
SQL> alter system unquiesce;

系统已更改。
```

可以通过使用动态性能视图 V$INSTANCE 来查询当前数据库是否处于静默状态。V$INSTANCE 视图的 ACTIVE_STATUS 字段显示数据库当前的活动状态。

- ❏ **NORMAL** 正常状态，即非静默状态。
- ❏ **QUIESCING** 正在进入静态状态，仍然存在活动的非管理员用户会话。
- ❏ **QUIESCED** 静默状态。

下面的示例显示了如何改变和查询数据库的静默状态。

```
SQL> alter system quiesce restricted;
系统已更改。

SQL> select instance_name,active_state from v$instance;
```

管理 Oracle 数据库

```
INSTANCE_NAME          ACTIVE_ST
----------------       ---------
orcl                   QUIESCED

SQL> alter system unquiesce;
系统已更改。

SQL> select instance_name,active_state from v$instance;

INSTANCE_NAME          ACTIVE_ST
----------------       ---------
orcl                   NORMAL
```

3.4.2 挂起状态

当数据库处于挂起状态时,数据库所有的物理文件(控制文件、数据文件和重做日志文件)的 I/O 操作都被暂停,这样能够保证数据库在没有任何 I/O 操作的情况下进行物理备份。挂起状态与静默状态的区别是:挂起状态并不禁止非管理员用户进行数据库操作,只是暂时停止所有用户的 I/O 操作。

> **注意** 当数据库进入静默状态时,不能通过复制物理文件的方法来对数据库进行备份,因为静默状态下的数据文件仍然处于读写状态。只能在数据库关闭状态或挂起状态下才能对数据库的物理文件进行复制操作。

在数据库进入挂起状态时,当前的所有 I/O 操作能够继续进行,但是所有新提交的 I/O 操作都不会被执行,而是被放入一个等待队列中。一旦数据库恢复到正常状态,这些 I/O 操作将从队列中取出并继续执行。

挂起数据库操作可以通过 ALTER SYSTEM 语句完成,例如:

```
SQL> alter system suspend;
系统已更改。
```

如果要将数据库从挂起状态中恢复,可以使用如下语句:

```
SQL> alter system resume;
系统已更改。
```

可以通过使用动态性能视图 V$INSTANCE 来查询当前数据库是否处于挂起状态。动态性能视图 V$INSTANCE 的 DATABASE_STATUS 字段显示数据库当前的活动状态。

- **SUSPENDED** 挂起状态。
- **ACTIVED** 正常状态。

下面的示例显示了如何改变和查询数据库的挂起状态。

```
SQL> alter system suspend;
系统已更改。
```

```
SQL>select database_status from v$instance;

DATABASE_STATUS
----------------
SUSPENDED

SQL> alter system resume;
系统已更改。

SQL> select database_status from v$instance;

DATABASE_STATUS
----------------
ACTIVE
```

3.5 思考与练习

一、填空题

1. UNDO_MANAGEMENT 参数用于指定 UNDO 管理模式，其取值可以为_____或_____。设置为_____时，表示使用撤销表空间管理回退数据；设置为_____时，表示使用回滚段管理回退数据。

2. 指定会话使用默认的日期格式时，所设置的参数为_____。

3. 在传统上，Oracle 在启动实例时将读取本地的一个文本文件，并利用从中获取的初始化参数对实例和数据库进行设置，这个文本文件称为_____（简称 PFILE）。而从 Oracle 9i 后，Oracle 开始提供_____（简称 SPFILE）。它是一个二进制格式的文件，并始终存放在数据库服务器端。

4. 为了在 SQL*Plus 中显示初始化参数，可以使用_____命令，该命令会显示初始化参数的名称、类型和参数值。

5. Oracle 数据库的完整启动过程依次为如下 3 个步骤：启动数据库实例、_____、将数据库设置为打开状态。

6. 关闭数据库的几种方式：正常关闭、_____、_____、终止关闭。

7. 在_____状态下，只有具有管理员权限的用户才能够在数据库中执行查询、更新操作和运行 PL/SQL 程序，任何非管理员用户都不能在数据库中执行任何操作。当数据库处于_____状态时，数据库所有物理文件的 I/O 操作都被暂停，这样能够保证数据库在没有任何 I/O 操作的情况下进行物理备份。

二、选择题

1. 如果用户 SCOTT 执行了语句 UPDATE EMP SET SAL=1000，则以下哪个命令可以关闭数据库？（   ）
   A. SHUTDOWN
   B. SHTUDOWN IMMEDIATE
   C. SHTUDOWN NORMAL
   D. SHTUDOWN TRANSACTIONAL

2. 下列哪一个是错误的启动语句？（   ）
   A. STARTUP NORMAL
   B. STARTUP NOMOUNT
   C. STARTUP MOUNT
   D. STARTUP FORCE

3. 使用以下哪一条 SHUTDOWN 语句关闭数据库之后，在下一次打开数据库时必须进行恢复操作？（   ）
   A. SHUTDOWN NORMAL
   B. SHTUDOWN IMMEDIATE
   C. SHTUDOWN TRANSACTIONAL
   D. SHTUDOWN ABORT

4. 下列关于数据库静默状态的描述，哪一项是不正确的？（   ）
   A. 在处于静默状态的数据库中，只允许 SYS 和 SYSTEM 两种 DBA 用户执行操作
   B. 在处于静默状态的数据库中，具有 SYSDBA 权限的用户可以通过 SQL 语句强行激活某个会话
   C. 如果通过 V$INSTANCE 视图查询数据库处于 QUIESCED，则说明当前

管理 Oracle 数据库

数据库中已经不存在任何活动的非 DBA 会话

D. 静默状态下，数据库仍然存在物理 I/O 操作，这一点与挂起状态不同

5. 如果需要在操作系统中对数据库的文件进行物理备份，应当令数据库进入哪种状态？（　　）

  A. 受限状态
  B. 挂起状态
  C. 静默状态
  D. 加载但不打开状态

三、简答题

1. 简述 Oracle 初始化参数文件。
2. 简述如何修改初始化参数。
3. 简述启动数据库时的状态。
4. 简述数据库的各种关闭方式。
5. 简述数据库的特殊状态。

第 4 章　SQL*Plus 命令

在数据库系统中,可以使用两种方式执行命令,一种方式是通过图形化工具,另一种方式是直接使用各种命令。图形化工具的特点是直观、简单、容易记忆,而直接使用命令则需要记忆具体命令及语法形式。但是,图形工具灵活性比较差,不利于用户对命令及其选项的理解;而命令则非常灵活,有利于加深用户对复杂命令选项的理解,并且可以完成某些图形工具无法完成的任务。在 Oracle 11g 系统中,提供了用于执行 SQL 语句和 PL/SQL 程序的工具 SQL*Plus。

本章将对 SQL*Plus 工具的特点、功能和用法进行全面描述,并对设置 SQL*Plus 的运行环境、执行各种 SQL*Plus 命令、格式化输出结果、定义和使用变量、编辑 SQL 命令等进行介绍。

本章学习要点:

- ➢ 理解 SQL*Plus 的运行环境
- ➢ 进行基本的运行环境设置
- ➢ 使用 HELP 命令
- ➢ DESCRIBE 命令的作用
- ➢ PROMPT 命令的使用
- ➢ SPOOL 命令的使用
- ➢ 使用 COLUMN 命令格式化查询结果
- ➢ 缓存区命令的使用
- ➢ 在 SQL*Plus 中运行脚本文件

4.1　SQL*Plus 的运行环境

SQL*Plus 运行环境是 SQL*Plus 的运行方式和查询语句执行结果显示方式的总称。设置合适的 SQL*Plus 运行环境,可以使 SQL*Plus 能够按照用户的要求运行和执行各种操作。

4.1.1　使用 SET 语句选项

在 Oracle 11g 系统中,用户可以使用 SET 命令来设置 SQL*Plus 的运行环境。使用 SET 命令的语法格式为:

```
set system_option value
```

SET 命令的选项及其取值如表 4-1 所示。

表 4-1　SET 命令选项

选项	说明
SET ARRAYSIZE {15|N}	设置 SQL*Plus 一次从数据库中取出的行数,其取值范围为任意正整数
SET AUTOCOMMIT{ON|OFF|IMMEDIATE|N}	该参数的值决定 Oracle 何时提交对数据库所做的修改。当设置为 ON 和 IMMEDIATE 时,SQL 命令执行完毕后立即提交用户做的更改;而当设置为 OFF 时,则用户必须使用 COMMIT 命令提交。关于事务处理请参考相关章节

续表

选项	说明
SET AUTOPRINT{ON|OFF}	自动打印变量值，如果设置为 ON，则在执行过程中可以看到屏幕上打印的变量值；设置为 OFF 表示只显示"过程执行完毕"这样的提示
SET AUTORECOVERY {ON|OFF}	设定为 ON 时，将以默认的文件名来记录重做记录，当需要恢复时，可以使用 RECOVER AUTOMATIC DATABASE 语句恢复，否则只能使用 RECOVER DATABASE 语句恢复
SET AUTOTRACE{ON|OFF|TRACE[ONLY]}[EXPLAIN][STATISTICS]	对正常执行完毕的 SQL DML 语句自动生成报表信息
SET BLOCKTERMINATOR {C|ON|OFF}	定义表示 PL/SQL 块结束的字符
SET CMDSEP{;|C|ON|OFF}	定义 SQL*Plus 的命令行区分字符，默认值为 OFF，也就是说回车键表示下一条命令并开始执行；假如设置为 ON，则命令行区分字符会被自动设定成";"，这样就可以在一行内用";"分隔多条 SQL 命令
SET COLSEP{ _|TEXT}	设置列和列之间的分隔字符。默认情况下，在执行 SELECT 语句输出的结果中，列和列之间是以空格分隔的。这个分隔符可以通过使用 SET COLSEP 命令来定义
SET LINESIZE {80|N}	设置 SQL*Plus 在一行中能够显示的总字符数，默认值为 80。可以的取值为任意正整数
SET LONG {80|N}	为 LONG 型数值设置最大显示宽度，默认值为 80
SET NEWPAGE {1|N|NONE}	设置每页打印标题前的空行数，默认值为 1
SET NULL TEXT	设置当 SELECT 语句返回 NULL 值时显示的字符串
SET NUMFORMAT FORMAT	设置数字的默认显示格式
SET PAGESIZE {14|N}	设置每页打印的行数，该值包括 NEWPAGE 设置的空行数
SET PAUSE{OFF|ON|TEXT}	设置 SQL*Plus 输出结果时是否滚动显示。当取值为 NO 时表示输出结果的每一页都暂停，用户按回车键后继续显示；取值为字符串时，每次暂停都将显示该字符串
SET RECSEP {WRAPPED	EACH	OFF}	显示或打印记录分隔符。其取值为 WRAPPED 时，只有在折叠的行后面打印记录分隔符；取值为 EACH 则表示每行之后都打印记录分隔符；OFF 表示不打印分隔符
SET SPACE{1	N}	设置输出结果中列与列之间的空格数，默认值为 10
SET SQLCASE{MIXED	LOWER	UPPER}	设置在执行 SQL 命令之前是否转换大小写。取值可以为 MIXED（不进行转换）、LOWER（转换为小写）和 UPPER（转换为大写）
SET SQLCONTINUE{>| TEST}	设置 SQL*Plus 的命令提示符
SET TIME {OFF	ON}	控制当前时间的显示。取值为 ON 时，表示在每个命令提示符前显示当前系统时间；取值为 OFF 则不显示当前的系统时间
SET TIMING {OFF	ON}	控制是否统计每个 SQL 命令的运行时间。取值为 ON 表示统计，取值为 OFF 则不统计
SET UNDERLINE{-| C	ON	OFF}	设置 SQL*Plus 是否在列标题下面添加分隔线，取值为 ON 或 OFF 时分别表示打开或关闭该功能；还可以设置列标题下面分隔线的样式
SET WRAP {ON	OFF}	设置当一个数据项比当前行宽时，SQL*Plus 是否截断该数据项的显示。取值为 OFF 时表示截断，取值为 ON 表示超出部分折叠到下一行显示

例如，下面设置显示当前系统时间的 SQL*Plus 命令提示符。通过 SET 命令设置的环境变量是临时的，当用户退出 SQL*Plus 后，用户设置的参数将全部丢失。

```
SQL> set time on
18:22:07 SQL>
```

4.1.2 设置运行环境示例

本节将通过几个示例介绍如何设置运行环境以及设置后的效果。这些设置都是在平常操作中使用频率较高的运行环境。

1. PAUSE 选项

如果在 SQL*Plus 中运行的查询语句可以返回多行数据，以至于无法在 SQL*Plus 窗口中一次显示完，这时 SQL*Plus 输出窗口会快速滚动显示。这样就需要在窗体上进行一次缓存，以存储滚动到屏幕以外的数据，以便一页一页地查看查询结果。

这可以通过设置环境变量 PAUSE 为 ON 来控制 SQL*Plus 在显示完一页后暂停显示，直到按回车键后才继续显示下一页数据。当设置 PAUSE 命令为 ON 时，需要注意一点，当提交查询的时候，SQL*Plus 会在显示第一页之前就暂停显示。只有按回车键后第一页的内容才会显示。PAUSE 选项还可以设置暂停后显示的字符串，以便提示用户。例如，使用下面的命令可以设置在暂停后显示"按回车键继续"字符串。

```
SQL> set pause on
SQL> set pause '按回车键继续'
SQL> select empno,ename,job,hiredate,sal
  2  from emp;
按回车键继续


     EMPNO  ENAME      JOB        HIREDATE         SAL
     -----  ------     ----       ---------        ------
      7369  SMITH      CLERK      17-12月-80       800
      7499  ALLEN      SALESMAN   20-2月 -81       1600
      7521  WARD       SALESMAN   22-2月 -81       1250
      7566  JONES      MANAGER    02-4月 -81       2975
      7654  MARTIN     SALESMAN   28-9月 -81       1250
      7698  BLAKE      MANAGER    01-5月 -81       2850
      7782  CLARK      MANAGER    09-6月 -81       2450
      7788  SCOTT      ANALYST    19-4月 -87       3000
      7839  KING       PRESIDENT  17-11月-81       5000
      7844  TURNER     SALESMAN   08-9月 -81       1500
      7876  ADAMS      CLERK      23-5月 -87       1100
按回车键继续
```

当不再需要暂停时，可以关闭 PAUSE 命令。关闭 PAUSE 命令的形式如下：

```
SQL> set pause off
```

2. PAGESIZE 和 NEWPAGE 选项

当执行有返回结果的查询语句时，SQL*Plus 首先会显示用户所选择数据的列标题，然后在相应的列标题下显示数据，列标题之间的空间就是 SQL*Plus 的一页。

那么 SQL*Plus 的一页有多大呢？使用命令 SHOW PAGESIZE 可以显示 SQL*Plus 默认的一页的大小。可以通过使用 PAGESIZE 命令来改变这个默认值。例如，设置 PAGESIZE 为 30 后查询 SCOTT.EMP 表，结果如下：

```
SQL> show pagesize
pagesize 14
SQL> set pagesize 30
SQL> select empno,ename,sal
  2  from scott.emp;

     EMPNO ENAME           SAL
     ----- ------          -----
      7369 SMITH           800
...
      7934 MILLER          1300

已选择 14 行。
```

当 PAGESIZE 被设置为 30 后，SQL*Plus 在一页内显示了 14 行数据。

注意　一页的内容不仅包含查询的数据结果，它还包括列标题、空行和列标题与数据行间的分隔线。

一页中空行的数量可以通过设置 NEWPAGE 选项设置，默认 NEWPAGE 选项值为 1，即标题前有 1 行空行。可以通过如下的命令设置标题与数据之间的空行：

```
SQL> show newpage
newpage 1
SQL> set newpage 3
SQL> select empno,ename,sal
  2  from emp;

     EMPNO ENAME           SAL
     ----- -----           -----
      7369 SMITH           800
...
      7934 MILLER          1300

已选择 14 行。
```

3. LINESIZE 选项

通过设置 LINESIZE 选项，可以修改系统默认的每行打印 80 个字符。当 SQL*Plus 输出 LINESIZE 指定数量的字符后，随后的数据就会折叠到下一行显示，如果用户窗口特别宽，那么用户就可以设置更宽的 LINESIZE，以避免折叠显示。

```
SQL> show linesize
linesize 80
```

```
SQL> set linesize 100
linesize 100
```

使用与 SQL*Plus 窗口的宽度相匹配的 LINESIZE，就不会因为输出的数据超过窗口的限制而折叠显示。

4．NUMFORMAT 选项

当用户查询数据库中的数字值时，SQL*Plus 将使用默认的格式显示，即以 10 个字符的宽度显示数字。如果用户处理的字符数量超过 10 个，那么用户可以使用 NUMFORMAT 选项设置一个更大的值。

为了演示 NUMFORMAT 选项的功能，下面创建一个简单的表。

在上面的示例中，添加的第一行数据由 10 个数字组成，而第二行数据则由 13 个数字组成。当查询该表时，SQL*Plus 会将结果调整为 10 个字符宽。如果数字数据的长度超过了 10 个字符，则 SQL*Plus 会采用另一种形式显示数字。可以通过设置 NUMFOR- MAT 设置数字的显示格式，例如：

```
SQL> create table numsample(num number);
表已创建。

SQL> insert into numsample
  2  values(1234567890);
已创建 1 行。

SQL> insert into numsample
  2  values(1234567890123);
已创建 1 行。

SQL> select * from numsample;

       NUM
----------
1234567890
1.2346E+12
```

```
SQL> set numformat 999,999,999,999,999,999.99
SQL> select * from numsample;

                NUM
-------------------
   1,234,567,890.00
   1,234,567,890,123.00
```

表 4-2 列出了数字值的格式化掩码以及它们对查询结果中的数字数据的影响。

表 4-2 格式掩码

字符	示例	说明
9	999	查询结果中数字替换格式中的掩码
0	999.00	格式中的掩码屏蔽掉查询结果中的数字
$	$999	在查询结果中的数字前添加美元前缀
S	S999	为数字显示符号类型，通常用于显示查询结果中的正负数字
PR	999PR	在尖括号中显示数字
D or .	99D99.99	在字符 D 或字符小数点 "." 位置上放置小数点
,	999,99	在字符 "," 位置上放置逗号
RN or rn	RN	根据字符的大小写形式，以大写或者小写的形式显示罗马数字

5. TIMING 选项

在 SQL*Plus 中运行 SQL 命令时，不同的 SQL 命令消耗的系统时间是不同的。为了查看命令所消耗的系统时间，可以设置 TIMING 选项为 ON，这时每当执行完 SQL 命令，SQL*Plus 就会显示该命令所消耗的系统时间。设置显示消耗的系统时间后，当执行 SQL 命令后，SQL*Plus 将显示该命令的执行时间，例如：

```
SQL> set timing on
SQL> select empno,ename,sal
  2  from emp;
...
已用时间:  00: 00: 00.03
```

4.2 SQL*Plus 命令

在 Oracle 11g 系统中，SQL*Plus 提供了许多可以定制该工具行为的命令。这些命令包括：HELP、DESCRIBE、PROMPT、SPOOL 和 SHWO 等。本节将介绍这些命令的使用方法。

4.2.1 HELP 命令

SQL*Plus 有许多命令，而且每个命令都有大量的选项，要记住每一个命令的所有选项是很困难的。不过 SQL*Plus 提供了内建的帮助系统，用户在需要的时候，随时可以使用 HELP 命令查询相关的命令信息。但是 SQL*Plus 的内建帮助系统只是提供了部分命令信息，SQL*Plus 帮助系统可以向用户提供下面一些信息。

- ❑ 命令标题。
- ❑ 命令作用描述的文件。
- ❑ 命令的缩写形式。
- ❑ 命令中使用的强制参数和可选参数。

HELP 命令的语法形式如下：

```
help [topic]
```

在上面的语法中，TOPIC 参数表示将要查询的命令名称。

使用 HELP INDEX 命令，则可以通过 HELP 命令查看 SQL*Plus 命令清单。该命令的执行结果如下：

```
SQL> help index

Enter Help [topic] for help.

 @           COPY          PAUSE          SHUTDOWN
 @@          DEFINE        PRINT          SPOOL
 /           DEL           PROMPT         SQLPLUS
 ACCEPT      DESCRIBE      QUIT           START
 APPEND      DISCONNECT    RECOVER        STARTUP
 ARCHIVE LOG EDIT          REMARK         STORE
```

```
ATTRIBUTE    EXECUTE     REPFOOTER                    TIMING
BREAK        EXIT        REPHEADER                    TTITLE
BTITLE       GET         RESERVED WORDS (SQL)         UNDEFINE
CHANGE       HELP        RESERVED WORDS (PL/SQL)      VARIABLE
CLEAR        HOST        RUN                          WHENEVER OSERROR
COLUMN       INPUT       SAVE                         WHENEVER SQLERROR
COMPUTE      LIST        SET                          XQUERY
CONNECT      PASSWORD    SHOW
```

SHUTDOWN 命令可以关闭数据库实例。使用 HELP 命令可以查看 SHUTDOWN 命令的使用方式。结果如下：

```
SQL> help shutdown

SHUTDOWN
-------
Shuts down a currently running Oracle Database instance, optionally
closing and dismounting a database.

SHUTDOWN [ABORT|IMMEDIATE|NORMAL|TRANSACTIONAL [LOCAL]]
```

如果希望查看 SQL 和 PL/SQL 中使用的关键字，则可以使用 HELP RESERVE WORDS 命令。该命令的形式如下：

```
SQL> help reserve words
```

4.2.2 DESCRIBE 命令

在 SQL*Plus 的许多命令中，用户使用最频繁的命令可能是 DESCRIBE 命令。DESCRIBE 命令可以返回对数据库中所存储的对象的描述。对于表、视图等对象而言，DESCRIBE 命令都可以列出其各个列的名称以及属性。除此之外，DESCRIBE 还会输出过程、函数和程序包的规范。

DESCRIBE 命令的语法形式如下：

```
describe object_name;
```

其中，DESCRIBE 可以缩写为 DESC，OBJECT_NAME 表示将要描述的对象名称。

DESCRIBE 命令不仅可以描述表、视图的结构，而且还可以描述 PL/SQL 对象，如过程、函数和程序包等都能通过该命令描述。

下面通过 DESCRIBE 命令查看 SCOTT.EMP 表的结构。

```
SQL> desc scott.emp
 名称                                      是否为空?      类型
 ----------------------------------------- -------- ----------------------------
 EMPNO                                     NOT NULL NUMBER(4)
 ENAME                                              VARCHAR2(10)
 JOB                                                VARCHAR2(9)
 MGR                                                NUMBER(4)
 HIREDATE                                           DATE
 SAL                                                NUMBER(7,2)
```

```
COMM                                      NUMBER(7,2)
DEPTNO                                    NUMBER(2)
```

4.2.3 PROMPT 命令

使用 PROMPT 命令可以在屏幕上输出一行数据,这种输出方式非常有助于在脚本文件中向用户传递相应的信息。

PROMPT 命令的语法形式如下:

```
prompt prompt_text;
```

其中,PROMPT_TEXT 表示用于指定要在屏幕上显示的提示消息。

下面编写一个查询当前用户及其默认表空间的语句,并且为用户提示一些描述信息。可以将以下命令存储在 USER_TABLESPACE.SQL 文件中。

```
prompt
prompt '显示当前用户及其默认的表空间'
prompt
select username,default_tablespace
from user_users;
```

在 SQL*Plus 中使用@命令运行 USER_TABLESPACE.SQL 文件,运行结果如下:

```
SQL> @ f:\user_tablespace

'显示当前用户及其默认的表空间'

USERNAME                        DEFAULT_TABLESPACE
----------------                ------------------------
SCOTT                           USERS
```

4.2.4 SPOOL 命令

使用 SPOOL 命令可以把查询结果保存到文件中或者发送到打印机中。SPOOL 命令的语法格式如下:

```
spool file_name [create ] | [replace] | [append] | off;
```

其中,FILE_NAME 参数用于指定脱机文件的名称,默认的文件扩展名为.LST。如果使用了 CREATE 关键字,那么表示创建一个新的脱机文件;如果使用 REPLACE 关键字,那么表示替代已经存在的脱机文件;如果使用 APPEND 关键字,那么表示把脱机内容附加到一个已经存在的脱机文件中。

在下面的示例中,将使用 SPOOL 命令生成 OUTPUT_FILE.TXT 文件,并将查询 SCOTT.EMP 表的内容保存到该文件中,显示如下:

```
SQL> spool f:\output_file.txt
SQL> select empno,ename,job,hiredate,sal
  2  from scott.emp;
```

```
    EMPNO      ENAME      JOB        HIREDATE       SAL
    -----      -----      -----      -----------    --------
    7369       SMITH      CLERK      7-12月-80      800
    ...
    7934       MILLER     CLERK      23-1月-82      1300

已选择14行。

SQL> spool off
```

SPOOL 命令执行的结果为：从 SPOOL 命令开始，一直到 SPOOL OFF 或者 SPOOL OUT 命令之间的查询结果都将保存到文件中。

4.3 格式化查询结果

SQL*Plus 提供了大量的命令用于格式化查询结果，使用这些命令可以对查询结果进行格式化，以产生用户需要的报表。使用这些命令可以实现重新设置列的标题，重新定义值的显示格式和显示宽度，为报表增加头标题和底标题，在报表中显示当前日期和页号，为报表添加新的统计数据等。常用的格式化查询结果命令包括 COLUMN、COMPUTE、BREAK、BTITLE 和 TTITLE 等。

需要注意的是，使用格式化命令时应该遵循下面的一些规则。

- 格式化命令设置后，将一直起作用，直到该会话结束或下一个格式化命令的设置。
- 每一次报表结束时，应该重新设置 SQL*Plus 为默认值。
- 如果为某个列指定了别名，那么必须引用该列的别名，而不能再使用列名。

4.3.1 COLUMN 命令

通过使用 COLUMN 命令，可以对控制查询结果集中列的显示格式。COLUMN 命令的语法格式如下：

```
column [column_name ] alias | option ]
```

其中，COLUMN_NAME 参数用于指定要控制的列的名称。ALIAS 参数用于指定列的别名。OPTION 参数用于指定某个列的显示格式，OPTION 选项的取值及意义如表 4-3 所示。

表 4-3 OPTION 选项的取值及意义

选项	说明
CLEAR	清除为该列设置的显示属性，使其使用默认的显示属性
COLOR	定义列的显示颜色
FORMAT	为列指定显示格式
HEADING	定义列的标题
JUSTIFY	调整列标题的对齐方式。默认情况是数字列为右对齐，其他列为左对齐。可以设置的标题位置值为：LEFT、CENTER、RIGHT

续表

选项	说明
NULL	指定一个字符串，如果列的值为 NULL，则由该字符串代替
PRINT/NOPRINT	显示列标题/隐藏列标题
ON | OFF	控制显示属性的状态，OFF 表示定义的显示属性不起作用
WRAPPED	当字符串的长度超过显示宽度时，将字符串的超出部分折叠到下一行显示
WORD_WRAPPED	表示从一个完整的字符处折叠
TRUNCATED	TRUNCATED 表示截断字符串尾部

如果在关键字 COLUMN 后面未指定任何参数，则 COLUMN 命令将显示 SQL*Plus 环境中所有列的当前显示属性；如果在 COLUMN 后面只指定了列名，则显示指定列的当前显示属性。

在 SQL*Plus 中运行 SELECT 查询命令时，如果有返回结果，则结果会以行和列的形式显示。对于查询结果集中的每一列，SQL*Plus 都允许在 COLUMN 命令中使用 FORMAT 选项规定其显示样式。例如，在 SQL*Plus 中查询 SCOTT.EMP 表中的 SAL 列，要求以货币符号"&"开头，并且以千分位形式表示。则所使用的 COLUMN 命令如下：

```
SQL> column sal format $999,999.00
SQL> select empno,ename,sal
  2  from scott.emp;

EMPNO      ENAME           SAL
----       ------        --------
7369       SMITH         $800.00
...
7934       MILLER        $1,300.00

已选择 14 行。
```

上面的示例在格式化数字时使用了格式掩码"999,999.00"，该格式掩码的作用就是告诉 Oracle 使用该列的数字值代替掩码中的 9，而对应 0 的数字值则不予显示。例如，如果某行的 SAL 列的值为 2500.3，则使用该格式掩码后显示的数字值就是 2,500.00。除此之外，还可以规定列在显示时所附带的字符前缀。其他常用的数字格式化掩码见表 4-2。

```
SQL> column job format a5 wrapped
SQL> select empno,ename,job,sal
  2  from emp;

EMPNO      ENAME      JOB        SAL
----       ------     ------   --------
7369       SMITH      CLERK    $800.00
7499       ALLEN      SALES    $1,600.00
                      MAN
...
7934       MILLER     CLERK    $1,300.00

已选择 14 行。
```

对于字符型的列，其值以左对齐的方式显示。如果字符串列值的长度超过了定义的显示长度，则会根据系统变量 WRAP 的值进行截断或折叠在下一行显示。如果列标题的长度超过了定义的显示宽度，则对列标题进行截断。下面的示例为查询的各列设置了显示宽度，当数值超过显示宽度时，超过部分折叠在下一行显示。

在默认情况下，查询中的列标题是从数据库中选择的列的名称。通过 COLUMN 命令可以为列指定一个别名，为列指定别名时需要在 COLUMN 命令中使用 HEADING 选项。例如，使用下面的命令为查询的各列指定别名。

```
SQL> column empno heading 工作编号
SQL> column ename heading 姓名
SQL> column sal heading 工资
SQL> select empno,ename,sal
  2  from emp;

  工作编号    姓名              工资
  ------    -----          ------------
      7369  SMITH              $800.00
...
      7934  MILLER           $1,300.00

已选择 14 行。
```

如果用户想要查看某列的显示属性,可以通过如下命令显示特定列的显示属性。

```
SQL> column sal
COLUMN    sal ON
HEADING   '工资'
FORMAT    $999,999.00
```

用户可以通过 ON 或 OFF 设置某列的显示属性是否起作用。例如,下面的示例通过 OFF 禁用了列的显示属性,然后使用 ON 启用了列的显示属性。下面的示例通过 OFF 禁用了列的显示属性。

```
SQL> column empno off
SQL> select empno,ename,sal
  2  from emp;

     EMPNO 姓名              工资
     ----- -----          ------------
      7369 SMITH              $800.00
      7499 ALLEN            $1,600.00
      7521 WARD             $1,250.00
      7566 JONES            $2,975.00
      7654 MARTIN           $1,250.00
      7698 BLAKE            $2,850.00
      7782 CLARK            $2,450.00
      7788 SCOTT            $3,000.00
      7839 KING             $5,000.00
...
```

如果想要取消对列的显示属性的设置,则可以通过 CLEAR 选项清除设置的显示属性。例如,下面的示例清除了 ENAME 列的显示属性。

```
SQL> column ename
COLUMN    ename ON
HEADING   '姓名'
SQL> column ename clear
SQL> column ename
SP2-0046: COLUMN 'ename' 未定义
```

4.3.2 TTITLE 和 BTITLE 命令

SQL*Plus 的显示结果通常包括一个头部标题、列标题、查询结果和一个底部标题。如果输出结果需要打印多个页，则每个页都可以拥有自己的页标题和列标题。每页可以打印的数量由用户设置的页的大小决定，用户设置系统参数 NEWPAGE 可以决定头部标题之前的空行数；PAGESIZE 参数则规定每页打印的行数；而每行可打印的字符数则由 LINESIZE 参数决定。

除此之外，用户还可以利用 TTITLE 和 BTITLE 命令设置打印时每页的顶部和底部标题。使用 TTITLE 命令的语法格式为：

```
ttitle [ printspec [ text | variable ] ...] | [off | on ]
```

其中，TEXT 选项用于设置头标题的文字，如果头部包含多个字符，则必须用单引号括起来；VARIABLE 选项用于在标题中打印相应的变量；OFF 选项用于禁止打印头部标题，ON 选项则用于打印头部标题；PRINTSPEC 用来设置格式化头部标题的子句。它可以使用如下选项。

- **COL**   指定在当前行的第几列打印头部标题。
- **SKIP** 跳到从下一行开始的第几行，默认值为 1。
- **TAB**   指定向前跳的列数。
- **LEFT** 在当前行中左对齐打印数据。
- **CENTER** 在当前行中间打印数据。
- **RIGHT** 在当前行中右对齐打印数据。
- **BOLD** 以黑体打印数据。
- **FORMAT** 指定随后的数据项格式。如果对指定的数据项没有合适的格式，则根据系统变量 NUMFORMAT 系统参数打印数字值。数据项的显示格式见表 4-2。

BTITLE 的语法格式与 TTITLE 的语法格式相同。如果在 TTITLE 或 BTITLE 命令后没有任何参数，则显示当前的 TTITLE 或 BTITLE 的定义。

例如，下面的示例使用 TTITLE 和 BTITLE 命令在查询结果中打印其描述信息。

```
SQL> ttitle center '职工信息表'
SQL> btitle left '2008/03/15'
SQL> select empno,ename,sal
  2  from emp;

                        职工信息表
    EMPNO    ENAME           SAL
    ------   ------      --------
     7369    SMITH         $800.00
     7499    ALLEN       $1,600.00
     7521    WARD        $1,250.00
     7566    JONES       $2,975.00
     7654    MARTIN      $1,250.00
     7698    BLAKE       $2,850.00
     7782    CLARK       $2,450.00
     7788    SCOTT       $3,000.00
```

```
    7839       KING              $5,000.00       2008/03/15
```

这些设置会一直起作用，直到本次会话结束为止。如果希望在本次会话过程中，随时根据需要中止这种页面头部标题和底部标题，那么可以使用如下命令关闭页标题，使得打印查询结果时不显示定义的标题。

```
SQL> ttitle off
SQL> btitle off
```

4.4 缓存区

SQL*Plus 可以在缓存区中存储用户最近执行的命令。通过在缓存区中存储这些命令，用户可以重新调用、编辑或运行那些最近输入的 SQL 语句。编辑缓存区最常用的方法是将缓存区中的内容传递到 Windows 记事本中进行编辑。

为了在 SQL*Plus 中利用 Windows 记事本作为用户的编辑器，可以使用 DEFINE 命令执行如下操作：

```
SQL> define _editor=notepad;
SQL> define _editor
DEFINE _EDITOR         = "notepad" (CHAR)
```

执行完上面的设置之后，用户就可以使用 EDIT 命令来执行编辑操作了，除了 EDIT 命令外，还可以使用 SAVE 命令。使用 SAVE 命令可以把当前 SQL 缓存区中的内容保存到指定的文件中。SAVE 命令的语法形式如下：

```
save file_name [create | replace | append]
```

其中，FILE_NAME 为文件名，如果用户没提供文件的扩展名，则默认扩展名为 SQL，保存的文件为一个 SQL 脚本文件，它由 SQL 语句或 PL/SQL 程序组成，它是一个可在 SQL*Plus 中执行的文件。CREATE 选项用于指定如果文件不存在，则创建一个文件，该选项也是 SAVE 命令的默认选项。REPLACE 选项用于指定如果文件不存在，则创建它；否则，用 SQL*Plus 缓冲区中的内容替覆盖文件中的内容。APPEND 选项则把缓冲区中的内容追加到文件的末尾。

例如，保存查询职工信息的 SQL 语句到 C:\EMPLOYEES.SQL 文件中，使用的 SAVE 命令如下：

```
SQL> select empno,ename,job,sal
  2  from emp
  3  where deptno=10;

   EMPNO ENAME  JOB          SAL
   ----- ------ ----         ----------
    7782 CLARK  MANAGER      2450
    7839 KING   PRESIDENT    5000
    7934 MILLER CLERK        1300

SQL> save c:\employees.sql
已创建 file c:\employees.sql
```

SAVE 命令默认的保存路径为 Oracle 系统安装的主目录。最好将 SQL 文件与 Oracle 系统文件分开保存，所以应在文件名前加绝对路径。

由于 SQL*Plus 缓冲区中只能存放 SQL 命令，所以可以使用这种方法把 SQL 命令或 PL/SQL 块保存到指定的文件中去，而要保存 SQL*Plus 命令及其运行结果到文件中，就需要配合使用 INPUT 命令。

下面的示例使用 INPUT 命令将 SQL 语句和其运行结果一同保存到文件 C:\EMPLOYEES.SQL 中，由于在 SAVE 命令中使用了 REPLACE 选项，所以新添加的内容将替换原文件的内容。

```
SQL> clear buffer
buffer 已清除
SQL> input
  1  select empno,ename,job,hiredate,sal
  2  from emp
  3  where sal>2000;

     EMPNO   ENAME      JOB         HIREDATE          SAL
     -----   -----      -----       ----------        ------
      7566   JONES      MANAGER     02-4月 -81        2975
       ...
      7902   FORD       ANALYST     03-12月-81        3000

已选择 6 行。

SQL> save c:\employees.sql replace
已写入 file c:\employees.sql
```

在上面的示例中，通过 CLEAR BUFFER 命令清除了 SQL*Plus 缓存区中的内容。

使用 SAVE 命令可以将缓存区中的内容保存到文件，如果要把一个命令文件的内容放进缓冲区，就必须使用 GET 命令。GET 命令的语法形式如下：

```
get file_name[.ext ] [ list | nolist ]
```

其中，FILE_NAME 为要检索的文件名，如果省略了文件的扩展名，则默认文件的扩展名为.SQL。LIST 选项指定文件的内容加载到缓冲区时列出该文件的内容；NOLIST 选项则不显示文件内容。

执行 GET 命令时，将在默认的目录下检索指定文件，除非用户在文件名的前面指定该文件的存放路径；如果找到该文件，则把文件的内容加载到 SQL*Plus 缓冲区中，并显示该文件的内容。例如，下面的语句清除缓存区中的内容，并通过 GET 命令将文件 C:\EMPLOYEES.SQL 中的内容加载到缓存区。

```
SQL> clear buffer
buffer 已清除
SQL> get c:\employees.sql
  1  select empno,ename,job,hiredate,sal
  2  from emp
  3* where sal>2000
SQL> /
```

```
    EMPNO    ENAME      JOB            HIREDATE         SAL
    -----    ------     -----          -----------      --------
     7566    JONES      MANAGER        02-4月-81        2975
      ...
     7902    FORD       ANALYST        03-12月-81       3000
```

已选择 6 行。

获取指定文件的内容后，就可对缓冲区中的命令作进一步的编辑。如果该命令只包含 SQL 命令，也可以使用运行命令"/"执行缓存区中的语句。

4.5 实验指导

1. 使用 COLUMN 命令格式化显示列

SQL*Plus 中的 COLUMN 命令是使用频率最高的，本练习将练习如何使用 COLUMN 命令。

（1）改变默认的列标题。

```
SQL>select * from dept;
DEPTNO    DNAME        LOC
------    ------       -----
   10     ACCOUNTING   NEW YORK
SQL>col LOC heading location
SQL>select * from dept;
DEPTNO    DNAME        location
------    ------       --------
   10     ACCOUNTING   NEW YORK
```

（2）改变列的显示长度。

```
SQL> col ename format a40
EMPNO     ENAME        JOB
-----     -----        -----
 7369     SMITH        CLERK
```

（3）设置列标题的对齐方式，列的对齐方式可以为：LEFT、CENTER、RIGHT。

```
SQL> col ename justify center
```

对于 NUMBER 型的列，列标题默认为右对齐，其他类型的列标题默认为左对齐。

（4）控制某列的显示。

```
SQL> col job noprint
```

（5）格式化 NUMBER 类型列的显示。

```
SQL>column sal format ,990
SQL> /
```

（6）显示列值时，如果列值为 NULL 值，用 TEXT 值代替 NULL 值。

```
SQL>col comm null text
```

（7）设置一个列的回绕方式。

```
SQL> col col1 wrapped
SQL> col col1 wrapped word_wrapped
SQL> col col1 word_wrapped
```

（8）显示列当前的显示属性值。

```
SQL> column column_name
```

（9）设置所有列的显示属性为默认值。

```
SQL> clear columns
```

4.6 思考与练习

一、填空题

1．SQL*Plus 中的 HELP 命令可以向用户提供的帮助信息包括_____、命令作用描述的文件、命令的缩写形式、_____。

2．使用_____命令可以在屏幕上输出一行数据。这种输出方式有助于在脚本文件中向用户传递相应的信息。

3．使用_____命令可以将查询结果保存在一个文件中。

4．使用_____命令可以设置头部标题，使用_____命令可以设置底部标题。

5．在 SQL*Plus 工具中，可以使用_____、_____命令来调用脚本文件。

6．通过使用_____命令，可以对控制查询结果集中列的显示格式。

二、选择题

1．使用 DESCRIBE 命令显示某个表的信息时，不会显示哪类信息？（　　）

A．列名称　　　　B．列的空值特性
C．表名称　　　　D．列的长度

2．如果要控制列的显示格式，那么可以使用哪个命令？（　　）

A．SHOW　　　　B．DEFINE
C．SPOOL　　　　D．COLUMN

3．如果要设置 SQL*Plus 每页打印的数量，则可以使用如下哪个命令？（　　）

A．SET PAGE　　　B．PAGESIZE
C．SIZE　　　　　D．SET PAGESIZE

4．使用哪两个命令可以在 SQL 语句中定义变量？（　　）

A．DEFINE 和 ACCEPT
B．DEFINE 和&符号
C．ACCEPT 和&符号
D．DEFINE 和 DECLARE

三、简答题

1．如何使用 SQP*Plus 帮助命令获知某命令的解释信息？

2．如何设置 SQL*Plus 的运行环境？

3．如何为 SQL*Plus 设置缓存区？

第 5 章 SQL 语句基础

在 Oracle 数据库中，为了方便管理用户所创建的数据库对象，引入了模式的概念，这样用户所创建的数据库对象就都属于该用户模式。对于一般的用户而言，数据库中的数据是以表、视图等方式存储的（表和视图就是最基本的用户模式对象），用户只需要根据自己的需求查询数据库，然后由数据库根据请求执行相关的处理，并且将处理结果返回给特定的用户。另外，用户还可以向数据库添加数据、删除特定数据。在 Oracle 中，对这些用户模式对象的操作都是通过 SQL 语句来完成的。此外，Oracle 通过事务管理用户对数据库所做的操作，用户可以通过相关的事务处理控制 SQL 语句对数据库的操作。

本章将首先介绍 Oracle 11g 所附带的用户模式，这也是本书示例的基础。然后通过 SELECT 语句查询其中的数据，并进一步通过 INSERT、UPDATE、DELETE 语句进行操作。最后介绍如何通过 Oracle 提供的事务处理来控制 SQL 语句对数据库的操作。

本章学习要点：
- Oracle 示例中的用户模式
- 使用 SELECT 语句检索数据
- 检索多个表中的数据
- Oracle 中各种函数的使用
- 正规表达式的使用
- 分组查询
- 插入、更新和删除数据
- 控制 Oracle 中的事务处理

5.1 用户模式

为了更好地理解 Oracle 的各种具体操作，下面介绍 Oracle 自带的示例模式（也称示例方案）。这些模式在安装数据库时由用户选择安装，所有这些模式一起形成了相同的虚拟公司的一部分，它们都有自己的侧重点。

5.1.1 SCOTT 模式

Oracle 所提供的 SCOTT 模式可以提供一些示例表和数据来展示数据库的一些特性。它是一个非常简单的模式，如图 5-1 所示。

该模式演示了一个很简单的公司人力资源管理，它也是 Oracle 早期版本中最经常使用的示例模式，该用户模式的连接密码为 TIGER。通过连接到 SCOTT 用户模式，查询数据字典视图 USER_TABLES 可以获知该模式所包含的表。例如，下面的语句

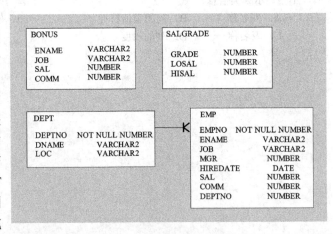

图 5-1　SCOTT 模式结构图

显示了 SCOTT 模式拥有的上述 4 个表。

```
SQL> connect scott/tiger
已连接。
SQL> select table_name from user_tables;

TABLE_NAME
----------------
SALGRADE
BONUS
EMP
DEPT
```

5.1.2 HR 模式

HR 模式类似于 SCOTT 模式，也是一个基本的关系数据库的示例模式，其中有部门和员工数据表。在 HR 模式中有 7 个表：雇员、部门、地点、国家、地区、工作和工作历史，如图 5-2 所示。

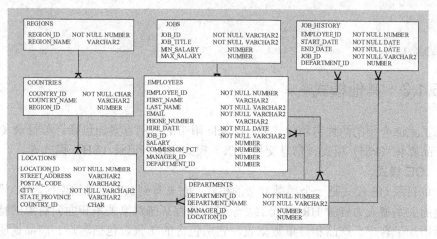

图 5-2 HR 模式结构图

在 HR 模式中，对人力资源的记录更为详尽。对于每个雇员，HR 都存储了唯一的雇员编号、姓名、电子邮件、电话号码、雇佣日期、工作、薪金、佣金、经理编号以及部门编号。DEPARTMENTS 使用唯一的部门号 ID，部门名称、经理以及地点描述了各个部门。部门位置包括了国家和地区，并分别使用了两个单独的表描述这部分的细节。HR 通过表 JOBS 和 JOB_HISTORY 记录职工的工作情况。

除了简单地存储这些信息外，HR 还规定了一系列业务规则，以防止用户在执行 INSERT、UPDATE 或 DELETE 操作时执行一些违反业务逻辑的操作。

默认情况下，HR 模式已经被锁定，这就需要对该用户模式解锁。对用户模式解锁的具体步骤如下。

（1）以 SYSTEM 身份连接到数据库。

```
SQL> connect system/password
已连接。
```

（2）解锁用户账号，并修改其登录密码。

```
SQL> alter user hr account unlock;
用户已更改。
SQL> alter user hr identified by hr;
用户已更改。
```

（3）连接到 HR 模式并查看该模式所包含的表。

```
SQL> connec hr/hr
已连接。
SQL> select table_name from user_tables;

TABLE_NAME
------------------
EMPLOYEES
JOBS
JOB_HISTORY
COUNTRIES
DEPARTMENTS
LOCATIONS
REGIONS

已选择 7 行。
```

5.1.3 其他模式

除了上面介绍的两种常用模式外，Oracle 附带的示例方案还包括订单目录（OE）模式、产品媒体（PM）模式、信息交换（IX）模式和销售记录（SH）模式等。

1．OE 模式

订单目录 OE 模式是一个稍微复杂的模式，它具有到 HR 模式的连接。OE 模式建立在完全的关系型人力资源 HR 模式上，该模式具有某些对象关系和面向对象的特性。该模式新增加了客户、产品和订单数据表，它所包含的 7 张表包括客户、产品说明、产品信息、订单项目、订单、库存和仓库。

2．PM 模式

产品媒体 PM 模式主要用于演示存储多媒体数据类型。PM 模式包含 2 张表 ONLINE_MEDIA 和 PRINT_MEDIA，1 种对象类型 ADHEADER_TYP，以及 1 张嵌套表 TEXTDOC_TYP。PM 模式包含 INTERMEDIA 和 LOB 列类型。需要注意的是，如果要使用 INTERMEDIA TEXT，则必须创建 INTERMEDIA TEXT 索引。

3．IX 模式

信息交换 IX 模式被设计用于演示 Oracle 的高级排队中进程间通信的特性。实际上，在 10g 以前的版本中，该模式称为排队组装服务质量。

4．SH 模式

销售记录 SH 模式的结构不是很复杂，但是它比其他模式包含更多的数据行，以验证 SQL 分析函数、MODEL 语句等。

SH 模式是关系星型模式的一个示例，它包含 1 个范围分区表 SALES 和 5 个维表：

TIMES、PROMOTIONS、CHANNELS、PRODUCTS 和 CUSTOMERS。连接到 CUSTO-MERS 的附加 COUNTRIES 表显示一个简单雪花。

5. QS 模式

发运队列 QS 模式实际上是包含消息队列的多个模式。

5.2 SELECT 语句的用法

用户对表或视图的操作都是通过 SQL 语句来实现的，SQL 语句是一种标准的结构化查询语言。在众多的 SQL 语句中，使用频率最高的是 SELECT 语句，该语句主用于检索数据。虽然在前面已经使用了一些 SELECT 语句，但是这些使用是零散的、不完整的。因此，这里将对 SELECT 语句进行系统地、完整地介绍。

5.2.1 检索单表数据

检索单表数据是指从单个表中检索数据，检索的结果都来自于同一个表，检索单表数据是检索数据最基础的操作。

在检索数据的过程中，既可以检索所有的列，也可以检索部分列。在检索数据时，数据将按照 SELECT 子句后面指定的列的顺序显示。如果使用星号"*"，则表示检索所有的列，这时数据将按照定义表时指定的列的顺序显示。

在下面的示例中将检索 EMP 表中的所有列、指定列。

（1）以 SCOTT/TIGER 身份连接到数据库。

```
SQL> connect scott/tiger
已连接。
```

（2）使用 SELECT 语句检索 EMP 表中的所有数据。在该检索中，使用星号代表所有的列名称。

```
SQL> column ename format a8
SQL> column mgr format 9999
SQL> column sal format $9999.9
SQL> column comm format 9999.0
SQL> column deptno format 99
SQL> select * from emp;

EMPNO  ENAME   JOB     MGR   HIREDATE    SAL      COMM   DEPTNO
-----  -----   ----    ----  -------     ----     ----   ----
 7369  SMITH   CLERK   7902  17-12月-80  $800.0           20
...
已选择14行。
```

（3）使用 SELECT 语句检索列 EMPNO、ENAME、JOB、SAL、DEPTNO。注意，在该检索中，检索列的顺序与列的定义顺序是不相同的。

```
SQL> select empno,ename,job,sal,deptno
  2  from emp;
```

```
 EMPNO    ENAME      JOB        SAL       DEPTNO
 -----    ----       ----       ----      ------
  7369    SMITH      CLERK      $800.0      20
 ...
  7934    MILLER     CLERK      $1300.0     10
```

已选择 14 行。

在 Oracle 系统中,有一个标识行中唯一数据的行标识符,行标识符的名称为 ROWID。行标识符 ROWID 是 Oracle 数据库内部使用的数据,其长度为 18 位字符,包含了该行数据在 Oracle 数据库中的物理地址。虽然使用 DESCRIBE 命令无法查看到 ROWID 的存在,但是可以在 SELECT 语句中检索该列。由于该列并不是在表中定义的列,所以也称为伪列。

例如,下面的语句检索 EMP 表中 ROWID、EMPNO 和 ENAME 列数据。

```
SQL> select empno,ename,rowid
  2  from emp;

 EMPNO    ENAME      ROWID
 ----     ------     ------
  7369    SMITH      AAAQ+jAAEAAAAAeAAA
 ...
  7934    MILLER     AAAQ+jAAEAAAAAeAAN
```

已选择 14 行。

在使用 SELECT 语句检索表中的数据时,还可以执行加、减、乘、除算术运算。另外,在 SELECT 语句中不仅可以执行单独的数学运算,还可以执行单独的日期运算以及与列名关联的运算。

在执行运算时,经常使用系统提供的 DUAL 表,DUAL 表的结构和数据如下:

```
SQL> desc dual
 名称                          是否为空?        类型
 ----------------------        --------        --------
 DUMMY                                         VARCHAR2(1)

SQL> select * from dual
  2  /

D
---
X
```

DUAL 表只包含 1 列 1 行数据,列名为 DUMMY(中文含义为哑巴、样品等),数据类型为 VARCHAR2(1)。1 行数据为 X。该表本身的结构和数据并不重要,但是基于该表可以执行一些基于表的运算。

实际上为了使结果更好理解,用户常常会为这些列指定别名。另外,在定义表时,为了简单起见,列名常常是一些缩写形式,阅读这样的列名感觉有些困难。因此,为各列指定一个描述性的别名,可以使阅读检索结果更加方便。

例如，下面的示例分别为 EMP 表的各个列指定中文别名。

```
SQL> select ename as "姓名",job as "职位",hiredate as "工作日期",sal as
"工资"
  2  from emp;

姓名        职位      工作日期          工资
----        -------   -----------       --------
SMITH       CLERK     17-12月-80        800
...
MILLER      CLERK     23-1月 -82        1300

已选择14 行。
```

在为列指定别名时，关键字 AS 是可选的。例如，下面的语句就省略了关键字 AS。

```
SQL> select ename   "姓名",job  "职位",hiredate  "工作日期",sal  "工资"
  2  from emp;
```

在检索数据时，有时要将检索出来的数据合并起来以满足实际需求。例如，在 HR 用户模式中，职工的姓名是分别存储在 FIRST_NAME 和 LAST_NAME 列中的。如果要以"姓名"的完整方式显示这些数据，就可以使用连接运算符"||"将两个列连接在一起。通常为提高这种连接运算的可读性，在连接两个列后为其指定一个别名。

例如，下面以 HR 身份连接到数据库，并查询其中的职工信息表。

```
SQL> connect hr/hr
已连接。
SQL> select first_name || ' ' || last_name "姓名",phone_number "联系电话",
salary "工资"
  2  from employees;

姓名                          联系电话              工资
----------------------        --------------        -------
Donald OConnell               650.507.9833          2600
Douglas Grant                 650.507.9844          2600
...
```

在执行字符连接运算时，应该根据需要在两个字符表达式之间插入一个分隔符，以防止将这两个字符表达式完全连接在一起，影响检索结果的可读性。

在检索数据时，还有一点需要注意，表中的空值既不表示空字符串，也不表示数字 0，而是表示没有值，是一个未知值。只有在允许为空的列中才会出现空值。在 Oracle 11g 中，可以使用 NVL( )函数为空值提供一个指定的显示值，NVL( )函数的使用方法如下：

```
nvl(column_name,displayed_message)
```

其中，如果 COLUMN_NAME 列为空值，那么就在空值相应的位置上显示 DISPLAYED_MESSAGE 指定的字符，例如：

```
SQL> connect scott/tiger
已连接。
SQL> select ename,job,sal,nvl(comm,'0')
  2  from emp
```

```
  3  where deptno=30;

ENAME      JOB          SAL        NVL(COMM,'0')
-----      ------       ----------  -------------
ALLEN      SALESMAN     1600         300
WARD       SALESMAN     1250         500
MARTIN     SALESMAN     1250        1400
BLAKE      MANAGER      2850           0
TURNER     SALESMAN     1500           0
JAMES      CLERK         950           0
```

已选择 6 行。

在 SELECT 语句中,还可以使用关键字 DISTINCT,限制在检索结果中显示不重复的数据。该关键字用在 SELECT 子句的列表前面。例如,下面的语句使用 DISTINCT 关键字检索 EMP 表中所有职工的职务种类。

```
SQL> select distinct job
  2  from emp;
```

5.2.2 过滤数据

在 SELECT 语句中可以使用 WHERE 子句过滤数据,只检索满足过滤条件的数据。当表中的数据非常大时,这种过滤操作是非常有意义的。通过过滤数据,可以从大量的数据中获取自己所需要的数据。

1. 比较运算符

在 WHERE 子句中可以使用比较运算符实现过滤数据,这样只有满足比较条件的数据行才会被检索出来,不满足比较条件的数据行则不会被检索出来。可以在 WHERE 子句中使用的比较运算符见表 5-1。

表 5-1 比较运算符

比较运算符	说明	比较运算符	说明
=	等于	<=	小于或等于
<>或!=	不等于	>=	大于或等于
<	小于	ANY	使用清单中的任何一个值来比较
>	大于	ALL	使用清单中的所有值来比较

当使用字符串和日期数据进行比较时,应注意要符合下面一些规则。

- ❏ 字符串和日期必须使用单引号标识。
- ❏ 字符串数据是区分大小写的。
- ❏ 日期数据的格式是敏感的,默认的日期格式是 DD-MON-YY。

下面的示例将练习如何使用比较运算符过滤数据。

(1) 以 SCOTT 身份连接到数据库。
(2) 使用 SELECT 语句检索 EMP 表,要求工作编号为 7521。

```
SQL> select ename,job,hiredate,sal
  2  from emp
```

```
  3  where empno=7521;

ENAME      JOB       IREDATE           SAL
-----      ------    ---------         -------
WARD       SALESMAN  22-2月-81          1250
```

（3）使用 SELECT 语句检索 EMP 表，要求职位为 CLERK、ANALYST 中的任何一个，这时可以使用 ANY 比较运算符。

```
SQL> select ename,job,hiredate,sal
  2  from emp
  3  where job=any('CLERK','ANALYST');

ENAME      JOB       HIREDATE          SAL
-----      ---       ---------         -------
SMITH      CLERK     17-12月-80         800
SCOTT      ANALYST   19-4月 -87         3000
ADAMS      CLERK     23-5月 -87         1100
JAMES      CLERK     03-12月-81         950
FORD       ANALYST   03-12月-81         3000
MILLER     CLERK     23-1月 -82         1300
```

已选择 6 行。

2．SQL 运算符

使用 SQL 运算符可以基于字符串的模式匹配、值的列表、值的范围和是否为空值等情况来过滤数据。在 Oracle 11g 中，可以使用的 SQL 运算符如表 5-2 所示。

表 5-2 SQL 运算符

运算符	说明	运算符	说明
LIKE	按照指定的模式匹配	IS NULL	与空值匹配
IN	匹配值的清单	IS NAN	与非数字值匹配
BETWEEN	匹配范围内的值		

表 5-2 中的 SQL 运算符也可以与 NOT 运算符取反处理，例如，NOT LIKE、NOT BETWEEN 和 IS NOT NULL 等。如果 LIKE 为真，则 NOT LIKE 为假。

可以在 WHERE 子句中使用 LIKE 运算符指定将要匹配的字符串模式。在这种模式中，下划线"_"代表任意一个字符，百分号"%"代表任意数量字符。例如，'A%'表示以字母 A 开头的任意长度的字符串,'DB_'表示 3 个字符长且前两个字符是 DB 的字符串。

下面的示例使用 LIKE 运算符过滤数据，要求显示职工姓名中第一个字符是 S 的职工信息。

```
SQL> select empno,ename,job,sal
  2  from emp
  3  where ename like 'S%';

EMPNO   ENAME     JOB        SAL
-----   -----     ------     -------
7369    SMITH     CLERK      800
7788    SCOTT     ANALYST    3000
```

如果在模式中包含了实际的下划线或斜杠,则可以使用 ESCAPE 关键字来指定该字符是实际数据而不是匹配标记。

例如,下面的示例添加了一行包含下划线 "_" 的数据,为了显示新添加的数据,使用 ESCAPE 关键字指定了一个转义字符 "\",这样转义字符后的下划线就不再表示匹配标记。

```
SQL> insert into emp(empno,ename,job,mgr,sal)
  2  values(8000,'atg_fn','manager',7698,1300);

已创建 1 行。

SQL> select empno,ename,job,sal
  2  from emp
  3  where ename like '%\_%' escape '\';

EMPNO   ENAME    JOB        SAL
-----   ------   -------    ------
 8000   atg_fn   manager    1300
```

使用 IN 运算符可以检索在指定列表中的数据,例如,过滤条件 EMPNO IN(7369,7521,7789)表示检索工作编号是 7369、7521 或者 7789 的职工信息。NOT IN 正好与 IN 相反,例如,EMPNO NOT IN(7369,7521,7789)表示检索工作编号除 7369、7521 和 7789 之外的职工信息。但是,如果在 NOT IN 条件中包括了 NULL 值,则总是返回一个空值。

```
SQL> select empno,ename,job,sal
  2  from emp
  3  where empno in (7369,7521,7789);

EMPNO   ENAME    JOB         SAL
-----   ------   -----       -------
 7369   SMITH    CLERK       800
 7521   WARD     SALESMAN    1250

SQL> select empno,ename,job,sal
  2  from emp
  3  where empno not in (7369,7521,7789,null);

未选定行
```

使用 BETWEEN 运算符可以在指定范围内搜索数据。例如,如果希望检索工资为 1000 到 2000 之间的职工信息,那么可以使用 BETWEEN 运算符。需要注意的是,BETWEEN 运算符仅适用于可以指定范围的数字数据。

例如,使用 BETWEEN 运算符检索指定工资范围内的职工信息。

```
SQL> select empno,ename,job,sal
  2  from emp
  3  where sal between 1500 and 2000;
```

3. 逻辑运算符

前面介绍的过滤条件都是单一的条件,如果要写出复杂的过滤条件,那么必须使用

SQL 语句基础

逻辑运算符,以便把简单的条件组合起来。在 Oracle 11g 系统中,可以使用的逻辑运算符如表 5-3 所示。

表 5-3 逻辑运算符

运算符	说明
AND	与,当两个条件为真时,结果为真
OR	或,当两个条件中有一个为真时,结果为真
NOT	取反,当条件为真时,结果为假;当条件为假时,结果为真

实际上,BETWEEN 运算符的条件可以写成使用 AND 逻辑运算符连接起来的两个简单条件。例如,条件 SAL BETWEEN 1500 AND 2000 等价于 SAL>=1500 AND SAL<=2000。

```
SQL> select empno,ename,job,sal
  2  from emp
  3  where sal>=1500 and sal<=2000;

EMPNO    ENAME      JOB        SAL
----     -------    --------   --------
 7499    ALLEN      SALESMAN   1600
 7844    TURNER     SALESMAN   1500
```

在使用逻辑运算符连接多个简单条件时,需要注意运算符的优先级问题。对于逻辑运算符,优先级由高到低的顺序为 NOT、AND 和 OR。即先进行 NOT 取反运算,然后进行 AND 与运算,最后进行 OR 或运算。

在复合条件中,优先级高的运算符将优先执行。如果优先级相同,则按照条件的先后顺序执行。如果复合条件中包括了括号,那么括号内的优先级高于括号外的。例如,下面的示例将检索职工所属部门编号为 20,并且职位为 MANAGER 或 SALESMAN 的职工信息。

```
SQL> select empno,ename,job,sal
  2  from emp
  3  where job in('MANAGER','SALESMAN')
  4      and deptno=20;

EMPNO    ENAME     JOB       SAL
-----    -----     ------    --------
 7566    JONES     MANAGER   2975
```

5.2.3 排序数据

在前面介绍的数据检索技术中,只是把数据库中的数据直接取出来。这时,结果集中数据的排列顺序是由数据的物理存储顺序所决定的。这种存储顺序是比较混乱的,并且可能不符合用户的各种业务需求,因此需要对检索到的结果集进行排序。在 SELECT 语句中,可以使用 ORDER BY 子句对检索的结果集进行排序。

添加 ORDER BY 子句后 SELECT 语句的语法规则如下:

```
select column_list
from table_name
where condition
order by order_expression [ASC | DESC],order_expression [ASC | DESC],…
```

其中,ORDER_EXPRESSION 表示将要排序的列名或由列组成的表达式;关键字 ASC 指定按照升序排列,这也是默认的排列顺序;关键字 DESC 指定按照降序排列。

在排序过程中,可以同时对多个列进行排序。如果是按照多个列进行排序,那么列之间的顺序非常重要。在这种情况下,系统首先按照第一个列进行排序,如果第一个列相同,则按照第二个列进行排序,以此类推。

下面的示例将使用 ORDER BY 子句对检索到的数据进行排序。

(1) 以 SCOTT 身份连接到系统。

(2) 使用 SELECT 语句检索 EMP 表中的信息,并且按照职工的工资 SAL 和姓名 ENAME 进行升序排序。

```
SQL> select ename,job,sal
  2  from emp
  3  order by sal,ename;

ENAME      JOB            SAL
-----      -------        ------
SMITH      CLERK          800
…
KING       PRESIDENT      5000

已选择14行。
```

(3) 在 ORDER BY 子句通过指定列的位置指定进行排序的列。

```
SQL> select ename,job,sal
  2  from emp
  3  where deptno=30
  4  order by 3;

ENAME      JOB            SAL
-----      -------        ------
JAMES      CLERK          950
WARD       SALESMAN       1250
MARTIN     SALESMAN       1250
TURNER     SALESMAN       1500
ALLEN      SALESMAN       1600
BLAKE      MANAGER        2850

已选择6行。
```

注意   这里使用的位置是根据 SELECT 子句后面出现的列表达式的顺序确定的。

5.2.4 多表检索

在实际应用中,经常会碰到需要检索的数据存在于两个或两个以上的表中的情况。这时就需要使用 SELECT 语句执行多表检索。多表检索操作比单表检索复杂得多。为了更好地理解多表检索操作,需要理解表的别名、笛卡尔积、内连接、外连接、自然连接和交叉连接等概念。

1. 表的别名

在多表查询时,如果多个表之间存在同名的列,则必须使用表名来限定列引用。例如,在 SCOTT 模式中,EMP 表和 DEPT 表中都存在 DEPTNO 列,在进行多表检索时就是根据该列连接两个表。

然而,随着查询变得越来越复杂,语句会由于每次限定列时输入表名而变得冗长乏味。因此,SQL 语言提供了另一种机制——表的别名。表的别名是在 SELECT 语句中为表定义的临时性名称,以简化对表的引用。

下面的示例将使用表的别名来实现多表检索。

(1) 以 SCOTT 身份连接系统。

(2) 使用 SELECT 语句检索 EMP 和 DEPT 表,查询属于某一个部门的职工信息。在该检索中,没有使用表的别名,因此在 WHERE 子句中需要使用表的全称对列进行限定。

```
SQL> select ename 姓名,job 职位,sal 工资,dname 部门
  2  from emp,dept
  3  where emp.deptno=dept.deptno
  4    and dept.dname='SALES';

姓名        职位           工资      部门
---        ---------      -------   ---------
ALLEN      SALESMAN       1600      SALES
WARD       SALESMAN       1250      SALES
MARTIN     SALESMAN       1250      SALES
BLAKE      MANAGER        2850      SALES
TURNER     SALESMAN       1500      SALES
JAMES      CLERK          950       SALES

已选择 6 行。
```

(3) 使用 SELECT 语句查询 EMP 和 DEPT 表,同样查询属于某一个部门的职工信息。只是在该 SELECT 语句中为每个表指定了别名,并通过表的别名引用表。EMP 表的别名为 E,而 DEPT 表的别名为 D。为表定义别名后,在 SELECT 语句的任何地方都可以使用 E 和 D 引用相应的表。

```
SQL> select e.ename 姓名,e.job 职位,e.sal 工资,d.dname 部门
  2  from emp e,dept d
  3  where e.deptno=d.deptno
  4    and d.dname='SALES';
```

```
姓名        职位          工资       部门
----        --------      -----     ------
ALLEN       SALESMAN      1600      SALES
WARD        SALESMAN      1250      SALES
MARTIN      SALESMAN      1250      SALES
BLAKE       MANAGER       2850      SALES
TURNER      SALESMAN      1500      SALES
JAMES       CLERK          950      SALES
```

已选择 6 行。

为更好地理解表别名的工作过程，在这里有必要介绍一下 SELECT 语句中各子句执行的顺序。在 SELECT 语句的执行顺序中，FROM 子句最先执行，而 SELECT 语句最后执行。这样一旦在 FROM 子句中指定表别名后，当限定引用列时，其他所有子句都可以使用表的别名。需要注意，一旦为表指定了别名，则必须在整个剩余语句中使用表的别名，并且不允许再使用表原来的名称。否则，将出现 ORA-00904 错误。

> **注意** 在多表检索中，由于需要频繁地使用表名限定指定的列，因此表的别名应该尽可能简单。大多数表的别名是由一个或两个字母组成，但是，表的别名也应该具有描述性，以求与其他表的别名明显地区分开。

2．内连接

内连接是指满足连接条件的连接操作，也就是通常所说的连接操作。也就是说，在内连接的检索结果中，都是满足连接条件的数据。因此，内连接的检索结果是笛卡尔积中满足连接条件的子集。

内连接的语法形式如下：

```
select column_list
from table_name1 [inner] join table_name2
on join_condition;
```

其中，COLUMN_LIST 表示将要检索的列名列表，通常情况下，这些列名来自两个不同的表。TABLE_NAME1 和 TABLE_NAME2 表示将要连接的表的名称。INNER JOIN 关键字表示内连接，其中 INNER 关键字是可选的。ON JOIN_CONDITION 用于指定连接的条件。

例如，下面的示例将通过内连接检索 EMP 表和 DEPT 表。

（1）以 SCOTT 身份连接到系统。

（2）使用 SELECT 语句检索 EMP 表和 DEPT 表。这两个表之间的连接是内连接，其连接条件是两个表中的 DEPTNO 列。

```
SQL> select e.ename,e.job,e.sal,d.deptno,d.dname
  2  from emp e join dept d
  3  on e.deptno=d.deptno;

ENAME      JOB          SAL       DEPTNO    DNAME
------     -------     -----     --------  ---------
CLARK      MANAGER     2450         10     ACCOUNTING
```

```
...
MARTIN      SALESMAN     1250      30       SALES
```

已选择 14 行。

（3）使用 SELECT 语句检索 EMP 表和 DEPT 表。但是，不使用 INNER JOIN 表示内连接，也不通过 ON 指定连接条件，而是在 WHERE 子句中指定连接条件。

```
SQL> select e.ename,e.job,e.sal,d.deptno,d.dname
  2  from emp e,dept d
  3  where e.deptno=d.deptno;
```

3．外连接

如果某个表中的数据不满足条件，而又要出现在检索结果中，那么可以使用外连接。外连接的特点是某些不满足连接条件的数据也可以出现在检索结果中。

根据外连接检索结果中包含的数据，外连接可以分为左外连接、右外连接和全外连接。左外连接表示在结果中不仅包含了满足条件的数据，而且还包含了连接左边的左表。在右外连接中，结果则包含了满足条件的数据和不满足条件的右表中的数据。如果左表和右表中不满足连接条件的数据都出现在结果中，那么这种连接是全外连接。

注 意　在连接语句中，JOIN 关键字左边的表称为左表，而右边的表称为右表。

外连接的语法和内连接的语法规则相似，区别在于外连接中用 LEFT OUTER JOIN、RIGHT OUTER JOIN 或 FULL OUTER JOIN 关键字，而不使用 INNER JOIN 关键字。其中 OUTER 是可选的。例如，左外连接可以使用 LEFT JOIN 代替 LEFT OUTER JOIN。

理解不同类型外连接之间的区别的最好方法是看各自的查询结果。下面的示例将演示内连接以及各种外连接之间的区别。

（1）以 SCOTT 身份连接到系统。

（2）使用 SELECT 语句检索 EMP 表和 DEPT 表，在这两个表之间执行左外连接。由于 EMP 表位于 LEFT JOIN 关键字的左边，所以 EMP 表中的所有数据都将显示出来。

```
SQL> insert into emp(empno,ename,job,sal)
  2  values(8000,'ATG','CLERK',950);
已创建 1 行。

SQL> select e.ename,e.job,e.sal,d.deptno,d.dname
  2  from emp e left join dept d
  3  on e.deptno=d.deptno;

ENAME      JOB          SAL       DEPTNO   DNAME
-----      ------       -----     ------   --------
MILLER     CLERK        1300      10       ACCOUNTING
...
ALLEN      SALESMAN     1600      30       SALES
```

已选择 15 行。

从查询结果可以看出，左外连接的查询结果中不仅包括内连接的检索结果，还包括新添加的数据，尽管该行在 DEPT 表中没有匹配的行。由于新添加行在 DEPT 表中没有匹配的行，所以 EMP 表中的 DEPTNO 和 DNAME 列以 NULL 值表示。

（3）使用 SELECT 语句检索 EMP 表和 DEPT 表，在这两个表之间执行右外连接。由于 DEPT 表位于 RIGHT JOIN 关键字的右边，所以 DEPT 表中的所有数据都将显示出来。

```
SQL> select e.ename,e.job,e.sal,d.deptno,d.dname
  2  from emp e right join dept d
  3  on e.deptno=d.deptno;

ENAME      JOB         SAL       DEPTNO   DNAME
-----      ----        ------    ------   --------
KING       PRESIDENT   5000      10       ACCOUNTING
...
WARD       SALESMAN    1250      30       SALES
                                 40       OPERATIONS

已选择 15 行。
```

（4）使用 SELECT 语句检索 EMP 表和 DEPT 表，在这两个表之间执行全外连接。

```
SQL> select e.ename,e.job,e.sal,d.deptno,d.dname
  2  from emp e full join dept d
  3  on e.deptno=d.deptno;

ENAME      JOB         SAL       DEPTNO   DNAME
-----      ------      --------  ------   -----
ATG        CLERK       950
SMITH      CLERK       800       20       RESEARCH
...
FORD       ANALYST     3000      20       RESEARCH
MILLER     CLERK       1300      10       ACCOUNTING
                                 40       OPERATIONS

已选择 16 行。
```

注意　在外连接中，用户需要特别注意两个表的位置。

4．自然连接

与内连接的功能相似，在使用自然连接检索多个表时，Oracle 会将第一个表中的列与第二个表中具有相同名称的列进行连接。在自然连接中，用户不需要明确指定进行连接的列，系统会自动完成这一任务。

下面的 SELECT 语句将使用自然连接连接 EMP 和 DEPT 表。

```
SQL> select empno,ename,job,sal,deptno,dname
  2  from emp natural join dept
```

```
  3  where dname='SALES';

     EMPNO   ENAME      JOB            SAL       DEPTNO   DNAME
     -----   -----      -----          ------    ------   -------
      7900   JAMES      CLERK            950        30    SALES
      7499   ALLEN      SALESMAN        1600        30    SALES
      7698   BLAKE      MANAGER         2850        30    SALES
      7654   MARTIN     SALESMAN        1250        30    SALES
      7844   TURNER     SALESMAN        1500        30    SALES
      7521   WARD       SALESMAN        1250        30    SALES
```

已选择 6 行。

自然连接的实际应用性较差，因为它需要连接的各个表之间必须具有相同名称的列。这将会强制设计者将要连接的表设计为具有相同名称的列，并且不能够让表中的其他列具有相同的名称。假如 EMP 表和 DEPT 表中都有一个表示地址的 ADDRESS 列，则在进行自然连接时，Oracle 会尝试使用 DEPT 表和 EMP 表的 ADDRESS 列进行连接。

5．交叉连接

交叉连接实际上就是指没有连接条件的连接。实际上，这种连接的结果就是笛卡尔积。

交叉连接的语法形式如下：

```
select column_list
from table_name1 cross join table_name2;
```

在上面的语法中，CROSS JOIN 关键字表示执行交叉连接。使用交叉连接检索表时，虽然会得到一个无实际用处的笛卡尔积。但是，可以通过使用 WHERE 子句，从笛卡尔积中过滤需要的数据。

下面的示例将使用交叉连接检索 EMP 表和 DEPT 表，并使用 WHERE 子句从中过滤所需要的数据。

（1）以 SCOTT 身份连接系统。

（2）使用 SELECT 语句检索 EMP 表和 DEPT 表。由于这两个表之间的连接是交叉连接，并且没有限定条件，所以查询结果是一个笛卡尔积。

```
SQL> select count(*)
  2  from emp e cross join dept d;

  COUNT(*)
  ----------
        56
```

（3）使用 WHERE 子句在笛卡尔积中过滤掉不必要的数据。

```
SQL> select count(*)
  2  from emp e cross join dept d
  3  where e.deptno=d.deptno;

  COUNT(*)
```

从检索结果中可以看出，WHERE 子句的作用是从笛卡尔积中筛选适合条件的数据。实际上，各种连接方式都是从笛卡尔积中筛选数据。

5.3 函数的使用

与其他编程语言一样，SQL 提供了许多内置函数，使用这些函数可以大大提高计算机语言的运算、判断功能。例如，使用字符串函数对字符串进行处理、使用数学函数进行数值运算、使用转换函数对数据类型进行转换、使用日期函数处理日期和时间等。通过这些函数，用户可以对表中的数据按照自己的需要进行各种复杂的运算和操作。

5.3.1 字符函数

字符函数是指用于对字符表达式进行处理的函数，它也是 Oracle 系统中广泛使用的函数。在使用字符函数时，其输入值一般是字符数据类型，而其输出结果则是经过处理的字符表达式。

在 Oracle 系统中，可以使用的字符函数如表 5-4 所示。实际上，这些字符函数在许多编程语言中都可以使用。

表 5-4 字符函数

函数	说明
ASCII(string X)	返回字符 X 的 ASCII 值
CHR(X)	返回整数 X 所对应的 ASCII 字符
CONCAT(X,Y)	连接字符串 X 和 Y
INITCAP(X)	将字符串 X 中的第一个字母变为大写，其余字母不变
INSTR(X,FIND_STRING [,START][, OCCURRENCE])	在字符串 X 中搜索 FIND_STRING，返回 FIND_STRING 出现的位置。可以有选择地提供开始搜索的位置 START。还可以选择地提供表示出现次数的 OCCURRENCE，表示当 FIND_STRING 出现 OCCURRENCE 次时才返回
LENGTH(X)	返回字符串 X 的长度
LOWER(X)	将字符串 X 中的字符转换为小写字母
LPAD(X,WIDTH[,PAD_STRING])	使用空格补齐在字符串 X 的右边，使得其长度为 WIDTH。如果提供了可选的 PAD_STRING，那么使用 PAD_STRING 重复补齐字符串 X，使得其长度为 WIDTH
LTRIM(X[,TRIM_STRING])	删除字符串 X 左边的字符。可以使用可选择的 TRIM_STRING 来指定将要被删除的字符，如果没有提供 TRIM_STRING，则在默认情况下将删除左边的空格
NANVI(X,VALUE)	如果 X 不是数字，那么返回 VALUE；否则返回 X
NVL(X,VALUE)	如果 X 是空值，返回 VALUE；否则返回 X
NVL2(X,VALUE1,VALUE2)	如果 X 不是空值，则返回 VALUE1；否则返回 VALUE2
UPPER(string)	将字符串 string 的全部字母转换为大写

SQL 语句基础

续表

函数	说明
REPLACE(X,SEARCH_STRING, REPLACE_STRING)	在字符串 X 中搜索 SEARCH_STRING，如果找到则使用 REPLACE_STRING 替换
RPAD(X,WIDTH[,PAD_STRING])	使用指定的字符在字符串的右边填充，各参数的意义与 LPAD 相同
RTRIM(X[,TRIM_STRING])	去掉字符串 X 中右边 TRIM_STRING 指定的字符，类似于 LTRIM
SOUNDEX(X)	返回包含字符串 X 的音标
SUBSTR(X,START[,LENGTH])	返回字符串 X 的子串，开始位置是 START，可选的 LENGTH 参数表示子串的长度
TRIM([TRIM_CHAR] FROM X)	删除字符串 X 中左右两端的一些字符，如果提供了可选择的 TRIM_CHAR，那么将删除 TRIM_CHAR 字符串；否则删除空格
UPPER(X)	把字符串 X 中的字母转换为大写字母

为了更好地理解这些字符函数，下面通过一些示例详细介绍字符函数的用法。

❑ **ASCII()和 CHR()函数**

ASCII()函数可以返回某个字符的 ASCII 码值；CHR()函数则与其相反，它返回给出 ASCII 码值所应的字符。这两个函数在判断某个字符时会经常用到。

下面的示例演示 ASCII()和 CHR()函数的使用。

```
SQL> select ascii('A') A,ascii('a') a,ascii('0') zero,ascii(' ') space
  2  from dual;

    A         A       ZERO      SPACE
------    ------   ------    --------
   65        97       48         32

SQL> select chr(51141) 桥,chr(65) chr65
  2  from dual;

桥  C
--  -
桥  A
```

如果在 ASCII()函数中包含了多个字符，则只返回第一个字符的 ASCII 值。

❑ **CONCAT()函数**

CONCAT(X,Y)函数用于连接字符串 X 和 Y 形成新的字符串。这种连接是紧密连接，两个字符串的连接之间没有空格等分隔字符。

下面的示例使用 CONCAT()函数将两个字符串连接起来。

```
SQL> select concat('010-','68626234') 联系电话
  2  from dual;

联系电话
------------
010-68626234
```

❑ **INITCAP()函数**

INITCAP(X)函数表示把字符串 X 中的所有英文单词转换为首字母大写的形式。不过，该函数对汉字没有影响。

例如，下面的示例对字符串进行处理，将字符串的第一个字母变为大写。

```
SQL> select initcap(ename) name,sal
  2  from emp
  3  where deptno=10;

NAME            SAL
-----          -----
Clark           2450
King            5000
Miller          1300
```

❑ **INSTR()函数**

INSTR(X,FIND_STRING[,START][,OCCURRENCE]) 函数在字符串 X 中搜索 FIND_STRING 字符，并返回其位置。如果使用了可选参数 START 和 OCCURRENCE，那么表示从 START 位置开始当第 OCCURRENCE 次搜索到 FIND_STRING 字符串时才返回其位置。

例如，下面的示例将搜索字符 A 的位置。

```
SQL> select instr('Oracle','a') position
  2  from dual;

  POSITION
----------
         3
```

❑ **LOWER()和 UPPER()函数**

LOWER(X)和 UPPER(X)函数也是一对常用的函数，前一个函数将字符串 X 中的字符全部转变成小写字母，后一个函数则相反，将字符串 X 中的字符全部转变为大写字母。

例如，下面的语句分别使用 LOWER()和 UPPER()函数将数据转换成小写字母和大写字母。

```
SQL> select lower('EMPLOYEES'),upper('Employees')
  2  from dual;

LOWER('EM    UPPER('EM
---------    ---------
employees    EMPLOYEES
```

❑ **LTRIM()、RTRIM()和 TRIM()函数**

LTRIM()、RTRIM()和 TRIM()函数都是用来删除指定字符串周围的字符。LTRIM(X[,TRIM_STRING])函数用于删除字符串 X 左边的字符，如果使用了可选的 TRIM_STRING 参数，那么将删除字符串 X 左边的 TRIM_STRING 字符串；如果没有指定 TRIM_STRING 参数，那么删除字符串 X 左边的空格。RTRIM()函数与此类似，只是方向在右边。TRIM()函数则删除字符串两端的字符。

例如，下面的语句分别使用 LTRIM()、RTRIM()和 TRIM()函数处理字符串。

```
SQL> select ltrim('***Welcome***','*'),rtrim('***Welcome***','*'),
  2         trim('*'from '***Welcome***')
  3  from dual;

LTRIM('***      RTRIM('***      TRIM('*
----------      ----------      -------
Welcome***      ***Welcome      Welcome
```

5.3.2 数学函数

数学函数可以用于执行各种数据计算。在其他编程语言中提供了大量的数学函数，这也是编程语言最早的功能之一。Oracle 系统也提供了大量的数学函数，这些函数大大增强了 Oracle 系统的科学计算能力。

在 Oracle 系统中，几乎包括所有常用的数学函数。Oracle 系统可用的数学函数如表 5-5 所示。

表 5-5 数学函数

函数	说明
ABS(X)	返回 X 的绝对值
CEIL(X)	返回大于等于数值 X 的最小整数
COSH(X)	返回数值 X 的双曲余弦值
EXP(X)	返回 e 的 X 次冪（e=2.71828183…）
FLOOR(X)	返回小于等于数值 X 的最大整数
LN(X)	返回数值 X 的自然对数（X 必须大于 0）
LOG(X,Y)	返回以 X 为底的数值 Y 的对数（X>1,Y>0）
MOD(X,Y)	返回 X/Y 后的余数，若 Y=0，则返回 X（求模运算）
POWER(X,Y)	返回 X 的 Y 次冪
ROUND(X,[Y])	执行四舍五入运算，Y 可以省略，当省略 Y 时，四舍五入到整数位；当 X 为正数时，四舍五入到小数点后 Y 位；当 X 为负数时，四舍五入到小数点前 Y 位
SIGN(X)	检测数值的正负，X<0 则返回–1；X>0 则返回 1，X=0 则返回 0
SQRT(X)	返回数值 X 的平方根(X>=0)
TRUNC(X,[Y])	截取数值 X，Y 可以省略，当省略 Y 时则截取 X 的小数部分；当 Y 为正数时则将 X 截取到小数点后 Y 位；当 X 为负数时则将 X 截取到小数点前 Y 位

在科学计算中，数学函数是一种非常重要的工具。下面着重介绍一些比较复杂、常用的数学函数。

❑ **CEIL()函数**

CEIL(X)函数可以得到大于或等于 X 的最小整数。该函数适用于一些比较运算。使用该函数时要特别注意正负数的问题。

下面的示例使用 CEIL()函数计算大于 6.6、6 和-6.6 的最小整数。

```
SQL> select ceil(6.6),ceil(6),ceil(-6.6) from dual;
```

```
  CEIL(6.6)    CEIL(6)   CEIL(-6.6)
  ---------    -------   ----------
         7           6           -6
```

❑ **EXP()和POWER()函数**

EXP(X)函数用于计算数字 e 的 X 次幂,而 POWER(X,Y)函数则用于计算 X 的 Y 次幂。这两个函数的差别在于底不相同。

例如,下面的示例将演示 EXP()和 POWER()函数的使用。

```
SQL> select exp(1),exp(10) from dual;

EXP(1)          EXP(10)
----------      ----------
2.71828183      22026.4658

SQL> select power(2.71828,10) from dual;

POWER(2.71828,10)
-----------------
       22026.3176
```

5.3.3 时间和日期函数

在默认情况下,日期数据的格式是 DD-MON-YY。其中,DD 表示两位数字的日,MON 表示 3 位数字的月份,YY 表示两位数字的年。在插入数据时,默认也采用 DD-MON-YY 格式。

日期数据的格式由 NLS_DATE_FORMAT 系统参数来设置,该系统参数存储在 INIT.ORA 文件和 SPFILE.ORA 文件中。可以使用 SHOW PARAMETERS 命令来查看这些系统参数的值,另外还可以通过 ALTER SYSTEM 或 ALTER SESSION 命令修改该系统参数。ALTER SYSTEM 命令表示修改系统参数的文件,这种修改设置在以后的数据库操作中将一直起作用;ALTER SESSION 命令的设置只在当前的会话中起作用,该会话结束后,其设置就会失效。

在 Oracle 11g 中,系统提供了许多用于处理日期和时间的函数,表 5-6 描述了常用的日期、时间函数的类型和功能。

表 5-6 时间和日期函数

函数	说明
ADD_MONTHS(X,Y)	在 X 给定的日期上增加 Y 个月。如果 Y 为负数,则表示从 X 中减去 Y 个月
LAST_DAY(X)	返回包含在 X 月份中的最后一天
MONTHS_BETWEEN(X,Y)	返回 X 和 Y 之间的月数
NEXT_DAY(X,DAY)	返回紧接着 X 的下一天,参数 DAY 是一个字符串
SYSDATE()	返回当前系统的日期
CURRENT_DATE()	返回本地时区的当前日期
NEW_TIME(X,TIME_ZONE1,TIME_ZONE2)	将时区 TIME_ZONE1 的时间 X 转变成时区 TIME_ZONE2 的时间
LOCALTIMESTAMP()	返回会话中的日期和时间

在 Oracle 系统中，MONTHS_BETWEEN()函数可以返回两个日期之间的月数，其结果值即可以是正数，也可以是负数。如果第一个参数指定的日期晚于第二个参数指定的日期，则结果值为负数，示例如下。

```
SQL> select months_between(date'1981-11-26',sysdate)
  2  from dual;

MONTHS_BETWEEN(DATE'1981-11-26',SYSDATE)
----------------------------------------
-316.76572
```

5.3.4 转换函数

操作表中的数据时，经常需要将某个数据从一种数据类型转变为另外一种数据类型。这时就需要使用数据转换函数。例如，如果要把表示价格的数字数据转变为字符数据，就需要使用 TO_CHAR()函数。通常这类函数遵循如下惯例：函数名称后面跟着待转换类型以及输出类型。

❑ **TO_CHAR()函数**

TO_CHAR()函数是最常使用的转换函数，该函数可以把指定的表达式转变成字符串。TO_CHAR()函数的语法形式如下：

```
TO_CHAR(X[,FORMAT])
```

在上面的语法中，参数 X 表示将要转变的表达式；FORMAT 参数用于指定 X 表达式的格式，可用的格式如表 5-7 所示。

表 5-7　FORMAT 格式参数

参数	说明
9	返回数字。如果数字是负数，则在数字前面包括负号
0	0999 表示数字前面有 0，9990 表示数字后面有 0
.	表示小数点的位置
,	表示在指定位置显示逗号
$	$99 表示数字前面是货币符号
B	表示如果整数部分为 0，则使用空格表示
C	在指定的位置使用 ISO 标准货币符号
D	在指定的位置返回小数点的位置
EEEE	使用科学记数法
FM	删除数字的前后空格
G	在指定的位置显示分组符号
L	在指定的位置显示本地货币符号
MI	负数的尾部有负号，正数的尾部有空格
PR	负数的尾部有三角括号"<>"，正数的头部和尾部有空格
RN/rn	返回罗马数字，RN 表示大写罗马数字，rn 表示小写罗马数字。数字必是 1 到 3999 之间的整数
S	S999 表示负数的前面有负号，正数的前面有正号。999S 表示负数的后面有负号，正数的后面有正号

续表

参数	说明
TM	使用最小的字符数返回数字
U	在指定位置返回双货币号
V	返回一个数字乘以 10^n，移动指定位（小数）
X	返回 16 进制数字
HH 或 HH12	一天的小时数（01～12）
HH24	一天的小时数（00～23）
MI	分钟（00～59）
SS	秒（00～59）
MS	毫秒（000～999）
US	微秒（000000～999999）
AM 或 A.M. 或 PM 或 P.M.	正午标识（大写）
am 或 a.m. 或 pm 或 p.m	正午标识（小写）
YYYY	4 位年号
YY	年的后两位
BC 或 B.C. 或 AD 或 A.D	纪元标识（大写）
bc 或 b.c. 或 ad 或 a.d	纪元标识（小写）
MONTH/month	大/小写表示的月份名
MM	月份号（01～12）
DAY/day	大/小写全长日期名（空白填充为 9 字符）

例如，下面的示例使用 TO_CHAR()函数将当前系统时间按指定格式转变为字符串。

```
SQL> select to_char(sysdate,'HH12-MI-SS') 时间 from dual;

时间
--------
04-50-02
```

❑ **TO_DATE()函数**

该函数将字符串转化为 Oracle 中的一个日期。TO_DATE()函数的语法格式如下：

```
TO_DATE (c[,fmt])
```

其中，如果参数 FMT 不为空时，则按照 FMT 指定的格式进行转换。注意这里的 FMT 参数，如果 FMT 为 J 则表示按照公元制转换，为 C 则必须为大于 0 并小于 5373484 的正整数。

例如：

```
SQL> select to_date(2454000, 'J') from dual;

TO_DATE(245400
--------------
21-9月 -06

SQL> select to_date('2007-9-23 23:25:00','yyyy-mm-dd hh24:mi:ss')
  2 from dual;
```

```
TO_DATE('2007-
--------------
23-9月 -07
```

❑ **TO_NUMBER()函数**

可以使用 TO_NUMBER()函数把某个表达式转变成数字。表达式的格式可以使用可选的格式描述。TO_NUMBER()函数的语法形式如下：

```
TO_NUMBER(c[,fmt])
```

例如，下面的示例使用 TO_NUMBER()函数实现将 16 进制数转换为 10 进制数。

```
SQL> select to_number('19f','xxx'),to_number('f','xxx')
  2  from dual;

TO_NUMBER('19F','XXX')   TO_NUMBER('F','XXX')
----------------------   --------------------
                   415                     15
```

5.3.5 统计函数

使用统计函数可以针对一组数据进行计算，并得到相应的结果。Oracle 提供的统计函数如表 5-8 所示。使用这些统计函数，可以计算表中数据列的平均值、最大值和最小值等数据。

表 5-8 统计函数

函数	说明	函数	说明
AVG(X)	平均值	MIN(X)	最小值
COUNT(X)	统计数量	STDDEV(X)	标准差
MAX(X)	最大值	SUM(X)	汇总值
MEDIAN(X)	中位数	VARIANCE(X)	方差

在实际的应用中，统计函数的应用范围是非常广泛的。下面通过 MAX()和 MIN()函数查找 EMP 表中员工的最高工资和最低工资。

```
SQL> select max(sal),min(sal)
  2  from emp;

  MAX(SAL)   MIN(SAL)
----------  ---------
      5000        800
```

5.3.6 分组技术

上一节讲述的统计函数是针对整个表中的数据的，例如，计算所有员工的最高工资和最低工资。如果要计算每个部门的员工工资或者统计不同职位的员工人数，那么就需要对表中的数据进行分组。

在 SELECT 语句中，可以使用 GROUP BY 子句进行分组操作，并可以使用 HAVING 子句提供分组条件。

下面的查询将对 SCOTT 模式中的 EMP 表进行分组，以统计各部门的员工人数。

```
SQL> select deptno,count(*) as 员工数量
  2  from emp
  3  group by deptno;

    DEPTNO   员工数量
    ------   ------
        30        6
        20        5
        10        3
```

HAVING 子句通常与 GROUP BY 子句一起使用，以便在完成分组后可以使用 HAVING 子句对分组的结果进行进一步筛选。如果不使用 GROUP BY 子句，HAVING 子句的功能与 WHERE 子句一样，对整个表进行筛选。

下面的查询将搜索出所有员工数量大于等于 5 的部门。

```
SQL> select deptno,count(*) as 员工数量
  2  from emp
  3  group by deptno
  4  having count(*)>=5;

    DEPTNO   员工数量
    ------   -------
        30        6
        20        5
```

理解 HAVING 子句的方法，就是记住 SELECT 语句中的各子句的执行次序。在 SELECT 语句中，首先执行 FROM 子句找到表，而 WHERE 子句则在 FROM 子句输出的数据中进行筛选，HAVING 子句则在 GROUP BY、WHERE 或 FROM 子句执行后对其结果进行筛选。

下面的示例分别演示 HAVING 和 WHERE 子句对 SELECT 语句的影响。第一个检索语句使用 HAVING 子句对分组的结果进行筛选；第二个检索语句则使用 WHERE 子句对表中的数据进行筛选后再分组。具体如下：

```
SQL> select job,avg(sal),max(sal),count(*) as 职工人数
  2  from emp
  3  group by job
  4  having avg(sal)>1000;

JOB          AVG(SAL)     MAX(SAL)    职工人数
-----        --------     --------    -------
CLERK          1037.5         1300          4
SALESMAN         1400         1600          4
PRESIDENT        5000         5000          1
MANAGER     2758.33333         2975         3
ANALYST          3000         3000          2
```

```
SQL> select job,avg(sal),max(sal),count(*) as 职工人数
  2  from emp
  3  where sal > 1000
  4  group by job;

JOB          AVG(SAL)    MAX(SAL)    职工人数
---------    ---------   ---------   --------
SALESMAN         1400        1600           4
CLERK            1200        1300           2
PRESIDENT        5000        5000           1
MANAGER     2758.33333        2975           3
ANALYST          3000        3000           2
```

从查询结果可以看出，WHERE 子句直接从表中筛选数据过滤掉了部分员工信息；而 HAVING 子句则在分组后进行筛选。

5.4 子查询

在执行数据操作的过程中，如果某个操作需要依赖于另外一个 SELECT 语句的结果，那么可以把 SELECT 语句嵌入到该操作语句中，这就形成了一个子查询。实际上，在对表中的数据进行操作时，数据并不是孤立的，而是互相关联的。这样就可以根据数据之间的关联使用相应的子查询，从而实现复杂的查询。

5.4.1 子查询的概念

在一个 SELECT 语句被嵌套在另外一个 SELECT、UPDATE 或 DELETE 等 SQL 语句中时，被嵌套的 SELECT 语句所执行的就是子查询。使用子查询的原因是，如果要执行某 SQL 语句，但是该 SQL 语句还需要依赖于另外一个 SELECT 语句的执行结果。

例如，当要检索某一部门的员工信息时，可以连接查询 EMP 表和 DEPT 表；另外一个方法是在检索 EMP 表时使用子查询检索 DEPT 表。如下的语句演示了一个子查询。

```
SQL> select empno,ename,job,sal
  2  from emp
  3  where deptno=(
  4      select deptno
  5      from dept
  6      where dname='SALES');

EMPNO   ENAME    JOB         SAL
-----   ------   --------    ----
 7499   ALLEN    SALESMAN    1600
 7521   WARD     SALESMAN    1250
 7654   MARTIN   SALESMAN    1250
 7698   BLAKE    MANAGER     2850
 7844   TURNER   SALESMAN    1500
 7900   JAMES    CLERK        950
```

已选择 6 行。

从这里可以看出，相比连接多个表的查询，子查询的使用更加灵活，且功能更强大。在执行子查询操作的语句中，子查询也称为内查询，包含子查询的查询语句也被称为外查询语句。例如在上面的示例中，如下的语句为内查询：

```
select deptno
from dept
where dname='SALES'
```

外查询语句为：

```
select empno,ename,job,sal
from emp
```

在一般情况下，外查询语句检索一行，子查询语句需要检索一遍数据，然后判断外查询语句的条件是否满足。如果条件满足，则外查询语句检索到的数据行就是结果集中的行；如果条件不满足，则外查询语句继续检索下一行数据。

在多数情况下，子查询可以使用连接查询来代替。也就是说，使用子查询完成的操作也可以使用连接查询完成。实际上，连接查询的效率也远高于子查询的效率，但是子查询更容易理解，使用更灵活、方便。

在使用子查询执行操作时，应该遵循如下规则。
- ❑ 子查询必须使用括号括起来，否则无法判断子查询语句的开始和结束。
- ❑ 子查询中不能包括 ORDER BY 子句。
- ❑ 子查询允许嵌套多层，但是最多嵌套 255 层。

子查询可以分为 4 种类型，即单行子查询、多行子查询、多列子查询和关联子查询。各种子查询的特点如下。
- ❑ **单行子查询**　子查询语句只返回单行单列的结果，即返回一个常量值。
- ❑ **多行子查询**　子查询语句返回多行单列的结果，即返回一系列值。
- ❑ **多列子查询**　子查询语句返回多列的结果。
- ❑ **关联子查询**　子查询语句引用外查询语句中的一个列或多个列。即外查询和内查询是相互关联的。

各种子查询之间还可以相互嵌套。在 Oracle 系统中，子查询的嵌套层数可以达到 255 层，但是真正嵌套 255 层的子查询是很少的。实际上，嵌套的层数越多，查询语句的执行效率也就越差，因此应该尽量降低子查询的嵌套层数。

5.4.2　单行子查询

在单行子查询中，该内查询只返回单行单列值，因此可以把这种子查询作为一个常量。在 WHERE 子句中，可以使用单行比较运算符来比较某个表达式与子查询的结果。可以使用的单行比较运算符包括：等于"="、大于">"、大于或等于">="、小于"<"、小于或等于"<="和不等于"<>/!="。

例如，下面的语句在子查询中使用统计函数，从 EMP 表中得到工资最低和工资最高的员工信息。

```
SQL> select empno,ename,job,sal
  2  from emp
```

```
 3  where sal>=(select max(sal)
 4             from emp)
 5    or sal<=(select min(sal)
 6             from emp);

  EMPNO   ENAME    JOB          SAL
  -----   -----    -------      ------
   7369   SMITH    CLERK        800
   7839   KING     PRESIDENT    5000
```

在执行子查询的过程中，如果内查询的结果是空值，那么外查询的条件始终不会满足，该查询的最终结果也是空值。例如，在下面的查询中，子查询语句试图查找部门名为 MANAGER 的信息。但是，由于在 DEPT 表中不存在该部门的信息，所以子查询语句的结果是空值。这样 WHERE 子句中的条件总为 FALSE，因此该查询的最终结果也是空值。

```
SQL> select empno,ename,job,sal
  2  from emp
  3  where deptno=(select deptno
  4                from dept
  5                where dname='MANAGER');

未选定行
```

在单行子查询中，常见的错误是在子查询中返回了多行数据或者包含了 ORDER BY 子句。如果在单行子查询中返回了多行数据，那么这个查询就会发生错误，系统无法正确执行该操作。

在子查询中也不能包含 ORDER BY 子句，如果要对数据进行排序，那么只能在外查询语句中使用 ORDER BY 子句。

5.4.3 多行子查询

多行子查询可以返回单列多行数据。在这种多行子查询中，必须使用多行运算符来判断，而不能使用单行运算符。使用多行运算符可以执行与一个或多个数据的比较操作。在 Oracle 系统中，可以使用的多行比较运算符包括：IN（等于列表中的任何一值）、ANY（与子查询返回的任何一个值进行比较）和 ALL（与子查询返回的所有值进行比较）。

ANY 运算符表示与子查询中的任何一个值进行比较。这时，需要将单行比较运算符与该运算符组合起来使用。与单行比较运算符组合之后，所使用的 ANY 运算符结果如下。

- <any   表示小于最大值。
- =any   与 IN 运算符等价。
- >any   表示大于最小值。

对于 ALL 运算符而言，与单行比较运算符组合之后的结果如下。

- <all   表示小于最小值。
- >all   表示大于最大值。

下面的示例将练习使用 ALL、ANY 和 IN 运算符进行查询。

（1）以 SCOTT 身份连接到数据库。
（2）在子查询的比较条件中，使用>ANY 运算符查询大于 MANAGER 职位中最小薪金的员工信息。

```
SQL> select empno,ename,job,sal
  2  from emp
  3  where sal>any(select sal
  4               from emp where job='MANAGER');

    EMPNO ENAME      JOB            SAL
    ----- ----       ------         ------
     7839 KING       PRESIDENT      5000
     ...
     7782 CLARK      MANAGER        2450

已选择 6 行。
```

（3）下面是使用 IN 运算符的多行子查询，用于查询属于 ACCOUNTING 和 RESEARCH 部门的员工信息。

```
SQL> select empno,ename,job,sal,deptno
  2  from emp
  3  where deptno in (select deptno from dept
  4                  where dname='ACCOUNTING' or dname='RESEARCH');
```

（4）下面是使用 ALL 运算符的多行子查询，用于查询薪金大于所有 MANAGER 职位的员工信息。

```
SQL> select empno,ename,job,sal
  2  from emp where sal >all(select sal from emp where job='MANAGER');
```

另外，在使用 IN、ALL 和 ANY 等多行比较运算符时，还可以使用 NOT 运算符表示取反。

5.4.4 关联子查询

在前面介绍的子查询中，内查询和外查询是分开执行的，即内查询的执行与外查询的执行是没有关系的，外查询仅仅是使用内查询的最终结果。如果在子查询语句中，内查询的执行需要借助于外查询，而外查询的执行又离不开内查询的执行。这时，内查询和外查询是相互关联的，这种子查询称为关联子查询。例如，在内层被嵌套的 SELECT 语句中包含了外层 SELECT 语句中的员工代码。这类子查询在某些情况下可能会产生一定的问题，因为内层子查询返回的记录都是外层查询所操作的候选对象，当数据量较大时，会导致查询效率低下。

现在使用关联子查询检索某个职位的员工薪金是否超出了平均水平，所使用的查询语句如下：

```
SQL> select ename,job,sal
  2  from emp t
  3  where sal>(select avg(sal)
```

```
    4           from emp
    5           where t.job=job)
    6  order by job;

ENAME       JOB           SAL
-----       -------       --------
FOX         CLERK         1100
...
TURNER      SALESMAN      1500
```

已选择 6 行。

在上面的查询语句中，外层查询使用关联子查询计算每个职位的平均工资。而关联子查询必须知道每个员工的职位，以便外层查询寻找该员工的工资是否高于所在部门的平均值。如果薪金高于平均工资，则该员工的信息会显示出来。在执行语句的过程中，必须遍历 EMP 表中的每条员工记录，因此如果 EMP 中有许多记录，则该语句的执行速度将会异常缓慢。

5.5 操作数据

SQL 语句除了可以查询数据外，还可以完成插入、更新和删除数据等操作。在 Oracle 11g 中创建表后，只有在表中插入数据之后，该表才有意义。如果表中的数据不合适，还可以对不合适的数据进行更新。如果某些数据已经不再需要，则可以删除这些数据。在操作数据的过程中，Oracle 是通过事务来进行管理的。

5.5.1 插入数据

插入数据就是将数据放置到已经创建的表中，Oracle 数据库是通过 INSERT 语句来实现插入数据的。一般情况下，使用一次 INSERT 语句可以插入一行数据。

与 SELECT 语句相比，INSERT 语句的使用方式要简单得多。在 INSERT 语句的使用方式中，最常用的形式是在 INSERT INTO 子句中指定添加数据的列，并在 VALUES 子句中为各个列提供一个值。

下面语句将向 SCOTT 模式中的 EMP 表添加一条记录。

```
SQL> insert into emp(empno,ename,job,mgr,hiredate,sal,comm,deptno)
  2  values(7995,'ATG','CLERK',7782,to_date('2007-9-23','yyyy-mm-dd'),
     1300,null,10);
```

已创建 1 行。

向表中所有列添加数据时，可以省略 INSERT INTO 子句后的列清单，使用这种方法时，必须根据表中定义的列的顺序为所有的列提供数据，用户可以使用 DESC 命令查看表中定义的列的顺序。下面的 INSERT 语句在向 EMP 表添加记录时省略了列清单。

```
SQL> desc emp
SQL> insert into emp
  2  values(7996,'LI','CLERK',7782,to_date('2006-5-12','yyyy-mm-dd'),
```

```
    1200,null,10);
```

已创建 1 行。

> **注 意**
> 使用这种方法插入数据时有一个大隐患,如果为表指定的数值位置不对,并且指定的数据类型之间可以转化,则执行该语句时系统不会返回任何错误信息,但是这会为该表添加一条错误的记录。由于这种错误难以发现,所以在添加记录时最好在 INSERT INTO 子句中指定列清单,以明确接收数据的列。

在插入操作过程中,用户也可以根据实际情况只为部分列提供数据,而省略某些列的数据。注意这些被省略的列必须允许为空值、有默认值或系统可以自动成生值等。例如,在 EMP 表中,除 EMPNO 列不允许为空值外,其他列都可以为空值。

如果某个列不允许 NULL 值存在,而用户没有为该列提供数据,则会因为违反相应的约束而插入失败。事实上,在定义表的时候为了数据的完整性,经常会为表添加许多约束。例如,在 EMP 表中为了保证表中每条记录的唯一性,在表的 EMPNO 列上定义了主键约束。如果用户试图为表的 EMPNO 列添加一个重复值,则将因为违反主键约束而失败。

```
SQL> insert into emp(empno,ename,job)
  2  values(7782,'KING','CLERK');
insert into emp(empno,ename,job)
            *
第 1 行出现错误:
ORA-00001: 违反唯一约束条件 (SCOTT.PK_EMP)
```

关于为表定义完整性约束的内容将在后面的章节中介绍,这里需要记住的是在向表添加记录时,添加的数据必须符合为表定义的所有完整性约束。

INSERT 语句还有一种用法,可以实现一次向表中添加一组数据,即使用 SELECT 语句替换 VALUES 子句,这样由 SELECT 语句提供添加的数值。例如,下面的示例从 EMP 表提取属于某一部门的雇员信息保存到另外一个表中。

```
SQL> create table accounting_employees(
  2  empno number(4),
  3  ename varchar2(10),
  4  job varchar2(20),
  5  hiredate date,
  6  sal number(6,2));

表已创建。

SQL> insert into accounting_employees
  2  select empno,ename,job,hiredate,sal
  3  from emp
  4  where deptno=10;
```

已创建 5 行。

从上面语句的执行结果可以看出,通过使用 INSERT 和 SELECT 语句的组合一次性为新创建的表添加了 5 行数据。

> **注意**
> 在使用 INSERT 和 SELECT 语句的组合成批添加数据时，INSERT INTO 子句后所指定的列名可以与 SELECT 子句指定的列名不相同，但是其数据类型必须相匹配，即 SELECT 语句返回的数据必须满足表的约束。

5.5.2 更新数据

如果表中的数据不合适，那么就需要对其进行修改或更新。在 SQL 中，用户可以使用 UPDATE 语句完成数据的更新操作。

在更新数据时，既可以一次更新一列，也可以一次更新多列。如果在 UPDATE 语句中使用了 WHERE 条件表达式，那么只有符合条件的记录才会被更新；如果没有使用 WHERE 条件表达式，那么表示更新表中所有行的数据。

在更新表中的数据时，这些更新操作不能违反表的完整性约束。例如，在 EMP 表中，主键列 EMPNO 的数据不允许重复，因此如果更新的数据与现存数据相同，则会因为违反主键约束而失败。具体示例如下：

```
SQL> update emp
  2  set empno=7876
  3  where ename='CLARK';
update emp
*
第 1 行出现错误:
ORA-00001: 违反唯一约束条件 (SCOTT.PK_EMP)
```

> **注意**
> 在更新数据时，如果没有使用 WHERE 条件表达式，那么系统将会更新表中所有的数据。因此，在使用没有条件表达式的更新操作时一定要谨慎。

5.5.3 删除数据

如果表中的数据不再需要，那么就可以将其删除。在删除表中的数据时，最常用的 SQL 语句是 DELETE 语句。

在删除操作中，既可以一次删除一行数据，也可以一次删除多行数据，还可以删除表中的所有数据。在 DELETE 语句中，如果没有使用 WHERE 条件表达式，那么将会删除表中的所有数据。例如，下面的语句将删除 EMP 表中的 ENAME 列为 ATG 的记录行。

```
SQL> delete from emp
  2  where ename='ATG';
```

已删除 1 行。

在 Oracle 系统中，除了 DELETE 语句外，还可以使用 TRUNCATE TABLE 语句删除表中的所有数据。相比之下，使用 TRUNCATE 语句删除数据时，通常要比 DELETE 语句快许多。这是因为使用 TRUNCATE TABLE 语句删除数据时，不会产生任何回退信息，因此执行 TRUNCATE 操作也不能撤销。例如，下面的语句将删除 ACCOUNTING_EMPLOYEES 表中的所有记录。

```
SQL> truncate table accounting_employees;
表被截断。
```

在使用 TRUNCATE 语句删除数据时，还可以使用关键字 REUSE STORAGE，表示删除记录后仍然保存记录占用的空间；与此相反，也可以使用 DROP STORAGE 关键字，表示删除记录后立即回收记录占用的空间，默认在 TRUNCATE TABLE 语句中使用 DROP STORAGE 关键字。使用关键字 REUSE STORAGE 保留删除记录的空间的 TRUNCATE 语句如下：

```
SQL> truncate table accounting_employees reuse storage;
表被截断。
```

5.6 Oracle 事务处理

在 Oracle 系统中使用 INSERT、UPDATE 和 DELETE 语句操作数据时，数据库中的数据并不会立即改变，用户还可以通过控制事务确认是否提交先前的操作。

5.6.1 事务的基本概念

事务是数据库系统工作的一个逻辑单元，它由一个或多个 SQL 语句组成。对于数据库而言，事务是不可分割的工作单元，一个事务中的所有 SQL 语句要么全部执行，要么全部不执行。也就是说，当事务被提交后，该事务的操作才真正被保存到数据库中。如果某个事务被回退了，那么该事务的所有操作都被取消。事务的回退和提交可以由用户显式执行，也可以隐式地执行。

一般情况下，用户或应用程序需要显式地执行 COMMIT 语句提交事务，但是用户也可以不使用 COMMIT 语句而隐式地提交事务。例如，在事务的结尾处使用 DDL 语句时，Oracle 默认为提交当前的事务，并且开始一个新的事务。只有当事务被提交后，其他用户才能够看到对数据库的修改结果。下面将启动两个 SQL*Plus 会话来演示 Oracle 的事务处理特性。

（1）启动 SQL*Plus，使用 SCOTT 身份连接到数据库，并且向 EMP 表添加一些数据，具体如下：

```
SQL> insert into emp(empno,ename,job,sal)
  2  values(8000,'刘丽','MANAGER','2300');

已创建 1 行。
```

（2）在该会话中执行如下的查询时，用户可以在看到先前插入的数据。

```
SQL> select empno,ename,job,sal
```

```
  2  from emp
  3  where empno=8000;

   EMPNO    ENAME     JOB         SAL
   -----    -----     ------      ------
    8000    刘丽      MANAGER     2300
```

（3）现在打开另一个 SQL*Plus，并且保持第一个 SQL*Plus 不关闭。在第二个 SQL*Plus 中执行相同 SELECT 语句以查看先前插入的数据。

```
SQL> select empno,ename,job,sal
  2  from emp
  3  where empno=8000;

未选定行
```

在这里可以发现，由于第一个会话没有提交事务，所以在第二个会话中看不到第一个会话添加的数据。

（4）在第一个 SQL*Plus 中使用 COMMIT 语句提交事务。

```
SQL> commit;
提交完成。
```

（5）现在，如果用户再次在第二个 SQL*Plus 中运行上面的 SELECT 语句，就会看到在第一个 SQL*Plus 中所提交的数据。

5.6.2 事务控制

Oracle 中的事务是隐式自动开始的，它不需要用户显式地使用语句开始事务处理。当发生如下情况时，Oracle 认为一个事务结束。

- ❏ 执行 COMMIT 语句提交事务。
- ❏ 执行 ROLLBACK 语句撤销事务。
- ❏ 执行一条数据定义语句（例如 CREATE、DROP 或 ALTER 语句等）。如果该语句执行成功，那么表示系统自动执行 COMMIT 命令；如果这种操作失败，那么表示系统自动执行 ROLLBACK 命令。
- ❏ 执行一个数据控制命令（例如 GRANT、REVOKE 等），这种操作表示自动执行 COMMIT 命令。
- ❏ 断开数据库的连接。如果使用 EXIT 命令正常退出 SQL*Plus，则系统自动执行 COMMIT 命令；如果退出 SQL*Plus 出现异常，则系统自动执行 ROLLBACK 命令。

下面主要介绍通过 COMMIT 和 ROLLBACK 语句来控制事务。

1. 提交事务

提交事务也就意味着该事务对数据库进行的全部操作将永久地记录在数据库中。在使用 COMMIT 语句提交事务时，Oracle 会执行如下操作。

- ❏ 在回退段内记录事务已经提交，并且生成一个唯一的系统变改号（SCN），以唯一标识这个事务。

- 启动 LGWR 后台进程，将 SGA 区的重做日志缓存中的数据和该事务的 SCN 写入联机重做日志文件中。
- Oracle 服务器进程释放事务处理所使用的资源。
- 通知用户事务已经成功提交。

需要注意，Oracle 提交事务的性能不会因为事务所包含的 SQL 语句过多而受到影响，因为 Oracle 采用了一种称为"快速提交（Fast Commit）"的机制。当用户提交事务时，Oracle 并不会将与该事务相关的"脏数据块"立即写入数据文件，只是将相应的重做日志信息保存到重做日志文件，这样即使发生错误丢失了内存中的数据，系统还可以根据重做日志文件中的信息对其恢复。因此，只要事务的重做日志信息被完全写入到联机重做日志文件中，即可以认为该事务已经成功提交。

2. 回退事务

回退一个事务也就意味着在该事务中对数据库进行的全部操作将被取消，Oracle 利用回退段（或撤销表空间）来存储修改前的数据，通过重做日志来记录对数据所做的修改。如果要回退整个事务，Oracle 将会执行如下操作。

- 使用回退段中的数据撤销事务中所有 SQL 语句对数据库所做的修改。
- Oracle 服务进程释放事务所使用的资源。
- 通知用户事务回退成功。

Oracle 不仅允许回退整个未提交的事务，还允许回退事务的一部分，这是通过一种称为"保存点"的机制实现的。在事务的执行过程中，用户可以通过建立保存点将一个较长的事务分割为几部分。这样用户就可以有选择性地回退到某个保存点，该保存点之后的操作都将被取消。

下面的示例将向 SCOTT 模式中的 EMP 表添加两行记录，并且在执行第一条 INSERT 语句后建立一个保存点，在第二条 INSERT 语句后查询当前事务对数据库所做的操作。随后回退事务到保存点，以撤销第二条 INSERT 语句所执行的操作。具体如下：

```
SQL> insert into employees(employee_id,last_name,email,hire_date,job_id)
  2  values(1000,'atg','save@gmail.com',to_date('2000-11-25','yyyy-mm
    -dd'),'IT_PROG');

已创建 1 行。

SQL> savepoint s1;
保存点已创建。

SQL> insert into employees(employee_id,last_name,email,hire_date,job_id)
  2  values(1001,'perty','per@gmail.com',to_date('2001-05-20','yyyy-mm
    -dd'),'IT_PROG');

已创建 1 行。

SQL> select employee_id,last_name
  2  from employees
  3  where employee_id>900
  4  order by employee_id desc;
```

```
EMPLOYEE_ID        LAST_NAME
----------         ----------
    1001           perty
    1000           atg

SQL> rollback to savepoint s1;
回退已完成。

SQL> commit;
提交完成。

SQL> select employee_id,last_name
  2  from employees
  3  where employee_id>900
  4  order by employee_id desc;

EMPLOYEE_ID        LAST_NAME
----------         ----------
    1000           atg
```

5.7 实验指导

1. 查询 HR.EMPLOYEES 表的信息

在 SQL*Plus 环境下，执行如下的查询。

（1）查询 HR.EMPLOYEES 表中每个雇员的所有记录。输入并执行如下 SQL 语句：

```
select * from hr.employees;
```

查询结果应该包括客户信息的所有列，并且包括该表的所有记录行。

（2）查询 EMPLOYEES 表中每个雇员的姓名、职位和工薪。

```
select first_name,last_name,job_id,salary
from hr.employees;
```

（3）在 SELECT 语句中使用连接查询 DEPARTMENTS 和 EMPLOYEES 表，从中检索属于某一部门的信息。

```
select t1.first_name,t1.last_name,t1.job_id,t1.salary,t2.department_name
from employees t1,departments t2
where t1.department_id=t2.department_id and
     t2.department_name='Sales';
```

（4）使用子查询查询属于某一部门的员工信息。

```
select t1.first_name,t1.last_name,t1.job_id,t1.salary
from employees t1
where t1.department_id in(select department_id
                   from departments
                   where department_name='Sales');
```

（5）统计某一部门的雇员的最高和最低工薪。

```
select t2.department_name,max(t1.salary),min(t1.salary)
from employees t1,departments t2
where t1.department_id=t2.department_id
group by t2.department_name;
```

2．维护 HR.EMPLOYEES 表中的数据

在 SQL*Plus 环境下，运行如下的函数。

（1）向 EMPLOYEES 表添加一组数据。输入并执行如下 SQL 语句：

```
insert into employees(employee_id,last_name,email,hire_date,job_id,salary)
values(300,'LILI','lili@gmail.com',sysdate,'SH_CLERK',1250);
```

通过 SELECT 查询语句，查看是否在 EMPLOYEES 表中添加了相应的记录。

（2）使用 UPDATE 语句更新该记录的 SALARY 列，为部门编号 50 的员工上调工薪 20%。输入并执行如下 SQL 语句：

```
update employees
set salary=salary*1.2
where department_id=50;
```

（3）删除上述记录。输入并执行如下 SQL 语句：

```
delete employees
where employee_id=300;
```

（4）创建 EMPLOYEES 表的一个副本，并向其中添加数据。

```
create table employees_copy
as select * from employees;
```

（5）使用 TRUNCATE 语句清除 EMPLOYEES_COPY 表中的数据。

```
truncate table create table employees_copy;
```

5.8 思考与练习

一、填空题

1．在检索数据时，如果使用_____符号，则表示检索所有的列。

2．在 ORDER BY 子句中，_____关键字表示升序排列，_____关键字表示降序排列。

3．如果定义与组有关的搜索条件，可以把_____子句添加到 SELECT 语句中。

4．当进行模糊查询时，应使用关键字_____和通配符_____或百分号"%"。

5．WHERE 子句可以接收 FROM 子句输出的数据，而 HAVING 子句则可以接收来自_____、FROM 或_____子句的输出。

6．在连接操作中，如果左表和右表中不满足连接条件的数据都出现在结果中，那么这种连接是_____。

7．_____函数返回某个字符的 ASCII 值，_____函数返回某个 ASCII 值对应的字符。

8．在 SELECT、UPDATE 或 DELETE 语句中嵌套了一个或多个 SELECT 语句时，被嵌套的 SELECT 语句被称为_____。

9．子查询语句必须使用_____括起来，否则无法判断子查询语句的开始和结束。在子查询语句中，不能使用_____子句。

10．在单行子查询中，由于内查询只返回单行单列值，因此可以把其作为_____来对待。

11．多行比较运算符包括_____、_____和_____。

12．如果需要向表中插入一批已经存在的数据，可以在 INSERT 语句中使用_____语句。

13．如果要创建一个 UPDATE 语句来修改 EMP 表中的数据，将所有员工的工薪上调 10%，则应该使用的 SQL 语句是_____。

二、选择题

1．下列哪个子句在 SELECT 语句中用于排序结果集？（　　）
　A．HAVING 子句
　B．WHERE 子句
　C．FROM 子句
　D．ORDER BY 子句

2．为了去除结果集中重复的行，可在 SELECT 语句使用下列哪个关键字？（　　）
　A．ALL　　　　B．DISTINCT
　C．SPOOL　　 D．HAVING

3．下列哪个关键字或子句用来限定查询结果集中的行？（　　）
　A．SELECT　　B．WHERE
　C．UPDATE　　D．INSERT

4．GROUP BY 子句作用是什么？（　　）
　A．查询结果的分组条件
　B．组的筛选条件
　C．限定返回的行的判断条件
　D．对结果集进行排序

5．HAVING 子句的作用是什么？（　　）
　A．查询结果的分组条件
　B．组的筛选条件
　C．限定返回的行的判断条件
　D．对结果集进行排序

6．下列哪个子句是 SELECT 语句中的必选项？（　　）
　A．FROM　　　B．WHERE
　C．HAVING　　D．ORDER BY

7．下列哪个子句可以实现对一个结果集的分组和汇总？（　　）
　A．HAVING　　B．ORDER BY
　C．WHERE　　 D．GROUP BY

8．查询一个表的总记录数，可以采用_____统计函数。
　A．AVG(*)　　 B．SUM(*)
　C．COUNT(*)　 D．MAX(*)

9．当 COL_NAME 取_____值时，表达式 COL_NAME<ALL(5,10,13)为真。
　A．12　　　　 B．11
　C．8　　　　　D．2

10．当 COL_NAME 取_____值时，表达式 COL_NAME>ANY(5,10,13)为假。
　A．12　　　　 B．11
　C．8　　　　　D．2

11．下面哪一个函数表示把字符串 X 中的所有英文单词转换为首字母大写的形式？（　　）
　A．initcap()函数　B．concat()函数
　C．upper()函数　 D．lower()函数

12．有关子查询的描述，下列哪一项是正确的？（　　）
　A．子查询只允许在 SELECT 语句中使用
　B．子查询没有必要使用括号括起来
　C．子查询不允许嵌套
　D．子查询允许嵌套

13．在下面有关 ANY 运算符的描述中，哪一项是正确的？（　　）
　A．<any 表示小于最小值
　B．<any 表示小于最大值
　C．>any 表示大于最大值
　D．都不对

14．下列哪一个是交集运算符？（　　）
　A．INTERSECT　B．UNION
　C．SET　　　　D．MINUS

15．下列哪一个是并操作运算符？（　　）
　A．INTERSECT　B．UNION
　C．UNION ALL　D．MINUS

三、简答题

1．SELECT 语句的基本作用是什么？
2．比较内连接和外连接。
3．简述正规表达式。
4．比较子查询和连接查询。

第 6 章　PL/SQL 编程基础

在实际情况中，信息的存储和查询只是数据库系统应用的一部分，即使是最简单的数据处理程序也不可能只使用 SQL 语句来完成。例如，在某公司的工资管理系统中，需要根据每位员工职位和工作表现附加一定的补助。因此，在实际的应用中，仅仅使用 SQL 语句是远远不够的，这就是为什么 Oracle 数据库提供了自己的编程语言 PL/SQL。

本章将介绍一些 PL/SQL 程序设计的基础知识，包括 PL/SQL 和 SQL、SQL*Plus 的差异，PL/SQL 的基本结构，各种类型变量的使用，流程控制和 PL/SQL 游标的应用。最后介绍 PL/SQL 程序的异常处理机制。

本章学习要点：

- ➢ PL/SQL 和 SQL 的区别
- ➢ PL/SQL 程序的结构
- ➢ 在 PL/SQL 程序中应用各种变量
- ➢ 在 PL/SQL 程序中使用条件语句
- ➢ 在 PL/SQL 程序中使用循环语句
- ➢ 游标的使用
- ➢ PL/SQL 程序的异常处理

6.1　PL/SQL 概述

由于 SQL 只是一种声明式语言，它没有流程控制，也不存在变量，只有表和列，所以不能将某个 SQL 语句的执行结果传递给另一个语句。为了实现该目的，用户不得不使用一条更复杂的语句。而且 SQL 语句中没有可以控制程序流程的 IF 或 LOOP 语句。

PL/SQL 是过程化的结构查询语言（Procedural Language/Structured Query Language），它可以弥补 SQL 语句的不足。在 PL/SQL 中可以通过 IF 和 LOOP 语句控制程序的执行流程，并且可以定义变量，以便在语句之间传递数据信息。PL/SQL 是 Oracle 的专用语言，它是对标准 SQL 语言的扩展，并且 SQL 语句可以嵌套在 PL/SQL 程序代码中，将 SQL 的数据处理能力和 PL/SQL 的过程处理能力结合在一起。

Oracle 数据库内置了 PL/SQL 处理引擎，常用的开发工具是 Oracle 附带的 SQL*Plus。实际上，SQL*Plus 只是用于将 SQL 语句或 PL/SQL 程序发送到数据库，并将处理后的结果显示在屏幕上的工具，用户也可以选择其他工具运算 SQL 和 PL/SQL 程序。

PL/SQL 程序的基本结构称为块，每一个块都包含了 PL/SQL 语句和 SQL 语句。典型的 PL/SQL 块的结构如下：

```
[declare
declareation_statements]
begin
executable_statements
[exception
exception_handing_statements]
end;
```

PL/SQL 程序块中的每一条语句都必须以分号结束，SQL 语句可以是多行的，但分号表示该语句的结束。一行中可以有多条 SQL 语句,但是它们之间必须以分号分隔。PL/SQL 程序的注释由--表示。

从上面的语法规则中可以发现,一个 PL/SQL 程序块分为 3 部分:声明部分、执行部分和异常处理部分。声明部分是可选的,它由关键字 DECLARE 开始,到 BEGIN 关键字结束。在这部分可以声明一些 PL/SQL 变量、常量、游标和异常等。当基本块结束后,声明部分的所有内容均不复存在。在某个基本块中声明的内容只能在该块中使用,其他基本块不能使用。

执行部分以关键字 BEGIN 开始,可以以两种不同的方式结束。如果存在异常处理,则以关键字 EXCEPTION 结束。如果没有使用异常处理,则以关键字 END 结束。在执行部分包含多个 PL/SQL 语句和 SQL 语句。

在 PL/SQL 语句的执行过程中,由于各种原因会产生一些错误,这些错误的发生会导致程序被迫中断运行。这样 PL/SQL 程序开发人员就必须设法向用户发出一些有用的出错信息,或者在错误发生后采取某些措施进行纠正并继续运行程序。另外,所有相关数据库操作可能需要回退到异常产生之前的状态,这就需要在 PL/SQL 程序中提供异常处理能力。

PL/SQL 的异常处理部分以关键字 EXCEPTION 开始,它的结束就是整个基本块的结束。每个异常均由 WHEN 语句开头,接着就是这种异常出现时相应的处理动作。

为了更好地理解 PL/SQL 程序,下面将通过一个具体的实例介绍 PL/SQL 的结构特点,使用户对 PL/SQL 程序的特点有一个感性的认识。

```
SQL> set serveroutput on
SQL> declare
  2     a number:=3;
  3     b number:=4;
  4     c number;
  5  begin
  6     c:=(a*b)/(a+b);
  7     dbms_output.put_line(c);
  8  exception
  9     when zero_divide then
 10        dbms_output.put_line('除数不能为0!');
 11  end;
 12  /
1.71428571428571428571428571428571428571

PL/SQL 过程已成功完成。
```

在上面的程序中,为了在服务器端显示执行结果,使用了 SET SERVEROUTPUT ON 命令。在 DECLARE 关键字表示的声明块中声明了 3 个变量 A、B 和 C,其数据类型为 NUMBER,并且分别为变量 A 和 B 赋初始值为 3 和 4。

接下来以 BEGIN 关键字标识可执行块的开始,在可执行块中包含了两条 PL/SQL 语句。第一条语句计算 A*B/(A+B)的值,并将计算值赋予变量 C;随后则使用 DBMS_OUTPUT.PUT_LINE(C);语句显示计算结果。EXCEPTION 关键字表示异常处理块的开始。在这里捕获的异常是 ZERO_DIVIDE,表示出现了除数为 0 的错误。出现错误时显示的错误信息为"除数不能为 0！"。

6.2 变量与数据类型

变量本质上是一种用名称进行标记的容器，它们可以包含或保存不同类型的数据。根据不同的数据类型，变量可以存储不同类型的数据，并且彼此可以通过变量名进行区分。

6.2.1 PL/SQL 变量的声明

可以使用下面两种语法声明 PL/SQL 变量。

```
variable_name data_type [ [NOT NULL]:=default_value_expression];
variable_name data_type [ [NOT NULL] DEFAULT default_value_expression];
```

变量名 VARIABLE_NAME 可以是任何合法的 PL/SQL 标识符，合法的 PL/SQL 标识符必须满足如下条件。

- ❑ 长度不能超过 30 个字符，并且中间不能有空格。
- ❑ 由字母、0 到 9 的数字、下划线"_"、美元符号"$"以及符号"#"组成。
- ❑ 必须以字母开头。
- ❑ 不能使用 PL/SQL 或 SQL 的关键字。例如，BEGIN、END 不能作为变量名，因为它在 PL/SQL 程序中有特殊的意义，分别表示块的开始和结束。

可以在 SQL*Plus 中使用如下命令获得 SQL 和 PL/SQL 的关键字。

```
help reserved words
```

变量类型 DATA_TYPE 必须是合法的 SQL 或 PL/SQL 数据类型，变量的类型决定了其中存储的数据类型。如果变量只能存储一个单独的值，则该变量称为标量变量。如果变量可以存储多个值（如表中一行记录），则该变量称为复合类型的变量。

标量变量所使用的数据类型包括字符、数字、日期和布尔类型等。标量变量所使用数据类型见表 6-1。

表 6-1　基本数据类型

类型	说明
Boolean	布尔值，包括 true、false 和 null
Binary_integer	–2 247 483 648 和 2 247 483 647 之间的带符号的整数
Pls_integer	类似于 binary_integer，但是计算速度更快
Number	数字型
Int	整数型
Pls_integer	整数型，产生溢出时出现错误
Binary_integer	整数型，表示带符号的整数
Char	定长字符型，最大 255 个字符
Varchar2	变长字符型，最大 4000 个字节
Date	日期型
Long	变长字符型，最长 2GB

NOT NULL 表示变量必须是非空的，需要指定初始值。当变量被创建后，可以以表达式的方式对其赋初始值。在声明变量时，还可以使用 DEFAULT 关键字指定变量的默认值，这样如果未向变量赋值时，变量的值就是设置的默认值。

下面介绍几种常用的数据类型，这些常用的数据类型包括 NUMBER、VARCHAR2、DATE 和 BOOLEAN 等。

VARCHAR2 是一种变长的数据类型。在 PL/SQL 中，该类型的最大长度为 32767。使用 VARCHAR2 类型变量的语法形式如下：

```
char_variable varchar2(max_length);
```

其中，MAX_LENGTH 参数是正整数，表示该变量最大可以容纳的字符数。

NUMBER 数据类型表示所有的数字数据，声明 NUMBER 数据类型变量的格式如下：

```
number_variable number(length,decimal_places);
```

其中，LENGTH 参数的取值范围为 1～38，DECIMAL_PLACES 参数用于指定数字小数点后面的位数。

DATE 数据类型用于存储日期数据和时间数据，声明该类型变量的格式如下所示：

```
date_variable date;
```

BOOLEAN 数据类型用于声明布尔值，该类型的变量只能存储 TRUE、FALSE 或 NULL 值。

下面的代码在程序块的声明部分声明了 4 种类型的变量：

```
DECLARE
  out_date DATE;              --定义存储日期和时间值的变量
  out_text  varchar2(50);     --定义存储字符串值的变量
  out_num   binary_integer;   --定义存储数字值的变量
  out_boolean  boolean;       --定义存储布尔类型值的变量
BEGIN
  ----PL/SQL 程序的执行部----
END;
```

这些标量变量只可以在该程序块中使用，并且在 BEGIN 部分开始执行前，每一个变量都包含一个 NULL 值。

6.2.2 %TYPE 变量

在声明变量时，除了可以使用 Oracle 规定的数据类型外，还可以使用%TYPE 关键字定义变量类型。%TYPE 关键字的含义是声明一个与指定列名称相同的数据类型。例如，下面的语句声明了一个与 EMP 表中 ENAME 列完全相同的数据类型。

```
declare
var_name emp.ename%type;
```

如果 ENAME 列的数据类型为 VARCHAR2(40)，那么变量 VAR_NAME 的数据类型就是 VARCHAR2(40)。

下面的示例演示了如何使用%TYPE 类型的变量从数据库中检索数据。

```
SQL> set serveroutput on
SQL> declare
  2    var_name emp.ename%type;
  3    var_no emp.empno%type;
  4    var_sal emp.sal%type;
  5  begin
  6    select empno,ename,sal
  7    into var_no,var_name,var_sal
  8    from emp
  9    where empno='7369';
 10    dbms_output.put_line(var_no || ' ' || var_name || ' ' || var_sal);
 11  end;
 12  /
7369 SMITH 800

PL/SQL 过程已成功完成。
```

在上面的 PL/SQL 程序中，主要使用了 SELECT 语句从 EMP 中检索数据。该 SELECT 语句与前面使用的 SQL 查询语句非常相似，唯一的不同在于它多了一个 INTO 子句。INTO 子句跟在 SELECT 子句后，表示从数据库检索的数值将保存在那个变量中。

> **注意** 需要注意，因为定义的变量只可以存储一个单独的值，所以使用 WHERE 子句限定的返回结果集中只包含一行数据。如果返回的结果集中包含多行数据，则由于实际返回的行数超出请求行数而产生错误。

使用%TYPE 定义变量有两个好处：首先，用户不必查看表中各个列的数据类型，就可以确保所定义的变量能够存储检索的数据；其次，如果对表的结构进行修改（例如，改变某一个列的数据类型），用户不必考虑对所定义的变量进行更改，而%TYPE 类型的变量会自动调整。使用%TYPE 类型的变量也有一个缺点，在程序的执行过程中，系统必须查看数据字典以确定变量的数据类型，因此它会对程序的性能产生影响。

> **注意** 对于刚接触 PL/SQL 程序的用户而言，经常犯的一个错误是遗漏赋值符号:=中的冒号，这也是 PL/SQL 程序与其他程序中赋值符号的区别。

6.2.3 复合变量

很多结构化程序设计语言都提供了记录类型的数据类型，在 PL/SQL 中，也支持将多个基本数据类型捆绑在一起的记录数据类型，即复合变量。相对于标量变量，复合变量一次可以存储多个数值。

对于复合变量，用户可以根据需要定义其结构，也可以使用由系统自动决定的变量的结构。下面列出了 PL/SQL 提供的两种常用的复合类型。

❏ **自定义记录类型** 在记录类型的复合变量中可以存储多个标量值，它的结构通常与数据表中的行相似。

- **%ROWTYPE 类型** 该类型的复合变量可以根据指定的表结构,由系统决定其结构。

1. 自定义记录类型

使用自定义记录数据类型的变量可以存储由多个列值组成的一行数据。当使用记录类型的变量时,首先需要定义记录的结构,然后才可以声明记录类型的变量。定义记录数据类型时必须使用 TYPE 语句,在这个语句中指出将在记录中包含的字段及其数据类型。使用 TYPE 语句定义记录数据类型的语法形式如下:

```
type record_name is record(
field1_name  data_type [not null] [:=default_value],
...
fieldn_name data_type [not null] [:=default_value]);
```

在上面的语法中,RECORD_NAME 为自定义的记录数据类型名,如数值数据类型的名称为 NUMBER。FILED1_NAME 为记录数据类型中的字段名,DATA_TYPE 为该字段的数据类型,从这里可以看出,字段的声明与标量变量的声明类似。

下面的程序代码定义了名为 EMPLOYEE_TYPE 的记录类型,该记录类型由整数型的 NO_NUMBER、字符型的 NAME_STRING 和整数型的 SAL_NUMBER 基本类型变量组成,EMPLOYEE 是该类型的变量,引用记录型变量的方法是"记录变量名.字段名"。

```
SQL> set serveroutpu on
SQL> declare
  2    type employee_type is record(
  3    no_number   number,
  4    name_string varchar2(20),
  5    sal_number number);
  6    employee employee_type;
  7  begin
  8    select empno,ename,sal
  9    into employee
 10    from emp
 11    where empno='7369';
 12    dbms_output.put(employee.no_number);
 13    dbms_output.put(' '|| employee.name_string);
 14    dbms_output.put_line(' '|| employee.sal_number);
 15  end;
 16  /
7369 SMITH 800

PL/SQL 过程已成功完成。
```

程序的执行部分是从 SCOTT.EMP 数据表中提取 EMPNO 列为 7369 的记录,并将数据存放在复合变量 EMPLOYEE 中,然后输出复合变量的各个字段的值,实际上就是数据表中相应记录的值。

> **注意**
> SELECT 语句检索的列以固定的顺序赋予记录变量中各个字段。即查询的第一个列值赋予记录变量的第一个字段，第二个列值赋予记录变量的第二个字段。因此，SELECT 语句查询的列值数量和顺序必须与定义记录类型中定义的字段数量和顺序相匹配。

如果两个记录变量的数据类型相同，那么可以将记录变量的值直接赋予另一个记录变量。如果记录变量数据类型不同，那么无论记录变量类型的结构是否相同，都不可以直接将一个记录变量赋予另一个记录变量。

2. %ROWTYPE 类型

与%TYPE 类型和自定义类型的变量相比，%ROWTYPE 类型的变量结合了这两者的优点，它可以根据数据表中行的结构定义数据类型，用于存储从数据表中检索到的一行数据。例如，下面的示例使用%ROWTYPE 类型的变量存储查询的数据。

```
SQL> set serveroutput on
SQL> declare
  2    row_employee emp%rowtype;
  3  begin
  4    select *
  5    into row_employee
  6    from emp
  7    where empno='7499';
  8    dbms_output.put(row_employee.empno ||' ');
  9    dbms_output.put(row_employee.ename ||' ');
 10    dbms_output.put(row_employee.job ||' ');
 11    dbms_output.put_line(row_employee.sal);
 12  end;
 13  /
7499 ALLEN SALESMAN 1600

PL/SQL 过程已成功完成。
```

上面的程序定义了一个%ROWTYPE 类型的变量，该变量的结构与 EMP 表的结构完全相同。因此，可以将检索到的一行数据保存到该类型的变量中，并且可以根据表中列的名称引用对应的数值。

6.3 条件语句

PL/SQL 与其他编程语言一样，也具有条件判断语句。条件判断语句的主要作用是根据条件的变化选择执行不同的代码。

6.3.1 IF…THEN 条件语句

PL/SQL 为了控制程序的执行方向，引进了 IF 语句。最简单的 IF 语句就是 IF…THEN 语句，其语法形式如下：

```
if <expression1> then
   pl/sql_statement;
end if;
```

在该语句中，如果判断条件 EXPRESSION1 为 TRUE，则会执行 IF 下面的 PL/SQL 语句。如果判断条件 EXPRESSION1 为 FALSE，则跳过 IF 下面的语句直接执行 END IF 后面的语句。

例如，下面的示例使用 IF…THEN 语句判断两个数的大小。

```
SQL> set serveroutput on
SQL> declare
  2     number1 integer:=90;
  3     number2 integer:=60;
  4  begin
  5     if number1>=number2 then
  6        dbms_output.put_line(number1 ||'>='||number2);
  7     end if;
  8  end;
  9  /
90>=60

PL/SQL 过程已成功完成。
```

在上面的程序中，由于变量 NUMBER1 的值大于 NUMBER2 的值，判断条件将返回 TRUE，因此将执行 IF 内的 PL/SQL 语句：

```
dbms_output.put_line(number1 ||'>='||number2);
```

6.3.2 IF…THEN…ELSE 条件语句

IF 语句的另一种形式就是与 ELSE 语句结合使用，形成 IF…THEN…ELSE 语句。该语句的语法形式如下：

```
if <expression1> then
   pl/sql_statement1;
else
   pl/sql_statement2;
end if;
```

在 IF…THEN…ELSE 语句中，如果判断条件 EXPRESSION1 为 TRUE，则首先执行 IF 下面的 PL/SQL 语句，当语句执行完后将直接跳到 END IF 语句后，而不会执行 ELSE 下面的 PL/SQL 语句。如果判断条件 EXPRESSION1 为 FALSE，则会执行 ELSE 下面的 PL/SQL 语句。

例如，下面的示例将判断两个整数变量的大小，并输出不同的结果。

```
SQL> set serveroutput on
SQL> declare
  2     number1 integer:=80;
  3     number2 integer:=90;
```

```
  4  begin
  5    if number1>=number2 then
  6      dbms_output.put_line(number1 ||'>='||number2);
  7    else
  8      dbms_output.put_line(number1 ||'<'||number2);
  9    end if;
 10  end;
 11  /
80<90

PL/SQL 过程已成功完成。
```

6.3.3 IF…THEN…ELSIF 条件语句

IF…THEN…ELSIF 语句实现了 IF 语句的嵌套，从而实现了判定两个以上的判断条件。该语句的语法形式如下：

```
if < expression1> then
     pl/sql_statement1;
elsif < expression2> then
     pl/sql_statement2;
…
else
     pl/sql_statement3;
end if;
```

在该语句中由于使用 ELSIF 语句，语句中的判断条件将依次被评估，直到一个判断条件为 TRUE 时执行该语句下的代码；如果所有的 ELSEIF 判断条件都为 FALSE，则执行 ELSE 下面的 PL/SQL 语句。

例如，下面的示例将判断某一年是否为闰年，闰年的判断条件为年号能被 4 整除但不能被 100 整除或者能被 400 整除。

```
SQL> set serveroutput on
SQL> declare
  2    year_date number;
  3    leap Boolean;
  4  begin
  5    year_date:=2010;
  6    if mod(year_date,4)<>0 then
  7      leap:=false;
  8    elsif mod(year_date,100)<>0 then
  9      leap:=true;
 10    elsif mod(Year_date,400)<>0 then
 11      leap:=false;
 12    else
 13      leap:=true;
 14    end if;
 15    if leap then
 16      dbms_output.put_line(year_date || '是闰年');
```

```
17    else
18      dbms_output.put_line(year_date || '是平年');
19    end if;
20  end;
21  /
2010是平年

PL/SQL 过程已成功完成。
```

注意关键字 ELSIF 不能写成 ELSEIF。

6.3.4 CASE 条件语句

从 Oracle 9i 后，PL/SQL 也可以像其他编程语言一样使用 CASE 语句，CASE 语句的执行方式与 IF 语句相似。通常情况下，CASE 语句从关键字 CASE 开始，后面跟着一个选择器，它通常是一个变量。接下来是 WHEN 子句，它将根据选择器的值执行不同的 PL/SQL 语句。

CASE 语句有两种形式。第一种形式是获取一个选择器的值，然后将其与每个 WHEN 子句进行比较。其语法形式如下：

```
case <selector>
  when <expression1> then pl/sql_statement1;
  when <expression2> then pl/sql_statement2;
  ...
  when < expressionN> then  pl/sql_statement n;
    [ else pl/sql_statement n+1;]
end;
```

另一种形式是不使用选择器，而是判断每个 WHEN 子句中的条件。这种 CASE 语句的语法结构如下：

```
case
  when expression 1 then pl/sql_statement1;
  when expression 2 then pl/sql_statement2;
  ...
  when expression N then pl/sql_statement n;
    [ else pl/sql_statement n+1;]
end;
```

虽然 CASE 语句的作用与 IF…ELSIF…ELSE…END IF 语句相同，都可以实现多项选择，但是 CASE 语句可以以一种更简洁的表示法实现该功能。当执行 CASE 语句时，系统将根据选择器的值查找与其相匹配的 WHEN 常量，当找到一个匹配的 WHEN 常量时，就会执行与该 WHEN 常量相关的子句。如果没有与选择器相匹配的 WHEN 常量，那么就执行 ELSE 子句。

例如，下面的示例演示了 CASE 语句的使用。

```
SQL> set serveroutput on
SQL> declare
  2    i number:=0;
  3  begin
  4    while i<5 loop
  5    case i
  6      when 0 then
  7        dbms_output.put_line('i is zero');
  8      when 1 then
  9        dbms_output.put_line('i is one');
 10      when 2 then
 11        dbms_output.put_line('i is two');
 12      else
 13        dbms_output.put_line('i is more than two');
 14    end case;
 15      i:=i+1;
 16    end loop;
 17  end;
 18  /
i is zero
i is one
i is two
i is more than two
i is more than two

PL/SQL 过程已成功完成。
```

执行上面的程序块时，一共会执行 5 次循环，并且每次循环都是在查找与 I 匹配的 WHEN 常量。当选择器 I 大于 2 时，就没有与之匹配的 WHEN 语句了，因此会执行 ELSE 语句。

虽然在 CASE 语句中可以省略 ELSE 子句，但是当 WHEN 子句中的常量没有与选择器匹配的值时，CASE 语句将引发一个如下的 Oracle 错误。

```
ORA-06592: 执行 CASE 语句时未找到 CASE
ORA-06512: 在 line 5
```

6.4 循环语句

循环语句可以控制程序多次重复地执行某一组语句。在 PL/SQL 中，常用的循环语句有 3 种类型，即 LOOP 循环、WHILE 循环和 FOR 循环。在这几种基本循环的基础上又可以演变出许多嵌套循环，本节将介绍最基本的循环控制语句。

6.4.1 LOOP…END LOOP 循环

LOOP 循环是最基本的循环，也称为无条件循环。在这种类型的循环中如果没有指定 EXIT 语句，循环将一直运行，即出现死循环。死循环是应该尽量避免的。因此，在 LOOP 循环中必须指定 EXIT 语句，以便循环停止执行。

LOOP 循环的语法格式如下：

```
loop
  statements;
  exit when condition
end loop;
```

所有包含在循环中的语句均会重复执行，在循环的重复或迭代过程中，都要检查退出条件表达式是否为真。如果表达式为真，则它会跳过 EXIT 后的所有语句，并跳到代码中 END LOOP 后的第一个语句。如果开始就满足了 WHEN 所给出的条件，LOOP 和 EXIT 之间的语句只会被执行一次，但如果没有 WHEN 条件语句，则循环会一直执行，这种情况应该尽量避免。

例如，下面的循环语句将依次输出 1 到 10 之间的平方数。

```
SQL> set serveroutput on
SQL> declare
  2    i number:=1;
  3  begin
  4    loop
  5      dbms_output.put_line(i || '的平方数为' || i*i);
  6      i:=i+1;
  7      exit when i>10;
  8    end loop;
  9  end;
 10  /
1 的平方数为 1
2 的平方数为 4
3 的平方数为 9
4 的平方数为 16
5 的平方数为 25
6 的平方数为 36
7 的平方数为 49
8 的平方数为 64
9 的平方数为 81
10 的平方数为 100

PL/SQL 过程已成功完成。
```

在上面的程序块中，每一次循环均将变量 I 加 1，当加到 10 时，满足循环出口条件，终止循环。

6.4.2 WHILE 循环

另一种循环类型是 WHILE 循环，它适用于事先无法知道控制循环终止的变量值的情况。与 LOOP 循环的不同之处在于 WHILE 循环在循环的顶部包括了判断条件，这样在每次执行循环时，都将判断该条件。如果判断条件为 TRUE，那么循环将继续执行。

如果判断条件为 FALSE，那么循环将会停止执行。

WHILE 循环的语法结构如下：

```
while condition
loop
  statements;
end loop;
```

在执行 WHILE 循环时，首先会检查判断条件，如果判断条件开始就为 FALSE，程序将直接执行 END LOOP 后面的语句，则该循环将一次都不执行。如果判断条件为 TRUE 则执行循环体内的语句，然后再检查判断条件。

下面的程序块将使用 WHILE 循环打印 50 以内能被 3 整除的整数。

```
SQL> declare
  2    i number:=1;
  3  begin
  4    while i<50 loop
  5      if mod(i,3)=0 then
  6         dbms_output.put_line(i ||' ');
  7      end if;
  8         i:=i+1;
  9    end loop;
 10  end;
 11  /
3
6
9
12
15
18
21
24
27
30
33
36
39
42
45
48

PL/SQL 过程已成功完成。
```

只有当条件满足时，WHILE 循环体才会被执行。

6.4.3 FOR 循环

在上面的 WHILE 循环中，为了防止出现死循环，需要在循环内不断修改判断条件。而 FOR 循环则使用一个循环计数器，并通过它来控制循环执行的次数。该计数器可以从小到大进行记录，也可以相反，从大到小进行记录。如果不满足循环条件，则终止循环。

FOR 循环的语法结构如下：

```
for loop_variable_name in [reverse] lower_bound···upper_bound
loop
  statements;
end loop
```

在上面的语法中，LOOP_VARIABLE_NAME 参数指定循环计数器，在这里既可以使用已有的变量，也可以使用一个新的变量。循环计数器按照步长 1 递增，当使用关键字 REVERSE 时表示递减。LOWER_BOUND 和 UPPER_BOUND 则指定了循环计数器的下限和上限。

例如，下面的程序通过 FOR 循环计算 1 到 100 之间的整数之和。

```
SQL> declare
  2    sum_num number:=0;
  3  begin
  4    for i in 1···100 loop
  5    sum_num:=sum_num+i;
  6    end loop;
  7    dbms_output.put_line(sum_num);
  8  end;
  9  /
5050
```

PL/SQL 过程已成功完成。

在上面的程序中，循环计数器 I 不需要在 DECLARE 部分定义，它属于 FOR 循环的一部分。循环计数器 I 的取值将从 1 到 100 之间依次加 1，这样明确了循环的执行次数。

注意

FOR 循环中的循环计数器只能在循环体内使用，不能在循环的外部使用循环计数器。

当使用关键字 REVERSE 时，循环计数器将自动减 1，并强制计数器的取值从上限值到下限值。例如，下面的程序将打印 20 到 1 之间能被 3 整除的数。

```
SQL> begin
  2    for i in reverse 1···20 loop
  3      if mod(i,3)=0 then
  4        dbms_output.put_line(i);
  5      end if;
  6    end loop;
  7  end;
  8  /
18
15
12
9
6
3
```

PL/SQL 过程已成功完成。

6.5 游标的使用

在通过 SELECT 语句检索结果时，返回的结果通常是多行记录组成的集合。但是，程序设计语言并不能处理集合形式的数据，为此，SQL 提供了游标机制来实现在程序设计语言中处理集合。

游标的作用就相当于指针，通过游标程序设计语言可以一次处理查询结果集中的一行。在 Oracle 中，游标可以分为两大类：静态游标和 REF 游标。REF 游标是一种引用类型，类似于指针。而静态游标又可以分为显式游标和隐式游标。

6.5.1 隐式游标

在执行一个 SQL 语句时，Oracle 会自动创建一个隐式游标。这个游标是内存中处理该语句的工作区域，其中存储了执行 SQL 语句的结果。通过游标的属性可获知 SQL 语句的执行结果以及该游标的状态信息。

游标的主要属性如下。

- **%FOUND** 布尔型属性，如果 SQL 语句至少影响到一行数据，则该属性为 TRUE，否则为 FALSE。
- **%NOTFOUND** 布尔型属性，与%FOUND 相反。
- **%ISOPEN** 布尔型属性，当游标已经打开时返回 TRUE，游标关闭时则为 FALSE。
- **%ROWCOUNT** 数字型属性，返回受 SQL 语句影响的行数。

如果执行了一个 SELECT 语句，则可以通过 SQL%ROWCOUNT 来检查受影响的行数，还可以通过检查 SQL%FOUND 属性值是否为 TRUE，以检查 SQL 语句是否检索到了数据。当使用隐式游标的属性时，需要在属性前加上 SQL。因为 Oracle 在创建隐式游标时，默认的游标名为 SQL。

现在来看一个更新 SCOTT 模式中 EMP 表的示例。该示例将更新一名员工的信息，并通过游标的属性查看被更新的记录数。

```
SQL> set serveroutput on
SQL> begin
  2    update emp
  3    set sal=1200
  4    where empno='7369';
  5    if sql%notfound then
  6      dbms_output.put_line('未更新任何记录');
  7    else
  8      dbms_output.put_line('更新' || sql%rowcount || '条记录');
  9    end if;
 10  end;
 11  /
更新1条记录
```

PL/SQL 过程已成功完成。

由于游标的属性信息总是反映最新的 SQL 语句处理结果，因此在一个程序块中出现多个 SQL 语句时，需要及时检查属性值。例如，下面的示例将添加一个 SELECT 语句查看两个 SQL 语句对游标的影响。

```
SQL> set serveroutput on
SQL> declare
  2    employee_row emp%rowtype;
  3  begin
  4    update emp
  5    set sal=sal+200
  6    where job='CLERK';
  7    dbms_output.put_line('更新' || sql%rowcount || '条记录');
  8    select *
  9    into employee_row
 10    from emp
 11    where empno='7369';
 12    dbms_output.put_line('检索到' || sql%rowcount || '条记录');
 13  end;
 14  /
更新 4 条记录
检索到 1 条记录

PL/SQL 过程已成功完成。
```

上面的程序修改了 UPDATE 语句的 WHERE 子句，使得在程序中更新了 4 条记录，因此游标属性 SQL%ROWCOUNT 为 4。而 SELECT 语句检索到一行记录，相应地该语句后的游标属性 SQL%ROWCOUNT 为 1。

当要处理 SQL 语句返回的结果集时，就需要使用 CURSOR FOR LOOP 语句通过隐式游标进行处理。下面的程序将使用 CURSOR FOR LOOP 语句循环输出检索到的员工信息。

```
SQL> begin
  2    for employee in (select empno,ename,job,sal
  3                     from emp where deptno=20)
  4    loop
  5      dbms_output.put('员工编号:' || employee.empno);
  6      dbms_output.put(' 姓名' || employee.ename);
  7      dbms_output.put(' 职位' || employee.job);
  8      dbms_output.put_line('薪金' || employee.sal);
  9    end loop;
 10  end;
 11  /
员工编号:7369 姓名 SMITH 职位 CLERK 薪金 1400
员工编号:7566 姓名 JONES 职位 MANAGER 薪金 2975
员工编号:7788 姓名 SCOTT 职位 ANALYST 薪金 3000
员工编号:7876 姓名 ADAMS 职位 SALESMAN 薪金 1500
员工编号:7902 姓名 FORD 职位 ANALYST 薪金 3000
```

PL/SQL 过程已成功完成。

6.5.2 显式游标

在 PL/SQL 程序中处理结果集时，用户也可以通过显式定义游标，然后手动操作该游标处理结果集。使用显式游标处理数据需要 4 个步骤：定义游标、打开游标、提取游标数据和关闭游标。

1. 定义游标

游标由游标名称和游标对应的 SELECT 结果集组成。因此，在定义游标时，需要指定游标的名称和游标所使用 SELECT 语句。与声明变量一样，定义游标也应该放在 PL/SQL 程序块的声明部分。声明游标的语法格式如下：

```
cursor cursor_name[(parameter[, parameter]...)]
[return return_type]
is select_statement;
```

其中，CURSOR_NAME 参数表示游标的名称。RETURN_TYPE 表示返回值类型。SELECT_STATEMENT 参数表示游标将要包括的结果集。PARAMETER 参数作为游标的输入参数，它允许用户在打开游标时向游标传递值。PARAMETER 参数的形式如下：

```
parameter_name [in] datatype [{:= | defalut} expression]
```

例如，下面的示例将声明一个游标并规定其输入参数，该参数用于限定 SELECT 语句返回的结果。

```
declare
  cursor emp_cursor(department in number2 default 20)
   is select empno,ename,job,sal
      from emp
      where deptno=department;
```

上面的程序定义了一个名为 EMP_CURSOR 的游标，并为其规定了输入参数 DEPARTMENT，该参数的数据类型为数值类型，其默认值为 20。

注意 ——— 在指定数据类型时，不能使用长度约束。如 NUMBER(4)、VARCHAR(10)等都是错误的。

2. 打开游标

要使用定义好的游标，用户还必须显式地打开游标。打开游标的语法格式如下：

```
open cursor_name[(value[,value]...)];
```

打开游标的过程包括以下两个步骤。
- ❏ 将符合条件的记录送入内存。
- ❏ 将指针指向第一条记录。

例如，要打开上面定义的游标 EMP_CURSOR 时，可以使用如下代码：

```
open emp_cursor;
```

在执行该语句时,输入参数将使用设置的默认值,即该游标中保存了所有部门为20的员工信息。如果要检索部门为30的员工信息,则可以为游标传递参数30,具体如下:

```
open merchandise_cursor(30);
```

3. 提取游标数据

提取游标中的数据就是将检索到的结果集中的数据保存到变量中,以便在程序中进行处理。上面的这些操作步骤是依次执行的,即只有先定义游标后,用户才能打开游标,只有打开游标才能从中提取数据。

使用 FETCH 语句从游标中提取数据的语法格式如下:

```
fetch cursor_name into {variable_list | record_variable };
```

例如,下面的语句将提取游标 EMP_CURSOR 中的数据,并将数据存入到记录变量 EMP_ROW 中:

```
fetch emp_cursor into emp_row;
```

在游标中包含了一个指针,最初打开游标时,指针指向游标结果集中的第一行。当使用 FETCH 提取数据时,游标中的指针将自动指向下一行。这样,可以在循环中使用 FETCH 语句提取数据,使得每一次循环都会从结果集中读取一行数据。如果游标结果集中没有剩余的记录,那么属性%FOUND 将为 FALSE。

例如,下面的程序将显式声明一个游标,并在循环中使用 FETCH 语句提取所有部门为30 的员工信息。

```
SQL> set serveroutput on
SQL> declare
  2    cursor emp_cursor(department in number default 20)
  3    is select empno,ename,job,sal
  4      from emp
  5      where deptno=department;
  6    type employee is record(
  7    id emp.empno%type,
  8    name emp.ename%type,
  9    job emp.job%type,
 10    sal emp.sal%type);
 11    emp_row employee;
 12  begin
 13    open emp_cursor(30);
 14   fetch emp_cursor into emp_row;
 15    while emp_cursor%found loop
 16      dbms_output.put('员工编号 ' || emp_row.id);
 17      dbms_output.put(' 姓名' || emp_row.name);
 18      dbms_output.put(' 职位' || emp_row.job);
 19      dbms_output.put_line(' 薪金' ||emp_row.sal);
 20      fetch emp_cursor into emp_row;
 21    end loop;
```

```
 22    close emp_cursor;
 23  end;
 24  /
员工编号 7499 姓名 ALLEN 职位 SALESMAN 薪金 1600
员工编号 7521 姓名 WARD 职位 SALESMAN 薪金 1250
员工编号 7654 姓名 MARTIN 职位 SALESMAN 薪金 1250
员工编号 7698 姓名 BLAKE 职位 MANAGER 薪金 2850
员工编号 7844 姓名 TURNER 职位 SALESMAN 薪金 1500
员工编号 7900 姓名 JAMES 职位 CLERK 薪金 950

PL/SQL 过程已成功完成。
```

这个示例不仅声明了一个游标，还定义了一个用于存储数据的记录类型变量。循环控制语句非常适用于对结果集进行逐行处理。

4．关闭游标

使用完游标后，用户必须显式关闭游标，释放 SELECT 语句的查询结果。关闭游标所使用的 CLOSE 语句形式如下：

```
close cursor_name;
```

例如，在上面的程序中显式关闭了游标 EMP_CURSOR。

```
close emp_cursor;
```

如果试图从一个关闭的游标中提取数据，则会产生一个 Oracle 错误。但是，如果使用完游标后未关闭它，则当游标数据达到系统定义的最大值时也会产生错误。

6.5.3 游标 FOR 循环

从上面的示例中可以发现，游标通常与循环联合使用。实际上，PL/SQL 还提供了一种将两者综合在一起的语句，即游标 FOR 循环语句。游标 FOR 循环是显式游标的一种快捷使用方式，它使用 FOR 循环依次读取结果集中的数据。当 FOR 循环开始时，游标会自动打开（不需要使用 OPEN 方法），每循环一次系统自动读取游标当前行的数据（不需要使用 FETCH），当退出 FOR 循环时，游标被自动关闭（不需要使用 CLOSE）。

FOR 循环的语法如下：

```
for cursor_record in cursor_name loop
  statements;
end loop;
```

这个 FOR 循环将不断地将数据行读入变量 CURSOR_RECORD 中，在循环中也可以存取 CURSOR_RECORD 中的字段。

例如，下面的示例使用游标 FOR 循环实现查询 EMP 表中的数据。

```
SQL> set serveroutput on
SQL> declare
  2    cursor emp_cursor is
```

```
3          select * from emp
4          where deptno=10;
5   begin
6     for r in emp_cursor loop
7        dbms_output.put(r.empno || ' ');
8        dbms_output.put(r.ename || ' ');
9        dbms_output.put(r.job || ' ');
10       dbms_output.put_line(r.sal);
11    end loop;
12  end;
13  /
7782 CLARK MANAGER 2450
7839 KING PRESIDENT 5000
7934 MILLER CLERK 1300

PL/SQL 过程已成功完成。
```

> **注意** 在使用游标 FOR 循环时，一定不要使用 OPEN 语句、FETCH 语句和 CLOSE 语句，否则将产生错误。

6.6 异常处理

在编写 PL/SQL 程序时，不可避免地会出现一些错误。Oracle 系统使用异常来处理这些错误，这些异常都可以包括在 PL/SQL 程序的 EXCEPTION 块中。Oracle 系统提供了许多内置的异常，用户也可以根据自己的需要定义异常。

Oracle 系统的异常可以分为 3 类。

- **预定义异常** Oracle 为用户提供了大量的、在 PL/SQL 中使用的预定义异常，以便检查用户代码失败的一般原因。它们都定义在 Oracle 的核心 PL/SQL 库中，用户可以在自己的 PL/SQL 异常处理部分使用名称对其进行标识。对这种异常情况的处理，用户无需在程序中定义，它们由 Oracle 自动引发。

- **非预定义异常** 数据库本身不知道、不能控制的错误。例如，操作系统崩溃；Oracle 服务器错误；网络或者机器 I/O 错误等。对这种异常情况的处理，需要用户在程序中定义，然后由 Oracle 自动引发。

- **用户定义异常** 如果程序设计人员认为某种情况违反了业务逻辑，则可明确定义并引发的异常。

6.6.1 预定义异常

当 PL/SQL 程序违反了 Oracle 的规定或超出了系统规定的限制时，就会隐式地引发一个预定义异常错误。如前面已经提到过的异常 ZERO_DIVIDE 就是系统预定义的，

Oracle PL/SQL 自身能发现和引发的异常较少。表 6-2 列出了这些异常的详细信息。

表 6-2 系统定义的异常

系统定义异常	说明
ACCESS_INTO_NULL	企图为某个未初始化对象的属性赋值
CASE_NOT_FOUND	在 CASE 语句中未包含相应的 WHEN 子句,并且没有设置 ELSE 子句
COLLECTION_IS_NULL	集合元素未初始化
CURSOR_ALREADY_OPEN	企图打开一个已经打开的游标。游标在重新打开之前,必须关闭
DUP_VAL_ON_INDEX	企图在一个唯一性索引的列中存储冗余值
INVALID_CURSOR	执行一个非法的游标操作,例如关闭一个未打开的游标
INVALID_NUMBER	企图将一个字符串转换成一个无效的数字
LOGIN_DENIED	企图使用无效的用户名和密码连接数据库
NO_DATA_FOUND	SELECT INTO 语句没有返回数据,或者企图访问嵌套表中已经被删除的元素或未初始化的元素
NOT_LOGGED_ON	企图在没有连接数据库的情况下访问数据库中的内容
PROGRAM_ERROR	PL/SQL 内部问题,可能需要重装数据字典和 PL/SQL 系统包
ROWTYPE_MISMATCH	主游标变量与 PL/SQL 游标变量的返回类型不兼容
SELF_IS_NULL	使用对象类型时,在 NULL 对象上调用对象方法
STORAGE_ERROR	PL/SQL 程序使用完了内存,或内存遭到了破坏
SUBSCRIPT_BEYOND_COUNT	元素下标超过嵌套表或 VARRAY 的最大值
SUBSCRIPT_OUTSIDE_LIMIT	企图使用非法索引号引用嵌套表或 VARRAY 中的元素
SYS_INVALID_ROWID	字符串向 ROWID 转换时的错误,因为该字符串不是一个有效的 ROWID 值
TIMEOUT_ON_RESOURCE	Oracle 在等待资源时超时
TOO_MANY_ROWS	执行 SELECT INTO 语句时,结果集超过一行
VALUE_ERROR	赋值时,变量长度不足以容纳实际数据
ZERO_DIVIDE	除数为 0

对于系统预定义异常,用户无需在程序中定义,它们将由 Oracle 自动引发。例如,如果用户试图使用完全相同的主键值向同一个表中插入两条记录,则系统会产生违反主键的异常,Oracle 称这种异常为 DUP_VAL_ON_INDEX 异常。在知道了可能出现的异常后,就可以在程序的异常处理部分捕获它,并且根据自己的需求进行处理。

```
SQL> set serveroutput on
SQL> begin
  2    insert into emp(empno,ename,job,sal,deptno)
  3    values(7369,'ATG','CLERK',1500,20);
  4  exception
  5    when dup_val_on_index then
  6      dbms_output.put_line('捕获 DUP_VAL_ON_INDEX 异常');
  7      dbms_output.put_line('该主键值已经存在');
  8  end;
  9  /
捕获 DUP_VAL_ON_INDEX 异常
```

该主键值已经存在

PL/SQL 过程已成功完成。

在该程序中，试图使用经存在的主键值向 EMP 表添加新记录，这会因为违反主键约束而产生错误。由于在程序的异常处理部分对其进行了捕获，所以当该错误发生时并不会影响到程序的执行。

当出现错误时，PL/SQL 有两种方法向用户报告信息，一种是用 SQLCODE 函数，它可以返回出错码。一般出错码为负数，它等同于 ORA 错误中的出错码。而如果 ORA 中的错误在程序结束之前得不到处理，它将会显示出来。另一种方法是使用 SQLERRM 函数返回出错信息。也可以同时使用这两个命令进行异常处理。

这两个函数可以在任何异常处理程序中使用，但是当在 OTHERS 子句中使用时，它们就变得非常重要。OTHERS 子句通常是异常处理中最后的处理程序，用来捕获前面未捕获的异常。所以，在程序的异常处理中使用 OTHERS 子句时，在其中使用 SQLCODE 和 SQLERRM 函数可以获得错误的信息。

例如，在下面的程序中 SELECT 语句将引发一个异常，该异常将被 OTHERS 子句捕获。为了获取异常的错误信息，将在 OTHERS 子句中使用 SQLCODE 函数和 SQLERRM 函数进行处理。

```
SQL> set serveroutput on
SQL> declare
  2    emp_row emp%rowtype;
  3  begin
  4    select *
  5    into emp_row
  6    from emp
  7    where deptno=10;
  8  exception
  9    when others then
 10     dbms_output.put_line('异常错误('|| SQLCODE ||')');
 11     dbms_output.put_line(SQLERRM);
 12  end;
 13  /
异常错误(-1422)
ORA-01422: 实际返回的行数超出请求的行数

PL/SQL 过程已成功完成。
```

从上面的程序可以看出，由于 WHEN OTHERS 子句捕获的异常是未知的，因此为了获取异常的信息，就可以在 WHEN OTHERS 子句中使用 SQLCODE 函数和 SQLERRM 函数，以查看异常的错误码或错误的描述信息。

注 意

OTHERS 子句必须放在异常处理的最后，而其他异常处理可以按任意次序排列。

6.6.2 非预定义异常

在一个异常产生、被捕获并处理之前，它必须被定义。Oracle 定义了几千个异常，绝大多数只有错误编号和相关描述，仅仅命名了 21 个最常用的异常，即系统预定义异常。这些异常的名称被储存在 STANDARD、UTL_FILE、DBMS_SQL 这几个系统包中。

除此之外的绝大多数异常都未命名，这些异常就是非预定义异常，它们需要程序员对其进行命名。当然，只使用错误码也可以完成异常的处理，但是这种异常处理会使代码非常生涩。例如：

```
exception
  when others then
  if sqlcode=-1843 then
  ...
  end if;
```

为非预定义异常命名时，需要使用语句 PRAGMA EXCEPTION_INIT 为错误号关联一个名称，随后就可以像对待系统预定义异常一样进行处理。EXCEPTION_INIT 是编译时运行的一个函数，它只能出现在代码的声明部分，而异常名字必须在此之前被定义。

例如，下面的示例在程序块中为异常-1834 关联了一个名称。

```
declare
  invalid_company_id exception;
  pragma exception_init(invalid_id, -1834);
```

下面通过一个完整的示例演示如何在程序中处理 Oracle 错误 ORA-2292。

```
SQL> set serveroutput on
SQL> declare
  2    fk_delete_exception exception;
  3    pragma exception_init(fk_delete_exception,-2292);
  4  begin
  5    delete dept
  6    where dname='SALES';
  7  exception
  8    when fk_delete_exception then
  9    dbms_output.put_line('该项目存在于另一个表中！');
 10  end;
 11  /
该项目存在于另一个表中！

PL/SQL 过程已成功完成。
```

在上面的程序中，由于该名称的部门信息仍然存在于 EMP 表中，当使用 DELETE 语句删除 DEPT 表中的数据时，将触发外键错误-2292。因此，将该错误与定义的异常相关联后，当错误-2292 发生时将引发定义的异常 FK_DELETE_EXCEPTION。这样，在异常处理部分就可以像对系统预定义异常一样进行处理。

6.6.3 用户定义的异常

系统预定义异常和非预定义异常都是由 Oracle 判断的错误，在实际的应用中，程序开发人员可以根据具体的业务逻辑规则自定义一个异常。这样，当用户操作违反业务逻辑规则时，就引发一个自定义异常，从而中断程序的正常执行并转到自定义的异常处理部分。

用户自定义的异常是通过显式使用 RAISE 语句来引发的。当引发一个异常时，控制就转到 EXCEPTION 异常处理部分执行异常处理语句。自定义异常的处理步骤如下。

（1）定义异常处理。定义异常处理的语法如下：

```
declare
异常名 exception;
```

（2）触发异常处理。触发异常处理的语法如下：

```
raise 异常名;
```

（3）处理异常。触发异常处理后，在程序块中可以像对系统预定义异常一样进行处理。

下面的 PL/SQL 程序包含了完整的异常处理定义、触发、处理的过程。在程序中定义了名为 SALARY_ERROR 的异常，在 SCOTT.EMP 数据表中查找 EMPNO=7356 的记录，将其值放入变量 VAR_SAL 中。如果 VAR_SAL 的值小于 800，则说明该员工的薪水有问题，将激活异常处理，显示提示信息。

```
SQL> set serveroutput on
SQL> declare
  2    salary_error exception;
  3    var_sal scott.emp.sal%type;
  4  begin
  5    select sal
  6    into var_sal
  7    from scott.emp
  8    where empno=7369;
  9    if var_sal<=800 then
 10      raise salary_error;
 11    end if;
 12  exception
 13    when salary_error then
 14      dbms_output.put_line('薪金超过范围');
 15  end;
 16  /
薪金超过范围

PL/SQL 过程已成功完成。
```

上面的程序是一个生成自定义异常的示例，当然也可以使用 RAISE 生成系统处理预定义异常。例如：

```
SQL> set serveroutput on
SQL> declare
  2    var_comm number;
  3  begin
  4    select comm
  5    into var_comm
  6    from emp
  7    where ename='TURNER';
  8    if var_comm=0 then
  9      raise zero_divide;
 10    end if;
 11  exception
 12    when zero_divide then
 13      dbms_output.put_line('补贴费为0!');
 14  end;
 15  /
补贴费为0!

PL/SQL 过程已成功完成。
```

6.7 实验指导

1．各种类型的变量

在 PL/SQL 程序中，为了处理数据库中存储的数据，用户可以根据实际情况使用系统预定义的标量变量或者自定义的复合变量。

（1）使用标量变量。

标量变量是最简单的变量，它只能存储单个值，它的数据类型也是系统预定义的。连接到 HR 模式，在 SQL*Plus 中输入如下语句：

```
set serveroutput on
declare
  var_sal  number:=2200;
begin
  update employees
  set salary=var_sal
  where employee_id='203';
end;
```

（2）使用%TYPE 类型的变量。

在 PL/SQL 程序中使用%TYPE 类型的变量后，如果用户随后修改数据表中该列的结构，则该类型的变量也随之改变。在 SQL*Plus 中输入如下语句：

```
declare
  var_first_name employees.first_name%type;
  var_last_name employees.last_name%type;
begin
  select first_name,last_name
```

```
  into var_first_name,var_last_name
  from employees
  where employee_id=199;
  dbms_output.put_line(var_first_name ||' '||var_last_name);
end;
```

（3）自定义记录变量。

使用自定义记录变量时，首先需要用户自己定义记录变量的类型，然后才可以声明记录类型的变量。在 SQL*Plus 中输入如下代码以显示员工的基本信息。

```
declare
  type emp_record is record(
  id employees.employee_id%type,
  name varchar2(50),
  job employees.job_id%type,
  sal number
  );
  emp_one emp_record;
begin
  select employee_id,last_name,job_id,salary
  into emp_one
  from employees
  where employee_id='199';
  dbms_output.put_line(emp_one.id ||' ' || emp_one.name||' '||emp_one.job||' '||emp_one.sal);
end;
```

（4）使用%ROWTYPE 变量。

%ROWTYPE 类型的变量可以存储数据表的一个完整行。在 SQL*Plus 中输入如下代码以在%ROWTYPE 类型的变量中存储某员工的记录。

```
declare
 var_emp employees%rowtype;
begin
  select *
  into var_emp
  from employees
  where employee_id=199;
  dbms_output.put_line(var_emp.employee_id);
  dbms_output.put_line(var_emp.last_name);
  dbms_output.put_line(var_emp.job_id);
  dbms_output.put_line(var_emp.salary);
end;
```

2．使用游标

在程序中访问数据库表最通用的方法是嵌入 SQL 语句，由于 SQL 语句一般以集合的形式返回结果，而程序设计语言并不能处理集合形式的数据。因此，这需要使用游标架起这两者之间的"桥梁"。

（1）使用隐式游标访问数据表。

在程序中访问数据库最简单的方法是使用 FOR CURSOR，这种方式使用的游标是隐式游标。隐式游标不需要用户显式定义、打开等操作就可以浏览数据库中的表。使用如下语句浏览 HR 模式中的 EMPLOYEES 表。

```
set serveroutput on
begin
  for emp_one in (select employee_id,last_name,job_id,salary
            from employees)
  loop
    dbms_output.put(emp_one.employee_id ||' ');
    dbms_output.put(emp_one.last_name||' ');
    dbms_output.put(emp_one.job_id||' ');
    dbms_output.put(emp_one.salary||' ');
    dbms_output.put_line(null);
    dbms_output.put_line('*********************');
  end loop;
end;
```

（2）使用显式游标。

```
declare
  cursor emp_cur is
  select * from employees;
  emp_one employees%rowtype;
begin
  open emp_cur;
  loop
  fetch  emp_cur into emp_one;
  exit when emp_cur%notfound;
  dbms_output.put(emp_one.employee_id ||' ');
  dbms_output.put(emp_one.last_name||' ');
  dbms_output.put(emp_one.job_id||' ');
  dbms_output.put(emp_one.salary||' ');
  dbms_output.put_line(null);
  dbms_output.put_line('*********************');
  end loop;
  close emp_cur;
end;
```

（3）使用 REF 游标。

REF 游标是动态的，可以在程序运行时指定游标所使用的 SELECT 语句。在 SQL*Plus 中输入并执行如下 SQL 语句：

```
declare
  type emp_record is ref cursor;
  v_rc emp_record;
  emp_one employees%rowtype;
begin
  open v_rc for select * from employees;
  loop
  fetch v_rc into emp_one;
```

```
    exit when v_rc%notfound;
      dbms_output.put(emp_one.employee_id ||' ');
      dbms_output.put(emp_one.last_name||' ');
      dbms_output.put(emp_one.job_id||' ');
      dbms_output.put(emp_one.salary||' ');
      dbms_output.put_line(null);
      dbms_output.put_line('*******************');
    end loop;
    close v_rc;
end;
```

6.8 思考与练习

一、填空题

1. PL/SQL 程序块主要包括 3 个主要部分：声明部分、执行部分和_____部分。

2. 使用显式游标主要包括 4 个步骤：声明游标、_____、提取数据、_____。

3. 在 PL/SQL 中，如果 SELECT 语句没有返回任何记录，则会引发_____异常。

4. 查看操作在数据表中所影响的行数，可通过游标的_____属性实现。

5. 分析下面的程序块，DBMS_OUTPUT 将显示什么结果？

```
declare
  var_a char(1):='N';
begin
  declare
    var_a char(2);
  begin
    var_a:='Y';
  end;
  dbms_output.put_line(var_a);
end;
```

6. 下列程序计算由 0 到 9 之间的任意 3 个不相同的数字组成的三位数共有多少种不同的组合方式。完成下列程序使其能够正确运行。

```
declare
  counter number:=0;
begin
  for i in 1..9 loop
    for j in 0..9 loop
      if _____ then
        for k in 0..9 loop
          if _____ then
            counter:=counter+1;
          end if;
```

```
        end loop;
      end if;
    end loop;
  end loop;
  dbms_output.put_line
    (counter);
end;
```

二、选择题

1. 以下定义的哪个变量是非法的？（   ）
   A. var_ab number;
   B. var_ab number not null:= '0';
   C. var_ab number default :=1;
   D. var_ab number:=3;

2. 下列只能存储一个值的变量是哪种变量？（   ）
   A. 游标   B. 标量变量
   C. 游标变量   D. 记录变量

3. 声明%TYPE 类型的变量时，服务器将会做什么操作？（   ）
   A. 为该变量检索数据表中列的数据类型
   B. 复制一个变量
   C. 检索数据库中的数据
   D. 为该变量检索列的数据类型和值

4. 下列哪个语句允许检查 UPDATE 语句所影响的行数？（   ）
   A. SQL%FOUND
   B. SQL%ROWCOUNT
   C. SQL%COUNTD
   D. SQL%NOTFOUND

5. 对于游标 FOR 循环，以下哪种说法是不正确的？（   ）
   A. 循环隐含使用 FETCH 获取数据
   B. 循环隐含使用 OPEN 打开记录集
   C. 终止循环操作也就关闭了游标

D. 游标 FOR 循环不需要定义游标

6. 如果 PL/SQL 程序块的可执行部分引发了一个错误，则程序的执行顺序将发生什么变化？（　　）

    A. 程序将转到 EXCEPTION 部分运行

    B. 程序将中止运行

    C. 程序仍然正常运行

    D. 以上都不对

三、简答题

1. 简述标量变量和复合变量之间的区别。
2. 使用显式游标需要哪几个步骤？
3. 简述如何处理用户自定义异常。
4. 描述游标的各个属性。
5. 说明使用游标 FOR 循环如何对游标进行处理。
6. 如何处理非预定义异常？

第7章 存储过程、触发器和程序包

PL/SQL 程序块可以是一个命名的程序块,也可以是一个匿名的程序块。上一章所创建的 PL/SQL 程序块都是匿名的,这些匿名的程序块没有被存储,在每次执行后都不可被重用。因此,每次运行匿名程序块时,系统都需要重新编译后再执行。

很多时候都需要保存 PL/SQL 程序块,以便随后可以重用。这也意味着程序块需要一个名称,这样才可以调用或者引用它。命名的 PL/SQL 程序块可被独立编译并存储在数据库中,任何与数据库相连接的应用程序都可以访问这些存储的 PL/SQL 程序块。Oracle 提供了 4 种类型的可存储程序:过程、函数、触发器和程序包。

本章学习要点:

- 创建 Oracle 存储过程
- 调用存储过程
- 理解存储过程中各种形式的参数
- 为过程添加局部变量和子过程
- PL/SQL 程序中的函数应用
- 触发器的应用
- 语句级触发器的特点
- 行级触发器的特点
- INSTEAD OF 触发器的特点
- 系统级触发器的特点
- 用户事件触发器的特点
- 程序包规范和主体
- 程序包中的私有过程和公有过程
- 程序包中的初始化代码
- 理解程序包中函数或过程的重载
- 了解 Oracle 提供的常见系统程序句

7.1 存储过程

存储过程是一种命名的 PL/SQL 程序块,它可以接收零个或多个作为输入、输出或者既作输入又作输出的参数。过程被存储在数据库中,并且存储过程没有返回值,存储过程不能被 SQL 语句直接使用,只能通过 EXECUT 命令或 PL/SQL 程序块内部调用。由于存储过程是已经编译好的代码,所以在调用的时候不必再次进行编译,从而提高程序的运行效率。

7.1.1 创建存储过程

创建存储过程之前,先来看一下创建存储过程的语法结构。定义存储过程的语法如下:

```
create procedure procedure_name [(parameter[,parameter,...])] is
[local declarations]
begin
  execute statements
[exception
```

```
    exception handlers ]
end [procedure _name]
```

从存储过程的语法可以看出，创建存储过程与创建匿名程序块非常类似。存储过程也包括 3 部分：声明部分、执行部分和异常处理部分。执行部分和异常处理部分与匿名程序块相同，不同之处是存储过程不能使用 DECLARE 关键字表示声明部分。存储过程使用 PROCEDURE 关键字表示创建存储过程，并为存储过程指定名称和参数。在指定参数的类型时，也不能指定参数类型的长度。IS 关键字后声明的变量为过程体内的局部变量，它们只能在存储过程内部使用。

根据上面的语法规则来创建一个最简单的存储过程。代码如下：

```
SQL> create procedure sample_proc is
  2  begin
  3    null;
  4  end sample_proc;
  5  /
```

过程已创建。

对于这个简单的存储过程，在成功编译后，用户就可以调用和运行它。虽然它的过程体内只有一个不处理任何命令的 NULL 语句，但它是一个正确的存储过程。

当用户需要在某个用户模式中重新定义存储过程时，由于该存储过程已经被存储在数据库中，所以重新定义存储过程的操作将失败。下面将重新定义前面的存储过程，使它打印 Hello World 字符。

```
SQL> create procedure sample_proc is
  2  begin
  3    dbms_output.put_line('Hello World');
  4  end sample_proc;
  5  /
create procedure sample_proc is
       *
第 1 行出现错误:
ORA-00955: 名称已由现有对象使用
```

为了重新定义存储过程，可以在 CREATE PROCEDURE 语句中使用 OR REPLACE 选项，使新版本覆盖旧版本。

```
SQL> create or replace procedure sample_proc is
  2  begin
  3    dbms_output.put_line('Hello World');
  4  end sample_proc;
  5  /
```

过程已创建。

创建存储过程后，用户就可以调用该存储过程。用户可以在 PL/SQL 程序块中调用存储过程,也可以在直接在 SQL*Plus 中使用 EXECUTE 语句调用存储过程。例如,下面的代码将在一个匿名块中调用存储过程 SAMPLE_PROC。

```
SQL> set serverout on
SQL> begin
  2    sample_proc;
  3  end;
  4  /
Hello World

PL/SQL 过程已成功完成。
```

在该匿名程序块中,可以直接在 BEGIN-END 部分使用过程名调用存储过程 SAMPLE_PROC。在 SQL*Plus 中使用 EXECUTE 语句直接调用存储过程的形式如下:

```
SQL> execute sample_proc;
Hello World

PL/SQL 过程已成功完成。
```

也可以采用简写形式:

```
SQL>exec sample_proc;
```

如果在创建存储过程时出现了错误,则可以使用 SHOW ERRORS 命令显示创建时所产生的错误。例如,修改存储过程 SAMPLE_PROC,省略输出语句的引号,则在编译时会出现如下错误:

```
SQL> create or replace procedure sample_proc is
  2  begin
  3    dbms_output.put_line(Hello World);
  4  end sample_proc;
  5  /

警告:创建的过程带有编译错误。
```

为了查看错误的详细信息,可以随后输入 SHOW ERROR 命令以显示错误信息。

```
SQL> show error
PROCEDURE SAMPLE_PROC 出现错误:

LINE/COL ERROR
-------- ----------
3/30     PLS-00103: 出现符号 "WORLD"在需要下列之一时:
         . ( ) , * @ % & = - + < /
         > at in is mod remainder not rem => <an exponent (**)>
         <> or != or ~= >= <= <> and or like like2 like4 likec as
         between from using || multiset member submultiset
         符号 "." 被替换为 "WORLD" 后继续。
```

产生该错误的原因是在输出语句中省略了表示字符的引号,使系统误以为该字符为变量。

7.1.2 参数

在创建存储过程时,需要考虑的一件重要事情就是过程的灵活性,以方便随后可以重用。通过使用"参数"可以使程序单元变得很灵活,参数是一种向程序单元输入和输出数据的机制,存储过程可以接收和返回零到多个参数。Oracle 有 3 种参数模式:IN、OUT 和 IN OUT。

1. IN 参数

该类型的参数值由调用者传入,并且只能够被存储过程读取。这种参数模式是最常用的,也是默认的参数模式。

例如,下面以 SCOTT 用户连接到数据库,并建立一个简单的存储过程 ADD_EMPLOYEE。顾名思义,该过程将接收一系列参数并将它们添加到 SCOTT.EMP 表中。

```
SQL> create or replace procedure add_employee(
  2    id_param in number,
  3    name_param in varchar2,
  4    job_param in varchar2,
  5    hire_param in date,
  6    salary_param in number) is
  7  begin
  8    insert into scott.emp(empno,ename,job,hiredate,sal)
  9    values(id_param,name_param,job_param,hire_param,salary_param);
 10  end add_employee;
 11  /

过程已创建。
```

在为存储过程定义参数时,参数的数据类型不能包括大小和精度信息。在调用该存储过程时,用户需要传递一系列参数,以便过程的执行部分使用这些参数向 SCOTT.EMP 表添加一条记录。在调用存储过程时有 3 种向其传递参数的方法:名称表示法、位置表示法和混合表示法。

❑ 名称表示法

名称表示法是指为各个参数传递参数值时指定传入数值的参数名。使用名称表示法传递参数的语法形式如下:

```
prcedure_name(param_name=>value[,param_name=>value]);
```

例如,下面的示例使有名称表示法传递参数以调用存储过程 ADD_EMPLOYEE。

```
SQL> alter session set nls_date_format = 'yyyy-mm-dd';
会话已更改。

SQL> begin
  2    add_employee(id_param=>8000,name_param =>'ATG',
  3            job_param =>'CLERK',hire_param =>'1997-12-20',
```

```
     4                       salary_param =>1500);
     5  end;
     6  /
```

PL/SQL 过程已成功完成。

通过名称传递法传递参数的好处：规定了各个值被赋予哪个参数。

由于明确指定了向各个参数传递的值，因此在调用过程时就不需要再考虑创建过程时定义的参数顺序。在使用名称表示法时，参数命名的合理性可以方便用户阅读、查阅以及调试代码。

下面使用打乱次序的参数调用过程，查看它是否能够正常运行。

```
SQL> exec add_employee(name_param =>'LI',job_param =>'CLERK',
            hire_param =>'1999-10-20',id_param=>8120,salary_param
            =>1500);
SQL> select empno,ename,job,hiredate,sal
  2  from emp
  3  where empno>8000;
```

❑ **位置表示法**

当参数比较多时，通过名称表示法调用过程时可能会非常长。为了克服名称表示法的弊端，可以采用位置表示法。采用位置表示法传递参数时，用户提供的参数值顺序必须与过程中定义的参数顺序相同。

例如，下面的程序使用位置表示法传递参数调用 ADD_EMPLOYEE 过程。

```
SQL> exec add_employee(8021,'刘丽','SALESMAN','1995-10-17',2000);
```

PL/SQL 过程已成功完成。

> **注意**
> 在使用位置表示法传递参数调用过程时，用户需要确定过程中定义的参数的次序，如果传递参数的次序与定义时的次序不相同，则调用过程可能会失败，也可能得到难以预料的结果。

前面说过，存储过程会被保存在数据库中，这也就意味着可以像使用 DESCRIBE 命令列出表的结构一样使用 DESCRIBE 命令列出关于存储过程的详细信息。在调用存储过程时，可以使用 DESCRIBE 命令来查看过程定义的参数次序。

❑ **混合表示法**

从上面的示例可以看出，位置表示法和名称表示法各有自己的优缺点，为了弥补这两者的不足，还可以采用混合表示法发挥两者的优点。下面的示例采用混合表示法调用存储过程 ADD_EMPLOYEE。

```
SQL> exec add_employee(8022,'王芳',hire_param =>'1996-11-17',
job_param=>'clerk',
salary_param=>3000)
```

PL/SQL 过程已成功完成。

在上面的程序中,两个参数采用了位置表示法传递值,随后则切换为名称表示法传递参数。当切换为名称表示法传递参数后,后续的参数也必须使用名称表示法。这就是说,当 ADD_EMPLOYEE 过程的第三个参数采用名称表示法传入值时,其第 4、5 个参数也必须使用名称表示法。

2. OUT 参数

OUT 类型的参数由存储过程传入值,然后由用户接收参数值。下面通过 SCOTT.EMP 表创建一个搜索过程,该过程将根据提供的 EMPNO 列的值检索雇员的 ENAME 和 SAL。

```
SQL> create or replace procedure search_employee(
  2         empno_param in number,
  3         name_param out emp.ename%type,
  4         salary_param out emp.sal%type) is
  5  begin
  6    select ename,sal
  7    into name_param,salary_param
  8    from scott.emp
  9    where empno=empno_param;
 10  exception
 11    when no_data_found then
 12      name_param:='NULL';
 13      salary_param:= -1;
 14      dbms_output.put_line('未找到指定编号的员工信息!');
 15  end search_employee;
 16  /
```

过程已创建。

因为过程要通过 OUT 参数返回值,所以在调用它时必须提供能够接收返回值的变量。因此,在编写 PL/SQL 匿名程序块时需要定义两个变量接收返回值,而在使用 SQL*Plus 调用过程时,需要使用 VARIABLE 命令绑定参数值。

下面的语句在 SQL*Plus 中使用 VARIABLE 命令绑定参数值,并调用存储过程 SEARCH_EMPLOYEE。

```
SQL> variable name varchar2(10);
SQL> variable sal number;
SQL> exec search_employee(7499,:name,:sal);

PL/SQL 过程已成功完成。
```

为了查看执行结果,可以在 SQL*Plus 中使用 PRINT 命令显示变量值。

```
SQL> print name

NAME
----
ALLEN
```

```
SQL> print sal

    SAL
    ----
    1600
```

也可以通过如下 SELECT 语句检索绑定的变量值。

```
SQL> select :name,:sal
  2  from dual;

:NAME                                           :SAL
------                                          ------
ALLEN                                           1600
```

在匿名程序块中调用存储过程 SEARCH_EMPLOYEE 的形式如下:

```
SQL> set serverout on
SQL> declare
  2    name emp.ename%type;
  3    sal emp.sal%type;
  4  begin
  5    search_employee(7499,name,sal);
  6    dbms_output.put('姓名:' || name);
  7    dbms_output.put_line(' 薪金:' || sal);
  8  end;
  9  /
姓名:ALLEN 薪金:1600

PL/SQL 过程已成功完成。
```

需要注意,在调用具有 OUT 参数的过程时,必须为 OUT 参数提供变量,即使 OUT 参数在过程中没有设置返回值,调用时也必须为其提供接收变量,否则调用过程将会因为返回值无法保存而出现错误。如果用户使用常量或表达式调用这种类型的过程时,系统将出现如下错误。

```
SQL> set serverout on
SQL> declare
  2    name emp.ename%type;
  3  begin
  4    search_employee(7499,name,1200);
  5  end;
  6  /
  search_employee(7499,name,1200);
                            *
第 4 行出现错误:
ORA-06550: 第 4 行, 第 29 列:
PLS-00363: 表达式 '1200' 不能用作赋值目标
ORA-06550: 第 4 行, 第 3 列:
PL/SQL: Statement ignored
```

3. IN OUT 参数

对于 IN 参数而言,它可以接收一个值,但是不能在过程中修改这个值。而对于 OUT 参数而言,它在调用过程时为空,在过程的执行中将为这参数指定一个值,并在执行结束后返回。而 IN OUT 类型的参数同时具有 IN 参数和 OUT 参数的特性,在调用过程时既可以向该类型的参数传入值,也可以从该参数接收值;而在过程的执行中既可以读取又写入该类型参数。

使用这种类型参数的一个典型示例就是交换两个数的位置。下面的程序实现了交换两个数据的位置。

```
SQL> create or replace procedure swap(
  2          num1_param in out number,
  3          num2_param in out number) is
  4          var_temp number;
  5  begin
  6    var_temp:=num1_param;
  7    num1_param:=num2_param;
  8    num2_param:=var_temp;
  9  end swap;
 10  /
```

过程已创建。

在上面的 SWAP 过程中为了完成了交换两个数的位置,需要同时向它传入两个参数,在交换完成后还需要同时返回两个参数,所以将它们定义为 IN OUT 类型的参数。下面将编写匿名程序块来调用 SWAP 过程完成数据之间的交换。

```
SQL> set serverout on
SQL> declare
  2     var_max number:=23;
  3     var_min number:=45;
  4  begin
  5    if var_max < var_min then
  6      swap(var_max,var_min);
  7    end if;
  8    dbms_output.put_line(var_max || '>' || var_min);
  9  end;
 10  /
45>23
```

PL/SQL 过程已成功完成。

上面的程序在初始化变量 VAR_MAX 和 VAR_MIN 时设置 VAR_MAX 的值小于 VAR_MIN。在调用 SWAP 过程交换两个数后,使得变量 VAR_MAX 的值大于 VAR_MIN 的值。

这种 IN OUT 参数虽然非常灵活,但是也带来了一些问题,用户对数据的控制比较困难,当出现问题时,程序将变得很难维护和调试。因此,一般不推荐使用 IN OUT 参数。

7.1.3 默认值

存储过程的参数也可以是默认值,这样当调用该过程时,如果未向参数传入值,则该参数将使用定义的默认值。例如,下面修改 ADD_EMPLOYEE 存储过程,为其中的参数提供默认值。

```
SQL> create or replace procedure add_employee(
  2    id_param in number,
  3    name_param in varchar2,
  4    job_param in varchar2 default 'SALESMAN',
  5    hire_param in date default sysdate,
  6    salary_param in number default 1000) is
  7  begin
  8    insert into scott.emp(empno,ename,job,hiredate,sal)
  9    values(id_param,name_param,job_param,hire_param,salary_param);
 10  end add_employee;
 11  /

过程已创建。
```

修改 ADD_EMPLOYEE 过程后,为 JOB_PARAM、HIRE_PARAM 和 SALARY_PARAM 参数设置了默认值。这样在调用该存储过程时,用户就不必再为这些参数提供值。例如:

```
SQL> begin
  2    add_employee(8124,'苏姗');
  3  end;
  4  /

PL/SQL 过程已成功完成。

SQL> select empno,ename,job,hiredate,sal
  2  from scott.emp
  3  where empno=8124;

EMPNO  ENAME   JOB       HIREDATE      SAL
-----  -----   ---       --------      ----
 8124  苏姗    SALESMAN  30-4月 -08    1000
```

注意

只有 IN 参数才具有默认值,OUT 和 IN OUT 参数都不具有默认值。

在为参数定义默认值时,一般建议将没有默认值的参数放在参数列表的开始位置,其后是 OUT 类型的参数,然后是 IN OUT 类型的参数,最后才是具有默认值的 IN 参数。采用这种方法定义参数后,可以让调用者在执行存储过程时使用位置表示法传递参数。考虑如下存储过程:

```
create or replace procedure insert_into_emp(
  job_param in varchar2 default 'salesman',
  id_param in number,
  hire_param in date default sysdate,
  name_param in varchar2,
  salary_param in number default '1000')
```

在上面的程序中，必须提供的参数是 ID 和 NAME，但是由于它们分别是第二个和第四个参数，所以为调用这个过程，即使用户想要使用默认值，也需要使用名称表示法。因此，设置良好的参数次序可以方便用户调用存储过程。

7.1.4 过程中的事务处理

当在 SQL*Plus 中进行操作时，用户可以使用 COMMIT 语句将事务中的所有操作"保存"到数据库中。如果用户需要撤销所有的操作，则可以使用 ROLLBACK 语句回退事务中未提交的操作，使数据库返回到事务处理开始前的状态。在 PL/SQL 过程中，不仅可以包括插入和更新这类的 DML 操作，还可以包括事务处理语句 COMMIT 和 ROLLBACK。

Oracle 支持事务的嵌套，即在事务处理中进行事务处理。在嵌套的事务处理过程中，子事务可以独立于父事务处理进行提交和回滚。对于过程而言，每个过程就相当于一个子事务，用户可以在自己事务处理的任何地方调用该过程，并且无论父事务是提交还是回滚，用户都可以确保过程中的子事务被执行。

下面通过一个示例演示过程中的事务处理。

（1）以用户 SCOTT 身份连接到数据库，并建立两个表 TEMP 和 LOG_TABLE。

```
SQL> create table temp(n number);

表已创建。

SQL> create table log_table(
  2    username varchar2(20),
  3    message varchar2(4000));

表已创建。
```

（2）建立一个存储过程 INSERT_INTO_LOG，用于向表 LOG_TABLE 添加记录。

```
SQL> create or replace procedure insert_into_log(msg_param varchar2) is
  2    pragma autonomous_transaction;
  3  begin
  4    insert into log_table(username,message)
  5    values(user,msg_param);
  6    commit;
  7  end insert_into_log;
  8  /

过程已创建。
```

其中，PRAGMA AUTONOMOUS_TRANSACTION 语句表示自动开始一个自治事务，实际上该语句也可以省略。

（3）在匿名程序块中调用 INSERT_INTO_LOG 过程向 LOG_TABLE 表中添加数据，并使用 INSERT 语句向表 TEMP 添加数据。

```
SQL> begin
  2    insert_into_log('添加数据到 TEMP 表之前调用');
  3    insert into temp
  4    values(1);
  5    insert_into_log('添加数据到 TEMP 表之后调用');
  6    rollback;
  7  end;
  8  /

PL/SQL 过程已成功完成。
```

由于在 INSERT_INTO_LOG 过程中使用 COMMIT 语句提交了过程中的事务，因此当匿名程序块中的父事务回滚时，存储过程已经向 LOG_TABLE 表提交了添加的数据。这里需要注意，如果在中间使用 INSERT 语句添加数据，那么该 INSERT 语句是否会随子过程中事务的提交而被提交呢？下面对表中的数据进行分析。

```
SQL> select * from temp;

未选定行

SQL> select * from log_table;

USERNAME        MESSAGE
---------       -------

SCOTT           添加数据到 TEMP 表之前调用
SCOTT           添加数据到 TEMP 表之后调用
```

从结果中可以看出，在 TEMP 表中并没有记录，这说明 INSERT 语句被撤销了。而在表 LOG_TABLE 中则包含了两条记录，这说明过程中的子事务已经被提交，即过程中的子事务与父事务可以互相不干涉地运行。

7.2 函数

函数与过程非常类似，它也是一种存储在数据库中的命名程序块，并且函数也可以接收零个或多个输入参数。函数与过程之间的主要区别在于，函数必须有返回值，并且可以作为一个表达式的一部分，函数不能作为一个完整的语句使用。函数返回值的数据类型在创建函数时定义，定义函数的基本语法如下：

```
create [or replace] function function_name (parameter [,parameter])
  returne data_type is
  [local declarations]
```

```
begin
  execute statements
[exception
exception handlers]
end [function_name]
```

存储过程和函数之间的主要区别有两处：第一处是在函数头部必须使用 RETURN 子句指定函数返回的数据类型；另一处是在函数体内，在函数体内的任何地方都可以使用 RETURN 语句返回结果值，返回值的数据类型必须与函数头部声明的相同。

例如，下面创建了一个用于求平均数的函数。

```
SQL> create or replace function average(num1 number,num2 number)
  2  return number is
  3    res number;
  4  begin
  5    res:=(num1+num2)/2;
  6    return(res);
  7  end average;
  8  /
```

函数已创建。

调用函数与过程不相同，调用函数时必须使用一个变量来保存返回的结果值，这样函数就组成了表达式的一部分。这也意味着函数不能像过程那样独立地调用，它只能作为表达式的一部分来调用。例如，在下面的匿名程序块中调用函数 AVERAGE，以获取两个数的平均值。

```
SQL> set serveroutput on
SQL> declare
  2    avg_number number;
  3  begin
  4    avg_number:=average(45,59);
  5    dbms_output.put_line(avg_number);
  6  end;
  7  /
52
```

PL/SQL 过程已成功完成。

理论上，在函数中也可以使用 OUT 类型的参数，但是如果在函数中同时使用 RETURN 返回值和 OUT 参数很容易产生混淆。所以，在创建函数时应该使用 RETURN 语句返回一个单独的值，而将 OUT 参数用于过程中。

7.3 触发器

触发器是关系数据库系统提供的一项技术，触发器类似于过程和函数，它们都包括声明部分，执行逻辑处理部分和异常处理部分，并且都被存储在数据库中。

7.3.1 触发器概述

触发器是与一个表或数据库事件联系在一起的，当特定事件出现时将自动执行触发器的代码块。触发器与过程的区别在于：过程是由用户或应用程序显式调用的，而触发器是不能被直接调用的。

触发器能够执行的功能包括以下几个方面。

- ❏ 自动生成数据。
- ❏ 强制复杂的完整性约束条件。
- ❏ 自定义复杂的安全权限。
- ❏ 提供审计和日志记录。
- ❏ 启用复杂的业务逻辑。

与过程和函数不同，在创建触发器时还需要指定触发器的执行时间和触发事件。创建触发器的语法规则如下：

```
create [ or replace ] trigger trigger_name
  [before | after | instead of]
  trigger_event
  on table_name
  [for each row[when tigger_condition]]
begin
  trigger_body
end trigger_name;
```

创建触发器的主要参数包括以下几个。

- ❏ BEFORE | AFTER | INSTEAD OF 用于指定触发器的触发时间。BEFORE 指定在触发事件之前执行；AFTER 指定在触发事件执行之后执行；INSTEAD OF 指定触发器为替代触发器。
- ❏ TRIGGER_EVENT 指定引起触发器运行的触发事件。
- ❏ TABLE_NAME 指定与触发器相关的表名称。
- ❏ FOR EACH ROW 指定触发器为行级触发器，表示该触发器对影响到的每一行数据都触发执行一次。如果未指定该条件，则表示创建语句级触发器，这时无论影响到多少行，触发器都只会执行一次。
- ❏ TRIGGER_CONDITION 指定触发器应该满足的条件。

Oracle 对触发器的功能进行了扩展，不仅对表或视图的 DML 操作会引起触发器的运行，而且对 Oracle 系统的操作也会引发触发器的运行。根据触发器的触发事件和触发器的执行情况，可以将 Oracle 所支持的触发器分为如下几种类型。

- ❏ **行级触发器**　行级触发器对 DML 语句影响的每一行执行一次。
- ❏ **语句级触发器**　语句级触发器对每个 DML 语句执行一次。
- ❏ **INSTEAD OF 触发器**　此触发器是定义在视图上的，而不是定义在表上。它是用来替换所使用实际语句的触发器。
- ❏ **系统事件触发器**　系统事件触发器就是在 Oracle 数据库系统的事件中进行触发的触发器，如上面曾说过的 Oracle 系统的启动与关闭等。

❑ **用户事件触发器** 用户事件触发器是指与数据库定义语句 DDL 或用户的登录/注销等事件相关的触发器,如用户连接到数据库、修改表结构等。

7.3.2 语句级触发器

如果在创建触发器时未使用 FOR EACH ROW 子句,则创建的触发器为语句级触发器。语句级触发器在被触发后只执行一次,而不管这一操作会影响到数据库中多少行记录。

下面是一个简单的语句级触发器,该触发器将记录用户对 SCOTT.EMP 表的操作。

(1) 以 SCOTT 身份连接到数据库,建立一个日志信息表 EMP_LOG 用于存储用户对表的操作。

```
SQL> connect scott/tiger
已连接。
SQL> create table emp_log(
  2  who varchar2(30),
  3  when date);

表已创建。
```

(2) 在 EMP 表上创建语句级触发器,将用户对 EMP 表进行的操作记录到 EMP_LOG 表中。

```
SQL> create or replace trigger emp_op
  2    before insert or update or delete
  3    on emp
  4  begin
  5    insert into emp_log(who,when)
  6    values(user,sysdate);
  7  end emp_op;
  8  /

触发器已创建
```

(3) 更新 EMP 表,增加员工 10%的薪金,确认触发器是否能够正常运行。

```
SQL> update emp
  2  set sal=sal*1.1;
已更新 15 行。

SQL> select * from emp_log;

WHO                            WHEN
----                           -----
SCOTT                          01-5月 -08
```

从上面的查询结果可以看出,触发器准确记录了用户在何时对表进行了操作。另外,还有一点需要注意,上面的 UPDATE 语句更新了多行数据,而触发器仅向表 EMP_LOG 中添加了一行记录,这就是语句级触发器的特点。

在上面的 EMP_OP 触发器中使用了多个触发事件，这就需要考虑一个问题，如何确定是哪个语句导致了触发器的激活？为了确定触发事件可以使用条件谓词，条件谓词由一个关键字 IF 和谓词 INSERTING、UPDATING 和 DELETING 构成。如果值为真，那么就是相应类型的语句触发了触发器。

```
begin
  if inserting then
  --Insert 语句触发
  elsif updating then
  --update 语句触发
  elsif deleting then
  --delete 语句触发
  end if;
end;
```

此外，还可以在 UPDATE 触发器中使用条件谓词，判断特定列是否被更新。例如，如果要记录用户对 JOB 列的更新，可以使用如下形式的语句：

```
if updating(job) then
--do something
end if;
```

条件谓词的使用可以让触发器的编写者更加有力地控制触发器的执行。Oracle 允许使用条件谓词在多个事件上建立触发器，并且只需要建立一个触发器就可以控制用户的所有操作。但是，这并不是一个好的建议，因为当需要修改触发器时，由于触发器需要执行多个任务，可能会造成混淆。然而，这里需要记录用户对表的所有操作，所以将多个事件合并到一个触发器中。

下面将修改触发器 EMP_OP 和日志信息表 EMP_LOG，以便能够记录操作的类型。

（1）修改 EMP_LOG 表，为其添加 ACTION 列，以便能够存储用户对表进行的操作。

```
SQL> alter table emp_log
  2  add (action varchar2(50));
```

表已更改。

```
SQL> desc emp_log
名称                             是否为空?     类型
----                             -------      ----
WHO                                           VARCHAR2(30)
WHEN                                          DATE
ACTION                                        VARCHAR2(50)
```

（2）修改触发器以便记录语句的类型。

```
SQL> create or replace trigger emp_op
  2    before insert or update or delete
  3    on emp
  4  declare
  5    var_action varchar2(50);
  6  begin
```

```
 7    if inserting then
 8      var_action :='INSERT';
 9    elsif updating then
10      var_action:='UPDATE';
11    elsif deleting then
12      var_action:='DELETE';
13    end if;
14    insert into emp_log(who,when,action)
15    values(user,sysdate,var_action);
16  end emp_op;
17  /
```

触发器已创建

(3) 更新某雇员信息,测试触发器的执行情况。

```
SQL> update emp
  2  set sal=sal * 1.2
  3  where empno=7369;

已更新 1 行。

SQL> select * from emp_log;

WHO          WHEN           ACTION
----         ----           ------
SCOTT        02-5月 -08     UPDATE
```

(4) 在 EMP 表中删除一行记录,查看触发器的运行情况。

```
SQL> delete emp
  2  where empno=8124;

已删除 1 行。

SQL> select * from emp_log;

WHO          WHEN           ACTION
----         ----           ------
SCOTT        02-5月 -08     UPDATE
SCOTT        02-5月 -08     DELETE
```

从查询结果可以看出,触发器成功地使用谓词判断出了触发事件,并将其记录到了日志记录表 EMP_LOG 中。

如果仔细观察上面创建的触发器,可以发现在触发器中指定了 BEFORE 关键字,即语句执行前被触发,这使得它非常适合于强化安全、启用业务规则、进行日志操作等。虽然也可以使用 AFTER 关键字,但是最好不要用 AFTER 语句触发器进行安全检查。因为这种触发器会在 Oracle 执行操作后再触发,如果随后的安全检查失败,则可能还需要撤销改变,这将导致数据进行不必要的回退工作。因此,可以根据自己的实际需要指定语句触发器是之前触发(BEFORE)还是之后触发(AFTER)。

7.3.3 行级触发器

在创建触发器时，如果使用了 FOR EACH ROW 选项，则创建的触发器为行级触发器。对于行级触发器而言，当一个 DML 语句操作影响到数据库中的多行数据时，行级触发器会针对于每一行执行一次。

行级触发器有一个很重要的特点，那就是当创建 BEFORE 行级触发器时，可以在触发器中引用受到影响的行值，甚至可以在触发器中设置它们。

下面将在表上创建一个行级触发器，并使用一种数据库对象（序列）生成主键值。这是非常常见的 FOR EACH ROW 触发器的用途。

（1）创建一个测试表 FOO 以及随同使用的序列，序列的作用是自动生成一组排序数。

```
SQL> --创建一个表
SQL> create table foo(sid number,sname varchar2(20));
表已创建。

SQL> --创建序列
SQL> create sequence seq_foo;
序列已创建。
```

（2）创建生成主键的行级触发器。

```
SQL> create or replace trigger foo_trigger
  2    before insert or update of sid
  3    on foo
  4    for each row--行级触发器
  5  begin
  6    if inserting then
  7      select seq_foo.nextval
  8      into :new.sid
  9      from dual;
 10    else
 11      raise_application_error(-20020,'不允许更新ID值!');
 12    end if;
 13  end;
 14  /

触发器已创建
```

（3）尝试向表 FOO 添加两行数据，以测试触发器是否能够成功运行。

```
SQL> insert into foo(sid,sname)
  2  values(1,'董鹏');
已创建 1 行。

SQL>
SQL> insert into foo(sname)
  2  values('刘丽');
已创建 1 行。
```

```
SQL> select * from foo;
    SID SNAME
    --- -----
      1 董鹏
      2 刘丽
```

从查询结果中可以看出,无论是否为 SID 列提供值,SID 列都会使用 SEQ_FOO.NEXTVAL 的值,这是因为在表中引用了:NEW.SID 值。

在行级触发器中,可以访问受到影响的行值,这主要通过引用列名称的相关性标识符来实现。通过引用具有相关性标识符的列,可以获取语句执行前执行后的值。前映像的默认相关性标识符为:OLD,后映像的相关性标识符为:NEW。在引用受影响的行值时,需要注意以下几点。

- ❏ 在 INSERT 触发器中,由于不存储先前的数据,所以不能使用前映像:OLD,只能使用后映像:NEW。
- ❏ 与此相反,在 DELETE 触发器中没有后映像:NEW 的值。
- ❏ 对于 UPDATE 触发器而言,同时具有各个列的前映像值:NEW 和后映像值:OLD。

在定义触发器时,可以使用 REFERENCING 子句改变列的相关名称。例如,下面的示例将使用 REFERENCING 子句指定相关性标识符的名称重新定义触发器 FOO_TRIGGER。

```
SQL> create or replace trigger foo_trigger
  2    before insert or update of sid
  3    on foo
  4    referencing new as new_value
  5              old as old_value
  6    for each row--行级触发器
  7  begin
  8    if inserting then
  9      select seq_foo.nextval
 10        into :new_value.sid
 11        from dual;
 12    else
 13      raise_application_error(-20020,'不允许更新ID值!');
 14    end if;
 15  end;
 16  /

触发器已创建
```

通常不是必须重命名:NEW 和:OLD,Oracle 提供这个功能是为了避免混淆相似的命名对象。因此,如果没有必要,应该尽量避免改变相关名称。

7.3.4 instead of 触发器

INSTEAD OF 触发器也称替代触发器,定义 INSTEAD OF 触发器后,用户对表的 DML 操作将不再被执行,而是执行触发器主体中的操作。通常情况下,INSTEAD OF 触发器是定义在视图上的,而不是定义在表上,它是用来替换所使用实际语句的触发器。

因为一个视图通常由多个基表连接而成，这种视图不允许进行 INSERT、UPDATE 和 DELETE 这样的 DML 操作。当为视图编写 INSTEAD OF 触发器后，用户对视图的 DML 操作就不会被执行，而是执行触发器中的 PL/SQL 语句块，这样就可以通过在 INSTEAD OF 触发器中编写适当的代码对构成视图的各个表进行操作。

替代触发器与其他触发器类似，只是在触发器定义的头部使用 INSTEAD OF 子句。下面通过一个示例来演示 INSTEAD OF 触发器的应用。

（1）创建一个视图，显示雇员的基本信息和所在部门的名称。

```
SQL> connect system/admin
已连接。
SQL> grant create view to scott;
授权成功。

SQL> connect scott/tiger
已连接。
SQL> create view emp_dep_view
  2  as select empno,ename,job,sal,dname
  3      from emp,dept
  4  where emp.deptno=dept.deptno;

视图已创建。
```

（2）如果试图向表中添加记录，则由于视图引用了两个基表，添加记录将失败。

```
SQL> insert into emp_dep_view(empno,ename,job,sal,dname)
  2  values(8000,'董鹏','MANAGER',1500,'SALES');
insert into emp_dep_view(empno,ename,job,sal,dname)
                                                *
第 1 行出现错误:
ORA-01776: 无法通过联接视图修改多个基表
```

（3）为视图 EMP_DEP_VIEW 创建一个 INSTEAD OF 触发器，以便使用自定义的操作覆盖系统预定义的操作。

```
SQL> create or replace trigger insert_emp_deb_trigger
  2    instead of
  3    insert on emp_dep_view
  4    for each row
  5  declare
  6    var_deptno emp.deptno%type;
  7  begin
  8    insert into emp(empno,ename,job,sal)
  9    values(:new.empno,:new.ename,:new.job,:new.sal);
 10
 11    select deptno
 12    into var_deptno
 13    from dept
 14    where dname=:new.dname;
 15
 16    update emp
```

```
17    set deptno=var_deptno
18    where empno=:new.empno;
19  end insert_emp_deb_trigger;
20  /
```

触发器已创建

（4）使用同样的语句测试触发器，并查看触发器的运行情况。

```
SQL> insert into emp_dep_view(empno,ename,job,sal,dname)
  2  values(8125,'董鹏','MANAGER',1500,'SALES');
已创建 1 行。

SQL> select empno,ename,job,sal,dname
  2  from emp_dep_view
  3  where dname='SALES';

  EMPNO   ENAME    JOB         SAL   DNAME
  -----   -----    ----        ---   -----
   7499   ALLEN    SALESMAN   1600   SALES
...

已选择 7 行。
```

视图 EMP_DEP_VIEW 显示了雇员的基本信息和所在部门的名称，向该视图添加数据，本意是将雇员的基本信息添加到 EMPLOYEES 表，并使用部门名称对应的部门号添加到 EMP 表的 DEPT 列。当直接通过视图添加数据时，系统无法预知用户添加数据的本意，所以需要使用 INSTEAD OF 触发器替换系统预定义的操作。

> **注意** 在创建 INSTEAD OF 触发器时，没有 BEFORE 和 AFTER 关键字规定触发时间。实际上，INSTEAD OF 是等同于使用 AFTER 关键字的行级触发器，它会为每个受到影响的行触发一次。

7.3.5 用户事件触发器

用户事件触发器是建立在模式级操作上的触发器。激活该类型触发器的用户事件包括：CREATE、ALTER、DROP、ANALYZE、ASSOCIATE STATISTICS、DISASSOCIATE STATISTICS、COMMENT、GRANT、REVOKE、RENAME、TRUNCATE、LOGOFF、SUSPEND 和 LOGON。

下面的示例将创建一个用户模式级触发器，以记录用户删除的数据库对象。

（1）以 SCOTT 身份连接到数据库，并建立一个日志信息表。

```
SQL> create table droped_objects(
  2  object_name varchar2(30),
  3  object_type varchar2(30),
  4  dropped_on date);
表已创建。
```

（2）创建用户事件触发器，以便记录用户删除的数据库对象。

```
SQL> create or replace trigger log_drop_trigger
  2  before drop on scott.schema
  3  begin
  4  insert into droped_objects values(
  5     ora_dict_obj_name,
  6     ora_dict_obj_type,
  7     sysdate);
  8  end;
  9  /
触发器已创建
```

在编写用户事件触发器时，经常会需要使用一些事件属性函数，例如，上面示例中的 ORA_DICT_OBJ_NAME 和 ORA_DICT_OBJ_TYPE 函数。常用的事件属性函数如表 7-1 所示。

表 7-1 事件属性函数

事件属性函数	说明
ORA_CLIENT_IP_ADDRESS	返回客户端的 IP 地址
ORA_DATABASE_NAME	返回当前数据库名
ORA_DES_ENCRYPTED_PASSWORD	返回 DES 加密后的用户口令
ORA_DICT_OBJ_NAME	返回 DDL 操作所对应的数据库对象名
ORA_DICT_OBJ_NAME_LIST(NAME_LIST OUT ORA_NAME_LIST_T)	返回在事件中被修改的对象名列表
ORA_DICT_OBJ_OWNER	返回 DDL 操作所对应的对象的所有者名
ORA_DICT_OBJ_OWNER_LIST(OWNER_LIST OUT ORA_NAME_LIST_T)	返回在事件中被修改的所有者列表
ORA_DICT_OBJ_TYPE	返回 DDL 操作所对应的数据库对象的类型
ORA_GRANTEE(USER_LIST OUT ORA_NAME_LIST_T)	返回授权事件的授权者
ORA_INSTANCE_NUM	返回例程号
ORA_IS_ALTER_COLUMN(COLUMN_NAME IN VARCHAR2)	检测特定列是否被修改
ORA_IS_CREATING_NESTED_TABLE	检测是否正在建立嵌套表
ORA_IS_DROP_COLUMN(COLUMN_NAME IN VARCHAR2)	检测特定列是否被删除
ORA_IS_SERVERERROR(ERROR_NUMBER)	检测是否返回了特定的 Oracle 错误
ORA_LOGIN_USER	返回登录用户名
ORA_SYSEVENT	返回触发器的系统事件名

（3）删除 SCOTT 模式下的一些表或视图，测试触发器的运行情况。

```
SQL> drop table foo;
表已删除。
```

```
SQL> drop view emp_dep_view;
视图已删除。
```

```
SQL> select * from droped_objects;

OBJECT_NAME            OBJECT_TYPE              DROPPED_ON
-----------            -----------              -----------
FOO                    TABLE                    02-5月 -08
EMP_DEP_VIEW           VIEW                     02-5月 -08
```

7.4 程序包

程序包其实就是被组合在一起的相关对象的集合，当程序包中任何函数或存储过程被调用时，程序包就被加载到内存中，这样程序包中任何函数或存储过程的子程序的访问速度将大大加快。例如，在 PL/SQL 程序中，为了输出运行结果，在程序的代码中使用 DBMS_OUTPT.PUT_LINE 语句。事实上，这是调用程序包 DBMS_OUTPUT 中的 PUT_LINE 过程。DBMS_OUTPUT 程序包的主要功能就是在 PL/SQL 程序中进行输入和输出。

程序包由两个部分组成：规范和包主体。在规范中描述程序包所使用的变量、常量、游标和子程序，程序包主体则完全定义子程序和游标。

7.4.1 程序包规范

对于程序包，规范就像说明书，它说明了在程序包中哪些过程或函数可以使用、如何使用。程序包规范是必需的，并且必须在程序包主体之前创建。

创建程序包规范的语法形式如下：

```
create [or replace] package package_name is
  [public_variable_declarations...]
  [public_type_declarations...]
  [public_exception_declarations...]
  [public_cursor_declarations...]
  [function_declarations...]
  [procedure_specifications...]
end [package_name]
```

从上面的语法规则可以看出，在程序包规范中可以包含过程、函数、变量、异常、游标和类型的声明。过程和函数的声明只包含其头部信息，而不包含过程和函数体，过程和函数体被包含在程序包主体中。

下面的示例定义了一个程序包 SCOTT_EMP_PKG，并在程序包规范中定义了一个过程 UPDATE_SAL 和一个函数 SELECT_NAME()。

```
SQL> create or replace package scott_emp_pkg is
  2    procedure update_sal(deptno_param number,sal_param number);--过程
  3    function select_name(empno_param number) return varchar2;--函数
  4  end scott_emp_pkg;
  5  /
```

存储过程、触发器和程序包

程序包已创建。

在上面的程序包规范中没有提供任何实际的代码，只是简单定义了过程和函数的名称和参数，而过程和函数体被排除在外。在程序包规范中仅显示了程序包包含哪些内容，而具体的实现则包含在程序包的主体部分。

> **注意**
> 需要注意规范中声明的各项目（过程、函数和变量等）顺序。如果各项目之间是无关的，那么项目之间的顺序是无关紧要的。但如果一个项目被另一个项目引用，那么必须在程序包规范中先声明被引用的项目。

调用程序包内的过程与调用独立的过程相似，唯一的不同之处在于调用程序包内的过程时，还需要引用程序包名加以限定。如果现在试图调用 SCOTT_EMP_PKG 包内的过程，则会导致如下错误：

```
SQL> declare
  2    var_dno number;
  3    var_eno number;
  4    var_sal number;
  5    var_name varchar2(20);
  6  begin
  7    var_dno:=10;
  8    var_sal:=100;
  9    scott_emp_pkg.update_sal(var_dno,var_sal);
 10    var_eno:=7782;
 11    var_name:=scott_emp_pkg.select_name(var_eno);
 12    dbms_output.put_line(var_name);
 13  end;
 14  /
declare
*
第 1 行出现错误:
ORA-04067: 未执行, package body "SCOTT.SCOTT_EMP_PKG" 不存在
ORA-06508: PL/SQL:无法找到正在调用 : "SCOTT.SCOTT_EMP_PKG" 的程序单元
ORA-06512: 在 line 9
```

该错误是因为程序包主体不存在，这些过程还没有实现，系统无法确定应该执行的操作。因此，接下来的任务就是创建程序包的主体。

7.4.2 程序包主体

程序包主体包含了在规范中声明的过程和函数的实现代码，程序包主体的名称必须与规范的名称相同，这个相同的名称将规范与主体结合在一起组成程序包。另外，程序包主体中定义的过程和函数的名称、参数和返回值等必须与规范中声明的完全匹配。创建程序包主体使用 CREATE PACKAGE BODY 语句的形式如下：

```
create [or replace] package body package_name is
  [pragma serially_reusable;]
```

```
[collection_type_definition ...]
[record_type_definition ...]
[subtype_definition ...]
[collection_declaration ...]
[constant_declaration ...]
[exception_declaration ...]
[object_declaration ...]
[record_declaration ...]
[variable_declaration ...]
[cursor_body ...]
[function_spec ...]
[procedure_spec ...]
[call_spec ...]
[begin
  sequence_of_statements]
end [package_name]
```

包主体中的内容是私有的,它实现了包规范部分定义的细节内容,并且对调用者是不可见的。在包主体中有一个比较特殊的部分,即 BEGIN 表示的是一个可选的初始化部分,它用于初始化包中的变量等。

在了解了创建程序包主体的语法后,下面将为 SCOTT_EMP_PKG 包创建主体,实现过程 UPDATE_SAL()和函数 SELECT_NAME()。代码如下:

```
SQL> create or replace package body scott_emp_pkg is
  2    procedure update_sal(deptno_param number,sal_param number) is
  3    begin
  4      update emp
  5      set sal=sal+sal_param
  6      where deptno=deptno_param;
  7    end update_sal;
  8
  9    function select_name(empno_param number) return varchar2 is
 10      e_ename varchar2(20);
 11    begin
 12      select ename
 13      into e_ename
 14      from emp
 15      where empno=empno_param;
 16      return e_ename;
 17    exception
 18      when no_data_found then
 19        dbms_output.put_line('无效的工作编号');
 20    end select_name;
 21  end scott_emp_pkg;
 22  /
```

程序包体已创建。

为程序包创建主体后,就可以像普通的过程和函数一样调用了。

```
SQL> set serveroutput on
```

```
SQL> declare
  2     var_dno number;
  3     var_eno number;
  4     var_sal number;
  5     var_name varchar2(20);
  6  begin
  7     var_dno:=10;
  8     var_sal:=100;
  9     scott_emp_pkg.update_sal(var_dno,var_sal);
 10     var_eno:=7782;
 11     var_name:=scott_emp_pkg.select_name(var_eno);
 12     dbms_output.put_line(var_name);
 13  end;
 14  /
CLARK

PL/SQL 过程已成功完成。
```

7.4.3 重载

PL/SQL 允许两个或多个包级子程序拥有相同的名称,这就是 PL/SQL 程序的重载。在通常情况下,程序包中的过程和函数必须具有唯一的名称,用于唯一表示一个过程或函数。PL/SQL 允许重载,也就是说程序包中的过程和函数可以具有相同的名称,但它们的特性要有所区别。也就是说,过程和函数的名称可以相同,但是同名过程和函数的参数数量、次序和参数类型存在区别。

下面是一个错误的重载示例,因为两个过程都只包含了一个 NUMBER 参数。

```
procedure foo(param1 number);
procedure foo(param2 number);
```

下面的过程声明也是非法的,因为从参数的传入模式不能区别两个过程。

```
procedure foo(param1 in number);
procedure foo(param2 out number);
```

以下声明的过程是合法的。

```
procedure foo(param1 number);
procedure foo(param1 varchar2);

procedure foo(param1 number, p_param1 number);
procedure foo(param1 number);

function foo return number;
function foo(param1 number) return varchar2;
```

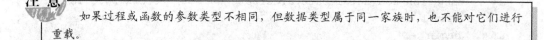

如果过程或函数的参数类型不相同,但数据类型属于同一家族时,也不能对它们进行重载。

例如，下面对过程的重载也是非法的，因为 NUMBER 和 INTEGER 属于同一家族的数据类型。

```
procedure foo(param1 number);
procedure foo(param2 integer);
```

对过程和函数重载后，可以使调用者在调用时更加方便。例如，Oracle 提供的 TO_CHAR()函数就是一个重载函数。

```
function to_char (right date) return varchar2;
function to_char (left number) return varchar2;
function to_char(left date, right varchar2) return varchar2;
function to_char (left number, right varchar2) return varchar2;
```

在调用重载函数时，PL/SQL 会按照参数的个数和类型来解析对函数的调用。TO_CHAR 函数是系统自带的重载函数，用户也可以根据需要自定义重载函数。以下示例将重载 ADD 函数，实现对各种数据类型的数据相加。

（1）建立程序包规范，声明重载的函数。

```
SQL> create or replace package utilities is
  2      function add(num1 number,num2 number) return number;
  3      function add(str1 varchar2,str2 varchar2) return varchar2;
  4      function add(date1 date,afterdate number) return Date;
  5  end utilities;
  6  /

程序包已创建。
```

注意上面重载的函数，其参数和返回值的数据类型都是不相同的。

（2）为程序包创建主体，实现各个重载的函数。

```
SQL> create or replace package body utilities is
  2      function add(num1 in number,num2 in number) return number is
  3      result number;
  4      begin
  5        result:=num1+num2;
  6        return result;
  7      end add;
  8    function add(str1 varchar2,str2 varchar2) return varchar2 is
  9      result varchar2(2000);
 10      begin
 11        result:=str1 || str2;
 12        return result;
 13      end add;
 14    function add(date1 date,afterDate number) return Date is
 15      result date;
 16      begin
 17        result:=date1+afterDate;
```

```
18      return result;
19    end add;
20  end utilities;
21  /
```

程序包体已创建。

上面在重载 ADD 函数时，分别实现了数字、字符串和日期类型的值的加法运算。
（3）测试已经创建的程序包，查看其中重载的函数是否可以根据传入的参数选择不同的函数进行运算。

```
SQL> set serverout on
SQL> begin
  2    dbms_output.put_line(utilities.add(12,24));
  3    dbms_output.put_line(utilities.add('Hello',' World'));
  4    dbms_output.put_line(utilities.add(sysdate,5));
  5  end;
  6  /
36
Hello World
06-5月 -08

PL/SQL 过程已成功完成。
```

从结果可以看出，重载函数后用户只需要在调用函数时传入不同类型的参数值，PL/SQL 引擎会根据参数的数据类型决定选取哪个函数运行。这不仅方便了用户调用函数，同时也解决了开发者对相同功能的函数和过程的命名困扰。

7.5 实验指导

1. 创建过程

本练习将在 HR 模式中创建过程，并使用过程访问其中的数据表。
（1）创建用于从 EMPLOYEES 表中查询信息的过程。
创建过程 PRINTEMPLOYEES，该过程将显示 EMPLOYEES 表中所有员工的信息。
输入并执行如下语句：

```
create or replace procedure printemployees is
begin
  for emp_cur in (select * from employees) loop
    dbms_output.put(emp_cur.employee_id||' ');
    dbms_output.put(emp_cur.last_name||' ');
    dbms_output.put(emp_cur.job_id||' ');
    dbms_output.put(emp_cur.salary||' ');
    dbms_output.put_line(null);
    dbms_output.put_line('*********************');
  end loop;
end printemployees;
```

(2) 调用该过程。

```
exec printemployees;
```

(3) 创建一个过程，在该过程连接查询 EMPLOYEES 和 DEPARTMENT 表，并按部门分类显示员工的信息。另外，该过程还需要输入一个部门参数。

```
create or replace procedure catalog_employee(catalog in varchar2) is
begin
  for emp_one in (select * from employees
                where department_id=(select department_id from
                departments
                                    where department_name=catalog))
  loop
    dbms_output.put(emp_one.employee_id ||' ');
    dbms_output.put(emp_one.last_name||' ');
    dbms_output.put(emp_one.job_id||' ');
    dbms_output.put(emp_one.salary||' ');
    dbms_output.put_line(null);
    dbms_output.put_line('********************');
  end loop;
end catalog_employee;
```

(4) 运行 CATALOG_EMPLOYEE 过程时，需要为它传入一个参数，以指定查询特定部门的员工信息。

```
SQL> declare
  2    dept_name varchar2(20):='Shipping';
  3  begin
  4    catalog_employee(dept_name);
  5  end;
  6  /
```

2. 创建触发器

本练习将创建几种常用的触发器。

(1) 创建一个触发器，无论用户插入新记录，还是修改 EMP 表的 JOB 列，触发器都会将用户指定的 JOB 列的值转换成大写。

```
create or replace trigger modify_job_trigger
  before insert or update of job
  on emp
  for each row
begin
  if inserting then
    :new.job:=upper(:new.job);
  else
    :new.job:=upper(:new.job);
  end if;
end;
```

第7章 存储过程、触发器和程序包

（2）向 EMP 表中插入数据，以确认触发器是否能够正常运行。

```
insert into emp(empno,ename,job,sal)
values(8120,'LILI','clerk',1250)
select * from emp
where empno=8120;
```

（3）创建一个触发器，当修改 DEPT 表中的 DEPTNO 字段时，使 EMP 表中的对应值也做相应修改。

```
create or replace trigger modify_deptno_trigger
  before update
  on dept
  for each row
begin
  update emp
  set deptno=:new.deptno
  where deptno=:old.deptno;
end;
```

（4）修改 DEPT 表中的 DEPTNO 字段，确认触发器是否正常运行。

```
update dept
set deptno=70
where dname='SALES';
```

7.6 思考与练习

一、填空题

1. 在下面程序的空白处填写适当的代码，使该函数可以获取指定编号的员工薪金。

```
CREATE OR REPLACE FUNCTION
get_sal (P_ID varchar2)
_____
is
  v_price number;
begin
    select sal
    _____
    from emp where empno=
    _____;
    returen v_sal;
exception
    when no_data_found then
      dbms_output.put_line('无法
      找到该编号的员工!');
    when others then
      dbms_outptu.put_line('发生
      其他错误!');
end get_sal;
```

2. 假设有一个程序包，其中包含了两个重载的函数 MAX。写出下面程序调用 MAX 函数后的运行结果。

程序包主体：

```
create or replace package body
test is
 function max(x in number,y in
number) return number is
  result number;
  begin
    if x>y then
    result:=x;
    else
    result:=y;
    end if;
    return (result);
  end max;
function max(x in number,y in
number,z in number) return
number is
  result number;
  begin
```

```
    result:=test.max(x,y);
    result:=test.max(result,z);
    return(result);
  end max;
end test;
```

调用程序块：

```
begin
  dbms_output.put_line(test.max
  (10,32,14));
end;
```

二、选择题

1．下列哪个语句可以在 SQL*Plus 直接调用一个过程？（   ）

  A．RETURN B．CALL
  C．SET   D．EXEC

2．下面哪个不是过程中参数的有效模式？（   ）

  A．IN   B．IN OUT
  C．OUT IN D．OUT

3．如果存在一个名为 TEST 的过程，它包含 3 个参数：第一个参数为 P_NUM1，第二个参数为 P_NUM2，第三个参数为 P_NUM3。3 个参数的模式都是 IN。P_NUM1 参数的数据类型为 NUMBER，P_NUM2 参数的数据类型是 VARCHAR2，P_NUM3 参数的数据类型是 VARCHAR2。下列哪一个是该过程的有效调用？（   ）

  A．TEST(1010,P_NUM3=>'abc',P_NUM2=>'bcd');
  B．TEST(P_NUM1=>1010, P_NUM2=>'abc','bcd');
  C．TEST(P_NUM1=>1010, ' abc','bcd');
  D．上述都对

4．函数头部的 RETURN 语句的作用是什么？（   ）

  A．声明返回的数据类型
  B．声明返回值的大小和数据类型
  C．调用函数
  D．函数头部不能使用 RETURN 语句

5．如果在程序包的主体中包括了一个过程，但没有在程序包规范中声明这个过程，那么它将会被认为是_____。

  A．非法的 B．公有的
  C．受限的 D．私有的

6．如果创建了一个名为 USER_PKG 的程序包，并在该程序包中包含了一个名为 TEST 的过程。下列哪一个是对该过程的合法调用？（   ）

  A．test(10);
  B．USER_PKG.TEST(10);
  C．TEST.USERPKG(10);
  D．TEST(10).USERPKG;

7．对于下面的函数，下列哪项可以成功地调用？（   ）

```
CREATE OR REPLACE FUNCTION
Calc_Sum
(p_x number,p_y number)
return number
is
sum number;
begin
sum := p_x+p_y;
return sum;
end;
```

  A．Calc_Sum;
  B．EXECUTE Calc_Sum(45);
  C．EXECUTE Calc_Sum(23,12);
  D．Sum:=Calc_Sum(23,12);

8．当满足下列哪种条件时，允许两个过程具有相同的名称？（   ）

  A．参数的名称或数量不相同时
  B．参数的数量或数据类型不相同时
  C．参数的数据类型和名称不相同时
  D．参数的数量和数据类型不相同时

9．下列哪一个动作不会激发触发器？（   ）

  A．更新数据 B．查询数据
  C．删除数据 D．插入数据

10．在使用 CREATE TRIGGER 语句创建行级触发器时，哪一个语句用来引用旧数据？（   ）

  A．FOR EACH B．ON
  C．REFERENCING D．OLD

11．在创建触发器时，哪一个语句决定触发器是针对每一行执行一次，还是针对每一个语句执行一次？（   ）

  A．FOR EACH B．ON
  C．REFERENCING D．NEW

12．替代触发器一般被附加到哪一类数据库对象上？（   ）

  A．表   B．序列
  C．视图   D．簇

13．条件谓词在触发器中的作用是什么？（   ）

A．指定对不同事件执行不同的操作
B．在 UPDATE 中引用新值和旧值
C．向触发器添加 WHEN 子句
D．在执行触发器前必须满足谓词条件

14．可以使用哪个子句来更改相关性标识符的名称？
A．REFENCING   B．WHEN
C．INSEAT-OF   D．RENAME

15．如果希望执行某个操作时，该操作本身并不执行，而是去执行另外的一些操作，那么可以使用什么方式完成这种操作？（   ）
A．BEFORE 触发器
B．AFTER 触发器
C．INSTEAD OF 触发器
D．UNDO 触发器

三、简答题

1．简述过程和函数的区别。
2．简述调用过程时传递参数值的 3 种方法。
3．举例说明什么是重载。
4．当调用过程时，什么样的参数可以返回值？
5．简述如何在程序包中声明私有成员和公有成员。
6．有 100 个人围一圈，顺序排号。从第 1 个人开始报数，凡报到 3 的人退出圈，问最后留下的是原来的第几号？试编写一个函数计算。
7．简述 Oracle 数据库中触发器的类型及其触发条件。
8．描述触发器相关性标识符的作用。
9．简述替代触发器的作用。

第 8 章 管 理 表

表是最重要的数据库对象之一，同时也是最常用的模式对象。由于表是存储数据的主要手段，因此对表的管理非常重要。另外，通过对表定义约束，可以用最简单的方式实现一些基本的应用逻辑，同时也是对表中数据的有效性和完整性维护。在 Oracle 11g 系统中，表有多种类型。本章讲述最基本的堆表，并对堆表和约束的操作进行详细介绍。

本章学习要点：

- 定义表结构
- Oracle 表的特性
- 修改表
- 数据的完整性约束
- 设置各个完整性约束的状态
- 在表中使用大对象类型

8.1 创建表

数据库中的数据是以表的形式存储的。数据库中的每一个表都被一个模式（或用户）所拥有，因此表是一种典型的模式对象。在创建表时，Oracle 将在一个指定的表空间中为其分配存储空间。

8.1.1 表结构

表是最常见的一种组织数据的方式，一张表一般都具有多个列，或者称为字段。每个字段都具有特定的属性，包括字段名、字段数据类型、字段长度、约束、默认值等，这些属性在创建表时被确定。从用户角度来看，数据库中数据的逻辑结构是一张二维表，在表中通过行和列来组织数据。在表中每一行存放一条信息，通常称表中的一行为一条记录。

Oracle 提供了 5 种内置字段数据类型：数值类型、字符类型、日期类型、LOB 类型与 ROW ID 类型。除了这些类型之外，用户还可以定义自己的数据类型。常用字段数据类型的使用方法如下。

❑ 字符数据类型

字符数据类型用于声明包含字母、数字数据的字段。字符数据类型包括两种：定长字符串和变长字符串。

CHAR 数据类型用于存储固定长度的字符串。一旦定义了 CHAR 列，该列就会一直保持声明时所规定的长度大小。当为该字段赋予长度较短的数值后，其余长度就会用空格填充；如果字段保存的字符长度大于规定的长度，则 Oracle 会产生错误信息。CHAR 列的长度范围为 1～2000 个字节，CHAR 类型列的语法如下：

```
column_name CHAR[(size)]
```

VARCHAR2 数据类型与 CHAR 类型相似，都用于存储字符串数据。但 VARCHAR2

类型的字段用于存储变长，而非固定长度的字符串。将字段定义为 VARCHAR2 数据类型时，该字段的长度将根据实际字符数据的长度自动调整；即如果该列的字符串长度小于定义时的长度，系统不会使用空格填充。因此，在大多数情况下，都会使用 VARCHAR2 类型替换 CHAR 数据类型。

❏ **数值数据类型**

数值数据类型的字段用于存储带符号的整数或浮点数。Oracle 中的 NUMBER 数据类型具有精度 PRECISION 和范围 SCALE。精度 PRECISION 指定所有数字位的个数，范围 SCALE 指定小数的位数，这两个参数都是可选的。如果插入字段的数据超过指定的位数，Oracle 将自动进行四舍五入。例如，字段的数据类型为 NUMBER(9,1)，如果插入的数据为 1234567.89，则实际上字段中保存的数据为 1234567.9。

❏ **日期时间数据类型**

Oracle 提供的日期时间数据类型 DATE 可以存储日期和时间的组合数据。以 DATE 数据类型存储日期时间数据比使用字符数据类型进行存储更简单，并且可以借助于 Oracle 提供的日期时间函数处理这类数据。

在 Oracle 中，可以使用不同的方法建立日期值。其中，最常用的获取日期值的方法是通过 SYSDATE 函数，调用该函数可以获取当前系统的日期值。除此之外，还可以使用 TO_DATE 函数将数值或字符串转换为 DATE 类型。Oracle 默认的日期和时间格式由初始化参数 NLS_DATE_FORMAT 指定，一般为 DD-MON-YY。

❏ **LOB 数据类型**

LOB 数据类型用于大型的、未被结构化的数据，例如，二进制文件、图片文件和其他类型的外部文件。LOB 类型的数据可以直接存储在数据库内部，也可以将数据存储在外部文件中，而将指向数据的指针存储在数据库中。LOB 数据类型分为 BLOB、CLOB 和 BFILE 数据类型。

BLOB 类型用于存储二进制对象。典型的 BLOB 可以包括图像、音频文件、视频文件等。在 BLOB 类型的字段中能够存储最大为 128 兆兆字节的二进制对象。

CLOB 类型用于存储字符格式的大型对象；CLOB 类型的字段能够存储最大为 128 兆字节的字符对象；Oracle 把数据转换成 Unicode 格式的编码并将它存储在数据库中。

BFILE 类型用于存储二进制格式的文件；在 BFILE 类型的字段中可以将最大为 128 兆字节的二进制文件作为操作系统文件存储在数据库外部，文件的大小不能超过操作系统的限制；BFILE 类型的字段中仅保存二进制文件的指针，并且 BFILE 字段是只读的，不能通过数据库对其中的数据进行修改。

❏ **ROWID 数据类型**

ROWID 数据类型被称为"伪列类型"，用于在 Oracle 内部保存表中每条记录的物理地址。在 Oracle 内部是通过 ROWID 来定位所需记录的。由于 ROWID 实际上保存的是记录的物理地址，通过 ROWID 来访问记录可以获得最快的访问速度。为了便于使用，Oracle 自动为每一个表建立一个名称为 ROWID 的字段，可以对这个字段进行查询、更新和删除等操作，甚至利用 ROWID 来访问表中的记录以获得最快的操作速度。

由于 ROWID 字段是隐含的，用户检索表时不会看到该字段。因此，在使用 ROWID 字段时必须显式指定名称。

8.1.2 创建表

创建表时需要使用 CREATE TABLE 语句。如果在用户自己的模式中创建一个新表，用户必须具有 CREATE TABLE 系统权限。如果要在其他用户模式中创建表，则必须具有 CREATE ANY TABLE 的系统权限。此外，用户还必须在指定的表空间中具有一定的配额存储空间。

应该说，使用 CREATE TABLE 语句创建表并不困难，困难在于如何合理地确定创建哪些表，这些表应该包含哪些列以及各列应该使用什么样的数据类型等。在实际应用中，应该在用户需求调研和分析的基础上，借助于 ER 图等有效的工具和手段，确认应该创建哪些表和准备如何创建这些表。

例如，下面创建一个存储公司员工信息的 EMPLOYEE 表，该表包括了员工代号、员工姓名、性别、雇佣时间、职位和电子邮件等信息。

```
SQL> create table employees(
  2  empno number(10) not null,
  3  ename varchar2(20),
  4  sex char(2),
  5  salary number(8,2),
  6  hiredate date default sysdate,
  7  job varchar2(10),
  8  email varchar2(50),
  9  deptno number(3) not null);

表已创建。
```

建立表后，可以通过 DESCRIBE 命令查看表的描述。

```
SQL> desc employees
 名称                    是否为空?        类型
 -----                   --------         -----
 EMPNO                   NOT NULL         NUMBER(10)
 ENAME                                    VARCHAR2(20)
 SEX                                      CHAR(2)
 SALARY                                   NUMBER(8,2)
 HIREDATE                                 DATE
 JOB                                      VARCHAR2(10)
 EMAIL                                    VARCHAR2(50)
 DEPTNO                                   NOT NULL NUMBER(3)
```

如果要在其他模式中创建表，则必须在表名前加上模式名。例如，下面的语句将在 HR 模式中创建 EMPLOYEES 表。

```
SQL> create table hr.employees(...);
```

注意在创建表时，表的各列之间需要使用逗号隔开。

除了上面的 CREATE TABLE 语句外，还可以在 CREATE TABLE 语句中使用嵌套子查询，基于已经存在的表或视图来创建新表，而不需要为新表定义字段。在子查询中也可以引用一个或多个表（或视图），查询结果集中包含的字段即为新表中定义的字段，并且查询到的记录也都被添加到新表中。

下面的示例将使用 CREATE TABLE AS SELECT 语句创建一个表 EMP_COPY，但是不在表中插入任何数据行。为了完成这项工作，可以使用如下语句：

```
SQL> create table emp_copy
  2  as select *
  3  from scott.emp
  4  where empno is null;
```

表已创建。

当使用 CREATE TABLE AS SELECT 语句创建表时，Oracle 将从指定的 SCOTT.EMP 表中复制列来建立表。创建表后，Oracle 就会使用从 SELECT 语句中返回的行来填充新表。为了确保没有数据可以从查询中返回，这里使用了 WHERE 子句。由于没有 EMPNO 列为空的行，所以不会有任何数据返回。

> **注意** 在通过查询创建表时，还可以修改表中各个列的名称，但是不能修改列的数据类型。新表中所有列的数据类型都必须与查询语句的各个列一致。

8.1.3 表特性

在 Oracle 中创建表时，表的特性将决定系统如何创建表、如何在磁盘上存储表、以及表创建后使用时的最终执行方式等。

1．存储参数

当用户在 Oracle 中建立模式对象（如表）时，Oracle 允许用户规定该对象如何使用磁盘上的存储空间。如果仅为表指定了表空间，而没有设置存储参数，它将自动采用所属表空间的默认存储参数设置。然而表空间的默认存储参数不一定对表空间中的每一个表都适合，因此，当表所需的存储参数与表空间的默认存储参数不同时，需要在创建表时显式指定存储参数以替换表空间的默认存储参数。

在创建表时，可以通过使用 STORAGE 子句来设置存储参数，这样可以控制表中盘区的分配管理方式。对于本地化管理的表空间而言（这是 Oracle 11g 所支持的唯一表空间管理方式，关于表空间的管理方式将在后面的章节中详细介绍），如果指定盘区的管理方式为 AUTOALLOCATE（自动化管理），则可以在 STORAGE 子句中指定 INITIAL、NEXT 和 MINEXTENTS 3 个存储参数，Oracle 将根据这 3 个存储参数设置为表分配的数据段初始化盘区大小，以后盘区的分配将由 Oracle 自动管理。如果指定的盘区管理方式为 UNIFORM（统一化管理），这时不能为表指定任何 STORAGE 子句，盘区的大小将是统一大小。

参数 NEXT 用于指定为存储表中的数据分配的第二个盘区大小。该参数在字典管理的表空间中起作用，而在本地化管理的表空间中不再起做用，因为随后分配的盘区将由 Oracle 自动决定其大小。参数 MINEXTENTS 用于指定允许为表中的数据所分配的最小盘区数目，同样在本地化管理的表空间中该参数也不再起作用。因此，在存储参数中，主要是设置 INITIAL 参数。该参数用于为表指定分配的第一个盘区大小，以 KB 或 MB 为单位。当为已知数量的数据建立表时，可以将 INITIAL 设置为一个可以容纳所有数据的数值，这样可以将表中所有数据存储在一个盘区从而避免产生碎片。

例如，下面的语句将重新建立 EMPLOYEES 表，并通过 STORAGE 子句为其指定存储参数 INITIAL。

```
SQL> create table employees(
  2  empno number(10) not null,
  3  ename varchar2(20),
  4  sex char(2),
  5  salary number(8,2),
  6  hiredate date default sysdate,
  7  job varchar2(10),
  8  email varchar2(50),
  9  deptno number(3) not null)
 10  tablespace example
 11  storage(initial 128k);
```

表已创建。

通过查询 USER_TABLES 可以获取创建的表信息如下：

```
SQL> select table_name,tablespace_name,initial_extent
  2  from user_tables;

TABLE_NAME           TABLESPACE_NAME           INITIAL_EXTENT
----------           ---------------           --------------
DEPT                 USERS                              65536
...
EMPLOYEES            EXAMPLE                           131072
```

已选择 10 行。

2. 数据块管理参数

在前面介绍 Oracle 的逻辑存储结构时，曾经介绍过数据块是 Oracle 中最小的存储单元。对于一般不带有 LOB 类型数据的表而言，一个数据块可存放表的多行记录。用户可以设置的数据块管理参数主要分为两类。

- ❏ **PCTFREE 和 PCTUSED** 这两个参数用于控制数据块中空闲空间的使用方法。
- ❏ **INITRANS** 该参数用于控制访问数据块的事务数量，同时该参数也会影响到数据块头部空间的使用情况。

对于本地化管理的表空间而言，如果使用 SEGMENT SPACE MANAGEMENT 子句设置段的管理方式为 AUTO（自动），则 Oracle 会对数据块的空闲空间进行自动管理。

对于这种情况，不需要用户设置数据块管理参数 PCTFREE 和 PCTUSED。

如果表空间的段管理方式为 SEGMENT SPACE MANAGEMENT MANUAL（手动管理），则用户可以通过设置 PCTFREE 与 PCTUSED 参数对数据块中的空闲空间手工管理。其中，PCTFREE 用于指定数据块中必须保留的最小空闲空间比例，当数据块达到 PCTFREE 参数的限制后，该数据块将被标记为不可用，默认值为 10。例如，如果在 CREATE TABLE 语句中指定 PCTFREE 为 20，则说明对于该表的数据段，系统将会保留 20%的空闲空间，这些空闲空间将用于保存更新记录时增加的数据。很显然，PCTFREE 参数值越小，为现存行更新所预留的空间越少。PCTFREE 参数值设置得太高，则浪费磁盘空间；如果 PCTFREE 设置得太低，则可能会导致由于一个数据块无法容纳一行记录而产生迁移记录和链接记录。

而参数 PCTUSED 设置数据块是否可用的界限，换言之，为了使数据块能够被再次使用，已经占用的存储空间必须低于 PCTUSED 设置的比例。

> **注意**
> 为表设置 PCTFREE 与 PCTUSED 参数时，PCTFREE 与 PCTUSED 两个参数值的和必须等于或小于 100。一般而言，两个参数的和与 100 相差越大，存储效率就越高。

设置数据块的 PCTFREE 和 PCTUSED 时，用户需要根据数据库的具体应用情况来决定。下面是设置 PCTUSED 和 PCTFREE 参数的几种示例情况。

- 在实际的应用中使用 UPDATE 操作较多，并且更新操作会增加记录的大小时，可以将 PCTFREE 值设置得大一点，这样当记录变大时，记录仍然能够保存在原数据块中；而将 PCTUSED 值设置得比较小，这样在频繁地进行更新操作时，能够减少由于数据块在可用与不可用状态之间反复切换而造成的系统开销。推荐设置 PCTFREE 为 20，而 PCTUSED 为 40。
- 当在实际的应用中使用 INSERT 和 DELETE 操作较多，并且 UPDATE 操作不会增加记录的大小时，可以将 PCTFREE 参数设置得比较小，因为大部分更新操作不会增加记录的大小；而 PCTUSED 参数设置得比较大，以便尽快重新利用被 DELETE 操作释放的存储空间。推荐设置参数 PCTFREE 为 5，而 PCTUSED 为 60。

在 CREATE TABLE 语句中，可以通过 PCTFREE 和 PCTUSED 子句来设置相应的参数。例如，下面的语句将重新创建 EMPLOYEES 表，并设置 PCTFREE 和 PCTUSED 参数分别为 20 和 40。

```sql
SQL> create table employees(
  2   empno number(10) not null,
  3   ename varchar2(20),
  4   sex char(2),
  5   salary number(8,2),
  6   hiredate date default sysdate,
  7   job varchar2(10),
  8   email varchar2(50),
  9   deptno number(3) not null)
 10   tablespace example
 11   storage(initial 128k
```

```
 12  pctfree 20
 13  pctused 40;
```

表已创建。

通过查看 USER_TABLES 数据字典视图,可以了解表的 PCTFREE 和 PCTUSED 参数。例如:

```
SQL> column table_name format a20
SQL> select table_name,tablespace_name,pct_free,pct_used
  2  from user_tables
  3  where table_name='EMPLOYEES';

TABLE_NAME           TABLESPACE_NAME              PCT_FREE   PCT_USED
----------           ---------------              --------   --------
EMPLOYEES            EXAMPLE                            20
```

数据块管理的另一类参数是 INITRANS 参数,该参数用于指定一个数据块所允许的并发事务数目。当一个事务访问表中的一个数据块时,该事务会在数据块的头部保存一个条目,以标识该事务正在使用这个数据块。当该事务结束时,它所对应的条目将被删除。

在创建表时,Oracle 会在表的每个数据块头部分配可以存储 INITRANS 个事务条目的空间,这部分空间是永久的,只能用于存储事务条目。当数据块的头部空间已经存储了 INITRANS 个事务条目后,如果还有其他事务要访问这个数据块,Oracle 将在数据块的空闲空间中为事务分配空间,这部分空间是动态的,当事务结束后,这部分存储空间将被回收以存储其他数据。能够访问一个数据块的事务总数是由 MAXTRANS 参数决定的。

> **注 意**
> 需要注意,在 Oracle 11g 中,对于单个数据块,Oracle 默认最大支持 255 个并发事务,MAXTRANS 参数已经被废弃。

例如,下面的语句将重新创建 EMPLOYEES 表,并指定在数据块头部存放 20 个事务条目。

```
SQL> create table employees(
  2  empno number(10) not null,
  3  ename varchar2(20),
  4  sex char(2),
  5  salary number(8,2),
  6  hiredate date default sysdate,
  7  job varchar2(10),
  8  email varchar2(50),
  9  deptno number(3) not null)
 10  tablespace example
 11  storage(initial 128k)
 12  pctfree 20
 13  pctused 40
```

```
 14   initrans 20;
```

表已创建。

通过查看数据字典 USER_TABLES 中的 INI_TRANS 和 MAX_TRANS 列，可以了解 INITRANS 和 MAXTRANS 参数如下：

```
SQL> select table_name,ini_trans,max_trans
  2  from user_tables
  3  where table_name='EMPLOYEES';


TABLE_NAME           INI_TRANS    MAX_TRANS
----------           ---------    ---------
EMPLOYEES                   20          255
```

由于每个表的应用特性不同，所以应当为各个表分别设置不同的 INITRANS 参数。在设置 INITRANS 参数时，如果设置的 INITRANS 参数值较大，则事务条目将占用过多的存储空间，从而减少了用来存储实际数据的存储空间。只有当一个表有较多的事务同时访问时，才应当为其设置较高的 INITRANS 参数值。

3. 指定重做日志

重做日志记录了数据库中数据的所有改变，这样如果发生故障导致数据不能从内存保存到数据文件中时，就可以从重做日志中获取被操作的数据。这样可以防止数据丢失，从而提高表中数据的可靠性。

当使用 CREATE TABLE 语句创建表时，如果使用了 NOLOGGING 子句，则对该表的操作不会保存到日志中，所以这种表被称为非日志记录表。在非日志记录表上进行操作（如 INSERT、UPDATE、DELETE 等）时，系统就不会产生重做日志记录。在创建表时，默认情况下使用 LOGGING 子句，这样对表的所有操作都将记录到重做日志中。

在决定是否使用 NOLOGGING 子句时，用户必须综合考虑所获取的收益和风险。使用 NOLOGGING 子句时，可以节省重做日志文件的存储空间，并减少创建表所需要的时间。但如果没有在重做日志文件中记录对表的操作，可能会无法用数据库恢复操作来恢复丢失的数据。

例如，下面通过在 CREATE TALBE 语句中使用 NOLOGGING 子句，使得对 EMPLOYEES 表的操作不会被记录到重做日志文件中。

```
SQL> create table employees(
  2   empno number(10) not null,
  3   ename varchar2(20),
  4   sex char(2),
  5   salary number(8,2),
  6   hiredate date default sysdate,
  7   job varchar2(10),
  8   email varchar2(50),
  9   deptno number(3) not null)
 10   tablespace example
 11   storage(initial 128k)
 12   pctfree 20
```

```
13  pctused 40
14  initrans 20
15  nologging;
```

4. 指定缓存

当在 Oracle 中执行全表搜索时，读入缓存中的数据块将会存储在 LRU 列表的最近最少使用的一端。这意味着如果进行查询操作，并且必须向缓存中存储数据时，就会将刚读入的数据块换出缓存。

在建立表时，可以使用 CACHE 子句改变这种行为，使得当在使用 CACHE 子句建立的表中执行全表搜索时，将读入的数据块放置到 LRU 中最近最常用使用的一端。这样，数据库缓存在利用 LRU 算法对缓存块进行换入、换出调度时，就不会将属于这个表的数据块立即换出，从而提高了针对该表而进行的查询的执行效率。

在创建表时默认使用 NOCACHE 子句。对于比较小且又经常查询的表，用户可以在创建表时指定 CACHE 子句，以便利用系统缓冲提高对该表的查询执行效率。

例如，下面的查询语句将检索 USER_TABLE 数据字典的 CACHE 列，以查看表是否启用了缓存功能。

```
SQL> select table_name,cache
  2  from user_tables
  3  where table_name='EMPLOYEES';

TABLE_NAME                     CACHE
----------                     -----
EMPLOYEES                          N
```

8.2 修改表

在创建表后，如果发现对表的定义有不满意的地方，还可以对表进行修改。这些修改操作包括增加或删除表中的字段、改变表的存储参数设置以及对表进行增加、删除和重命名等操作。普通用户只能对自己模式中的表进行修改，如果要对任何模式中的表进行修改操作，用户必须具有 ALTER ANY TABLE 系统权限。

8.2.1 增加和删除字段

在创建表后，可能会需要根据应用需求的变化向表中增加或删除列。

使用 ALTER TABLE…ADD 语句能够向表中添加新的字段。例如，利用下面的语句在 EMPLOYEES 表中增加一个名为 AGE 的新字段。

```
SQL> alter table employees add(age number(2));
表已更改。

SQL> desc employees
 名称                        是否为空?    类型
 -----                       --------    -----
 EMPNO                                   NUMBER(10)
 ENAME                                   VARCHAR2(20)
```

```
SEX                         CHAR(2)
SALARY                      NUMBER(8,2)
HIREDATE                    DATE
JOB                         VARCHAR2(10)
EMAIL                       VARCHAR2(50)
DEPTNO        NOT NULL      NOT NULL  NUMBER(3)
AGE                         NUMBER(2)
```

与此相反，使用 ALTER TABLE…DROP 语句可以删除表中不再需要的字段。但是不能删除表中所有的字段，也不能删除 SYS 模式中任何表中的字段。如果仅需要删除一个字段，则必须在字段名前指定 COLUMN 关键字。例如，下面的语句将删除 EMPLOYEES 表中的 AGE 字段。

```
SQL> alter table employees drop column age;

表已更改。

SQL> desc employees
 名称            是否为空?        类型
 -----          ---------        -----
 EMPNO          NOT NULL         NUMBER(10)
 ENAME                           VARCHAR2(20)
 SEX                             CHAR(2)
 SALARY                          NUMBER(8,2)
 HIREDATE                        DATE
 JOB                             VARCHAR2(10)
 EMAIL                           VARCHAR2(50)
 DEPTNO         NOT NULL         NUMBER(3)
```

如果要在一条语句中删除多个列，则需要将删除的字段名放在括号中，各字段之间用逗号隔开，且不能使用关键字 COLUMN。例如，下面的语句将删除 EMPLOYEES 表的 SEX 和 EMAIL 列。

```
SQL> alter table employees
  2  drop (sex,email);

表已更改。

SQL> desc employees
 名称            是否为空?        类型
 ----           ---------        ----
 EMPNO          NOT NULL         NUMBER(10)
 ENAME                           VARCHAR2(20)
 SALARY                          NUMBER(8,2)
 HIREDATE                        DATE
 JOB                             VARCHAR2(10)
 DEPTNO         NOT NULL         NUMBER(3)
```

如果在上述语句中使用关键字 COLUMN，将会产生如下错误：

```
SQL> alter table employees drop column (hiredate,job);
alter table employees drop column (hiredate,job)
```

```
第 1 行出现错误:
ORA-00904: : 标识符无效
```

> **注意** 在删除字段时,系统将删除表中每条记录的相应字段值,同时释放所占用的存储空间,并且不会影响到表中其他列的数据。如果要删除一个大型表中的字段,由于需要对每条记录进行处理,删除操作可能会执行很长时间。

8.2.2 更新字段

除了在表中增加和删除字段外,还可以根据实际情况更新字段的有关属性,包括更新字段的数据类型的长度、数字列的精度、列的数据类型和列的默认值等。使用 ALTER TABLE…MODIFY 语句更新字段属性的语法形式如下:

```
alter table table_name
modify column_name type;
```

在表中更新列时,应该注意以下两点。
- 一般情况下,把某种数据类型改变为兼容的数据类型时,只能把数据的长度从低向高改变,不能从高向低改变。
- 当表中没有数据时,可以把数据的长度从高向低改变,也可以把某种数据类型改变为另外一种数据类型。

例如,下面的 ALTER TABLE…MODIFY 语句将更新 EMPLOYEES 表中的 JOB 字段,修改其数据类型为 VARCHAR2(20)。

```
SQL> alter table employees
  2  modify job number(20);

表已更改。

SQL> desc employees
 名称              是否为空?      类型
 ----             --------      ----
 EMPNO            NOT NULL      NUMBER(10)
 ENAME                          VARCHAR2(20)
 HIREDATE                       DATE
 JOB                            NUMBER(20)
 DEPTNO           NOT NULL      NUMBER(3)
```

修改某个字段的默认值只对今后的插入操作起作用,对于先前已经插入的数据并不起作用。

8.2.3 重命名表

在创建表后,如果想要修改表的名称,则可以使用 ALTER TABLE…RENAME 语句对其进行重命名。

 注意 用户只可以对自己模式中的表进行重命名。

使用 ALTER TABLE…RENAME 重命名表的方法如下：

```
SQL> alter table employees
  2  rename to 员工信息；

表已更改。
```

对表进行重命名非常容易，但是影响却非常大。在对表的名称进行修改时，要格外小心。虽然 Oracle 可以自动更新数据字典中的外键、约束定义以及表关系，但是它不能更新数据库中的存储过程、客户应用，以及依赖于该对象的其他对象。

8.2.4 改变表的存储表空间和存储参数

在创建表时，通过一些相应的参数可以规定表的存储位置、存储参数等。在表创建后，如果发现这些参数设置不合适，还可以对其进行修改。

使用 ALTER TABLE…MOVE 语句可以将一个非分区表移动到一个新的表空间。例如，下面的语句将 EMPLOYEES 表移到 USER 表空间。

```
SQL> alter table employees
  2  move tablespace users;

表已更改。

SQL> select tablespace_name,table_name
  2  from user_tables
  3  where table_name='EMPLOYEES';

TABLESPACE_NAME                TABLE_NAME
----------------               -----------
USERS                          EMPLOYEES
```

由于表空间对应的数据文件不同，所以在移动表空间时会将数据在物理上移动到另一个数据文件。

除此之外，还可以修改表的数据块参数 PCTFREE 和 PCTUSED。改变这两个参数值后，表中所有的数据块都将受到影响，而不论数据块是否已经被使用。例如，下面的 ALTER TABLE 语句将重新设置 EMPLOYEES 表的 PCTFREE 与 PCTUSED 参数。

```
SQL> select tablespace_name,table_name
  2  from user_tables
  3  where table_name='EMPLOYEES';

TABLESPACE_NAME                TABLE_NAME
----------------               -----------
```

```
USERS                          EMPLOYEES
SQL> alter table employees
  2  pctfree 30
  3  pctused 50;

表已更改。

SQL> select table_name,pct_free
  2  from user_tables
  3  where table_name='EMPLOYEES';

TABLE_NAME                      PCT_FREE
----------                      --------
EMPLOYEES                             30
```

8.2.5 删除表定义

当不再需要某个表时，就可以删除该表的定义。需要注意，一般情况下用户只能删除自己模式中的表，如果要删除其他模式中的表，则必须具有 DROP ANY TABLE 系统权限。删除表所使用的 DROP TABLE 语句如下：

```
SQL> drop table employees;

表已删除。
```

删除表与删除表中所有数据不同，当用户使用 DELETE 语句进行删除操作时，删除的仅是表中的数据，该表仍然存在于数据库中；DROP TABLE 语句删除表定义时，不仅表中的数据将丢失，而且该表的定义信息也将从数据库中删除，用户就再也不可以向该表添加数据了。

在删除一个表定义时，Oracle 将执行如下一系列操作。

- ❏ 删除表中所有的记录。
- ❏ 从数据字典中删除该表的定义。
- ❏ 删除与该表相关的所有索引和触发器。
- ❏ 回收为该表分配的存储空间。
- ❏ 如果有视图或 PL/SQL 过程依赖于该表，这些视图或 PL/SQL 过程将被置于不可用状态。

DROP TABLE 语句有一个可选子句 CASCADE CONSTRAINTS。当使用该参数时，DROP TABLE 不仅仅删除该表，而且所有引用这个表的视图、约束或触发器等也都被删除。

```
SQL>drop table employees cascade constraints;
```

一般情况下，用户删除了一个表定义后，数据库并不会马上释放该表占用的空间，而是将它重命名，然后放到了回收站中。这样当用户需要还原该表时，就可以使用 FLASHBACK TABLE 语句进行还原。如果想在删除表定义时立即释放空间，则可以在

DROP TABLE 语句中使用 PURGE 选项。

例如，下面的实例将演示如何利用 Oracle 11g 的闪回功能快速恢复被删除的表 EMPOYEES。

（1）首先确认 EMPLOYEES 表是否已经被删除。

```
SQL> select * from employees;
select * from employees
              *
第 1 行出现错误:
ORA-00942: 表或视图不存在
```

（2）从查询结果中可以看出该表已经被删除。可以查询数据字典视图 RECYCLEBIN，以了解在回收站中存放的被删除的表。

```
SQL> select object_name,original_name
  2  from recyclebin
  3  where original_name='EMPLOYEES';

OBJECT_NAME                     ORIGINAL_NAME
-----------                     -------------
BIN$/JLYArbfRpyqUqsEzAwFZA==$0  EMPLOYEES
BIN$1AkzE5e8TOS1CNyirFdTuA==$0  EMPLOYEES
BIN$JA87cseLQeKpgMsj8xb0Eg==$0  EMPLOYEES
BIN$FL4Ok0g9SpuJc923oHrzcw==$0  EMPLOYEES
BIN$1yuMBPpeQy+Dwxx00ItqHQ==$0  EMPLOYEES
BIN$T4ql8udRSdGIqbfNn7lq7g==$0  EMPLOYEES
BIN$uh5CMxhOR2uZQdiuFUEU7w==$0  EMPLOYEES
BIN$foqtLtbcSce5xnAPhDYFmQ==$0  EMPLOYEES
BIN$Ww69nxeHSle/QKoAy9Go8w==$0  EMPLOYEES

已选择 9 行。
```

在 OBJECT_NAME 列显示了在回收站中被重命名的对象名，ORIGINAL_NAME 列则显示该对象原来的名称。

（3）使用 FLASHBACK TABLE 语句恢复被删除的 EMPLOYEES 表。

```
SQL> flashback table employees to before drop;
闪回完成。

SQL> select * from employees;
未选定行
```

8.2.6 修改表的状态

Oracle 11g 推出了一个新的特性，用户可以将表置于 READ ONLY（只读）状态。处于该状态的表不能执行 DML 操作和某些 DDL 操作。在 Oracle 11g 之前，为了使某个表处于 READ ONLY 状态，只能通过将整个表空间或者数据库置于 READ ONLY 状态。

例如，下面的语句将表 EMPLOYEES 置于只读的 READ ONLY 状态。

```
SQL> alter table employees read only;
表已更改。

SQL> select table_name,read_only
  2  from user_tables
  3  where table_name='EMPLOYEES';

TABLE_NAME                     REA
------------                   -----
EMPLOYEES                      YES
```

对于处于 READ ONLY 状态的表，用户不能执行 DML 操作。例如：

```
SQL> insert into employees(empno,ename,job,deptno)
  2  values(1220,'ATG','clerk',10);
insert into employees(empno,ename,job,deptno)
            *
第 1 行出现错误：
ORA-12081: 不允许对表 "SCOTT"."EMPLOYEES" 进行更新操作


SQL> truncate table employees;
truncate table employees
               *
第 1 行出现错误：
ORA-12081: 不允许对表 "SCOTT"."EMPLOYEES" 进行更新操作
```

可以将表从一个表空间移动到另一个表空间。例如：

```
SQL> alter table employees move tablespace users;
表已更改。
```

处于 READ ONLY 状态的表可以将其重新置于可读写的 READ WRITE 状态。例如：

```
SQL> alter table employees read write;
表已更改。

SQL> select table_name,read_only
  2  from user_tables
  3  where table_name='EMPLOYEES';

TABLE_NAME                     REA
------------                   ---
EMPLOYEES                      NO
```

8.3 定义和管理数据完整性约束

数据库不仅仅存储数据，它还必须保证所存储数据的正确性。如果数据不准确或不一致，那么该数据的完整性就可能受到了破坏，从而给数据库本身的可靠性带来问题。为了维护数据库中数据的完整性，在创建表时常常需要定义一些约束。约束可以限制列的取值范围，强制列的取值来自合理的范围等。在 Oracle 11g 系统中，约束的类型包括非空约束、主键约束、唯一性约束、外键约束、检查约束和默认约束等。

对约束的定义即可以在 CREATE TABLE 语句中进行，也可以在 ALTER TABLE 语句中进行。在实际应用中，通常是先定义表的字段；然后再根据实际需要通过 ALTER TABLE 语句为表添加约束。

8.3.1 非空约束

非空约束就是限制必须为某个列提供值。空值是不存在值，它既不是数字 0，也不是空字符串，而是没有、未知。

在表中，若某些字段的值是不可缺少的，那么就可以为该列定义非空约束。这样当插入数据时，如果没有为该列提供数据，那么系统就会出现一个错误消息。

如果某些列的值是可有可无的，那么可以定义这些列允许空值。这样，在插入数据时，就可以不向该列提供具体的数据。在默认情况下，表中的列是允许空值的。

例如，在创建 EMPLOYEES 表时，规定 EMPNO、ENAME 和 DEPTNO 列不能为空值。

```
SQL> create table employees(
  2    empno number(10) not null,
  3    ename varchar2(20) not null,
  4    sex char(2),
  5    salary number(8,2),
  6    hiredate date default sysdate,
  7    job varchar2(10),
  8    email varchar2(50),
  9    deptno number(3) not null);
```

表已创建。

也可以使用 ALTER TABLE MODIFY 语句为已经创建的表删除或重新定义 NOT NULL 约束。例如，下面的语句为 SALARY 字段定义了非空约束。

```
SQL> alter table employees
  2    modify salary not null;
```

表已更改。

为表中的字段定义了非空约束后，当用户向表插入数据时，如果未给相应的字段提供值，则添加数据操作将返回一个错误。

```
SQL> insert into employees(ename,sex,salary,deptno)
  2    values('刘丽','男',1500,20);
insert into employees(ename,sex,salary,deptno)
            *
第 1 行出现错误:
ORA-01400: 无法将 NULL 插入 ("SCOTT"."EMPLOYEES"."EMPNO")
```

如果使用 ALTER TABLE…MODIFY 为表添加 NOT NULL 约束，并且表中该列数据已经存在 NULL 值，则向该列添加 NOT NULL 约束将失败。这是因为列应用非空约束时，Oracle 会试图检查表中所有的行，以验证所有行在对应的列是否存在 NULL 值。

使用 ALTER TABLE…MODIFY 语句还可以删除表的非空约束。例如，下面的语句删除了 SALARY 列的非空约束。

```sql
SQL> alter table employees
  2  modify salary null;
```

表已更改。

8.3.2 主键约束

主键约束用于唯一地标识表中的每一行数据。在一个表中，最多只能有一个主键约束，主键约束既可以由一个列组成，也可以由两个或两个以上的列组成。对于表中的每一行数据，主键约束列都是不同的，主键约束同时也具有非空约束。

如果主键约束由一列组成时，该主键约束被称为行级约束。如果主键约束由两个或两个以上的列组成时，则该主键约束被称为表级约束。这两种不同类型的主键，在定义上有一点差异。

例如，在定义 EMPLOYEES 表时，为表定义了一个表级主键约束 EMP_PK，该主键约束由 EMPNO 和 ENAME 列组成。

```sql
SQL> create table employees(
  2  empno number(10),
  3  ename varchar2(20) not null,
  4  sex char(2),
  5  salary number(8,2),
  6  hiredate date default sysdate,
  7  job varchar2(10),
  8  email varchar2(50),
  9  deptno number(3) not null,
 10  constraint EMP_PK primary key (empno,ename));
```

表已创建。

使用 ALTER TABLE 语句增加主键约束的语法形式如下：

```
alter table table_name
add constraint constraint_name primary key(column1[,column2]);
```

如果表已经存在主键约束，那么当试图为该表再增加一个主键约束时，系统就会产生一个错误信息。即使在不同的列上增加约束也是如此。例如，当在 EMPLOYEES 表的 EMAIL 列上再增加一个约束时，系统将产生"表只能具有一个主键"的错误消息。具体如下：

```sql
SQL> alter table employees
  2  add constraint emp_email_pk primary key (email);
add constraint emp_email_pk primary key (email)
                                  *
第 2 行出现错误：
```

ORA-02260：表只能具有一个主键

与 NOT NULL 约束相同，当为表添加主键约束时，如果该表中已经存在数据，并且主键列具有相同的值或存在 NULL 值，则添加主键约束的操作将失败。

如果要为 PRIMARY KEY 约束指定名称，则必须使用 CONSTRAINT 关键字，如上面的示例所示。如果要使用系统自动为其分配的名称，则可以省略 CONSTRAINT 关键字。例如，下面的语句在创建 EMPLOYEES 表时在 EMPNO 列上定义了一个主键约束。

```
create table employees(
  empno number(10) primary key,
  ...
  );
```

同样，使用 ALTER TABLE…ADD 添加匿名约束的语句形式如下：

```
alter table employee_history
add primary key (employee_id);
```

如果要为表删除 PRIMARY KEY 约束时，则可以使用如下的 ALTER TABLE…DROP 语句来完成：

```
SQL> alter table employees
  2  drop constraint EMP_PK;
```

表已更改。

在表中增加主键约束时，一定要根据实际情况确定。例如，在 EMPLOYEES 表的 EMPNO 列上增加主键约束是合理的，因为该列的数据是不允许相同的。但是，在 ENAME、SALARY 等列上创建主键约束却是不合理的。

8.3.3 唯一性约束

唯一性约束强调所在的列不允许有相同的值。但是，它的定义比主键约束弱，即它所在的列允许空值。UNIQUE 约束的主要作用是在保证除主键列外、其他列值的唯一性。

在一个表中，根据实际情况可能有多个列的数据都不允许存在相同值。例如，EMPLOYEES 表的 EMAIL 等列是不允许重复的，但是由于在一个表中最多只能有一个主键约束存在，那么如何解决这种多个列都不允许重复数据存在的问题呢？这就是唯一性约束的作用。

例如，下面的语句重新定义了 EMPLOYEES 表，并为该表的 EMIL 列定义了名为 EMP_UK 的唯一性约束。

```
SQL> create table employees(
  2  empno number(10) primary key,
  3  ename varchar2(20) not null,
  4  sex char(2),
  5  salary number(8,2),
  6  hiredate date default sysdate,
  7  job varchar2(10),
```

```
    8  email varchar2(50) constraint emp_uk unique,
    9  deptno number(3) not null);
```

表已创建。

前面曾介绍过，UNIQUE 约束可以保证列中不存在重复的值，但是可以插入多个 NULL 值。下面的示例将试图在 EMPLOYEES 表的 EMAIL 列添加两行 NULL 值。

```
SQL> insert into employees(empno,ename,email,deptno)
  2  values(1220,'刘丽',null,10);
```

已创建 1 行。

```
SQL> insert into employees(empno,ename,email,deptno)
  2  values(1221,'王丽',null,10);
```

已创建 1 行。

为了防止向 UNIQUE 约束列添加 NULL 值，可以在该列上再添加 NOT NULL 约束。向 UNIQUE 约束列添加 NOT NULL 约束后，其功能基本上就相当于主键 PRIMARY KEY 约束。

使用 ALTER TABLE 语句添加 UNIQUE 约束的语句形式如下：

```
alter table table_name
add constraint constraint_name unique (column1[,column2]);
```

同样，使用 ALTER TABLE 语句也可以删除 UNIQUE 约束。例如，下面的语句删除创建的 UNIQUE 约束 EMP_UK。

```
SQL> alter table employees
  2  drop constraint emp_uk;
```

8.3.4 外键约束

外键约束是这几种约束中最复杂的，外键约束可以使两个表进行关联。外键是指引用另一个表的某个列或某几列，或者本表的另一个列或另几个列的列。被引用的列应该具有主键约束或者唯一性约束。

在外键的定义中，涉及到外键表、外键列、被引用表和被引用列等几个概念。如果成功地创建了外键约束，那么系统将要求外键列中的数据必须来自被引用列。被引用列中不存在的数据不能存储于外键列中。一般情况下，当删除被引用表中的数据时，该数据也不能出现在外键列中。如果外键列存储了将要在被引用表中删除的数据，那么对被引用表删除数据的操作将失败。

最典型的外键约束是 HR 模式中的 EMPLOYEES 和 DEPARTMENT 表，在该外键约束中，外键表 EMPLOYEES 中的外键列 DEMPARTMENT_ID 将引用被引用表 DEPARTMENTS 中的 DEMPARTMENT_ID 列。

例如，以下的示例将以 HR 身份连接到数据库，并创建一个新表 ADMINISTRATION_EMP，并为其添加到 DEPATRMENT 表的外键约束。

```
SQL> connect hr/hr
已连接。
SQL> create table administration_emp
  2  as select * from hr.employees
  3  where department_id=10;

表已创建。

SQL> alter table administration_emp
  2  add constraint admin_dep_fk
  3  foreign key(department_id)
  4  references departments(department_id);

表已更改。
```

为验证创建的外键约束的有效性，可以向 ADMINISTRATION_EMP 表添加一条记录，并且它的 DEPARTMENT_ID 列值不存在于 DEPARTMENTS 表中，那么插入操作将会因为违反外键约束而失败。

```
SQL> insert into administration_emp(
  2         employee_id,last_name,email,hire_date,job_id,department_id)
  3  values(120,'刘丽','li@gmain.com',sysdate,'HR_REP',360);
insert into administration_emp(
*
第 1 行出现错误:
ORA-02291: 违反完整约束条件 (HR.ADMIN_DEP_FK) - 未找到父项关键字
```

> **注意** 在一个表上创建外键约束时，被引用表必须已经存在，并且必须为该表的被引用列定义唯一性约束或主键约束。

如果外键表的外键列与被引用表的被引用列列名相同，如上面的示例所示，则为外键表定义外键列时可以简化为如下形式：

```
SQL> alter table administration_emp
  2  add constraint admin_dep_fk
  3  foreign key(department_id)
  4  references departments;
```

在定义外键约束时，还可以通过关键字 ON 指定引用行为的类型。当尝试删除被引用表中的一条记录时，通过引用行为可以确定如何处理外键表中的外键列。引用类型包括 3 种。

- 在定义外键约束时，如果使用了 CASADE 关键字，那么当被引用表中被引用列的数据被删除时，外键表中对应的数据也将被删除。
- 在定义外键约束时，如果使用了关键字 SET NULL，那么当被引用表中被引用列的数据被删除时，外键表中外键列将被设置为 NULL。要使这个关键字起作用，外键列必须支持 NULL 值。

❑ 在定义外键约束时，如果使用了关键字 NO ACTION，那么当删除被引用表中被引用列的数据时将违反外键约束，该操作将被禁止执行，这也是外键的默认引用类型。

例如，下面的实例将演示外键的级联删除。

（1）以 HR 身份连接到数据库，创建一个新的引用表，并为其添加主键约束。

```
SQL> connect hr/hr
已连接。
SQL> create table admin_dept
  2  as select * from hr.departments
  3  where department_id=10;

表已创建。

SQL> alter table admin_dept
  2  add primary key(department_id);

表已更改。
```

（2）使用 ON DELETE CASADE 关键字修改 ADMINISTRATION_EMP 表的外键约束。

```
SQL> alter table administration_emp
  2  add constraint admin_dept_fk
  3  foreign key(department_id)
  4  references admin_dept on delete cascade;

表已更改。
```

（3）查看 ADMINISTRATION_EMP 表中的数据。

```
SQL> select employee_id,last_name,job_id,salary,department_id
  2  from administration_emp;

EMPLOYEE_ID  LAST_NAME   JOB_ID   SALARY  DEPARTMENT_ID
-----------  ---------   ------   ------  -------------
        200  Whalen      AD_ASST    4400             10
```

（4）指定外键行为类型为 ON DELETE CASADE 后，在删除被引用表 ADMIN_DEPT 中编号为 10 的行时，系统将会级联删除 ADMINISTRATION_EMP 表中所有的记录。

```
SQL> delete admin_dept
  2  where department_id=10;

已删除 1 行。

SQL> select employee_id,last_name,job_id,salary,department_id
  2  from administration_emp;

未选定行
```

与其他约束相同，如果想要删除外键约束，可以使用如下的 ALTER TABLE 语句形式：

```
alter table administration_emp
drop constraint admin_dept_fk;
```

8.3.5 禁止和激活约束

默认情况下，约束创建之后就一直起作用。也可以根据具体应用情况，临时禁用某个约束。当某个约束被禁用后，该约束就不再起作用了，但它还存在于数据库中。

为什么要禁用约束呢？这是因为约束的存在会降低插入和更改数据的效率，系统必须确认这些数据是否满足定义的约束条件。当执行一些特殊操作时，如使用 SQL*Loader 从外部数据源向表中导入大量数据，并且事先知道操作的数据满足定义的约束，为提高运行效率，就可以禁用这些约束。

但是，禁用约束只是一种暂时现象，某些需要在禁用约束状态下完成的操作完成之后，还应该激活约束。如果约束没有必要存在，则可以删除约束。

禁用约束既可以在定义约束时执行，也可以对现有的约束执行。在使用 CREATE TABLE 或 ALTER TABLE 语句定义约束时，默认情况下约束是激活的。如果在定义约束时使用关键字 DISABLE，则约束的是被禁用的。如果要禁用已经存在的约束，则可以在 ALTER TABLE 语句中使用 DISABLE CONSTRAINT 子句。其语法形式如下：

```
alter table table_name
disable constraint constraint_name;
```

如果希望激活被禁用的约束，则可以在 ALTER TABLE 语句中使用 ENABLE CONSTRAINT 子句。激活约束的语法形式如下：

```
alter table table_name
enable [novalidate | validate] constraint constraint_name;
```

关键字 NOVALIDATE 表示在激活约束时不验证表中已经存在的数据是否满足约束，如果没有使用该关键字，或者使用 VALIDATE 关键字，则在激活约束时系统将验证表中的数据是否满足约束的定义。

例如，下面的语句在创建 EMPLOYEES 表时将定义的约束置为禁用状态。

```
create table employee_history(
...
  salary number(8,2) constraint emp_sal_ck check (salary>0) disable,
...
)
```

需要注意，在禁用主键约束时，Oracle 会默认删除约束对应的唯一索引，而在重新激活约束时，Oracle 将会为重新建立唯一索引。如果希望在删除约束时保留对应的唯一索引，可以在禁用约束时使用关键字 KEEP INDEX。例如，下面的语句在禁用主键约束时保留相应的索引。

```
alter table employees disable constraint emp_pk keep index;
```

在禁用唯一性约束或主键约束时，如果有外键约束正在引用该列，则无法禁用唯一性约束或主键约束。这时可以先禁用外键约束，然后再禁用唯一性约束或主键约束；或者在禁用唯一性约束或主键约束时使用 CASCADE 关键字，这样可以级联禁用引用这些列的外键约束。

例如，下面的示例将禁用 EMPLOYEES 表的 EMP_PK 主键约束，然后再重新激活该约束。

（1）以 SCOTT 身份连接数据库系统。

（2）使用 ALTER TABLE 语句禁用 EMP_PK 主键约束。

```
SQL> connect scott/tiger
已连接。
SQL> alter table employees
  2  disable constraint emp_pk;

表已更改。
```

（3）在 EMPLOYEES 表中插入一行数据，数据的 EMPNO 列为 NULL 值。

```
SQL> insert into employees(empno,ename,sex,salary,job,deptno)
  2  values(null,'刘丽','女',1600,'CLERK',10);

已创建 1 行。
```

（4）使用 ALTER TABLE 语句激活 EMP_PK 主键约束。现在，由于 EMPNO 列中存在 NULL 值，这与主键约束的作用存在冲突，所以激活约束的操作将失败。可以使用两种方式解决该问题：第一种是更正表中不满足约束条件的数据；第二种是在激活约束时使用 NOVALIDATE 关键字。

```
SQL> alter table employees
  2  enable constraint emp_pk;
alter table employees
*
第 1 行出现错误:
ORA-02437: 无法验证 (SCOTT.EMP_PK) - 违反主键

SQL> alter table employees
  2  enable novalidate constraint emp_pk;

表已更改。
```

8.3.6 删除约束

如果不再需要某个约束时，则可以将其删除。可以使用带 DROP CONSTRAINT 子句的 ALTER TABLE 语句删除约束。删除约束与禁用约束不相同，禁用的约束是可以激活的，但是删除的约束在表中就完全消失了。

使用 ALTER TABLE 语句删除约束的语法形式如下：

```
alter table table_name
drop constraint constraint_name;
```

例如，下面的语句删除了 EMPLOYEES 表中的部分约束。

```
SQL> alter table employees
  2  drop constraint SYS_C009713;
```

表已更改。

8.4 使用大对象数据类型

在 Oracle 11g 系统中，提供了 4 种常用的大对象类型。这 4 种大对象类型分别为：CLOB 类型，字符 LOB 类型可以用来存储各种字符数据，主要用于存储英文字符；NCLOB 类型，国际语言字符 LOB 类型，使用多字节存储各种语言的字符，主要用于存储非英文字符。BLOB 类型，二进制 LOB 类型主要用于存储二进制数据；BFILE 类型，二进制 FILE 类型，用于存储指向数据库系统外面的文件系统中文件的指针。

大对象（LOB）数据类型可以存储 128TB 的数据，并且一个表中可以有多个 LOB 类型列，这样一个表就可以存储大量的数据。每一个 LOB 对象都由两部分组成：用于存储 LOB 内容的指针和 LOB 中的数据内容。根据 LOB 内容的大小不同，系统采取不同的存储方式。如果 LOB 中的数据小于 4KB，则将该内容存储在包含该 LOB 列的表中；如果 LOB 中的数据大于 4KB，则系统将该内容存储在表的外部。

在创建大对象表时，可以根据实际情况直接使用大对象类型定义某些列。大对象表定义完成之后，应该使用初始化函数初始化大对象列。对于 CLOB 或 NCLOB 列，可以使用 EMPTY_CLOB()函数进行初始化。对于 BLOB 列，应该使用 EMPTY_BLOB()函数进行初始化。可以在 INSERT 语句中使用这些初始化函数，初始化完成后，可以使用 UPDATE 语句向大对象列加入数据。

例如，下面将创建一个示例表 POEM_TABLES，该表记录了一些诗人的诗歌，通过使用这种示例表演示如何使用大对象表。

（1）以 SCOTT 身份连接数据库系统。

（2）使用 CREATE TABLE 语句创建 POEM_TABLES 表。该表包括 4 列，其中第一、第二和第三列是普通数据类型的列，第四列 POEM_TEXT 是 NCLOB 数据类型，用于存储诗歌的文件。

```
SQL> create table poem_tables(
  2  poem_id number constraint poem_pk primary key,
  3  poem_name varchar2(50),
  4  poet_name varchar2(20),
  5  poem_text nclob);
```

表已创建。

（3）使用 INSERT 语句向 POEM_TABLES 表中插入数据，并使用 EMPTY_CLOB() 函数初始化 POEM_TEXT 列。

```
SQL> insert into poem_tables(poem_id,poem_name,poet_name,poem_text)
```

```
  2  values(1,'静夜思','李白',empty_clob());

已创建 1 行。

SQL> insert into poem_tables(poem_id,poem_name,poet_name,poem_text)
  2  values(2,'下江陵','李白',empty_clob());

已创建 1 行。
```

（4）使用 UPDATE 语句更新 POEM_TABLES 表。在更新操作时，将上述两首诗歌插入到 POEM_TABLES 表中。这时可以在 SET 子句中指定将要插入的诗歌文件，这些文本使用单引号括起来。

```
SQL> update poem_tables
  2  set poem_text='
  3      床前明月光，疑是地上霜。
  4      举头望明月，低头思故乡。'
  5  where poem_id=1;

已更新 1 行。


SQL> update poem_tables
  2  set poem_text='
  3      朝辞白帝彩云间，千里江陵一日还。
  4      两岸猿声啼不住，轻舟已过万重山。'
  5  where poem_id=2;

已更新 1 行。
```

（5）使用 SELECT 语句检索 POEM_TABLES 表。

```
SQL> column poem_name format a10
SQL> column poet_name format a10
SQL> select poet_name,poem_name,poem_text
  2  from poem_tables;

POET_NAME  POEM_NAME
---------  ----------
POEM_TEXT
---------
李白       静夜思

    床前明月光，疑是地上霜。
    举头望明月，低头思故乡。

李白       下江陵

    朝辞白帝彩云间，千里江陵一日还。
    两岸猿声啼不住，轻舟已过万重山。
```

8.5 实验指导

1. 创建基本表

如果用户要创建一个表，则用户的登录账户必须具有 CREATE TABLE 权限。本练习将使用 CREATE TABLE 语句创建基本表。

（1）以 HR 身份连接到数据库，在其中创建一个学生信息表 STUDENT 和一个班级信息表 CLASS。

```
create table student(
sid number(10),
sname varchar2(8),
sex char(2),
classid number(3)
)
tablespace users;

create table class(
cid number(3),
cname varchar2(20),
tel varchar2(20)
)
tablespace users;
```

（2）修改 STUDENT 表的存储参数。

```
alter table student move
tablespace example;
```

（3）为 CLASS 表添加一个新字段。

```
alter table class add(addr varchar2(20));
```

2. 为表定义约束

上面的练习创建了两个表 STUDENT 和 CLASS，为了保证数据的完整性，下面的练习将为这些表建立约束。

（1）为 STUDENT 和 CLASS 表分别添加主键约束。

```
alter table STUDENT
  add constraint pk_sid primary key (SID);
alter table CLASS
  add constraint pk_cid primary key (CID);
```

（2）尝试向 STUDENT 表中添加两条具有相同主键的记录。

```
insert into student(sid,sname,sex,classid)
values(1000,'刘丽','女',012);
insert into student(sid,sname,sex,classid)
```

```
values(1000,'王芳','女',012);
```

由于向表中添加的记录违反了主键约束，因此添加第二条记录时将失败。

（3）为 STUDENT 和 CLASS 表添加外键约束。

```
alter table STUDENT
  add constraint stu_class foreign key (CLASSID)
  references class (CID);
```

在为表添加外键约束时，由于表 STUDENT 已经存在记录，而 CLASS 表为空，这意味着 STUDENT 表中的记录已经违反了外键约束，STUDENT 表中所有记录的 CLASSID 字段值必须存在于 CLASS 表的 CID 列中。所以添加外键约束前需要删除 STUDENT 表中的记录，或添加相关的 CLASS 表记录。

（4）向 STUDENT 表添加另外一个班级的学生记录，以验证外键约束的有效性。

```
insert into student(sid,sname,sex,Classid)
values(1001,'李波','男',011);
```

添加该记录时，由于违反外键约束该操作将失败。这可以通过向 CLASS 表添加一个 CID 列为 011 的班级信息来解决。

（5）禁用 STUDENT 表的外键约束。

```
alter table student
disable constraint stu_class;
```

外键约束被禁用外，就可以向表 STUDENT 添加（4）所示的记录了。很显然该记录是违反外键约束的，因此，添加该项记录后将无法启用外键约束。

8.6 思考与练习

一、填空题

1. _____ 数据类型与 _____ 类型都用于存储字符串。如果定义了 _____ 类型的字段并且向其赋值时，若字符串的长度小于定义的长度，则使用空格填齐；而 _____ 类型的字段用于存储变长的字符串，即如果向该列赋予的字符长度小于定义时的长度，则该列的字符长度只会是实际字符数据的长度，系统不会使用空格填充。

2. ROWID 实际上保存的是记录的 _____，因此通过 ROWID 来访问记录可以获得最快的访问速度。

3. 完成下面的语句，使其可以为 EMPLOYEES 表的 EMPNO 列添加一个名为 PK_EMPNO 的主键约束。

```
ATER TABLE EMPLOYEES
ADD _____PK_EMPNO PRIMARY
KEY _____
```

4. 如果主键约束由一列组成时，该主键约束被称为 _____；如果主键约束由两个或两个以上的列组成时，则该主键约束被称为 _____。

5. 唯一性约束强调所在的列不允许有相同的值，但是它与主键约束相比，唯一性约束的列允许 _____，而主键约束不允许。

6. 在 Oracle 11g 系统中，提供了 4 种常用的大对象类型。这 4 种大对象类型分别为：CLOB 类型，该类型可以用来存储各种 _____ 数据；NCLOB 类型则用于存储 _____ 语言的字符，即非英语字符。BLOB 类型主要用于存储 _____ 数据；BFILE 类型用于存储指向数据库系统外面的文件系统中文件的指针。

二、选择题

1. 如果一个表中某条记录的一个字段暂时不具有任何值，那么在其中将保存什么内容？（ ）

管理表

A. 空格字符
B. 数字 0
C. NULL
D. 该字段数据类型的默认值

2. 下列哪一项不是伪列 ROWID 的作用？（　　）
   A. 保存记录的物理地址
   B. 快速查询指定的记录
   C. 标识各条记录
   D. 保存记录的头信息

3. 某用户需要创建一个很小的表，但是该表会被许多查询使用。这时用户应当在创建该表时指定下列哪个子句？（　　）
   A. PCTFREE 和 PCTUSED
   B. CACHE
   C. NOLOGGING
   D. TABLESPACE

4. 唯一性约束与主键约束的一个区别_____。
   A. 唯一性约束列的值不可以有重复值
   B. 唯一性约束列的值可以不是唯一的
   C. 唯一性约束列的值不可以为空值
   D. 唯一性约束列的值可以为空值

5. 如果为表 EMPLOYEES 添加一个字段 EMAIL，并且规定每个雇员都必须具有唯一的 EMAIL 地址，则应当为 EMAIL 字段建立哪种约束？（　　）
   A. PRIMARY KEY
   B. UNIQUE
   C. CHECK
   D. NOT NULL

6. 在使用 ALTER TABLE 语句重建一个表时，应当指定下列哪一个子句？（　　）
   A. REORGANIZE
   B. REBUILD
   C. RELOCATE
   D. MOVE

7. 下列哪一项关于主键约束的描述是正确的？（　　）
   A. 主键约束用于唯一地确定表中的每一行数据
   B. 在一个表中，最多只能有两个主键约束
   C. 主键约束只能由一个列组成
   D. 主键约束不能由一个单列组成

8. 如果希望在激活约束时不验证表中已有的数据是否满足约束的定义，那么可以使用下列哪一个关键字？（　　）
   A. DISACTIVE
   B. VALIDATE
   C. ACTIVE
   D. NOVALIDATE

三、简答题

1. 介绍创建表时常用的数据类型。
2. 简要介绍 Oracle 数据表的特性。
3. 简要介绍 Oracle 数据表的各类约束及其作用。
4. 如何获知表中是否存在迁移记录和链接记录？
5. 如何使用大对象数据类型？

第 9 章 索引与索引组织表

索引是一种与表相关的可选数据结构，用于加速数据的存取。通过在表的一个或多个字段上创建索引，能够加快针对该表的 SQL 查询语句的执行速度，这是因为利用索引，Oracle 能够获得一种快速访问表中数据的方法。

索引是一种可选的数据结构，在一个表上是否建立索引不会对表的使用方法产生任何影响。但是如果在表的某些字段上建立了索引，能够显著地提高对该表的查询速度，并且可以在很大程度上减少查询时的硬盘 I/O 操作。索引组织表（也称为 IOT）是一种特殊的表，它以 B 树索引的方式来组织表中的数据，利用索引组织表能够显著提高查询的速度。

本章学习要点：

- 理解索引的作用原理
- B 树索引
- 位图索引
- 反向键索引
- 基于函数的索引
- 对索引进行修改
- 索引组织表的优点
- 索引组织表的溢出存储

9.1 索引基础

如果一个表包含有很多条记录，当对表执行查询时，必须将所有的记录一一取出以便将每一条记录与查询条件进行比较，然后再返回满足条件的记录。这样进行操作的时间开销和 I/O 开销都是十分巨大的。这时就可以考虑通过建立索引来减小开销。

简单地说，如果将表看作一本书，索引的作用则类似于书中的目录。在没有目录的情况下，要在书中查找指定的内容必须阅读全书，而有了目录之后，只需要通过目录就可以快速找到包含所需内容的页。类似地，如果要在表中查询指定的记录，在没有索引的情况下，必须遍历整个表，而有了索引之后，只需要在索引中找到符合查询条件的索引字段值，就可以通过保存在索引中的 ROWID（相当于页码）快速找到表中对应的记录。

因此，合理地使用索引可以大大降低磁盘的 I/O 次数，从而提高数据访问性能。假设 EMP 表中的数据占用了 10000 个数据块，如果 EMPNO 列上不存在索引，那么当执行查询操作时需要执行全表扫描，这种操作的 I/O 次数为 10000 次；如果 EMPNO 列上存在索引（假设索引层次为 2），那么执行查询时将使用索引进行扫描，这时 I/O 次数为 4 次。

索引与表一样，不仅需要在数据字典中保存索引的定义，还需要在表空间中为它分配实际的存储空间。创建索引时，Oracle 会自动在用户的默认表空间或指定的表空间中创建一个索引段，为索引数据提供存储空间。与创建表的情况类似，在创建索引时也可以为它设置存储参数。

为某个表创建的索引不必和该表保存在同一个表空间中。如果将索引和对应的表分别存放在不同硬盘的不同的表空间中，反而能够提高查询的速度。因为 Oracle 能够并行读取不同硬盘中的数据，这样的查询可以避免产生 I/O 冲突。

在创建索引时，Oracle 首先对将要建立索引的字段进行排序，然后将排序后的字段值和对应记录的 ROWID 存储在索引段中。例如，假设使用下面的语句为 EMP 表中的 ENAME 字段创建索引。

```
SQL> create index emp_ename on emp (ename);
```

索引已创建。

Oracle 首先在 EMP 表中按照 ENAME 字段进行排序，默认为升序排序，然后按照排序后的顺序将 ENAME 字段值和对应的 ROWID 逐个保存在索引中。建立索引的字段被称为索引字段，例如 ENAME 字段即为索引字段。

在索引创建之后，如果执行一条在 WHERE 子句中引用了 ENAME 字段的查询，例如：

```
SQL> select ename,hiredate,sal
  2  from emp
  3  where ename='SMITH';

ENAME      HIREDATE         SAL
-----      --------         ----
SMITH      17-12月-80       960
```

Oracle 将首先对索引中的 ENAME 字段进行一次快速搜索（因为索引中的 ENAME 字段已经排序，所以该搜索是非常快的），找到符合条件的 ENAME 字段值所对应的 ROWID，然后再利用 ROWID 到 EMP 表中提取相应的记录。这个操作比逐条读取 EMP 表中未排序的记录要快得多。可以看出，在索引中只保存索引字段的值与相应的 ROWID，这种组合称为"索引条目"。

初学者常常会混淆索引与键，特别是对于唯一索引与主键。其实索引与键两个术语在许多地方都可以互换，尤其是 Oracle 有时会利用索引特别是唯一索引实现一些完整性约束。但是它们在本质上有着相当明显的区别。索引是存储在数据库中的一种实体结构，可以通过 SQL 语句创建、修改和删除。而键只是一个逻辑上的概念，在 Oracle 中键是与完整性约束相对应的。

在 Oracle 中可以创建多种类型的索引，以适应各种表的特点。按照索引数据的存储方式可以将索引分为 B 树索引、反向键索引、位图索引和基于函数的索引等。按照索引列的个数又可以分为单列索引和复合索引。按照索引列的唯一性，索引又可以分为唯一索引和非唯一索引。

> **注意** 具有索引的表与不具有索引的表，在编写 SQL 查询语句时没有任何区别。索引只是提供一种快速访问指定记录的方法。可以说，表是否具有索引对表的查询速度影响较大，而对其他方法的影响则非常微小。索引一旦创建，将由 Oracle 自动管理和维护。例如，向表中插入、更新或删除一条记录时，Oracle 会自动在索引中做相应的修改。

单列索引是基于单个列所建立的索引，而复合索引是基于两个列或多个列所建立的索引。需要注意，B 树索引列的个数不能超过 32 列，位图索引列的个数不能超过 30 列。可以在同一个表上建立多个索引，但要求列的组合必须不同，使用以下语句建立的两个索引是合法的。

```
SQL> create index emp_name_job_index on emp(ename,job);

索引已创建。

SQL> create index emp_job_name_index on emp(job,ename);

索引已创建。
```

如上所示，尽管索引 EMP_NAME_JOB_INDEX 和 EMP_JOB_NAME_INDEX 用到了相同的列（ENAME 和 JOB 列），但因为顺序不同，所以是合法的。如果顺序完全相同，则该复合索引是不合法的。

唯一索引是索引列的值不能有重复的索引；非唯一索引是索引列的值允许重复的索引。无论是唯一索引还是非唯一索引，索引列都允许 NULL 值。需要注意，当定义主键约束或唯一约束时，Oracle 会自动在相应的约束列上建立唯一索引。

建立和规划索引时，必须选择合适的表和列。如果选择的表和列不合适，不仅无法提高查询速度，反而会极大地降低 DML 操作的速度。建立索引的策略如下。

- 索引应该建立在 WHERE 子句经常引用的表列上。如果在大表上频繁使用某列或某几列作为条件执行检索操作，并且检索行数低于总行数的 15%，那么应该考虑在这些列上建立索引。
- 为了提高多表连接的性能，应该在连接列上建立索引。
- 不要在小表上建立索引。
- 如果经常需要基于某列或某几列执行排序操作，那么在这些列上建立索引可以加快数据排序的速度。
- 限制表的索引个数。索引主要用于加快查询速度，但会降低 DML 操作的速度。索引越多，DML 操作的速度越慢，尤其会极大地影响 INSERT 操作和 DELETE 操作的速度。因引，规划索引时，必须仔细权衡查询和 DML 的需求。
- 删除不再需要的索引。因为索引会降低 DML 的速度，所以应该删除不合理或不需要的索引。不合理的索引包括：在小表上建立的索引，因为表很小，使用索引不会加速查询速度；查询语句不会引用的索引。
- 指定索引块空间的使用参数。基于表建立索引时，Oracle 会将相应表列数据添加到索引块。为索引块添加数据时，Oracle 会按照 PCTFREE 参数在索引块上预留部分空间，该预留空间是为将来的 INSERT 操作准备的。如果将来在表上执行大量 INSERT 操作，那么应该在建立索引时设置较大的 PCTFREE。需要注意，建立索引时不能指定 PCTUSED 关键字。
- 指定索引所在的表空间。建立索引时，既可以将索引和基表放在相同的表空间中，也可以放在不同的表空间中。将表和索引部署到相同的表空间，可以简化表空间的管理；将表和索引部署到不同的表空间，可以提高访问性能。
- 当在大表上建立索引时，使用 NOLOGGING 选项可以最小化重做记录。使用

NOLOGGING 选项可以节省重做日志空间、降低索引建立时间、提高索引并行建立的性能。

9.2 建立索引

建立索引是使用 CREATE INDEX 语句完成的。一般情况下，建立索引是由表的所有者完成的，如果要以其他用户身份建立索引，则要求用户必须具有 CREATE ANY INDEX 系统权限或者相应表的 INDEX 对象权限。

9.2.1 建立 B 树索引

B 树索引是 Oracle 中默认的、最常用的索引类型。B 树索引是以 B 树结构组织并存放索引数据的。默认情况下，B 树索引中的数据是以升序方式排列的。如果表包含的数据非常多，并且经常在 WHERE 子句中引用某列或某几个列，则应该基于该列或这几个列建立 B 树索引。B 树索引由根块、分支块和叶块 3 部分组成，其中主要数据都集中在叶子结点，如图 9-1 所示。

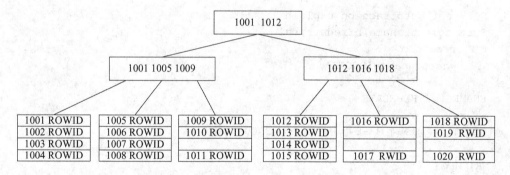

图 9-1　B 树索引的逻辑结构图

- 根块　索引顶级块，它包含指向下一级节点的信息。
- 分支块　它包含指向下一级节点（分支块或叶块）的信息。
- 叶块　它包含索引入口数据，索引入口包含索引列的值和记录行对应的物理地址 ROWID。

在 B 树索引中无论用户要搜索哪个分支的叶块，都可以保证所经过的索引层次是相同的。Oracle 采用这种方式的索引，可以确保无论索引条目位于何处，都只需要花费相同的 I/O 即可获取它。这就是为什么被称为 B 树索引，其中的 B 为平衡之意（Balanced）。

例如，使用这个 B 树索引搜索编号为 "1015" 的结点时，首先要访问根结点，从根结点中可以发现，下一步应该搜索右边的分支（因为 1015 大于 1012）。因此必须第二次读取数据，读取右边的分支结点。从右边的分支结点可判断出，要搜索的索引条目位于最左边的叶子结点中。在那里可以很快找到要查询的索引条目，并根据索引条目中的 ROWID 进而找到所要查询的记录。

这样，对建立 B 树索引的表进行查询时，只需要读取 4 次数据（第一次读取根结点，第二次读取分支结点，第三次读取叶子结点，最后一次用于从表中获取相关数据）。与在表中进行完全搜索可能要读取几十次数据相比，使用索引检索数据通常要快得多。

如果在 WHERE 子句中要经常引用某列或某几列，应该基于这些列建立 B 树索引。如果经常执行类似于 SELECT * FROM EMP WHERE ENAME='SCOTT'的语句，可以基于 ENAME 列建立 B 树索引。建立 B 树索引的示例如下：

```
SQL> create index emp_ename_index on emp(ename)
  2  pctfree 30
  3  tablespace users;

索引已创建。
```

如上所示，子句 PCTFREE 指定为将来 INSERT 操作所预留的空闲空间，子句 TABLESPACE 用于指定索引段所在的表空间。假设表已经包含了大量数据，那么在建立索引时应该仔细规划 PCTFREE 的值，以便为以后的 INSERT 操作预留空间。

从 Oracle 10g 开始，Oracle 会自动搜索表及其索引的统计信息。建立 B 树索引后，如果在 WHERE 子句中引用索引列，Oracle 会根据统计信息确定是否使用 B 树索引定位表行数据。下面以在 WHERE 子句中引用 B 树索引列并显示其执行计划，说明 Oracle 使用 B 树索引的方法。示例如下：

```
SQL> set autotrace on explain
SQL> select ename,hiredate,sal
  2  from emp
  3  where ename='SCOTT';

ENAME      HIREDATE        SAL
-----      --------        ---
SCOTT      19-4月 -87      3000

执行计划
--------
Plan hash value: 3276858156

---------------------------------------------------------------------------
| Id | Operation                   | Name            | Rows | Bytes | Cost (%CPU)| Time     |
---------------------------------------------------------------------------
|  0 | SELECT STATEMENT            |                 |    1 |    18 |     2(0)| 00:00:01 |
|  1 | TABLE ACCESS BY INDEX ROWID | EMP             |    1 |    18 |     2(0)| 00:00:01 |
|* 2 | INDEX RANGE SCAN            | EMP_ENAME_INDEX |    1 |       |     1(0)| 00:00:01 |
---------------------------------------------------------------------------

Predicate Information (identified by operation id):
---------------------------------------------------
   2 - access("ENAME"='SCOTT')
```

9.2.2 建立位图索引

索引的作用简单地说就是能够通过给定的索引列值，快速地找到对应的记录。在 B 树索引中，通过在索引中保存排过序的索引列的值以及记录的物理地址 ROWID 来实现快速查找。但是对于一些特殊的表，B 树索引的效率可能会很低。

例如，在某个具有性别列的表中，该列的所有取值只能是：男或女。如果在性别列上创建 B 树索引，那么创建的 B 树只有两个分支，如图 9-2 所示。那么使用该索引对该表进行检索时，将返回接近一半的记录，这样也就失去了索引的基本作用。

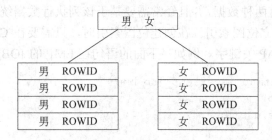

图 9-2 "性别"列上的 B 树索引图示

像这样当列的基数很低时，为其建立 B 树索引显然不合适。"基数低"表示在索引列中，所有取值的数量比表中行的数量少。如"性别"列只有 2 个取值；再比如某个拥有 10000 行的表，它的一个列包含有 100 个不同的取值，则该列仍然满足低基数的要求，因为该列与行数的比例为 1%。Oracle 推荐当一个列的基数小于 1%时，这些列不再适合建立 B 树索引，而适用于位图索引。

位图索引以位图值标识索引行数据，它主要用于在 DSS 系统中执行数据统计、数据汇总等操作。B 树索引建立在重复值很少的列上，而位图索引建立在重复值很多、不同值相对固定的列上。使用位图索引可以节省大量磁盘空间，它所占用的空间仅仅是在相同列上建立 B 树索引所引用空间的 1/20～1/10。建立位图索引时，Oracle 会基于每个不同值建立一个位图。假设要基于 EMPLOYEES 表的 SEX 列建立位图索引，因为该列只有两个不同值，所以只建立两个位图。当行数据匹配位图值时，相应位置为 1，否则为 0，如图 9-3 所示。

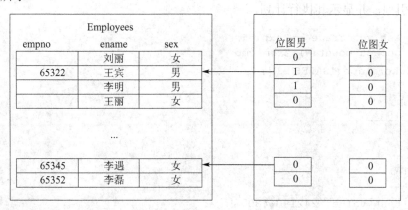

图 9-3 位图索引示意图

当在表中低基数的列上建立位图索引时,系统将对表过行一次全表扫描,为遇到的各个取值构建"图表"。例如,对于上述 EMPLOYEES 表的 SEX 列而言,它仅包含两种取值,因此,在这个图表的顶部列出了 2 个值。在 Oracle 系统为创建位图索引进行全表扫描时,也将创建位图索引记录,各个行都以在表中出现的顺序列出。在位图索引的图表中,各个值的列下面都标记了一个 0 或 1。0 表示"否,该值不在这一行";1 表示"是,该值存在于这一行中"。

可以注意到,1 和 0 虽然自己不能作为指向行的指针,但是,如果给定表的起始物理地址和终止物理地址,则由于图表中各个 0 和 1 的位置与表行的位置是相对应的,所以可以计算表中相应行的物理位置。

由于 SEX 列只有两种数据,并且经常需要基于该列执行数据统计、数据汇总等操作,所以应该基于该列建立位图索引。在创建位图索引时,只需要在 CREATE INDEX 语句中显式地指定 BITMAP 关键字。例如,下面的语句在 EMP 的 JOB 列创建位图索引。

```
SQL> create bitmap index emp_job_bmp
  2  on emp(job)
  3  tablespace users;
```

索引已创建。

初始化参数 CREATE_BITMAP_AREA_SIZE 用于指定建立位图索引时分配的位图区大小,默认值为 8MB,该参数值越大,建立位图索引的速度越快。为了加快创建位图索引的速度,应将该参数设置为更大的值。因为该参数是静态参数,所以修改后必须重新启动数据库才能生效。修改该参数的示例如下:

```
SQL> connect system/password
已连接。
SQL> alter system set create_bitmap_area_size=8388608
  2  scope=spfile;
```

系统已更改。

由于 Oracle 11g 会自动搜集表和索引的统计信息。当在 WHERE 子句中引用位图索引列时,Oracle 会自动根据统计值确定是否要引用位图索引。下面在 WHERE 子句中引用位图索引列,并显示其执行计划。

```
SQL> set autotrace on explain
SQL> select count(*) from emp
  2  where job='SALESMAN';

  COUNT(*)
----------
         4

执行计划
-------
Plan hash value: 2421906430

----------------------------------------------------------------
```

第9章 索引与索引组织表

```
| Id  | Operation                   | Name        | Rows  | Bytes | Cost (%CPU)| Time     |
---------------------------------------------------------------------------------------------
|   0 | SELECT STATEMENT            |             |     1 |     8 |     1  (0) | 00:00:01 |
|   1 |  SORT AGGREGATE             |             |     1 |     8 |            |          |
|   2 |   BITMAP CONVERSION COUNT   |             |     3 |    24 |     1  (0) | 00:00:01 |
|*  3 |    BITMAP INDEX FAST FULL SCAN | EMP_JOB_BMP |    |       |            |          |
---------------------------------------------------------------------------------------------

Predicate Information (identified by operation id):
---------------------------------------------------
   3 - filter("JOB"='SALESMAN')
```

对于 B 树索引而言，使用 OR 谓词效率很低；使用位图索引时，因为可以执行位图合并，所以使用 AND、OR 或 NOT 谓词的效率很高。初始化参数 BITMAP_MERGE_AREA_SIZE 用于指定合并位图时分配的内存大小，默认值为 1MB，该参数值越大，位图合并速度越快。为了加快位图合并速度，应将该参数设置为更大的值。因为该参数是静态参数，所以修改后必须重新启动数据库才能生效。修改该参数的示例如下：

```
SQL> alter system set bitmap_merge_area_size=2048000
  2  scope=spfile;

系统已更改。
```

这样，当在 WHERE 子句中引用位图索引列，并使用 AND、OR 或 NOT 谓词时，Oracle 会执行位图合并操作。示例如下：

```
SQL> set autotrace on explain
SQL> select count(*) from emp
  2  where job='SALESMAN' or job='CLERK';

  COUNT(*)
----------
         9

执行计划
-------
Plan hash value: 2421906430

---------------------------------------------------------------------------------
| Id  | Operation                   | Name        | Rows  | Bytes | Cost (%CPU)| Time     |
---------------------------------------------------------------------------------
|   0 | SELECT STATEMENT            |             |     1 |     8 |     1  (0) | 00:00:01 |
```

```
|   1 |  SORT AGGREGATE              |          |     1 |     8 |        |          |
|   2 |   BITMAP CONVERSION COUNT    |          |     6 |    48 |     1  (0)|
00:00:01 |
|*  3 |    BITMAP INDEX FAST FULL SCAN| EMP_JOB_BMP |      |        |          |

--------------------------------------------------------------------------

Predicate Information (identified by operation id):
---------------------------------------------------

 3 - filter("JOB"='CLERK' OR "JOB"='SALESMAN')
```

9.2.3 建立反向键索引

在 Oracle 中,系统会自动为表的主键列建立索引,这个默认索引是普通的 B 树索引。通常,用户会希望表的主键是一个自动增长的序列编号,这样的列就是所谓的单调递增序列编号列。当在这种顺序递增的列上建立普通的 B 树索引时,如果表的数据量非常庞大,将导致索引数据分布不均。为了分析原因,可以考虑常规的 B 树索引,如图 9-4 所示。

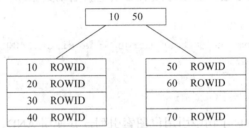

图 9-4 常规的 B 树索引

可以看到,这是一个典型的常规 B 树索引。如果现在要为其添加新的数据,由于主键列的单调递增性,很明显不需要重新访问早先的叶子节点。接下的数据获得的主键为 80,下一组数据的主键为 90,依次类推。

这种方法在某些方面是具有优势的,由于它不存在在已经存在的表项之间嵌入新的表项这一现象,所以不会发生叶子节点的数据块分割。这意味着单调递增序列上的索引能够完全利用它的叶子节点,非常紧密地存放数据块,可以有效地利用存储空间。然而这种优势是需要付出代价的,每条记录都会占据最后的叶子结点,即使删除了先前的节点,也会导致同样的问题。这最终会导致对某一边的叶子节点的大量争用。

所以就需要设计一个规则,阻止用户在单调递增列上建立索引后使叶子节点偏向某一个方向。遗憾的是,序列编号通常是用来做表的主键的,每个主键都需要建立索引,如果用户没有建立索引,Oracle 也会自动建立。但是,Oracle 提供另一种索引机制,即反向键索引,它可以将添加的数据随机分散到索引中。

反向键索引是一种特殊类型的 B 树索引,在顺序递增列上建立索引时非常有用。反向键索引的工作原理非常简单,在存储结构方面它与常规的 B 树索引相同。然而,如果用户使用序列在表中输入新记录,则反向键索引首先反向每个列键值的字节,然后在反向后的新数据上进行索引。例如,如果用户输入的索引列为 2008,则反向转换后为 8002;

2041 反向转换后为 1402。需要注意，刚才提及的两个序列编号是递增的，但是当进行反向键索引时却是非递增的。这意味如果将其添加到叶子结点，可能会在任意的叶子结点中进行。这样就使得新数据在值的范围上的分布通常比原来的有序数更均匀。

对于 EMP 表的 EMPNO 列而言，由于该列是顺序递增的，所以为了均衡索引数据分布，应在该列上建立反向键索引。创建反向键索引时只需要在 CREATE INDEX 语句中指定关键字 REVERSE 即可。例如，下面的语句为表 EMP 的 EMPNO 列创建了反向键索引。

```
SQL> create index pk_emp
  2 on emp(empno) reverse
  3 tablespace users;
```

如果在该列上已经建立了普通 B 树索引，那么可以使用 ALTER INDEX…REBUILD 将其重新建立为反向键索引。示例如下：

```
SQL> alter index pk_emp
  2 rebuild reverse;
```

索引已更改。

从 Oracle 11g 开始，Oracle 会自动搜集表和索引的统计信息。当在 WHERE 子句中引用反向键索引列时，Oracle 会自动根据统计值确定是否引用反向键索引。下面在 WHERE 子句中引用反向键索引列，并显示其执行计划。

```
SQL> set autotrace on explain
SQL> select ename
  2  from emp
  3  where empno=7499;

ENAME
----------
ALLEN

执行计划
-------
Plan hash value: 2949544139

--------------------------------------------------------------------------
| Id  | Operation                   | Name   | Rows | Bytes | Cost (%CPU)| Time     |
--------------------------------------------------------------------------
|   0 | SELECT STATEMENT            |        |    1 |    10 |     1   (0)| 00:00:01 |
|   1 |  TABLE ACCESS BY INDEX ROWID| EMP    |    1 |    10 |     1   (0)| 00:00:01 |
|*  2 |   INDEX UNIQUE SCAN         | PK_EMP |    1 |       |     0   (0)| 00:00:01 |
--------------------------------------------------------------------------

Predicate Information (identified by operation id):
---------------------------------------------------

   2 - access("EMPNO"=7499)
```

> 键的反转对用户而言是完全透明的，用户只需要像常规方式一样查询数据，对键的反转处理将由系统自动完成。

9.2.4 基于函数的索引

用户在使用 Oracle 数据库时，最常遇到的问题之一就是它对字符大小写敏感。如果在 EMP 表中存储的雇员姓名为 SMITH，则用户使用小写搜索时，将无法找到该行记录。如果用户不能够确定输入数据的格式，那么就会产生一个严重的错误。例如：

```
SQL> select empno,ename,job,sal from emp
  2  where ename='smith';
未选定行
```

这可以通过使用 Oracle 字符串函数对其进行转换，然后再使用转换后的数据进行检索。例如：

```
SQL> select empno,ename,job,sal from emp
  2  where upper(ename)=upper('smith');

   EMPNO    ENAME        JOB         SAL
   -----    -----        ---         ---
    7369    SMITH        CLERK       800
```

采用这种方法后，无论用户输入数据时所使用的字符的大小写如何组合，都可以使用该语句检索到数据。但是，使用这样的查询时，用户不是基于表中存储的记录进行搜索的。即如果搜索的值不存在于表中，那么它就一定也不会在索引中，所以即使在 ENAME 列上建立索引，Oracle 也会被迫执行全表搜索，并为所遇到的各个行计算 UPPER 函数。

为了解决这个问题，Oracle 提供了一种新的索引类型——基于函数的索引。基于函数的索引只是常规的 B 树索引，但它存放的数据是由表中的数据应用函数后所得到的，而不是直接存放表中数据本身。

由于在 SQL 语句中经常使用小写字符串，所以为了加快数据访问速度，应基于 LOWER 函数建立函数索引。示例如下：

```
SQL> create index idx_ename
  2  on emp(lower(ename));
```

索引已创建。

创建这个函数索引之后，如果在查询条件中包含相同的函数，则系统会利用它来提高查询的执行速度。例如，下面的查询在 WHERE 子句使用函数并显示其执行计划。

```
SQL> set autotrace on explain
SQL> select ename,job,sal
  2  from emp
```

```
  3  where lower(ename)='martin';

ENAME        JOB          SAL
-----        ---          ---
MARTIN       SALESMAN     1250

执行计划
-------
Plan hash value: 898688482
---------------------------------------------------------------------
| Id | Operation                    | Name      | Rows | Bytes | Cost (%CPU)| Time     |
---------------------------------------------------------------------
|  0 | SELECT STATEMENT             |           |   1  |   25  |   2  (0)| 00:00:01 |
|  1 | TABLE ACCESS BY INDEX ROWID  | EMP       |   1  |   25  |   2  (0)| 00:00:01 |
|* 2 | INDEX RANGE SCAN             | IDX_ENAME |   1  |       |   1  (0)| 00:00:01 |
---------------------------------------------------------------------

Predicate Information (identified by operation id):
---------------------------------------------------
  2 - access(LOWER("ENAME")='martin')
```

如果用户在自己的模式中创建基于函数的索引,则必须具有 QUERY REWRITE 系统权限。如果用户要在其他模式中创建索引,必须具有 CREATE ANY INDEX 和 GLOBAL QUERY REWRITE 权限。

9.3 修改索引

修改索引是使用 ALTER INDEX 命令完成的。一般情况下,修改索引是由索引的所有者完成的,如果要以其他用户身份修改索引,则要求该用户必须具有 ALTER ANY INDEX 系统权限或在相应表上的 INDEX 对象权限。

9.3.1 合并索引和重建索引

为表建立索引后,随着对表不断进行更新、插入和删除操作,索引中会产生越来越多的存储碎片,这对索引的工作效率会产生负面影响。这时可以采取两种方式来清除碎片——重建索引或合并索引。合并索引只是将 B 树中叶子节点的存储碎片合并在一起,并不会改变索引的物理组织结构。例如,下面的语句对索引 EMP_ENAME_INDEX 执行合并操作。

```
SQL> alter index emp_ename_index
  2  coalesce deallocate unused;
索引已更改。
```

图 9-5 显示了对索引执行合并操作后的效果。假设在执行该操作之前,B 树索引的前两个叶块都有 50%的空闲空间。合并索引后,可以将它们的数据合并到一个索引叶块中。

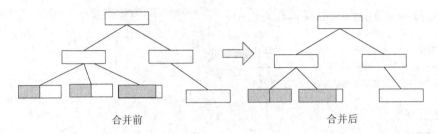

图 9-5　对 B 树索引进行合并操作

消除索引碎片的另一个方法是重建索引，重建索引可以使用 ALTER INDEX…REBUILD 语句。重建操作不仅可以消除存储碎片，还可以改变索引的全部存储参数设置，以及改变索引的存储表空间。重建索引实际上是在指定的表空间中重新建立一个新的索引，然后再删除原来的索引。例如，下面的语句对索引 EMP_ENAME_INDEX 进行重建。

```
SQL> alter index emp_ename_index rebuild;
索引已更改。
```

在使用 ALTER INDEX…REBUILD 语句重建索引时，还可以在其中使用 REVERSE 子句将一个反向键索引更改为普通索引，反之可以将一个普通的 B 树索引转换为反向键索引。另外，也可以使用 TABLESPACE 子句以指定重建索引的存放位置。

```
SQL> alter index emp_job rebuild
  2  tablespace example;
```

9.3.2　删除索引

删除索引是使用 DROP INDEX 语句完成的。一般情况下，删除索引是由索引所有者完成的，如果以其他用户身份删除索引，则要求该用户必须具有 DROP ANY INDEX 系统权限或在相应表上的 INDEX 对象权限。通常在如下情况下需要删除某个索引。

- 该索引不再需要时应该删除该索引，以释放其所占用的空间。
- 如果移动了表中的数据，导致索引中包含过多的存储碎片，此时需要删除并重建索引。
- 通过一段时间的监视，发现很少有查询会使用到该索引。

索引被删除后，它所占用的所有盘区都将返回给包含它的表空间，并可以被表空间中的其他对象使用。索引的删除方式与索引创建采用的方式有关，如果使用 CREATE INDEX 语句显式地创建该索引，则可以用 DROP INDEX 语句删除该索引。例如：

```
SQL> drop index emp_job_bmp;
索引已删除。
```

如果索引是定义约束时由 Oracle 自动建立的，则必须禁用或删除该约束本身。另外，在删除一个表时，Oracle 也会删除所有与该表相关的索引。

关于索引最后需要注意一点，虽然一个表可以拥有任意数目的索引，但是表中的索引数目越多，维护索引所需的开销也就越大。每当向表中插入、删除和更新一条记录时，

Oracle 都必须对该表的所有索引进行更新。因此，用户还需要在表的查询速度和更新速度之间找到一个合适的平衡点。也就是说，应该根据表的实际情况限制在表中创建的索引数量。

9.3.3 显示索引信息

为了显示 Oracle 索引的信息，Oracle 提供了一系列的数据字典视图。通过查询这些数据字典视图，用户可以了解索引的各方面信息。

1．显示表的所有索引

索引是用于加速数据存储的数据库对象。通过查询数据字典视图 DBA_INDEXES，可以显示数据库的所有索引；通过查询数据字典视图 ALL_INDEXES，可以显示当前用户可访问的所有索引；查询数据字典视图 USER_INDEXES，可以显示当前用户的索引信息。下面以显示 SCOTT 用户 EMP 表的所有索引为例，说明使用数据字典视图 DBA_INDEXES 的方法。

```
SQL> connect system/password
已连接。
SQL> select index_name,index_type,uniqueness
  2  from dba_indexes
  3  where owner='SCOTT' and table_name='EMP';

INDEX_NAME              INDEX_TYPE                  UNIQUENES
----------              ----------                  ---------
EMP_ENAME_INDEX         NORMAL                      NONUNIQUE
EMP_JOB_BMP             BITMAP                      NONUNIQUE
IDX_ENAME               FUNCTION-BASED NORMAL       NONUNIQUE
PK_EMP                  NORMAL/REV                  UNIQUE
```

如上所示，INDEX_NAME 用于标识索引名。INDEX_TYPE 用于标识索引类型：NORMAL 表示普通 B 树索引；REV 表示反向键索引；BITMAP 表示位图索引；FUNCTION 表示基于函数的索引。UNIQUENESS 用于标识索引的唯一性。OWNER 用于标识对象的所有者。TABLE_NAME 用于标识表名。

2．显示索引列

创建索引时，需要提供相应的表列。通过查询数据字典视图 DBA_IND_COLUMNS，可以显示所有索引的表列信息；通过查询数据字典视图 ALL_IND_COLUMNS，可以显示当前用户可访问的所有索引的表列信息；通过查询数据字典视图 USER_IND_COLUMNS，可以显示当前用户索引的表列信息。

例如，下面的语句将显示 SCOTT 用户的 PK_EMP 索引列信息。

```
SQL> col column_name format a20
SQL> select column_name,column_position,column_length
  2  from user_ind_columns
  3  where index_name='PK_EMP';
```

```
COLUMN_NAME          COLUMN_POSITION      COLUMN_LENGTH
-----------          ---------------      -------------
EMPNO                              1                 22
```

如上所示，COLUMN_NAME 用于标识索引列的名称；COLUMN_POSITION 用于标识列在索引中的位置；COLUMN_LENGTH 用于标识索引列的长度。

3．显示索引段位置及其大小

建立索引时，Oracle 会为索引分配相应的索引段，索引数据被存放在索引段中，并且段名与索引名完全相同。通过查询数据字典视图 DBA_SEGMENTS，可以显示数据库所有段的详细信息；通过查询数据字典视图 USER_SEGMENTS，可以显示当前用户段的详细信息。

例如，下面的语句将显示 SCOTT 用户的 PK_EMP 段的信息。

```
SQL> select tablespace_name,segment_type,bytes
  2  from user_segments
  3  where segment_name='PK_EMP';

TABLESPACE_NAME           SEGMENT_TYPE          BYTES
---------------           ------------          ------
USERS                     INDEX                 65536
```

其中，TABLESPACE_NAME 用于标识段所在的表空间；SEGMENT_TYPE 用于标识段的类型；BYTES 用于标识段的大小；SEGMENT_NAME 用于标识段的名称。

4．显示函数索引

建立函数索引时，Oracle 会将函数索引的信息存放到数据字典中。通过查询数据字典视图 DBA_IND_EXPRESSIONS，可以显示数据库所有函数索引所对应的函数或表达式；通过查询数据字典 USER_IND_EXPRESSIONS，可以显示当前用户函数索引所对应的函数或表达式。

例如，下面的语句显示 EMP 表中基于函数的索引信息。

```
SQL> select column_expression
  2  from user_ind_expressions
  3  where index_name='IDX_ENAME';

COLUMN_EXPRESSION
-----------------
LOWER("ENAME")
```

9.4 索引组织表

索引组织表是 Oracle 提供的一种特殊的表，它将数据和索引数据存储在一起，或者说索引组织表是按照索引的结构方式来组织和存储表中的数据的。索引组织表适用于经常通过主键字段值来查询整条记录的情况，这样可以大大提高查询效率。其典型的应用类似于字典的情形，主要用于搜索一些有意义的信息。

9.4.1 索引组织表与标准表

索引组织表也称为 IOT，索引组织表实际上一个表，不过它的存储结构不像普通表那样采用堆组织方式，而是采用索引的组织方式。对于普通表而言，其存储结构是将记录无序地存放在数据段中，而索引组织表是将记录按照某个主键列进行排序后，再以 B 树的组织方式存放在数据段中。

由于整条记录都被保存在索引中，所以索引组织表不需要使用 ROWID 来确定记录的位置。在索引组织表中只需要知道主键列的值，就能够直接找到相应记录的完整内容。因此，索引组织表提供了快速的、基于主键的对表中数据快速访问的方法。但是，这是以牺牲插入和更新性能为代价的。图 9-6 示意性地列出了索引组织表与标准堆表之间的区别。

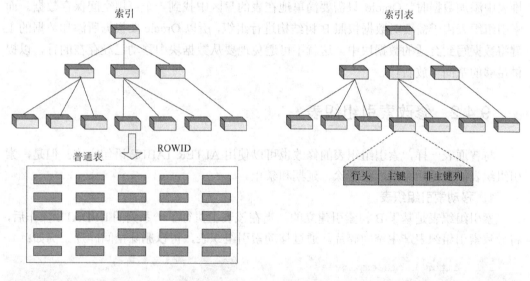

图 9-6 索引组织表与标准堆表的对比

对于普通表而言，表、索引数据分别存放在表段、索引段中，要占用更多空间；而对于索引表而言，主键列和非主键列的数据都被存放在主键索引段中。当经常要使用主键列定义表数据时，应该建立索引表。使用索引表，一方面降低了对磁盘和内存空间的占用量，另一方面也可以提高访问性能。

建立索引表也是使用 CREATE TABLE 语句完成的。需要注意，建立索引组织表时，必须指定 ORGANIZATION INDEX 关键字，并且在索引组织表中必须定义主键约束。例如，下面的语句建立了一个索引组织的 EMPLOYEES 表。

```
SQL> create table employees(
  2  empno number(5) primary key,
  3  ename varchar2(15) not null,
  4  job varchar2(10),
  5  hiredate date default (sysdate),
  6  sal number(7,2),
```

```
  7    deptno number(3) not null
  8  ) organization index
  9  tablespace users;
```
表已创建。

如果向索引组织表中添加数据，Oracle 会根据主键列对其进行排序，然后将数据写入磁盘。这样在使用主键列查询时，在索引组织表上可以得到更好的读取性能。在标准堆表上进行相同的查询时，需要首先读取索引，然后再判断数据块在磁盘上的位置，最后 Oracle 将相关的数据块放入内存中。而索引组织表将所有数据都存储在索引中，所以不需要再去查找存储数据的数据块。这样相同的查询，在索引组织表中执行的效率是标准堆表的两倍。

虽然索引组织表的查询执行效率比堆表高，但是索引组织表比堆表更难维护。当向堆表中添加数据时，Oracle 只需要简单地在表的盘区中找到一个可用空间保存数据。而索引组织表由于需要对数据按照 B 树结构进行组织，所以 Oracle 要根据所添加数据的主键将数据写到合适的数据块中。这就不可避免地要从数据块中移动已经存在的行，以提供足够的空间存放新行。

9.4.2 修改索引组织表

与普通表一样，索引组织表的修改也可以使用 ALTER TABLE 语句完成。但是，索引组织表的主键约束不能被删除、延期和禁止。

1．移动索引组织表

索引组织表是基于 B 树索引建立的，当在该表上执行了一系列的 UPDATE 操作后，将导致索引组织表产生空间碎片。通过移动索引组织表，可以删除空间碎片。例如：

```
SQL> alter table employees
  2  move tablespace example;
```
表已更改。

2．增加溢出段

建立索引表时，既可以指定 OVERFLOW 关键字建立溢出段，也可以不指定 OVERFLOW 关键字。如果建立索引组织表时没有指定 OVERFLOW，那么建立索引组织表之后可以使用 ALTER TABLE 为其添加溢出段。例如：

```
SQL> alter table employees add overflow tablespace users;
表已更改。
```

3．修改溢出段

修改索引表时，OVERFLOW 选项之前的所有选项只适用于索引段，而 OVERFLOW 之后的选项只适用于溢出段。示例如下：

```
SQL> alter table employees
  2  overflow initrans 5;
```

第9章 索引与索引组织表

表已更改。

4. 转换索引组织表为普通表

建立索引组织表后,可以使用 CREATE TABLE AS SELECT 语句将其转变为普通表。示例如下:

```
SQL> create table employees_new
  2  as select * from employees;
```

表已创建。

9.5 实验指导

1. 索引的应用

本练习将为 HR 模式中的 STUDENT 表创建索引,并查看索引的使用情况。

(1)连接到 HR 模式,使用如下的语句在 STUDENT 表的 SNAME 列上创建 B 树非唯一索引:

```
create index name_index on Student(Sname)
tablespace users;
```

(2)在 STUDENT 的班级信息列上创建位图索引。

```
create bitmap index sclass_index on Student(classid)
tablespace users;
```

(3)执行如下查询语句,并查看 Oracle 的执行计划。

```
set autotrace traceonly
select * from student
where sname='王丽';
```

(4)根据索引的使用情况,并删除不经常使用的索引。

```
alter index name_index monitoring usage;
select * from v$object_usage
where table_name=upper('student');
```

(5)查看索引,是否存有过多的碎片,当被删除的叶结点过多时,就说明该 B 树索引存在过多的碎片,这就需要重建或合并该索引。

```
analyze index name_index validate structure;
select  br_pows,br_blks,lf_rows,del_lf_rows
   from index_stats
   where name=upper('name_index');
alter index name_index COALESCE DEALLOCATE UNUSED;--合并索引
alter index name_index REBUILD; --在原来的表空间重建索引
```

9.6 思考与练习

一、填空题

1. B 树索引可以是 _____ 或者 _____，_____ B 树索引可以保证索引列上不会有重复的值。

2. 为表中某个列定义 PRIMARY KEY 约束 PK_ID 后，系统默认创建的索引名为 _____。

3. 在 B 树索引中，通过在索引中保存排过序的 _____ 与相对应记录的 _____ 来实现快速查找。

4. 如果表中某列的基数比较低，则应该在该列上创建 _____ 索引。

5. 如果要获知索引的使用情况，可以查询 _____ 视图；而要获知索引的当前状态，可以查询 _____ 视图。

二、选择题

1. 查看下面的语句创建了哪一种索引？（　　）

```
CREATE INDEX test_index
ON student(stuno,sname)
TABLESPACE users
STORAGE(INITIAL 64k,next 32k);
```

　　A. 全局分区索引
　　B. 位图索引
　　C. 复合索引
　　D. 基于函数的索引

2. 使用 ALTER INDEX…REBUILD 语句不可以执行下面哪个任务？（　　）
　　A. 将反向键索引重建为普通索引
　　B. 将一个索引移动到另一个表空间
　　C. 将位图索引更改为普通索引
　　D. 将一个索引分区移动到另一个表空间

3. 下列关于约束与索引的说法中哪一项是不正确的？（　　）
　　A. 在字段上定义 PRIMARY KEY 约束时会自动创建 B 树唯一索引
　　B. 在字段上定义 UNIQUE 约束时会自动创建 B 树唯一索引
　　C. 在默认的情况下，禁用约束会删除对应的索引，而激活约束会自动重建相应的索引
　　D. 在定义 FOREIGN KEY 约束时会创建 B 树唯一索引

4. 假设 EMPLOYEE 表包含一个 MARRIAGE 列，用于描述职工的婚姻状况，则应该在该字段上创建什么类型的索引？（　　）
　　A. B 树唯一索引
　　B. B 树不唯一索引
　　C. 基于函数的索引
　　D. 位图索引

5. 下列关于索引的描述哪一项是不正确的？（　　）
　　A. 表是否具有索引不会影响到所使用的 SQL 的编写形式
　　B. 为表创建索引后，所有的查询操作都会使用索引
　　C. 为表创建索引后，可以提高查询的执行速度
　　D. 为表创建索引后，Oracle 优化器将根据具体情况决定是否采用索引

6. 如果经常执行类似于下面的查询语句：

```
SELECT * from student
where Substrb(sname,0,2)='刘'
```

应当为 STUDENT 表中的 SNAME 列创建哪一种类型的索引？（　　）
　　A. B 树唯一索引
　　B. 位图索引
　　C. B 树不唯一索引
　　D. 基于函数的索引

7. 假设在一个表的 3 个字段 NAME、SEX 和 MONTH_OF_BIRTH 中分别保存姓名、性别和出生月份的数据，则应当为这 3 个字段分别创建何种类型的索引？（　　）
　　A. 全部创建 B 树索引
　　B. 全部创建位图索引
　　C. 分别创建 B 树索引、位图索引和位图索引
　　D. 分别创建 B 树索引、位图索引和基于函数的索引

8. 如果创建的表其主键可以自动编号，则应该为主键创建的索引是哪种类型？（　　）
　　A. 反向键索引
　　B. B 树索引
　　C. 位图索引
　　D. 基于函数的索引

9. 在表 A 上建立基于（cola,colb）的复合索引，以下哪种 SELECT 语句可以引用该索引？

第 9 章 索引与索引组织表

( )
A. SELECT * FROM A WHERE cola=1 and colb=4;
B. SELECT * FROM A WHERE cola=1;
C. SELECT * FROM A WHERE colb=4;
D. SELECT * FROM A WHERE colb=4 and cola=1;

10. 用户经常需要在 EMP 表的 SEX 列上统计不同性别的员工信息,应该在 SEX 列上建立哪种类型的索引?( )
A. B 树索引
B. 反向索引
C. 位图索引
D. 函数索引

三、简答题

1. 简述 B 树索引的组织结构。
2. 简述位图索引的组织结构。
3. 简述反向键索引的工作原理。
4. 简述索引组织表与普通表之间的区别。
5. 简述索引组织表的溢出存储。

第 10 章　其他模式对象

在 Oracle 中，除表、索引和索引组织表外，视图、序列、簇和簇表等也是重要的模式对象。本章将首先介绍如何创建分区表，以及基于分区表的索引，然后介绍 Oracle 利用外部数据的一种方法——外部表，最后对其他一些模式对象，包括簇、临时表、视图、序列和同义词等常用模式对象进行简单介绍。

本章学习要点：

- ➢ 分区表
- ➢ 各类型的分区
- ➢ 分区索引
- ➢ 使用外部表查询数据
- ➢ 临时表的使用
- ➢ 理解什么是簇和簇表
- ➢ 创建索引簇
- ➢ 创建散列簇
- ➢ 使用视图
- ➢ 使用序列
- ➢ 使用同义词

10.1　管理表分区与索引分区

在当前的企业应用中，需要处理的数据量可以达到几十到几百 GB，甚至 TB 级。为了提高对这些巨型数据库和巨型表的读写速度，Oracle 提供了一种分区技术。用户可以在创建表时应用分区技术将数据分区保存。本节将对 Oracle 中的分区表，以及基于分区表的分区索引进行介绍。

10.1.1　分区的概念

分区是指将巨型的表或索引分割成相对较小的、可独立管理的部分，这些独立的部分称为原来表或索引的分区。分区后的表与未分区的表在执行查询语句或其他 DML 语句时没有任何区别，一旦进行分区之后，还可以使用 DDL 语句对每个单独的分区进行操作。因此，对巨型表或者索引进行分区后，能够简化对它们的管理和维护操作，而且分区对于最终用户和应用程序是完全透明的。

在对表进行分区后，每一个分区都具有相同的逻辑属性，例如，各个分区都具有相同的字段名、数据类型和约束等。但是各个分区的物理属性可以不同，例如，各个分区可以具有不同的存储参数，或者位于不同的表空间中。

如果对表进行了分区，表中的每一条记录都必须明确地属于某一个分区。记录应当属于哪一个分区是由记录中分区字段的值决定的。分区字段可以是表的一个字段或多个字段的组合，这是在创建分区表时确定的。在对分区表执行插入、删除或更新等操作时，Oracle 会自动根据分区字段的值来选择所操作的分区。分区字段由 1～16 个字段以某种顺序组成，但不能包含 ROWID 等伪列，也不能包含全为 NULL 值的字段。

图 10-1 显示了一个典型的分区表。通常在对表进行分区时也会将其对应的索引进行

分区，但是未分区的表可以具有分区的索引，而分区的表也可以具有未分区的索引。

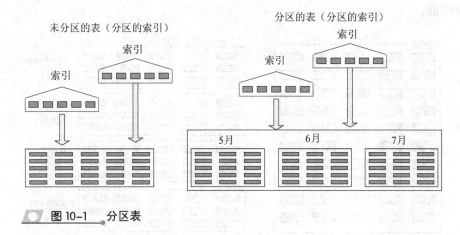

图 10-1　分区表

一个表可以被分割成任意数目的分区，但如果表中包含有 LONG 或 LONG RAW 类型的字段，则不能对表分区。对于索引组织表而言，虽然也可以分区，但是有如下一些限制。
- 索引组织表仅支持范围和散列分区，不能以列表或复合方式对其进行分区。
- 分区字段必须是主键字段的一个子集。
- 如果在索引组织表中使用了 OVERFLOW 子句，溢出存储段将随表的分区进行相同的分割。

下面给出了对表进行分区时应当考虑的一些常见情况。
- 如果一个表的大小超过了 2GB，通常要对它进行分区。
- 如果要对表进行并行 DML 操作，则必须对它进行分区。
- 如果为了平衡硬盘 I/O 操作，需要将一个表分散存储在不同的表空间中，这时就必须对表进行分区。
- 如果需要将表的一部分置为只读，而另一部分却是可更新的，则必须对它进行分区。

10.1.2　建立分区表

在 Oracle 11g 数据库中，根据对表或索引的分区方法可以创建 5 种类型的分区表：范围分区、散列分区、列表分区、组合范围散列分区和组合范围列表分区。每种分区表都有自己的特点，在创建分区表时，应当根据表的应用情况选择合理的分区类型。
- 范围分区

范围分区就是根据分区字段的取值范围进行分区，将数据存储在不同的分区段中。如果表的数据可以按照逻辑范围进行划分，并在不同范围内分布比较均衡，那么可以使用范围分区。例如，根据日期值进行分区，将不同日期的数据存储在不同的分区中。

如图 10-2 所示，假设有一个销售表 SALES，该表的数据总量达到 1000GB，每个季度平均 250GB。如果使用普通表存储数据，那么 1000GB 数据会存放到一个表段 SALES 中，那么在统计一季度销售数据时需要扫描 1000GB 数据；如果使用分区表，则可以将一、二、三、四季度的数据分别存放到不同的分区段中，此时统计一季度销售数据时只需要扫描 250GB 的数据。显而易见，使用范围分区可以大大降低 I/O 次数，从而提高磁盘 I/O 性能。

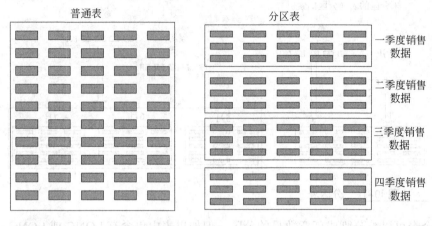

图 10-2　分区表与普通表

例如，下面的示例建立了一个范围分区表，将每个季度的销售数据部署到不同的表分区段。建立范围分区时，必须指定分区方法 RANGE、分区列以及每个分区列值的具体范围。示例如下：

```
SQL> create table sales_range(
  2    customer_id number(3),
  3    sales_amount number(10,2),
  4    sales_date date not null
  5  )partition by range(sales_date)(
  6    partition part_01 values less than(to_date('2008-04-01','yyyy-
       mm-dd')) tablespace space01,
  7    partition part_02 values less than(to_date('2008-07-01','yyyy-
       mm-dd')) tablespace space02,
  8    partition part_03 values less than(to_date('2008-10-01','yyyy-
       mm-dd')) tablespace space03,
  9    partition part_o4 values less than(maxvalue) tablespace space04
 10  );
```

表已创建。

如上所示，PARTITION BY RANGE(column)用于指定范围分区方法以及分区列，PARTITION 用于指定每个分区的名称，如果不指定名称，则 Oracle 会自动对分区命名。VALUES LESS THAN 用于指定分布到该范围分区的数据范围，TABLESPACE 用于指定分区段所在的表空间。执行上述语句后，不仅建立了分区表 SALES，而且将分区段 PART_01、PART_02、PART_03 和 PART_04 分别部署到表空间 SPACE01、SPACE02、SPACE03 和 SPACE04 中。

在使用 INSERT 语句为范围分区表插入数据时，必须为分区列提供数据，并且分区列的数据必须符合相应的分区范围。当在分区表 SALES 上执行 INSERT 操作时，Oracle 会根据 SALES_DATE 值的范围在相应分区中插入数据。示例如下：

```
SQL> alter session set nls_date_format='YYYY-MM-DD';
```

其他模式对象

会话已更改。

```
SQL> insert into sales_range values(1,30000,'2008-02-25');
已创建 1 行。

SQL> insert into sales_range values(2,28500,'2008-05-17');
已创建 1 行。

SQL> insert into sales_range values(3,37000,'2008-11-02');
已创建 1 行。

SQL> insert into sales_range values(4,42500,'2008-08-15');
已创建 1 行。
```

执行以上 INSERT 操作后,第一条数据会被存放到 PART_01 分区中,第二条数据会被存放到 PART_02 分区中,第三条数据会被存放到 PART_04 分区中,第四条数据会被存放在 PART_03 分区中。

建立分区表后,如果要查询该分区表的所有数据,与查询普通表没有任何区别,Oracle 会在每个分区上执行全表扫描。示例如下:

```
SQL> set autotrace on explain
SQL> select * from sales_range;
```

建立分区表后,也可以在表名后指定分区名以显示特定分区的所有数据,Oracle 只会在相应的表分区上执行全表扫描。示例如下:

```
SQL> set autotrace on explain
SQL> select * from sales partition(part_02);
```

在建立分区表时,Oracle 会为每个分区建立一个分区段,并且可以将不同的分区部署到不同的表空间中。通过查询数据字典视图 USER_SEGMENTS,可以显示分区段及其所在的表空间。示例如下:

```
SQL> col tablespace_name format a15
SQL> col segment_name format a15
SQL> col partiton_name format a15
SQL> select segment_name,partition_name,tablespace_name
  2  from user_segments
  3  where segment_name='SALES_RANGE';

SEGMENT_NAME    PARTITION_NAME                  TABLESPACE_NAME
------------    --------------                  ---------------
SALES_RANGE     PART_01                         SPACE01
SALES_RANGE     PART_02                         SPACE02
SALES_RANGE     PART_03                         SPACE03
SALES_RANGE     PART_O4                         SPACE04
```

注意

Oracle 认为 NULL 值大于一切非 NULL 值。因此,如果分区字段的值为 NULL,则必须在某个分区中使用 MAXVALUE 关键字指定上限。

❑ 散列分区

散列分区是指按照 Oracle 提供的散列（HASH）函数计算列值数据，并最终按照函数结果进行分区。在进行范围分区时，有时用户无法对各个分区中可能具有的记录数目进行预测，这会导致某个分区中记录数目过多而其他分区中记录很少的不平衡分区情况。在这种情况下，用户可以考虑创建散列分区表。

散列分区通过 HASH 算法将数据均匀分布到各分区，通过在 I/O 设备上进行散列分区使得这些分区大小一致。创建散列分区表时，必须指定分区方法、分区列以及分区个数。

例如，下面是一个典型的散列分区的示例，该示例将销售数据表 SALES_HASH 中的数据依据 CUSTOMER_ID 进行散列分区。

```sql
SQL> create table sales_hash(
  2    customer_id number(3),
  3    sales_amount number(10,2),
  4    sales_date date not null
  5  )partition by hash(customer_id)
  6  partitions 4
  7  store in(space01,space02,space03,space04);

表已创建。
```

在上面的 CREATE TABLE 语句中，通过 PARTITION BY HASH 子句说明对表进行的是散列分区，然后使用 PARTITIONS 关键字指定分区的数目（不指定分区名称）。如果要将各个分区分散存储在不同的表空间中，可以使用 STORE IN 子句指定一个数目与分区数目相同的表空间列表，这时各个分区的名称由 Oracle 自动生成。

散列分区表的分区字段可以由多个字段组成。例如，使用下面的语句为销售记录创建另一个散列分区表 SALES_HASH2，它是根据 CUSTOMER_ID 和 SALES_DATE 字段进行散列分区的。

```sql
SQL> create table sales_hash2(
  2    customer_id number(3),
  3    sales_amount number(10,2),
  4    sales_date date not null
  5  )partition by hash(customer_id,sales_date)
  6  (
  7    partition part_01 tablespace space01,
  8    partition part_02 tablespace space02,
  9    partition part_03 tablespace space03,
 10    partition part_04 tablespace space04
 11  );

表已创建。
```

上面的语句直接为各个分区指定了名称和所存储的表空间，因此不必再使用 STORE IN 子句。

在使用 INSERT 语句为散列分区表添加数据时，必须为分区列提供数据。当在散列分区表上执行 INSERT 操作时，Oracle 会在分区列上使用内置散列函数进行运算，然后根据运算结果均匀地分布到不同分区段上。

查询散列分区表的所有数据与查询普通表没有任何区别，Oracle 会在分区表上执行全表扫描。如果在 WHERE 子句中引用分区列，则 Oracle 会自动根据内置散列函数确定记录所在的散列分区。

❑ 列表分区

如果分区字段的值不能划分范围（非数字或日期数据类型），并且分区字段的取值范围只是一个包含少数值的集合，则可以对表进行列表分区。在进行列表分区时，需要为每个分区指定一个取值列表，分区字段的取值处于同一个取值列表中的行被存储在同一个分区中。

列表分区适用于那些分区字段是一些无序的或者无关的取值集合的表，且分区字段只能是一个单独的字段。下面是一个典型的列表分区的示例，为销售记录表创建一个列表分区表 SALES_LIST，它是根据销售地点 SALES_STATE 字段进行列表分区的。

```
SQL> create table sales_list(
  2   customer_id number(3),
  3   sales_amount number(10,2),
  4   sales_state varchar2(20),
  5   sales_date date not null
  6  )
  7  partition by list(sales_state)(
  8    partition sales_east values ('大连','青岛'),
  9    partition sales_west values ('西安','太原')
 10  );
表已创建。
```

在 CREATE TABLE 语句中通过 PARTITION BY LIST 子句说明对表进行列表分区，每个分区的定义同样由 PARTITION 关键字开头，其后跟随可选的分区名。

VALUES 子句用于指定一个分区对应的取值列表。按照销售地点的位置将 SALES_STATE 字段的所有取值分为 2 个列表：东部和西部。Oracle 会对表中每条记录的分区字段进行检查，如果分区字段值位于某个取值列表中，则系统会将相应的记录存放到相应的分区中。

❑ 组合范围散列分区

有时候根据需要范围分区后，还需要将每个分区内的数据再散列地分布到几个表空间中，这样的分区方法称为组合范围散列分区。组合范围散列分区是范围分区的一种改进形式，使它同时具有范围分区和散列分区的优势。

下面是一个典型的组合范围散列分区的示例，为销售记录表创建一个组合范围散列分区表 SALES_RANGE_HASH，它首先根据销售时间 SALES_DATE 进行范围分区，然后根据 CUSTOMER_ID 字段对得到的每个分区进行散列分区。

```
SQL> create table sales_range_hash(
  2   customer_id number(3),
  3   sales_amount number(10,2),
  4   sales_state varchar2(20),
  5   sales_date date not null
  6  )
```

```
7    partition by range(sales_date)
8    subpartition by hash(customer_id)
9    subpartitions 3(
10   partition part_01 values less than(to_date('2008-04-01','yyyy-
     mm-dd'))
11   ( subpartition p_1_1 tablespace space01,
12     subpartition p_1_2 tablespace space02,
13     subpartition p_1_3 tablespace space03),
14   partition part_02 values less than(to_date('2008-07-01','yyyy-
     mm-dd'))
15   ( subpartition p_2_1 tablespace space01,
16     subpartition p_2_2 tablespace space02,
17     subpartition p_2_3 tablespace space03),
18   partition part_03 values less than(to_date('2008-10-01','yyyy-
     mm-dd'))
19   ( subpartition p_3_1 tablespace space01,
20     subpartition p_3_2 tablespace space02,
21     subpartition p_3_3 tablespace space03),
22   partition part_04 values less than(maxvalue)
23   ( subpartition p_4_1 tablespace space01,
24     subpartition p_4_2 tablespace space02,
25     subpartition p_4_3 tablespace space03)
26   );
```

表已创建。

在创建组合范围散列分区表时，首先使用 PARTITION BY RANGE 子句根据 SALES_DATE 字段对表进行范围分区，然后使用 SUBPARTITION BY HASH 子句根据 CUSTOMER_ID 字段对各个分区进行散列分区。SALES_RANGE_HASH 表总共由 12 个分区组成，在定义子分区时，使用 TABLESPACE 关键字指定子分区所处的表空间。图 10-3 显示了组合范围散列分区表中各个子分区的情况。

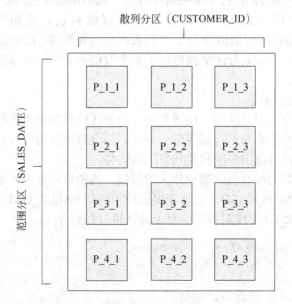

图 10-3 组合范围散列分区表

第10章 其他模式对象

❑ 组合范围列表分区

组合范围列表分区是对范围和列表分区技术的组合。在该类型的分区表中，首先对表进行范围分区，然后针对每个单独的范围分区使用列表分区技术进一步细分。与组合范围散列分区不同，范围列表分区中每个子分区的内容表示数据的逻辑子集，由适当的范围和列表分区设置来描述。

例如，下面的语句首先将表 SALES_RANGE_LIST 分为两个分区，然后对每个分区以列表分区的形式进行子分区。

```
SQL> create table sales_range_list(
  2  customer_id number(3),
  3  sales_amount number(10,2),
  4  sales_state varchar2(20),
  5  sales_date date not null
  6  )
  7   partition by range(sales_date)
  8   subpartition by list(sales_state)(
  9   partition part_01 values less than(to_date('2008-04-01',
     'yyyy-mm-dd'))
 10   ( subpartition p_1_1 values ('西安','太原') tablespace space01,
 11     subpartition p_1_2 values ('青岛','大连') tablespace space02),
 12   partition part_02 values less than(to_date('2008-07-01',
     'yyyy-mm-dd'))
 13   ( subpartition p_2_1 values ('西安','太原') tablespace space01,
 14     subpartition p_2_2 values ('青岛','大连') tablespace space02),
 15   partition part_03 values less than(to_date('2008-10-01',
     'yyyy-mm-dd'))
 16   ( subpartition p_3_1 values ('西安','太原') tablespace space01,
 17     subpartition p_3_2 values ('青岛','大连') tablespace space02),
 18   partition part_04 values less than(maxvalue)
 19   ( subpartition p_4_1 values ('西安','太原') tablespace space01,
 20     subpartition p_4_2 values ('青岛','大连') tablespace space02)
 21  );

表已创建。
```

10.1.3 修改分区表

对分区表而言，可以像对普通表一样使用 ALTER TABLE 语句进行修改。因此，本节主要介绍分区表所特有的修改。

❑ 为范围分区表增加分区

如果要在范围分区表的尾部增加新分区，可以使用 ADD PARTITION 选项。下面以在范围分区表 SALES_RANGE 的尾部增加一个新分区为例，说明在范围分区表的尾部增加分区的方法。示例如下：

```
SQL> alter table sales_range
  2  add partition part_05 values less than(to_date('2009-04-01',
  'yyyy-mm-dd'));
表已更改。
```

```
SQL> select segment_name,partition_name,tablespace_name
  2  from user_segments
  3  where segment_name='SALES_RANGE';

SEGMENT_NAME         PARTITION_NAME           TABLESPACE_NAME
------------         --------------           ---------------
SALES_RANGE          PART_01                  SPACE01
SALES_RANGE          PART_02                  SPACE02
SALES_RANGE          PART_03                  SPACE03
SALES_RANGE          PART_05                  USERS
SALES_RANGE          PART_04                  SPACE04
```

如果在创建分区表时,最后一个分区的上限值为 MAXVALUE,则无法在分区表的尾部添加新分区,否则将返回如下错误:

```
SQL> alter table sales_range
  2  add partition part_05 values less than(to_date('2009-04-01',
'yyyy-mm-dd'));

add partition part_05 values less than(to_date('2009-04-01',
'yyyy-mm-dd'))
              *
第 2 行出现错误:
ORA-14074: 分区界限必须调整为高于最后一个分区界限
```

如果在范围分区表的顶部或中间增加分区,可以使用 SPLIT PARTITION 选项。下面以在范围分区表 SALES_RANGE 的中间增加分区为例,说明使用 SPLIT PARTITION 选项的方法。示例如下:

```
SQL> alter table sales_range
  2  split partition part_03 at (to_date('2008-08-15','yyyy-mm-dd'))
  3  into (partition part_03_01,partition part_03_02);

表已更改。
```

❑ **为散列分区表增加分区**

如果要为散列分区表增加分区,既可以指定分区名,也可以不指定分区名。如果不指定分区名,Oracle 会自动生成一个分区名。下面以分区表 SALES_HASH 为例,为散列分区表增加分区。示例如下:

```
SQL> alter table sales_hash
  2  add partition part_05;

表已更改。

SQL> select segment_name,partition_name,tablespace_name
  2  from user_segments
  3  where segment_name='SALES_HASH';

SEGMENT_NAME      PARTITION_NAME            TABLESPACE_NAME
```

```
SALES_HASH         PART_05              USERS
SALES_HASH         SYS_P61              SPACE01
SALES_HASH         SYS_P62              SPACE02
SALES_HASH         SYS_P63              SPACE03
SALES_HASH         SYS_P64              SPACE04
```

❑ **为列表分区表增加分区**

如果要为列表分区表增加新分区,则必须提供相应的离散值。下面以为列表分区表 SALES_LIST 增加新分区为例,说明为列表分区表增加分区的方法。示例如下:

```
SQL> alter table sales_list add partition part_north
  2  values('北京','哈尔滨');

表已更改。

SQL> select segment_name,partition_name,tablespace_name
  2  from user_segments
  3  where segment_name='SALES_LIST';

SEGMENT_NAME    PARTITION_NAME       TABLESPACE_NAME
------------    --------------       ---------------
SALES_LIST      PART_NORTH           USERS
SALES_LIST      SALES_EAST           USERS
SALES_LIST      SALES_WEST           USERS
```

❑ **为组合范围散列分区表增加主分区和子分区个数**

为组合范围散列分区表增加分区时,不仅需要指定主分区,还应该指定子分区的个数。如果不指定子分区的个数,Oracle 会使用表级的默认子分区。例如,下面的语句向 SALES_RANGE_HASH 表增加一个主分区。

```
SQL> alter table sales_range_hash add partition p_5
  2  values less than (to_date('2009-04-01','yyyy-mm-dd'));

表已更改。

SQL> select segment_name,partition_name,tablespace_name
  2  from user_segments
  3  where segment_name='SALES_RANGE_HASH';

SEGMENT_NAME           PARTITION_NAME       TABLESPACE_NAME
------------           --------------       ---------------
SALES_RANGE_HASH       P_1_1                SPACE01
SALES_RANGE_HASH       P_1_2                SPACE02
SALES_RANGE_HASH       P_1_3                SPACE03
SALES_RANGE_HASH       P_2_1                SPACE01
SALES_RANGE_HASH       P_2_2                SPACE02
SALES_RANGE_HASH       P_2_3                SPACE03
SALES_RANGE_HASH       P_3_1                SPACE01
SALES_RANGE_HASH       P_3_2                SPACE02
```

```
SALES_RANGE_HASH                P_3_3                           SPACE03
SALES_RANGE_HASH                P_4_1                           SPACE01
SALES_RANGE_HASH                P_4_2                           SPACE02
SALES_RANGE_HASH                P_4_3                           SPACE03
SALES_RANGE_HASH                SYS_SUBP65                      USERS
SALES_RANGE_HASH                SYS_SUBP66                      USERS
SALES_RANGE_HASH                SYS_SUBP67                      USERS
```

已选择 15 行。

为组合范围散列分区表增加子分区时，需要在 ALTER TABLE…MODIFY PARTITION 语句中使用 ADD SUBPARTITION 选项为表指定添加的子分区。例如，下面的语句为分区 P_5 增加一个子分区。

```
SQL> alter table sales_range_hash modify partition p_5
  2  add subpartition;
```

表已更改。

❑ 为组合范围列表分区表增加主分区和子分区

为组合范围列表分区表增加分区时，不仅需要指定主分区，还应该指定子分区。如果不指定子分区，Oracle 会使用分区模板；如果不指定分区模板，Oracle 会建立一个默认子分区。例如，下面的语句为 SALES_RANGE_LIST 表增加主分区。

```
SQL> alter table sales_range_list add partition p5
  2  values less than (to_date('2009-04-01','yyyy-mm-dd'))(
  3     subpartition p_5_1 values ('西安','太原') tablespace space01,
  4     subpartition p_5_2 values ('青岛','大连') tablespace space02);
```

表已更改。

为组合范围列表分区表增加子分区时，需要使用 ALTER TABLE…MODIFY PARTITION 语句的 ADD SUBPARTITION 子句。例如，下面的语句为分区 P5 增加一个子分区。

```
SQL> alter table sales_range_list modify partition p5
  2  add subpartition p_5_3 values ('北京','哈尔滨');
```

表已更改。

❑ 删除分区

如果要删除范围分区表、列表分区表或组合范围列表分区表的某个分区时，可以使用 ALTER TABLE…DROP PARTITION 语句。例如，下面的语句删除了 SALES_RANGE 表的 PART_05 分区。

```
SQL> alter table sales_range
  2  drop partition part_05;
```

表已更改。

如果要删除组合范围列表分区表的子分区时,可以使用 ALTER TABLE…DROP SUBPARTITION 语句。例如,下面的语句删除了 SALES_RANGE_LIST 表的 P_5_3 子分区。

```
SQL> alter table sales_range_list drop subpartition p_5_3;
```

表已更改。

删除散列分区表或者组合范围散列分区表的分区时,可以使用 ALTER TABLE…COALESCE PARTITION 语句。例如,下面的语句删除了散列分区表 SALES_HASH 的一个分区。

```
SQL> alter table sales_hash coalesce partition;
```

表已更改。

删除组合范围散列分区表的子分区时,可以在 ALTER TABLE MODIFY PARTITION 语句中使用 COALESCE SUBPARTITION 子句。例如,下面的语句删除了 SALES_RANGE_HASH 分区表中分区 PART_04 的一个子分区。

```
SQL> alter table sales_range_hash modify partition part_04
  2  coalesce subpartition;
```

表已更改。

- ❑ 交换分区数据

使用 ALTER TABLE…EXCHANGE PARTITION 语句可以将表分区中的数据交换到普通表中,也可以将普通表中的数据交换到表分区中。例如,下面的语句将分区表 SALES_RANGE 的分区 PART_01 中的数据交换到表 SALES_1 中。

```
SQL> create table sales_1
  2  as select * from sales_range;
```

表已创建。

```
SQL> alter table sales_range exchange partition part_01
  2  with table sales_1;
```

表已更改。

- ❑ 修改分区表名称

使用 ALTER TABLE…RENAME PARTITION 语句可以修改分区表中分区的名称。例如,下面的语句将 SALES_RANGE 分区表中的 PART_01 修改为 P_1。

```
SQL> alter table sales_range rename partition part_01 to p_1;
```

表已更改。

- ❑ 合并分区

使用 ALTER TABLE…MERGE PARTITION 语句可以将多个分区的内容合并到一个

分区。例如，下面的语句将分区表 SALES_RANGE 中的 PART_03_01 和 PART_03_02 两个分区合并为 P_3 分区。

```
SQL> alter table sales_range merge partitions part_03_01,part_03_02
  2  into partition p_3;
```

表已更改。

❏ **重组分区**

使用 ALTER TABLE…MOVE PARTITION 语句可以重组特定分区中的所有数据。通过该语句可以将特定分区中的数据移到其他表空间，或删除特定分区的迁移记录。例如，下面的语句将 SALES_RANGE 的分区 P_1 移动到 USERS 表空间。

```
SQL> alter table sales_range move partition p_1
  2  tablespace users;
```

表已更改。

10.1.4 分区索引和全局索引

对于分区表而言，每个表分区对应一个分区段。当在分区表上建立索引时，既可以建立全局索引，也可以建立分区索引。对于全局索引，其索引数据会存放在一个索引段中；而对于分区索引，索引数据被存放到几个索引分区段中。对索引进行分区的目的与对表进行分区是一样的，都是为了更加易于管理和维护巨型对象。

在 Oracle 中，一共可以为分区表建立 3 种类型的索引，下面分别介绍它们的特点和适用情况。

❏ **本地分区索引**

本地分区索引为分区表的各个分区单独地建立分区，各个索引分区之间是相互独立的。本地分区索引相对比较简单，也比较容易管理。图 10-4 显示了本地分区索引和分区表之间的对应关系。

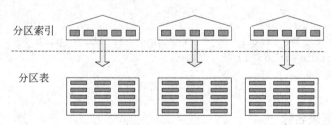

图 10-4　本地分区索引与分区表

为分区表创建本地分区索引后，Oracle 会自动对表的分区和索引的分区进行同步处理。为分区表添加了新的分区后，Oracle 会自动为新分区建立索引。与此相反，如果表的分区依然存在，则用户将不能删除它所对应的索引分区。在删除表的分区时，系统会自动删除它所对应的索引分区。

例如，下面的语句为范围分区表 SALES_RANGE 创建本地分区索引。

```
SQL> create index sales_local_idx
  2  on sales_range(customer_id) local;
```

索引已创建。

- **全局分区索引**

全局分区索引是对整个分区表建立的索引,然后再由 Oracle 对索引进行分区。全局分区索引的各个分区之间不是相互独立的,索引分区与分区表之间也不是简单的一对一关系。图 10-5 显示了全局分区索引与分区表的对应关系。

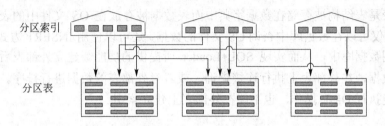

图 10-5 全局分区索引与分区表

例如,下面的语句为分区表 SALES_LIST 创建全局分区索引。

```
SQL> create index sales_global_part_idx
  2  on sales_list(customer_id)
  3  global partition by range(customer_id)
  4  (
  5    partition part1 values less than(300) tablespace space01,
  6    partition part2 values less than(maxvalue) tablespace space02
  7  );
```

索引已创建。

- **全局非分区索引**

全局非分区索引就是对整个分区表建立索引,但是未对索引进行分区。图 10-6 显示了全局非分区索引和分区表之间的对应关系。

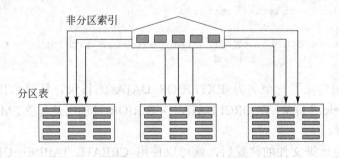

图 10-6 全局非分区索引与分区表

例如,下面的语句为分区表 SALES_HASH 创建全局非分区索引。

```
SQL> create index sales_global_idx
  2  on sales_hash(customer_id);
```

索引已创建。

本地分区索引通常用于决策支持系统环境中,而全局分区索引和全局非分区索引通常用于在线事务环境中。本地分区索引的管理大部分由 Oracle 自动完成,而全局分区索引的部分管理操作比较特殊,需要 DBA 进行更多的干预。

10.2 外部表

外部表是表结构被存储在数据字典中而表数据被存放在 OS 文件中的表。通过使用外部表,不仅可以在数据库中查询 OS 文件的数据,还可以使用 INSERT 方式将 OS 文件数据装载到数据库中,从而实现 SQL*Loader 所提供的功能。建立外部表后,可以查询外部表的数据,在外部表上执行连接查询,或者对外部表的数据进行排序。但是,在外部表上不能执行 DML 操作,也不能在外部表上建立索引。

10.2.1 建立外部表

建立外部表也是使用 CREATE TABLE 语句来完成,但建立外部表时必须指定 ORGANIZATION EXTERNAL 子句。与建立普通表不同,建立外部表包括两部分:一部分描述列的数据类型,另一部分描述 OS 文件数据与表列的对应关系。

为了演示如何建立外部表,这里使用包含逗号分隔符的文件"EMPLOYEES.CSV",该类型的文件可以被 Excel 使用。

(1)为了建立外部表,Oracle 需要知道外部文件在操作系统中的位置,这可以通过使用目录对象作为服务器文件系统上目录的别名来解决。创建时还需为非特权用户或 DBA 用户授予 CREATE ANY DIRECTORY 系统权限。另外,为了使数据库用户可以访问特定目录下的 OS 文件,必须将读写目录对象的权限授予用户。

```
SQL>conn / as sysdba
已连接。
SQL> create directory exterior_data
  2   as 'd:\orcldata\exterior';
目录已创建。
SQL> grant read,write on directory exterior_data to scott;
授权成功。
```

上面的语句建立了一个名为 EXTERIOR_DATA 的目录,该目录指向服务器上的 "d:\orcldata\exterior"目录,D:\ORCLDATA\EXTERIOR 目录也是存放 EMPLOYEES.CSV 数据文件的位置。

(2)在指定数据文件的位置后,就可以使用 CREATE TABLE…ORGANIZATION EXTERNAL 语句创建外部表。这里需要注意,数据文件中的数据不会被存储到数据库中。创建外部表 EXT_EMP 的语句如下。

```
SQL> create table ext_emp
  2   (empno number(4),
  3    ename varchar2(12),
```

```
  4    job varchar2(12) ,
  5    mgr number(4) ,
  6    hiredate date,
  7    salary number(8),
  8    comm number(8),
  9    deptno number(3))
 10   organization external
 11   (type oracle_loader
 12    default directory exterior_data
 13    access parameters(
 14    records delimited by newline
 15    fields terminated by ',')
 16    location('employees.csv'));
```

表已创建。

创建外部表的语句比创建普通表要复杂，CREATE TABLE 语句与创建普通表的语句前半部分相同。下面的 ORGANIZATION EXTERNAL 子句指出正在创建的表是外部表，其中 TYPE 关键字指定访问外部表数据文件时所使用的访问驱动程序，该程序可以将数据从它们最初的格式转换为可以向服务器提供的格式。ACCESS PARAMETERS 选项就是用于驱动程序访问数据文件时进行转换的参数设置，其中，FIELDS TERMINATED BY 选项决定了字段之间的分隔符。

10.2.2 处理外部表错误

在将数据文件中的数据转换为表中列数据时，不可避免地会出现一些错误。当出现错误时，用户就需要收集错误信息，从中找到导致错误出现的原因并加以纠正。在创建外部表时，关于错误处理的子句包括：REJECT LIMIT、BADFILE 和 LOGFILE 子句。

❑ **REJECT LIMIT 子句**

如果在创建外部表时，使用了 REJECT LIMIT 子句，则将数据文件中的数据转换为表定义的列数据时，数据库允许出现特定数量的错误。如果用户在执行一个查询，而 Oracle 遇到超过这个转换数量的错误时，那么查询将会失败。

默认情况下，REJECT LIMIT 子句指定的数值为 0。可以使用 REJECT LIMIT 子句设置允许出现的错误数为 UNLIMITED，这样查询就不会失败。如果外部数据文件中的所有记录都由于转换错误而失败，那么查询这个外部表时将返回 0 行。

例如，下面的示例将重新创建外部表 EXT_EMP，并在指定字段分隔符时使用分号";"，很显然这在转换数据时将发生错误。但是，由于其中使用了 REJECT LIMIT 子句指定错误数为无限 UNLIMITED，所以可以成功地创建外部表。

```
SQL> create table ext_emp
  2    (
  ...
)
 10   organization external
 11   (type oracle_loader
 12    default directory exterior_data
```

```
13     access parameters(
14     records delimited by newline
15     fields terminated by ';')
16     location('employees.csv'));
17     reject limit unlimited;
```

表已创建。

虽然忽略了在创建外部表时发生的错误，但是，这意味着 Oracle 可能无法读取数据文件中的数据。如果这时用户使用 SELECT 语句查询该外部表，则无法返回正常的数据。

❑ **BADFILE 和 NOBADFILE 子句**

当读取外部表的数据文件时，数据库可能会遇到数据类型转换错误，不能够将源文件转换成数据库中为外部表定义的列。这时可以在创建外部表时使用 BADFILE 子句，将所有不能转换的数值写入 BADFILE 指定的文件中。

```
SQL> create table ext_emp
  2    (empno number(4),
...
  9     deptno number(3))
 10    organization external
 11    (type oracle_loader
 12     default directory exterior_data
 13     access parameters(
 14     records delimited by newline
 15     badfile exterior_data:'emp.text'
 16     fields terminated by ',')
 17     location('employees.csv'))
 18     reject limit unlimited;
```

表已创建。

根据前面的示例，如果在外部 OS 文件中有这样一条记录：

```
79814,ATG,MANAGER,7839,1990-12-26,2500,0,10
```

则 Oracle 就不能读取它，因为 79814 为 5 位数，而 EMPNO 的定义允许 4 位数。查询该表将返回能够成功转换的所有记录，而不能转换的记录会被记录到 BADFILE 文件中。

与 BADFILE 子句相反，如果在建立外部表时使用 NOBADFILE 子句，Oracle 将会忽略数据类型转换错误。如果用户在创建表时没有规定 BADFILE 和 NOBADFILE，默认情况下，Oracle 将使用名称与外部表相同但扩展名为.BAD 的文件，并且该文件位于数据文件所处的目录中。

BADFILE 可以为表的所有者提供一个可供分析的文件，找到发生错误的记录，以便 DBA 调整数据或者表定义，确保源文件中的所有数据都可以由 Oracle 读取。

❑ **LOGFILE 和 NOLOGFILE**

在第一次建立表时，外部表会经常发生错误。例如，操作系统限制 Oracle 读取文件，或者数据文件不存在等。当发生错误时，Oracle 将在日志文件中记录这些错误。LOGFILE

子句用于指定记录错误信息的日志文件。如果要忽略访问外部数据源时所遇到的错误，则可以使用 NOLOGFILE 子句，这样 Oracle 将不会将错误信息写入任何日志文件。

如果在创建外部表时没有规定 LOGFILE 或者 NOLOGFILE，Oracle 将会使用默认情况，建立一个 LOGFILE 文件，该文件的名称与外部表相同，扩展名为.LOG，该文件与数据文件位于同一个目录。

10.2.3 修改外部表

当在操作系统环境中修改了数据文件所对应的 OS 路径后，为了使 Oracle 能够正确标识 OS 文件所在的目录，则必须改变 DIRECTORY 对象。例如，下面的语句修改外部表 EXT_EMP 的默认 DIRECTORY 对象为 EXT_NEW。

```
SQL>alter table ext_emp default direct ext_new;
```

当在操作系统中修改了 OS 文件名后，为了使 Oracle 能够正确标识该 OS 文件，则必须逻辑修改外部表对应的 OS 文件。例如，下面的语句修改外部表 EXT_EMP 对应的 OS 文件为 EMP.CVS。

```
SQL>alter table ext_emp location('emp.csv');
```

当数据文件的数据格式发生改变时，如分隔符由","变为";"，这就需要改变访问参数设置。例如：

```
SQL>alter table ext_emp access parameters
2  (fields terminated by ';')
```

10.3 临时表

Oracle 的临时表与其他关系数据库中的不同，Oracle 中的临时表是"静态"的，也就是说，用户不需要在每次使用临时表时重新建立，它与普通的数据表一样被数据库保存，其结构从创建开始直到被删除期间一直是有效的，并且被作为模式对象存在于数据字典中。通过这种方法，可以避免每当用户需要使用临时表存储数据时必须重新创建临时表。

临时表与其他类型表的不同之处是：临时表只有在用户向表中添加数据时，才会为其分配存储空间；而其他类型的表则在 CREATE TABLE 语句执行之后就分配一个盘区。并且为临时表分配的空间来自临时表空间，这就避免了与永久对象争用存储空间。不仅如此，临时表中存储数据也是以事务或者会话为基础的，当用户当前的事务结束或会话终止时，就会因为释放该临时表占用的存储空间而丢失数据。尽管临时表的数据存储机制与堆表的数据存储机制有明显的差异，但是用户可以像在堆表上进行操作一样，在临时表上建立索引、视图和触发器等。

由于临时表中存储的数据只是在当前事务处理或者会话进行期间有效，所以创建的临时表分为事务级别临时表和会话级别临时表。这就要求在使用 CREATE GLOBAL

TEMPORARY TABLE 语句创建临时表时，还需要使如下子句说明创建的临时表级别。
- 如果要创建一个事务级别的临时表，需要使用 ON COMMIT DELETE ROWS 子句。事务级别的临时表在 Oracle 每次提交事务后，其中的记录都会被自动删除。
- 如果要创建一个会话级别的临时表，则需要使用 ON COMMIT PRESERVE ROWS 子句。会话级别的临时表在用户连接到服务器期间，其中的记录将被一直保存，并持续到用户断开与服务器的连接。

10.4 簇与簇表

簇是一种用于存储数据表中数据的方法。簇实际上是一组表，由一组共享相同数据块的多个表组成。因为这些表有公共的列并且经常一起被使用，所以将这些表组合在一起，不仅降低了簇键列所占用的磁盘空间，而且可以大大降低特定 SQL 操作的 I/O 次数，从而提高数据访问性能。

10.4.1 索引簇

索引簇是指使用索引定义簇键列数据的方法。如果用户需要执行连接查询显示主从表的数据，则应该将主从表组织到索引簇。

1. 普通表与索引簇

在建立普通表时，Oracle 会为该表分配相应的表段。例如，当建立表 DEPT 和 EMP 时，Oracle 会分别为这两张表分配表段 DEPT 和 EMP，并且它们的数据被分别存放到这两个表段中。

如图 10-7 所示，表 EMP 中的所有数据被存放到表段 EMP 中，而表 DEPT 中的数据则被存放到表段 DEPT 中。因为这两个表被存放在不同位置，所以在执行连接查询语句时，至少需要扫描两个数据块才能检索到关联的数据。

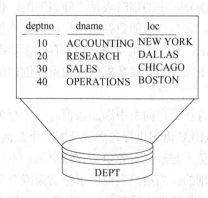
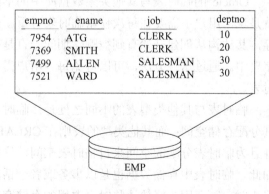

图 10-7 普通表存放数据的方式

使用索引簇存储表数据时，Oracle 会将不同表的相关数据按照簇键值存放在簇段中。例如，当建立索引簇 EMP_DEPT，并将 EMP 和 DEPT 表组织到索引簇后，Oracle 会按照簇键 DEPTNO 存放相关数据，如图 10-8 所示。

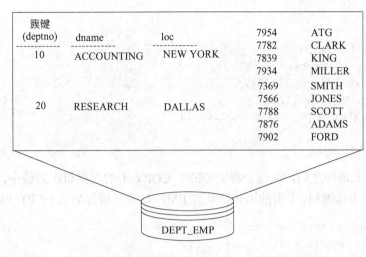

图 10-8 索引簇存储数据

表 EMP 和 DEPT 中的所有数据都被存储在簇段 DEPT_EMP 中。因为关联数据被存储到同一个数据块,所以当执行如下的连接查询语句检索部门只为 10 的部门信息及该部门的雇员信息时,只需要扫描一个数据块就可以检索到关联数据。在这种情况下,使用索引簇显然速度更快。

```
select t2.deptno,t2.dname,t2.loc,t1.empno,t1.ename from emp t1,dept t2
where t1.deptno=t2.deptno and t1.deptno=10;
```

2. 建立索引簇

使用索引簇时,簇键列数据是通过索引来定位的。如果用户经常使用主从查询显示相关表的数据,可以将这些表组织到索引簇中,并应将主外键列作为簇键列。在自己模式中创建索引簇时,用户必须具有 CREATE CLUSTER 系统权限,以及能够包含该索引簇的表空间限额或具有 UNLIMITED TABLESPACE 系统权限。如果想在其他模式中创建索引簇,则必须具有 CREATE ANY CLUSTER 系统权限。

例如,下面的语句建立索引簇 DEPT_EMP_CLU,在这个簇中通过 DEPTNO 字段对 SCOTT.EMP 和 SCOTT.DEPT 两个表进行聚簇存储。

```
SQL> create cluster dept_emp_clu (deptno number(3))
  2  pctfree 20 pctused 60
  3  size 500 tablespace space01;
```

簇已创建。

如上所示,簇键列为 DEPTNO,PCTFREE 用于指定在数据块内为 UPDATE 操作所预留的空间,PCTUSED 则指定将数据块标记为可重新插入数据时已用空间的最低百分比。SIZE 用于指定每个簇键值相关行数据所占用的总计空间,其默认值为一个数据块的大小,TABLESPACE 用于指定簇段所在的表空间。

在建立索引簇时,为了将表组织到簇中,创建表时必须指定 CLUSTER 子句来指定新创建的表所使用的簇以及簇键列。另外,创建的簇表将从所使用的索引簇中分配存储空间。例如,下面以将 DEPT_COPY 表增加到簇 DEPT_EMP_CLU 为例,说明增加主表到簇中的方法。

```
SQL> create table dept_copy(
  2    deptno number(3) primary key,
  3    dname varchar2(30),
  4    loc varchar2(20)
  5  )cluster dept_emp_clu(deptno);
```

表已创建。

执行了以上语句之后，系统会将表 DEPT_COPY 中的数据组织到簇中，并且主键列 DEPTNO 会作为簇键列。下面的语句将从表 EMP_COPY 增加到簇 DEPT_EMP_CLU 中。

```
SQL> create table emp_copy(
  2    empno number(4) primary key,
  3    ename varchar2(20),
  4    job varchar2(10),
  5    mgr number(4),
  6    hiredate date,
  7    sal number(7,2),
  8    comm number(7,2),
  9    deptno number(3) references dept_copy)
 10  cluster dept_emp_clu(deptno);
```

表已创建。

执行了上述语句后，会将表 EMP_COPY 中的数据组织到簇中，并且外键列 DEPTNO 会作为簇键列。

为了能够向簇表中添加数据，用户还必须建立簇索引。否则，系统将返回如下错误：

```
SQL> insert into dept_copy(deptno,dname,loc)
  2  values(10,'ACCOUNTING','NEW YORK');
insert into dept_copy(deptno,dname,loc)
            *
第 1 行出现错误：
ORA-02032：聚簇表无法在簇索引建立之前使用
```

因为 Oracle 会自动基于簇键列建立簇索引，所以在建立簇索引时不需要指定列名。示例如下：

```
SQL> create index dept_emp_idx
  2  on cluster dept_emp_clu
  3  tablespace users;
```

索引已创建。

在选择簇表时，应考虑如下两种因素。
❏ 相关的表主要用于执行 SELECT 操作，而不是执行 INSERT 和 UPDATE 操作。
❏ 经常需要在相关表之间执行连接查询。

建立索引簇时，通过指定 PCTFREE 和 PCTUSED 选项，可以控制数据块的使用空间。如果建立簇时指定 PCTFREE 和 PCTUSED 选项，Oracle 会忽略表级的相应选项设置,而自动使用簇级的相应设置。

3. 修改和删除簇

建立簇后,用户还可以簇进行修改。对簇可以进行的修改包括:修改数据块的使用参数;扩展簇段;释放簇段空间;改变 SIZE 选项和删除索引簇。

建立索引簇后,如果数据块的参数设置不合适,则可以使用 ALTER CLUSTER 命令改变 PCTFREE 和 PCTUSED 选项。示例如下:

```
SQL> alter cluster dept_emp_clu
  2 pctfree 30 pctused 40;
```

簇已变更。

在使用 SQL*Loader 为簇表装载数据时,如果簇段空间不足,这将导致簇段动态扩展,从而降低数据装载速度。为了避免簇的动态分配,应该在执行装载操作前手动为簇段分配足够空间。需要注意,散列簇不能扩展。示例如下:

```
SQL> alter cluster dept_emp_clu
  2 allocate extent;
```

簇已变更。

在建立索引簇时,使用 SIZE 选项可以指定每个簇键值所占用的平均空间。如果该选项设置得太小,则可能会导致记录迁移。如果该选项设置得不合适,可以使用 ALTER CLUSTER 修改其设置。需要注意,散列簇的 SIZE 选项不能修改。示例如下:

```
SQL> alter cluster dept_emp_clu size 1024;
```

簇已变更。

如果索引簇包含簇表,那么当删除索引簇时,必须首先删除其簇表。否则将返回如下所示错误:

```
SQL> drop cluster dept_emp_clu;
drop cluster dept_emp_clu
*
第 1 行出现错误:
ORA-00951: 簇非空
```

如果希望在删除簇时同时删除簇表,可以在 DROP CLUSTER 语句中使用 INCLUDING TABLES 选项,以级联删除簇表及簇。

10.4.2 散列簇

散列簇使用散列(HASH)函数定位行的位置。通过散列簇,可以将静态表的数据均匀地分布到数据块中。将表组织到散列簇后,如果使用 WHERE 子句中引用簇键列,Oracle 会根据散列函数的结果定位表行数据。合理地使用散列簇,可以大大降低磁盘 I/O,从而提高数据访问性能。

1. 散列簇定位数据

当在普通表上建立 B 树索引后，如果在 WHERE 子句中引用索引列，Oracle 会自动使用索引定位表行数据。如图 10-9 所示，假设索引层次为 2，那么当执行查询语句时，Oracle 会根据索引定位其数据行，I/O 次数为 4。

将静态表组织到散列簇时，Oracle 会根据散列函数的结果分布表行数据。当在 WHERE 子句中引用散列簇键列时，Oracle 会根据散列值确定表行位置，从而直接检索其数据值。如图 10-10 所示，假设在 EMPLOYEES 表中具有 1000 行记录，因为员工记录数相对固定，所以可以考虑将其数据组织到散列簇中。如果将 EMPLOYEES 表组织到散列簇中，并使用散列函数 MOD(EMPNO,100)，那么 157、257、357 等员工信息就会存放到相同数据块中，当执行 SELECT * FROM EMPLOYEES WHERE EMPNO=567 语句时，只需要一次 I/O 操作。从这里可以看出，使用散列簇的性能显然优于使用索引定位数据。

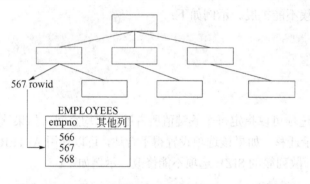

图 10-9 通过 B 树索引检索数据　　图 10-10 散列簇

2. 建立散列簇

使用散列簇时，表行数据是通过簇键列定位的。如果经常在等值查询中引用簇键列，可以将表组织到散列簇；如果经常在范围查询中引用特定列，则不应该将表组织到散列簇。另一方面，如果表数据是静态的，则可以考虑将该表组织到散列簇；反之，如果表数据的变化非常频繁，则使用散列簇是不合理的。

在建立散列簇时，需要使用 HASH IS 定义散列函数。如果不指定 HASH IS 子句，Oracle 会使用默认散列函数。为了避免浪费存储空间，在建立散列簇之前，应该规划好簇键列相关行数据占用的平均空间。例如：

```
SQL> create cluster employee_clu(empno number(4))
  2  size 500 hashkeys 1000 hash is mod(empno,100)
  3  tablespace space01;
```

簇已创建。

如上所示，SIZE 子句指定每个散列簇键值的数据行所占用的总计空间，如果未指定该选项，Oracle 会自动为每个簇键值保留一个数据块的空间。HASHKEYS 用于指定散列键值的个数，该选项是必须的。HASH IS 用于指定用户自定义的散列函数，如果未指定该选项，Oracle 会自动使用系统提供的散列函数。TABLESPACE 用于指定簇段所在的表

其他模式对象

空间。

建立簇表时，用户必须具有 CREATE TABLE 系统权限；如果要在其他模式中建立簇表，则必须具有 CREATE ANY TABLE 系统权限。例如，下面的语句将表 EMPLOYEES 组织到散列簇。

```
SQL> create table employees(
  2    empno number(4) primary key,
  3    ename varchar2(20),
  4    job varchar2(10),
  5    mgr number(4),
  6    hiredate date,
  7    sal number(7,2),
  8    comm number(7,2),
  9    deptno number(3))
 10    cluster employee_clu(empno);
```

表已创建。

注意 将静态表组织到散列簇后，如果在 WHERE 子句中引用簇键列，Oracle 会使用散列簇定位数据。

3．建立单表散列簇

单表散列簇是指只能存放单个表数据的散列簇。对于普通散列簇而言，每个散列簇可以包含共用相同簇键列的多个表；而对于单表散列簇而言，每个单表散列簇只能存放一个表的数据。

在建立单表散列簇时，必须指定 SINGLE TABLE 选项和 HASHKEYS 选项。为了提高空间利用率，还应该仔细规划并指定 SIZE 选项。例如，下面的语句建立单表散列簇 EMP_CLU。

```
SQL> create cluster emp_clu(empno number(4))
  2    size 100 single table hashkeys 1000
  3    tablespace users;
```

簇已创建。

建立单表散列簇后，就可以向簇中添加簇表。例如：

```
SQL> create table emp_sample(
  2    empno number(4),
  3    ename varchar2(20),
  4    sal number(7,2)
  5  )cluster emp_clu(empno);
```

表已创建。

4．修改和删除散列簇

修改散列簇是由 ALTER CLUSTER 语句完成的。一般情况下，修改簇是由簇的所有者完成的，如果要以其他用户身份修改簇，则要求该用户必须具有 ALTER ANY CLUSTER 系统权限。但是，散列簇的 SIZE、HASHKEYS 和 HASH IS 等选项不能被修改。

使用 SQL*Loader 为簇表装载数据时，如果簇段表空间不足，将导致簇段动态扩展，这会降低数据装载速度。为了避免簇段的动态分配，应该在执行装载操作前手动为簇段分配足够空间。示例如下：

```
SQL> alter cluster emp_clu allocate extent;
簇已变更。
```

如果簇段实际占用空间多于所需空间，则可以手动释放其所占用的多余空间。例如：

```
SQL> alter cluster emp_clu deallocate unused;
簇已变更。
```

如果散列簇不包含簇表，则可以直接使用 DROP CLUSTER 语句删除散列簇。反之，如果散列簇中包含簇表，则必须在 DROP CLUSTER 命令中使用 INCLUDING TABLES 选项，以便级联删除簇表及散列簇。例如：

```
SQL> drop cluster emp_clu including tables;
簇已删除。
```

10.4.3 显示簇信息

建立索引簇或散列簇时，Oracle 会将簇的相关信息存放到数据字典中，通过查询数据字典视图 USER_CLUSTERS，可以显示当前用户所有簇的信息。例如，下面的语句将显示 SCOTT 用户所包含的所有簇。

```
SQL> select cluster_name,tablespace_name,key_size
  2  from user_clusters;

CLUSTER_NAME      TABLESPACE_NAME              KEY_SIZE
------------      ---------------              --------
EMPLOYEE_CLU      SPACE01                           500
DEPT_EMP_CLU      SPACE01                          1024
```

在建立索引簇或散列簇时，Oracle 会为其分配簇段，并将其信息存放到数据字典中。通过查询数据字典视图 USER_SEGMENTS，可以显示当前用户的簇段的信息。例如：

```
SQL> select segment_name,segment_type,tablespace_name,bytes
  2  from user_segments
  3  where segment_name='DEPT_EMP_CLU';

SEGMENT_NAME      SEGMENT_TYPE      TABLESPACE_NAME       BYTES
------------      ------------      ---------------       -----
DEPT_EMP_CLU      CLUSTER           SPACE01              131072
```

在建立索引簇或散列簇时需指定簇键列，Oracle 会将簇键列的信息存放到数据字典中。可以通过查询数据字典视图 USER_CLU_COLUMNS，显示当前用户所有簇的簇键列信息。例如，下面的语句将显示 SCOTT 用户的 DEPT_EMP_CLU 簇的簇键列信息。

```
SQL> select clu_column_name,table_name,tab_column_name
  2  from user_clu_columns
  3  where cluster_name='DEPT_EMP_CLU';

CLU_COLUMN_NAME         TABLE_NAME         TAB_COLUMN_NAME
---------------         ----------         ---------------
DEPTNO                  DEPT_COPY          DEPTNO
DEPTNO                  EMP_COPY           DEPTNO
```

在建立散列簇时，Oracle 会将其散列函数信息存放到数据字典中。通过查询数据字典视图 USER_CLUSTER_HASH_EXPRESSIONS，可以显示当前用户所有散列簇的散列函数。例如，下面的语句将显示 SCOTT 用户的所有散列簇和散列函数。

```
SQL> col hash_expression format a30
SQL> select cluster_name,hash_expression
  2  from user_cluster_hash_expressions;

CLUSTER_NAME         HASH_EXPRESSION
------------         ---------------
EMPLOYEE_CLU         mod(empno,100)
```

10.5 管理视图

视图是一个虚拟表，它由存储的查询构成，可以将它的输出看作是一个表。视图同真实的表一样，也包含一系列带有名称的列和行数据。但是，视图并不在数据库中存储数据值，其数据值来自定义视图的查询语句所引用的表，数据库只在数据字典中存储视图的定义信息。

视图可以建立在关系表上，也可以在其他视图上，或者同时建立在两者之上。视图看上去非常像数据库中的表，甚至可以在视图中进行 INSERT、UDATE 和 DELETE 操作。通过视图修改数据时，实际上就是在修改基本表中的数据。与之相对应，改变基本表中的数据也会反映到由该表组成的视图中。

10.5.1 创建视图

创建视图是使用 CREATE VIEW 语句完成的。为了在当前用户模式中创建视图，要求数据库用户必须具有 CREATE VIEW 系统权限；如果要在其他用户模式中创建视图，则用户必须具有 CREATE ANY VIEW 系统权限。

创建视图最基本的语法如下：

```
create [ or replace] view <view_name> [(alias[,alias]…)]
as <subquery>;
[with check option [constraint constraint_name]]
[with read only]
```

如上所示，ALIAS 用于指定视图列的别名，SUBQUERY 用于指定视图对应的子查询语句；WITH CHECK OPTION 子句用于指定在视图上定义的 CHECK 约束；WITH READ ONLY 子句用于定义只读视图。在创建视图时，如果不提供视图列别名，Oracle 会自动使用子查询的列名或列别名；如果视图子查询包含函数或表达式，则必须定义列别名。下面通过示列说明建立和使用视图的方法。

1．简单视图

简单视图是指基于单个表建立的，不包含任何函数、表达式和分组数据的视图。下面的语句建立了一个用于显示某个部门的员工信息的视图。

```
SQL> create or replace view emp_sales_view as
  2    select empno,ename,job,sal,deptno
  3    from scott.emp
  4    where deptno=30;

视图已创建。
```

上述语句建立一个视图 EMP_SALES_VIEW。因为建立视图时没有提供列别名，所以视图的列名分别为 EMPNO、ENAME、JOB、SAL 和 DEPTNO。对于简单视图而言，不仅可以执行 SELECT 操作，而且还可以执行 INSERT、UPDATE、DELETE 等操作。示例如下：

```
SQL> insert into emp_sales_view
  2    values(7950,'mary','CLERK',1000,30);
已创建 1 行。

SQL> update emp_sales_view
  2    set sal=2000
  3    where empno=7950;
已更新 1 行。

SQL> select * from emp_sales_view;
    EMPNO ENAME      JOB            SAL    DEPTNO
    ----- ------     ----           ---    ------
     7950 mary       CLERK         2000        30
     7499 ALLEN      SALESMAN      1600        30
     7521 WARD       SALESMAN      1250        30
     7654 MARTIN     SALESMAN      1250        30
     7698 BLAKE      MANAGER       2850        30
     7844 TURNER     SALESMAN      1500        30
     7900 JAMES      CLERK          950        30
已选择 7 行。

SQL> delete from emp_sales_view where empno=7950;
已删除 1 行。
```

系统在执行 CREATE VIEW 语句创建视图时，只是将视图的定义信息存入数据字典，并不会执行其中的 SELECT 语句。在对视图进行查询时，系统才会根据视图的定义从基本表中获取数据。由于 SELECT 是使用最广泛、最灵活的语句，通过它可以构造一些复杂的查询，从而构造一个复杂的视图。

2. 建立视图并定义 CHECK 约束

建立视图时可以指定 WITH CHECK OPTION 选项，该选项用于在视图上定义 CHECK 约束。在视图上定义了 CHECK 约束后，如果在视图上执行 INSERT 和 UPDATE 操作，则要求新数据必须符合视图子查询中的约束。下面的语句重新定义视图 EMP_SALES_VIEW，在该视图上定义了 CHECK 约束。

```
SQL> create or replace view emp_sales_view as
  2    select empno,ename,job,sal,deptno
  3    from scott.emp
  4    where deptno=30
  5    with check option constraint chk_vu30;

视图已创建。
```

上述语句重新定义了视图 EMP_SALES_VIEW，并定义了 CHECK 约束 CHK_VU30。这样当基于视图 EMP_SALES_VIEW 执行 INSERT 操作时，DEPTNO 列的值必须设置为 30；在基于视图 EMP_SALES_VIEW 执行 UPDATE 操作时，可以修改除 DEPTNO 列之外的所有列。

3. 建立只读视图

建立视图时可以指定 WITH READ ONLY 选项，该选项用于定义只读视图。定义了只读视图后，数据库用户只能在该视图上执行 SELECT 语句，而禁止执行 INSERT、UPDATE 和 DELETE 语句。

例如，下面的语句建立了一个只读视图 EMP_RESEARCH_VIEW，用于获得部门编号为 20 的员工信息。

```
SQL> create or replace view emp_research_view as
  2    select * from scott.emp
  3    where deptno=20
  4    with read only;

视图已创建。
```

用户只可以在该视图上执行 SELECT 操作，而禁止任何 DML 操作。例如：

```
SQL> update emp_research_view
  2   set sal=1000
  3   where empno=7369;
set sal=1000
    *
第 2 行出现错误:
ORA-42399: 无法对只读视图执行 DML 操作
```

4. 复杂视图

复杂视图是指包含函数、表达式或分组数据的视图，使用复杂视图的主要目的是为了简化查询操作。需要注意，当视图子查询包含函数或表达式时，必须为其定义列别名。复杂视图主要用于执行查询操作，而执行 DML 操作时必须符合特定条件。

例如，下面的语句建立了一个复杂视图 JOB_SAL_VIEW，该视图用于获得每个岗位的平均工资、工资总和、最高工资和最低工资。

```
SQL> create or replace view job_sal_view as
  2     select job 岗位,avg(sal) 平均工资,sum(sal) 工资总和,max(sal) 最高工
         资,min(sal) 最低工资
  3     from scott.emp
  4     group by job;
```

视图已创建。

为了获取岗位工资的统计信息,可以直接查询该视图。例如:

```
SQL> select * from job_sal_view
  2  where 岗位='CLERK';
```

岗位	平均工资	工资总和	最高工资	最低工资
CLERK	1101.66667	6610	1400	950

5. 连接视图

连接视图是指基于多个表所建立的视图,使用连接视图的主要目的是为了简化连接查询。需要注意,建立连接视图时,必须使用 WHERE 子句中指定有效的连接条件,否则结果就是毫无意义的笛卡尔积。

例如,下面的语句将创建一个连接视图 DEPT_EMP_VIEW,该视图用于获取部门编号为 10 的员工信息和部门信息。

```
SQL> create or replace view dept_emp_view as
  2     select t1.deptno,t1.dname,t1.loc,t2.empno,t2.ename,t2.sal
  3     from dept t1,emp t2
  4     where t1.deptno=t2.deptno and t1.deptno=10;
```

视图已创建。

建立了连接视图 DEPT_EMP_VIEW 后,为了获取部门编号为 10 的部门及员工信息时,可以直接查询该视图。例如:

```
SQL> select * from dept_emp_view;
```

DEPTNO	DNAME	LOC	EMPNO	ENAME	SAL
10	ACCOUNTING	NEW YORK	7951	MARY	1000
10	ACCOUNTING	NEW YORK	7954	ATG	1200
10	ACCOUNTING	NEW YORK	7782	CLARK	2550
10	ACCOUNTING	NEW YORK	7839	KING	5100
10	ACCOUNTING	NEW YORK	7934	MILLER	1400

10.5.2 管理视图

在创建视图后,用户还可以对视图进行管理,主要包括:查看视图的定义信息、修改视图定义、重新编译视图和删除视图。

第10章 其他模式对象

❑ **查看视图定义**

前面介绍过，数据库并不存储视图中的数值，而是存储视图的定义信息。用户可以通过查询数据字典视图 USER_VIEWS，以获得视图的定义信息。数据字典视图 USER_VIEWS 的结构如下：

```
SQL> desc user_views
 名称                    是否为空?         类型
 ----                    --------         ----
 VIEW_NAME              NOT NULL          VARCHAR2(30)
 TEXT_LENGTH                              NUMBER
 TEXT                                     LONG
 TYPE_TEXT_LENGTH                         NUMBER
 TYPE_TEXT                                VARCHAR2(4000)
 OID_TEXT_LENGTH                          NUMBER
 OID_TEXT                                 VARCHAR2(4000)
 VIEW_TYPE_OWNER                          VARCHAR2(30)
 VIEW_TYPE                                VARCHAR2(30)
 SUPERVIEW_NAME                           VARCHAR2(30)
 EDITIONING_VIEW                          VARCHAR2(1)
 READ_ONLY                                VARCHAR2(1)
```

在 USER_VIEWS 视图中，TEXT 列存储了用户视图的定义信息，即构成视图的 SELECT 语句。

```
SQL> select text
  2  from user_views
  3  where view_name=upper('employees_admin_view');

TEXT
----
select employee_id,last_name,email,hire_date,job_id,salary
from hr.employees_copy
```

❑ **修改视图定义**

建立视图后，如果要改变视图所对应的子查询语句，则可以执行 CREATE OR REPLACE VIEW 语句。例如：

```
SQL> create or replace view dept_emp_view as
  2     select t1.deptno,t1.dname,t1.loc,t2.empno,t2.ename,t2.sal
  3     from dept t1,emp t2
  4     where t1.deptno=t2.deptno and t1.deptno=10;
```

❑ **重新编译视图**

视图被创建后，如果用户修改了视图所依赖的基本表定义，则该视图会被标记为无效状态。当用户访问视图时，Oracle 会自动重新编译视图。除此之外，用户也可以使用 ALTER VIEW 语句手动编译视图。例如：

```
SQL> alter view dept_emp_view compile;
视图已变更。
```

❏ 删除视图

当视图不再需要时,用户可以执行 DROP VIEW 语句删除视图。用户可以直接删除其自身模式中的视图,但如果要删除其他用户模式中的视图,要求该用户必须具有 DROP ANY VIEW 系统权限。例如:

```
SQL> drop view dept_emp_view;
视图已删除。
```

执行 DROP VIEW 语句后,视图的定义将被删除,这对视图内所有的数据没有任何影响,它们仍然存储在基本表中。

10.6 管理序列

序列是 Oracle 提供的用于生成一系列唯一数字的数据库对象。序列会自动生成顺序递增的序列号,以实现自动提供唯一的主键值。序列可以在多用户并发环境中使用,并且可以为所有用户生成不重复的顺序数字,而不需要任何额外的 I/O 开销。

10.6.1 创建序列

序列与视图一样,并不占用实际的存储空间,只是在数据字典中保存它的定义信息。用户在自己的模式中创建序列时,必须具有 CREATE SEQUENCE 系统权限。如果要在其他模式中创建序列,必须具有 CREATE ANY SEQUENCE 系统权限。

使用 CREATE SEQUENCE 语句创建序列的语法如下:

```
create sequence <seq_name>
[start with n]
[increment by n]
[minvalue n | nomainvalue]
[maxvalue n | nomaxvalue]
[cache n | ncache]
[cycle | nocycle ]
[order | noorder];
```

CREATE SEQUENCE 语句的各组成部分的意义如下。

❏ **seq_name** 创建的序列名。

❏ **Increment** 该子句是可选的,表示序列的增量。一个正数将生成一个递增的序列,一个负数将生成一个递减的序列。默认值是 1。

❏ **minvalue** 可选的子句,决定序列生成的最小值。

❏ **maxvalue** 可选的子句,决定序列生成的最大值。

❏ **start** 可选的子句,指定序列的开始位置。默认情况下,递增序列的起始值为 minvalue,递减序列的起始值为 maxvalue。

❏ **cache** 该选项决定是否产生序列号预分配,并存储在内存中。

❏ **cycle** 可选的关键字,当序列到达最大值(maxvalue)或者最小值(minvalue)

时可复位并继续下去。如果达到极限，生成的下一个数据将分别是最小值或者最大值。如果使用 NO CYCLE 选项，那么在序列达到其最大值或最小值之后，如果再试图获取下一个值将返回一个错误。

❑ **order** 该选项可以保证生成的序列值是按顺序产生的。例如，ORDER 可以保证第一个请求得到的数为 1，第二个请求得到的数为 2，依次类推；而 NOORDER 只保证序列值的唯一性，不保证产生序列值的顺序。

建立序列时，必须为序列提供相应的名称。对于序列的其他子句而言，因为这些子句都具有默认值，所以既可以指定，也可以不指定。下面的语句创建一个序列 DENTNO_SEQ，使用这个序列可以为 DEPT 表的 DEPTNO 列生成唯一的整数：

```
SQL> create sequence deptno_seq
  2  maxvalue 99
  3  start with 50
  4  increment by 10
  5  cache 10;

序列已创建。
```

对于上面创建的序列而言，序列 DEPTNO_SEQ 的第一个序列号为 50，序列增量为 10，因为指定其最大值为 99，所以将来生成的序列号为 50、60、70、80、90。

使用序列时，需要用到序列的两个伪列 NEXTVAL 与 CURRVAL。其中 NEXTVAL 将返回序列生成的下一个序列号，而伪列 CURRVAL 则会返回序列的当前序列号。需要注意，首次引用序列时，必须使用伪列 NEXTVAL。例如，下面将使用序列 DEPTNO_SEQ 提供部门编号。

```
SQL> insert into scott.dept(deptno,dname,loc)
  2  values(deptno_seq.nextval,'DEVELOPMENT',default);

已创建 1 行。
```

执行以上语句后，会为 DEPT 表插入一条数据，并且 DEPTNO 列会使用序列 DEPTNO_SEQ 生成的序列号。另外，如果用户要确定当前序列号，可以使用伪列 CURRVAL。例如：

```
SQL> select deptno_seq.currval from dual;

   CURRVAL
   -------
        60
```

注意 使用序列时需要注意，如果使用 CACHE 子句建立序列，可以设置内存中预分配的序列号个数。该选项设置得越大，序列的访问性能就越好，但是会占用更多的内存空间。另外，如果执行 ROLLBACK 语句取消事务操作，则可能会导致序列缺口。

实际上，在为表生成主键值时，通常是为表创建一个行级触发器，然后在触发器主体中使用序列值替换用户提供的值。关于如何使用触发器生成主键值，可以考参第 7 章中有关行级触发器的应用。

10.6.2 修改序列

使用 ALTER SEQUENCE 语句可以对序列进行修改。需要注意，除了序列的起始值 START WITH 不能被修改外，其他可以设置序列的任何子句和参数都可以被修改。如果要修改序列的起始值，则必须先删除序列，然后重建该序列。

例如，下面的语句将修改序列 DEPTNO_SEQ 的最大值为 200，缓存值为 3。

```
SQL> alter sequence deptno_seq
  2  maxvalue 200
  3  cache 3;
```

序列已更改。

对序列进行修改后，缓存中的序列值将全部丢失。通过查询数据字典 USER_SEQUENCES 可以获知序列的信息，USER_SEQUENCES 的结构如下：

```
SQL> desc user_sequences;
名称                        是否为空?       类型
----                        --------       -----
SEQUENCE_NAME               NOT NULL       VARCHAR2(30)
MIN_VALUE                                  NUMBER
MAX_VALUE                                  NUMBER
INCREMENT_BY                NOT NULL       NUMBER
CYCLE_FLAG                                 VARCHAR2(1)
ORDER_FLAG                                 VARCHAR2(1)
CACHE_SIZE                  NOT NULL       NUMBER
LAST_NUMBER                 NOT NULL       NUMBER
```

当序列不再需要时，数据库用户可以执行 DROP SEQUENCE 语句删除序列。例如：

```
SQL> drop sequence deptno_seq;
```
序列已删除。

10.7 管理同义词

同义词是表、索引、视图等模式对象的一个别名。通过模式对象创建同义词，可以隐藏对象的实际名称和所有者信息，或者隐藏分布式数据库中远程对象的设置信息，由此为对象提供一定的安全性保证。与视图、序列一样，同义词只在 Oracle 数据库的数据字典中保存其定义描述，因此同义词也不占用任何实际的存储空间。

在开发数据库应用程序时，应当尽量避免直接引用表、视图或其他数据库对象的名称，而改用这些对象的同义词。这样可以避免当管理员对数据库对象做出修改和变动之后，必须重新编译应用程序。使用同义词后，即使引用的对象发生变化，也只需要在数据库中对同义词进行修改，而不必对应用程序做任何改动。

其他模式对象

Oracle 中的同义词分两种类型：公有同义词和私有同义词。公有同义词被一个特殊的用户组 PUBLIC 所拥有，数据库中的所有用户都可以使用公有同义词。而私有同义词只被创建它的用户所拥有，只能由该用户以及被授权的其他用户使用。

建立公有同义词是使用 CREATE PUBLIC SYNONYM 语句完成的。如果数据库用户要建立公有同义词，则要求该用户必须具有 CREATE PUBLIC SYNONYM 系统权限。下面的语句建立基于 SCOTT.EMP 表的公有同义词 PUBLIC_EMP。

```
SQL> create public synonym public_emp for scott.emp;
同义词已创建。
```

执行以上语句后，会建立公有同义词 PUBLIC_EMP。因为该同义词属于 PUBLIC 用户组，所以所有用户都可以直接引用该同义词。需要注意，如果有户要使用该同义词，必须具有访问 SCOTT.EMP 表的权限。例如，下面的语句将使用同义词访问 SCOTT.EMP 表。

```
SQL> select ename,sal,job
  2  from public_emp
  3  where ename='SCOTT';

ENAME           SAL      JOB
-----          ----     ----
SCOTT          3000     ANALYST
```

建立私有同义词是使用 CREATE SYNONYM 语句完成的。如果在当前模式中创建私有同义词，那么数据库用户必须具有 CREATE SYNONYM 系统权限，如果要在其他模式中创建私有同义词，则数据库用户必须具有 CREATE ANY SYNONYM 系统权限。例如，下面的语句将创建私有同义词 PRIVATE_EMP。

```
SQL> create synonym private_emp for scott.emp;
同义词已创建。
```

由于私有同义词只有当前用户可以直接引用，其他用户在引用时必须带模式名。例如：

```
SQL> select ename,sal,job
  2  from private_emp
  3  where ename='SCOTT';

ENAME           SAL      JOB
-----          ---      ---
SCOTT          3000     ANALYST
```

当基础对象的名称和位置被修改后，用户需要重新为它建立同义词。用户可以删除自己模式中的私有同义词。要删除其他模式中的私有同义词时，用户必须具有 DROP ANY SYNONYM 系统权限。要删除公有同义词，用户必须具有 DROP PUBLIC SYNONYM 系统权限。

删除同义词需要使用 DROP SYNONYM 语句，如果删除公有同义词，还需要指定 PUBLIC 关键字。例如，下面的语句将删除私有同义词 PRIVATE_EMP。

```
SQL> drop synonym private_emp;
同义词已删除。
```

例如,下面的语句将删除公有同义词 PUBLIC_EMP。

```
SQL> drop public synonym public_emp;
同义词已删除。
```

删除同义词后,同义词的基础对象不会受到任何影响,但是所有引用该同义词的对象将处于 INVALID 状态。

10.8 实验指导

1. 外部表的应用

本练习将在 SCOTT 模式中练习如何创建外部表,并进行练习如何通过外部表将外部数据导入到数据库。

(1) 创建两个文本文件 F1 和 F2 文件,在这两个文件中输入如下数据并保存。

F1.TXT 文件:

132,OneLine

464,TwoLine

F2.TXT 文件:

133,ThreeLine

467,FourLine

(2) 以 SYSTEM 身份连接到数据库,并创建指向两个数据文件所在位置的目录对象,然后将对该目录进行读写的权限授予 SCOTT 用户。

```
create directory ext_data as 'd:\exterior';
grant read,write on directory ext_data to scott;
```

注意,这里假设将数据文件存放在 D:\EXTERIOR 目录下。

(3) 连接到 SCOTT 模式,创建外部表。

```
create table exterior_table
(id number(5),
tip varchar(20))
ORGANIZATION EXTERNAL
(
TYPE ORACLE_LOADER
DEFAULT DIRECTORY ext_data
ACCESS Parameters
(
RECORDS DELIMITED BY NEWLINE
badfile 'bad_dev.txt'
LOGFILE 'log_dev.txt'
FIELDS TERMINATED BY ','
)
LOCATION('F1.txt','F2.txt')
);
```

其他模式对象

（4）查询外部表，显示两个数据文件中的数据。

```
select * from test_table;
```

（5）在文本文件 F1.TXT 中添加一行数据，然后再使用（4）中的语句查询外部表。这时显示的数据应该包括新添加的数据行。

（6）在外部表中，用户不可以直接修改、添加数据，为了解决这个问题，可以将外部表中的数据导入到数据库。将外部表导入到数据库使用的语句如下：

```
create table imp_table
as
select * from exterior _table;
```

2．创建视图

本练习将在 HR 模式中练习如何创建视图，查询视图的定义，并对视图进行更新。

（1）创建一个视图 EMPLOYEES_IT，该视图基于 HR 模式中的 EMPLOYEES 表，并且该视图只包括部门为 IT 的员工信息。在创建视图时使用 WITH CHECK OPTION，以防止更新视图时输入非 IT 部门的员工信息。

```
create or replace view employees_it as
  select *
  from employees
  where department_id =(
  select department_id from departments
  where departments.department_name='IT')
  with check option;
```

（2）创建一个连接视图 EMP_DEPT，它包含 EMPLOYEES 表中的列和 DEPARTMENTS 表中的 DEPARTMENT_NAME 列。

```
create or replace view emp_dept as
  select t1.employee_id,t1.first_name,t1.last_name,t1.email,
        t1.phone_number,t1.hire_date,t1.job_id,t1.salary,t2.
        department_name
  from employees t1,departments t2
  where t1.department_id=t2.department_id
  with check option;
```

（3）Oracle 针对创建的视图，只在数据字典中存储其定义。输入并执行如下的语句查看创建的视图定义。

```
select text from user_views
where view_name=UPPER('emp_dept');
```

（4）查看视图的各个列是否允许更新。

```
col owner format a20
col table_name format a20
col column_name format a20
select *
from user_updatable_columns
```

```
where table_name=UPPER('emp_dept');
```

10.9 思考与练习

一、填空题

1. Oracle 中临时表可以分为事务级临时表和会话级临时表，创建事务级临时表，需要使用_____子句；创建一个会话级临时表，则需要使用_____子句。

2. Oracle 数据库提供的对表或索引的分区方法有 5 种，分别为：范围分区、_____、列表分区、_____和_____。

3. 簇是一种用于存储数据表中数据的方法。簇实际上是_____，由一组共享相同数据块的多个_____组成。

4. 索引簇适用于_____表，散列簇适用于_____表。

5. 视图与数据库中的表非常相似，用户也可以在视图进行 INSERT、UPDATE 和 DELETE 操作。通过视图修改数据时，实际上是在修改_____中的数据；相应地，改变_____中的数据也会反映到视图中。

6. 视图是否可以更新，取决于定义视图的_____语句，通常情况下，语句越复杂，创建的视图可以被更新的可能性就_____。

7. 下面的语句创建了一个序列对象，该序列对象的开始数为 10，每次递增 3，当大于 1000 后，序列值重新返回到 10。在空白处填写适当的代码，完成上述要求。

```
create sequence seq_test
_____
_____
_____
_____;
```

二、选择题

1. 假设两个数据文件 t1 和 t2，选择下面的正确选项完成外部表的创建。（   ）

```
create table test_table
(id number,
tip varchar(20),
desc varchar(20))
ORGANIZATION _____
(
_____ ORACLE_LOADER
DEFAULT DIRECTORY test_dir
_____ Parameters
(
badfile 'bad_dev.txt'
LOGFILE 'log_dev.txt'
FIELDS TERMINATED BY ','
)
_____ ('F1.txt','F2.txt')
);
```

    A. EXTERNAL、TYPE、ACCESS、LOCATION
    B. INDEX、TYPE、ACCESS、LOCATION
    C. EXTERNAL、TYPE、ACCEPT、LOAD
    D. INDEX、TYPE、ACCEPT、LOAD

2. 假设要对商品信息表进行分区处理，并且根据商品的产地进行分区，则应采用下列哪一种分区方法？（   ）
    A. 范围分区   B. 散列分区
    C. 列表分区   D. 组合范围散列分区

3. 下列哪一项是关于簇和簇表不正确的描述？（   ）
    A. 簇实际上是一组表
    B. 因为簇将不同表的相关行一起存储到相同的数据块中，所以合理使用簇可以帮助减少查询数据时所需的磁盘读取量
    C. 簇表是簇中的某一个表
    D. 创建索引簇和簇表之后就可以向其中添加数据了

4. 建立序列后，首次调用序列时应该使用哪个伪列？（   ）
    A. ROWID   B. ROWNUM
    C. NEXTVAL   D. CURRVAL

5. 为了禁止在视图上执行 DML 操作，建立视图时应该提供哪个选项？（   ）
    A. WITH CHECK OPTION
    B. WITH READ ONLY
    C. WITH READ OPTION
    D. READ ONLY

6. 以下哪种分区方法适用于存放离散数据？（   ）
    A. 范围分区   B. 散列分区
    C. 列表分区   D. 索引分区

7. 下列各选项中，关于序列描述哪一项是不正确的？（   ）

A. 序列是 Oracle 提供的用于产生一系列唯一数字的数据库对象
B. 序列并不占用实际的存储空间
C. 使用序列时，需要用到序列的两个伪列 NEXTVAL 与 CURRVAL。其中 NEXTVAL 将返回序列生成的下一个值，而 CURRVAL 返回序列的当前值
D. 任何时候都可以使用序列的伪列 CURRVAL 返回当前序列值

三、简答题

1. 简述外部表的局限性。
2. 简述什么是簇，以及什么是散列簇。
3. 举例说明 WITH CHECK OPTION 的作用。
4. 在创建一个视图时，使用的 SELECT 语句如下：

```
select count(*) from employees;
```

为什么不能更新这个视图，如何查看该视图是否可以被更新？

5. 连接到数据库，建立分区表 SALES_REGION 如表 10-1 所示。并将数据库按照地区部署到表空间 DATA01、DATA02、DATA03、DATA04…DATA07。

表 10-1　ALES_REGION 表

列名	数据类型
Dno	Number(6)
Dname	Varchar2(30)
Sales_amount	Number(10,2)
City	Varchar2(20)

7 个列表分区如下。

- 华北地区：北京、天津、石家庄、太原、呼和浩特、济南。
- 东北地区：哈尔滨、长春、沈阳、大连。
- 西北地区：银川、兰州、西安、乌鲁木齐、西宁。
- 华中地区：武汉、长沙、郑州、南昌。
- 华东地区：上海、南京、杭州、合肥。
- 华南地区：广州、深圳、厦门、福州、海口、南宁。
- 西南地区：昆明、贵阳、成都、重庆。

第 11 章　控制文件与日志文件的管理

Oracle 数据库包含 3 种类型的物理文件——数据文件、控制文件和重做日志文件，其中数据文件是用来存储数据的，而控制文件和日志文件则用于维护 Oracle 数据库的正常运行。保证控制文件和重做日志文件的可用性和可靠性是确保 Oracle 数据库正常、可靠运行的前提条件。本章将对控制文件和重做日志文件的日常管理和维护进行详细介绍，以及如何切换数据库到归档模式，并且利用 LogMiner 对日志文件进行分析。

本章学习要点：

- ➢ 了解控制文件的用途
- ➢ 理解控制文件的内容
- ➢ 管理控制文件
- ➢ 了解日志文件的用途
- ➢ 掌握对日志文件的基本管理
- ➢ 理解归档的概念
- ➢ 切换数据库到归档模式
- ➢ 设置归档参数
- ➢ 使用 LogMiner 分析日志文件

11.1　管理控制文件

每个 Oracle 数据库都必须具有至少一个控制文件。控制文件是一个很小的二进制格式的操作系统文件，其中记录了关于数据库物理结构的基本信息，包括数据库的名称、相关的数据文件和重做日志文件的名称和位置、当前的日志序列号等内容。在加载数据库时，Oracle 实例将读取控制文件中的内容。如果无法找到可用的控制文件，数据库将无法加载，并且很难恢复。

11.1.1　控制文件简介

控制文件是 Oracle 数据库中最重要的物理文件，它以二进制文件的形式存在。不仅记载了数据库的物理结构信息（即构成数据库的数据文件和日志文件，在装载和打开数据时需要这些文件），而且还记载了日志序列号、检查点和日志历史信息（同步和恢复数据库时需要这些信息）。在创建数据库时会创建控制文件，如果数据库发生改变，则系统会自动修改控制文件，以记录当前数据库的状态。

控制文件主要包括如下几项内容。

- ❏ 数据库名（database name）和标识（SID）。
- ❏ 数据库创建时间戳。
- ❏ 表空间名。
- ❏ 数据文件、重做日志文件的名称和位置。
- ❏ 当前重做日志文件序列号。
- ❏ 检查点信息。
- ❏ UNDO SEGMENT 的起始和结束。
- ❏ 重做日志归档信息。

- ❏ 备份信息。

控制文件是一种较小的 Oracle 数据库文件，大小一般在 2～10MB 之间，变化大小由永久参数和 RMAN 信息决定。执行 CREATE DATABASE 命令建立数据库时，通过设置永久参数可以设置 Oracle 数据库的最大实例个数、最大数据文件数量、最大日志组数量、最大日志成员数量以及最大日志历史个数等信息。为了存放数据文件、日志组、日志成员、日志历史等信息，控制文件需要为它们提供预留空间。这些永久参数包括以下几个。

- ❏ **MAXINSTANCES** 用于指定可以同时访问数据库的最大例程数量。
- ❏ **MAXDATAFILES** 用于指定 Oracle 数据库的最大数据文件数量。
- ❏ **MAXLOGFILES** 用于指定 Oracle 数据库的最大日志组数量。
- ❏ **MAXLOGMEMBERS** 用于指定每个日志组的最大日志成员数量。
- ❏ **MAXLOGHISTORY** 用于指定控制文件可记载的日志历史的最大数量。

使用 RMAN 执行备份操作时，RMAN 会将备份信息记载到控制文件中。初始化参数 CONTROL_FILE_RECORD_KEEP_TIME 指定了 RMAN 备份信息在控制文件中的保留时间，其默认值为 7。该参数设置得越大，RMAN 备份信息的保留时间也就越长，控制文件也会越大。需要注意，如果使用 RMAN 备份 Oracle 数据库，那么控制文件的大小可能会动态变化。

11.1.2 复合控制文件

因为控制文件非常重要，所以为了防止控制文件的损坏或丢失，应将控制文件复合。Oracle 建议每个数据库应该包含两个或两个以上的控制文件。但需要注意，Oracle 数据库最多只可以包含 8 个控制文件。复合控制文件时，为了防止磁盘损坏导致控制文件丢失或损坏。应该将控制文件分布到不同的磁盘上，如图 11-1 所示。

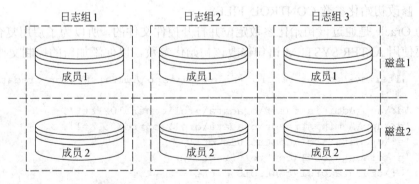

图 11-1　复合控制文件

如果在启动实例时使用了 PFILE，则需要手动编辑文本参数文件，并修改初始化参数 CONTROL_FILE，修改控制文件为复合形式。具体步骤如下。

（1）手动修改初始化参数 CONTROL_FILES。

因为 Oracle 通过初始化参数 CONTROL_FILES 来定位并打开控制文件，所以为了复合控制文件，必须手动修改初始化参数。例如：

```
control_files=("d:\app\Administrator\oradata\orcl\control01.ctl",
```

```
"d:\app\Administrator\oradata\orcl\control02.ctl",
"d:\app\Administrator\oradata\orcl\control03.ctl",
"e:\oradata\orcl\control01b.ctl",
"e:\oradata\orcl\control02b.ctl",
"d:\oradata\orcl\control03b.ctl")
```

需要注意,在编辑 PFILE 文件时,D 盘上的控制文件是原有控制文件,而 E 盘上的控制文件为新加的控制文件,目前还不存在。

(2) 关闭数据库。

修改了静态参数 CONTROL_FILES 后,必须先关闭 Oracle 数据库,然后重新启动数据库,参数设置才能生效。

(3) 复制控制文件。

复制控制文件时,因为多个控制文件互为镜像,为了确保文件内容完全一致,必须关闭数据库后再复制控制文件。示例如下:

```
SQL> host copy d:\app\Administrator\oradata\orcl\control01.ctl
e:\oradata\orcl\control01b.ctl;
已复制         1 个文件。
```

(4) 启动数据库。

完成复制控制文件后,必须重新启动数据库,Oracle 实例才会根据 CONTROL_FILES 参数读取相应的控制文件,从而启用复合控制文件。启用复合控制文件后,Oracle 将同时写入到所有的控制文件,但是只会读取 CONTROL_FILES 参数所指定的第一个控制文件。在启动实例时,可以使用 PFILE 参数指定 PFILE 文件名。

```
startup pfile= d:\app\Administrator\admin\orcl\pfile\init.ora
```

如果启动实例时使用 SPFILE,在复合控制文件时需要执行 ALTER SYSTEM 命令修改初始化参数 CONTROL_FILES。具体步骤如下。

(1) 修改初始化参数 CONTROL_FILES。

因为 Oracle 是通过该初始化参数定位并打开控件文件的,所以为了启用复合控件文件,需要使用 ALTER SYSTEM 语句修改该初始化参数,以便添加新的控制文件。

```
SQL> alter system set control_files='d:\app\Administrator\oradata\orcl\
control01.ctl',
  2  'd:\app\Administrator\oradata\orcl\control02.ctl',
  3  'd:\app\Administrator\oradata\orcl\control03.ctl',
  4  'e:\oradata\orcl\control01b.ctl',
  5  'e:\oradata\orcl\control02b.ctl',
  6  'e:\oradata\orcl\control03b.ctl'
  7  scope=spfile;

系统已更改。
```

(2) 关闭数据库,将已有的控制文件复制多份,修改名称后保存到不同的位置。

```
SQL> shutdown immediate
数据库已经关闭。
已经卸载数据库。
ORACLE 例程已经关闭。
SQL> host copy d:\app\Administrator\oradata\orcl\control01.ctl
```

控制文件与日志文件的管理

```
          e:\oradata\orcl\control01b.ctl;
已复制            1 个文件。

SQL> host copy d:\app\Administrator\oradata\orcl\control02.ctl
          e:\oradata\orcl\control02b.ctl;
已复制            1 个文件。

SQL> host copy d:\app\Administrator\oradata\orcl\control03.ctl
          e:\oradata\orcl\control03b.ctl;
已复制            1 个文件。
```

（3）启动数据库。

现在可以重新连接到数据库，查询数据字典 V$CONTROLFILE 确认是否启用了控制文件 CONTROL03B.CTL。示例如下：

```
SQL> startup
ORACLE 例程已经启动。

Total System Global Area   376635392 bytes
Fixed Size                   1333312 bytes
Variable Size              272631744 bytes
Database Buffers            96468992 bytes
Redo Buffers                 6201344 bytes
数据库装载完毕。
数据库已经打开。

SQL> select name from v$controlfile;
NAME
--------------------------------------------------------------------
D:\APP\ADMINISTRATOR\ORADATA\ORCL\CONTROL01.CTL
D:\APP\ADMINISTRATOR\ORADATA\ORCL\CONTROL02.CTL
D:\APP\ADMINISTRATOR\ORADATA\ORCL\CONTROL03.CTL
E:\ORADATA\ORCL\CONTROL01B.CTL
E:\ORADATA\ORCL\CONTROL02B.CTL
E:\ORADATA\ORCL\CONTROL03B.CTL

已选择 6 行。
```

启用复合控制文件后，由于多个控制文件互为镜像，内容总是完全保持一致。这样在装载 Oracle 数据库时，系统会读取并打开 CONTROL_FILES 参数所对应的所有控制文件。需要注意，启用复合控制文件后，如果某个控制文件丢失或损坏，数据库将无法装载。那么在启动实例时，将产生如下错误：

```
ORA-00205: error in identifying controlfile, check alert log for more info
```

出现如上错误时，应该修改初始化参数 CONTROL_FILES，去掉损坏或丢失的控制文件，然后重新启动数据库。

11.1.3 建立控制文件

一般情况下，如果使用了复合控制文件，并且将各个控制文件分别存储在不同的磁盘中，则丢失全部控件文件的可能性将非常小。但是，如果数据库的所有控制文件全部丢失，这时唯一的补救方法就是以手动方式重新创建控制文件。

另外，如果 DBA 需要改变数据库的某个永久性参数，也需要重新创建控制文件。永久性参数是在创建数据库时设置的一些参数，主要包括：数据库名称、MAXLOGFILES（最大重做日志文件数）、MAXLOGMEMBERS（最大重做日志组成员数）等。

下面介绍创建新的控制文件的命令 CREATE CONTROLFILE 语句的基本用法，具体步骤如下：

（1）查看数据库中所有的数据文件和重做日志文件的名称和路径。

在创建新控制文件时，首先需要了解数据库中的数据文件和重做日志文件。如果数据库中所有的控制文件和重做日志文件都已经丢失，这时数据库已经无法打开，因此也就无法来查询数据字典获得数据文件和日志文件的信息，这时唯一的办法就是查看警告文件中的内容。如果数据库可以打开，那么可以通过执行下面的查询来生成文件列表。

```
SQL> select member from v$logfile;
SQL> select name from v$datafile;
SQL> select name from v$controlfile;
```

如果既无法打开数据库，又无法打开可靠的文件列表，那么就只能用手工方法通过查找操作系统文件来制作文件列表。

（2）关闭数据库。

如果数据库处于打开状态，则可以采取正常模式关闭数据库。

```
SQL> connect as sysdba
...
SQL> shutdown immediate
数据库已经关闭。
已经卸载数据库。
ORACLE 例程已经关闭。
```

（3）在操作系统级别备份所有的数据文件和重做日志文件。

在使用 CREATE CONTROLFILE 语句创建新的控制文件时，如果操作不当可能会损坏数据文件和日志文件，因此，需要事先对其进行备份。

（4）启动实例，但是不加载数据库。

在建立控制文件时，要求实例处于 NOMOUNT 状态，即不打开控制文件。

```
SQL> startup nomount
ORACLE 例程已经启动。

Total System Global Area   401743872 bytes
Fixed Size                   1333480 bytes
Variable Size              255854360 bytes
Database Buffers           138412032 bytes
Redo Buffers                 6144000 bytes
```

（5）建立控制文件。

利用先前获得的文件列表，执行 CREATE CONTROLFILE 命令创建一个新的控制文件。需要注意，建立控制文件要求用户必须具有 SYSDBA 特权。示例如下：

```
SQL> create controlfile
  2  reuse database "orcl"
```

```
 3  logfile
 4  group 1 'D:\APP\USER\ORADATA\ORCL\REDO01.LOG',
 5  group 2 'D:\APP\USER\ORADATA\ORCL\REDO02.LOG' ,
 6  group 3 'D:\APP\USER\ORADATA\ORCL\REDO03.LOG'
 7  datafile
 8  'D:\APP\USER\ORADATA\ORCL\SYSTEM01.DBF',
 9  'D:\APP\USER\ORADATA\ORCL\SYSAUX01.DBF',
10  'D:\APP\USER\ORADATA\ORCL\UNDOTBS01.DBF',
11  'D:\APP\USER\ORADATA\ORCL\USERS01.DBF',
12  'D:\APP\USER\ORADATA\ORCL\EXAMPLE01.DBF',
13  'D:\ORACLEDATA\BF_TBS01.DBF',
14  'D:\ORACLEDATA\BIGBLICK_TBS01.DBF',
15  'D:\ORACLEDATA\UNDO02.DBF',
16  'D:\ORACLEDATA\USER_03.DBF',
17  'D:\ORACLEDATA\USER04.DBF',
18  'D:\ORACLEDATA\UNDOTBS02.DBF'
19  maxlogfiles 50
20  maxlogmembers 3
21  maxinstances 6
22  maxdatafiles 200
23  noresetlogs
24  noarchivelog;
```

控制文件已创建。

其中，DATABASE 用于指定数据库名，该名称必须与初始化参数 DB_NAME 完全一致；NORESETLOGS 选项用于指定仍然使用原有重做日志，如果不希望使用重做日志，可以指定 RESETLOGS 选项；LOGFILE 用于指定数据库原有重做日志的组号、大小以及对应的日志成员；DATAFILE 用于指定数据库原有的数据文件。

（6）编辑初始化参数 CONTROL_FILES，使其指向新建的控制文件。

如果控制文件所在磁盘出现损坏，那么还必须使用 ALTER SYSTEM 命令改变控制文件的存放位置。

```
SQL> alter system set control_files=
  2  'd:\app\Administrator\oradata\orcl\control01.ctl',
  3  'd:\app\Administrator\oradata\orcl\control02.ctl',
  4  'd:\app\Administrator\oradata\orcl\control03.ctl'
  5  scope=spfile;
系统已更改。
```

（7）打开数据库。

如果没有执行恢复过程，就可以以下面的方式正常打开数据库。

```
SQL> alter database open;
```

如果在创建控制文件时使用了 RESETLOGS 语句，则可以按下面的方式即恢复方式打开数据库。

```
SQL> alter database open resetlogs;
```

现在,新的控制文件已经创建成功,并且数据库已经使用新创建的控制文件打开。

11.1.4 控制文件的备份与恢复

为了提高数据库的可靠性,降低由于丢失控制文件而造成灾难性后果的可能性,DBA 需要经常对控制文件进行备份。特别是当修改了数据库结构之后,需要立该对控制文件进行备份。

备份控制文件是由 ALTER DATABASE BACKUP CONTROLFILE 语句完成的。有两种备份方式:一种是将控制文件备份为二进制文件;另一种是备份为脚本文件。例如,下面的语句可以将控制文件备份为一个二进制文件,即复制当前的控制文件。

```
SQL> alter database backup controlfile
  2  to 'd:\backup_controlfile\control_08-05-04.bkp';
数据库已更改。
```

使用下面的语句可以将控制文件备份为可读的文本文件。

```
SQL> alter database backup controlfile to trace;
数据库已更改。
```

将控制文件以文本形式备份时,所创建的文件也称为跟踪文件,该文件实际上是一个 SQL 脚本文件,可以利用它来重新创建新的控制文件。跟踪文件的存放位置由参数 USER_DUMP_DEST 决定。

```
SQL> show parameter user_dump_dest
NAME                 TYPE       VALUE
-----------          --------   -------------------------------
user_dump_dest       string     d:\app\Administrator\diag\rdbms\orcl\
                                orcl\trace
```

创建了控制文件的备份后,即使发生磁盘物理损坏,只需要修改初始化参数 CONTROL_FILES 的值,使它指向备份的控制文件,然后就可以重新启动数据库。

现在假设参数 CONTROL_FILES 所指定的某个控制文件被损坏,但是存在这个控制文件的一个复合副本,则可以采用下面的方法恢复。

(1)关闭数据库。

```
SQL> connect as sysdba
SQL> shutdown immediate;
```

(2)通过操作系统命令使用一个完好的镜像副本覆盖掉损坏的控制文件。如果因为永久性介质故障的原因,不能访问 CONTROL_FILES 参数指定的某个控制文件,则可以编辑初始化参数 CONTROL_FILES,用新控制文件的位置替换原来损坏文件的位置。

(3)重新启动数据库。

```
SQL> startup
```

11.1.5 删除控制文件

为了防止控制文件被损坏,应该启用复合控制文件。但是,多个复合控制文件中的任意一个被损坏,都将导致无法装载 Oracle 数据库。这时为了使数据库可以正常工作,只需要删除损坏的控制文件即可。

删除损坏控制文件的步骤如下。

(1) 关闭数据库(shutdown)。
(2) 编辑初始化参数 CONTROL_FILES,使其中不再包含要删除的控制文件的名称。
(3) 重新启动数据库。

该操作并不能从磁盘中物理地删除控制文件,物理删除控制文件可以在从数据库中删除控制文件后,使用操作系统命令来删除不需要的控制文件。

11.1.6 查看控制文件信息

数据库中控制文件的信息同样也被存储在数据字典中。表 11-1 列出了各种包含控制文件信息的数据字典视图和动态性能视图。

表 11-1 包含控制文件信息的数据字典视图

视图	描述
V$CONTROLFILE	包含所有控制文件的名称和状态信息
V$CONTROLFILE_RECORD_SECTION	包含控制文件中各个记录文档段的信息
V$PARAMETER	包含系统的所有初始化参数,从中可以查询参数 CONTROL_FILES 的值

控制文件是一个二进制文件,其中被分隔为许多部分,分别记录各种类型的信息。每一类信息称为一个记录文档段。控制文件的大小在创建时即被确定,其中各个记录文档段的大小也是固定的。例如,在创建数据库时通过 MAXDATAFILES 子句指定数据库最多具有的数据文件,那么在控制文件中只会为 DATAFILE 记录文档段分配相应的存储空间。若数据库的数据文件超过了 MAXDATAFILES 的规定,则无法在控制文件中保存相应的信息。

通过查询 V$CONTROL_RECORD_SECTION 视图,可以获取控制文件中各个记录文档段的基本信息,包括记录文档段的类型、文档段中每条记录的大小、记录文档段中能存储的条目数等。例如:

```
SQL> select type,record_size,records_total,records_used
  2  from v$controlfile_record_section;

TYPE              RECORD_SIZE    RECORDS_TOTAL    RECORDS_USED
---------------   -----------    -------------    ------------
DATABASE                  316                1               1
CKPT PROGRESS            8180               11               0
REDO LOG                   72               16               3
DATAFILE                  520              100              11
FILENAME                  524             2298               9
```

以类型 DATAFILE 的记录文档段为例，从查询结果中可以看出，该数据库最多可以拥有 100 个数据文件，现存已经创建了 11 个数据文件。

11.2 管理重做日志文件

在 Oracle 中，事务对数据库所做的修改将以重做记录的形式保存在重做日志缓存中。当事务提交时，由 LGWR 进程将缓存中与该事务相关的重做记录全部写入重做日志文件，此时该事务被认为成功提交。重做日志对数据库恢复来说是至关重要的，因此，对日志的管理也是 DBA 的日常工作的一部分。

11.2.1 重做日志简介

日志文件也称为重做日志文件（Redo Log File），重做日志文件用于记载事务操作所引起的数据库变化。执行 DDL 或 DML 操作时，Oracle 会将事务变化的信息顺序地写入重做日志。当丢失或损坏数据库中的数据时，Oracle 会根据重做日志文件中的记录恢复丢失的数据。

1. 重做记录

重做日志文件由重做记录组成，重做记录又称为重做条目，它由一组修改向量组成。每个修改向量都记录了数据库中某个数据块所做的修改。例如，如果用户执行了一条 UPDATE 语句对某个表中的一条记录进行修改，同时生成一条重做记录。这条重做记录可能由多个变更向量组成，在这些变更向量中记录了所有被这条语句修改过的数据块中的信息，被修改的数据块包括表中存储这条记录的数据块，以及回退段中存储的相应的回退条目的数据块。如果由于某种原因导致数据库丢失了这条 UPDATE 语句操作的结果，则可以通过与这条 UPDATE 语句对应的重做记录找到被修改结果并复制到各个数据块中，从而完成数据恢复。

利用重做记录，不仅能够恢复对数据文件所做的修改操作，还能够恢复对回退段所做的修改操作。因此，重做日志文件不仅可以保护用户数据，还能够保护回退段数据。在进行数据库恢复时，Oracle 会读取每个变更向量，然后将其中记录的修改信息重新应用到相应的数据块上。

重做记录将以循环方式在 SGA 区的重做日志高速缓存中进行缓存，并且由后台进程 LGWR 写入到重做日志文件中。当一个事务被提交时，LGWR 进程将与该事务相关的所有重做记录全部写入重做日志文件中，同时生成一个"系统变更码 SCN"。系统变更码 SCN 会随重做记录一起保存到重做日志文件中，以标识与重做记录相关的事务。只有当某个事务所产生的重做记录全部被写入重做日志文件后，Oracle 才会认为该事务提交成功。

2. 写入重做日志文件

在 Oracle 中，用户对数据库所做的修改首先被保存在内存中，这样可以提高数据库的性能，因为对内存中的数据进行操作要比对磁盘中的数据进行操作快得多。Oracle 每隔一段时间就会启动 LGWR 进程将内存中的重做记录保存到重做日志文件中。因此，即使发生故障导致数据库崩溃，Oracle 也可以利用重做日志信息来恢复丢失的数据。

每个 Oracle 数据库至少需要拥有两个重做日志文件。当一个重做日志文件被写满后，后台进程 LGWR 开始写入下一个重做日志文件；当所有日志文件都写满后，LGWR 进程再重新写入第一个重做日志文件。当前正被使用的一组重做日志文件称为联机重做日志文件。在安装 Oracle11g 时，默认创建 3 组重做日志文件。图 11-2 显示了重做日志的循环写入方式。

11.2.2 增加重做日志

如果发现 LGWR 经常处于等待状态，则需要考虑添加日志组及其成员，一个数据库最多可以拥有 MAXLOGFILES 个日志组。增加重做日志是使用 ALTER DATABASE 语句完成的，执行该语句时要求用户必须具有 ALTER DATABASE 系统权限。

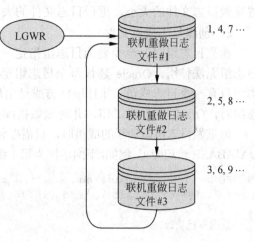

图 11-2　重做日志文件的循环写入

1．增加重做日志组

当管理重做日志时，为防止后台进程 LGWR 等待写入日志组，DBA 必须选择合适的日志组个数。要增加重做日志组，可以使用带 ADD LOGFILE 子句的 ALTER DATABASE 语句。例如，下面的语句向数据库中添加了一个新的重做日志组。

```
SQL> alter database add logfile
  2  ('d:\app\Administrator\oradata\orcl\redo04.log',
  3  'e:\oradata\orcl\redo04b.log')
  4  size 10m;
```

数据库已更改。

新增的重做日志组具有两个成员，每个成员文件的大小均为 10MB。一般情况下，日志文件的大小在 10MB 到 50MB 之间，Oracle 默认的日志文件大小为 50MB。

如果在 ALTER DATABASE ADD LOGFILE 语句指定 GROUP 子句，Oracle 将自动为新建的重做日志组设置编号，例如，下面的语句可以在创建日志组时指定为第 4 组。

```
SQL> alter database add logfile group 4
  2  ('d:\app\Administrator\oradata\orcl\redo04.log',
  3  'e:\oradata\orcl\redo04b.log')
  4  size 10m;
```

数据库已更改。

使用组号可以更加方便地管理重做日志组，但是，对日志组的编号必须为连续的，不能跳跃式地指定日志组编号。也就是说，不要将组号编为 10，20，30 等这样不连续的数。否将会耗费数据库控制文件的空间。

如果要创建一个非复合的重做日志文件，则可以使用如下语句：

```
alter database add logfile
'd:\app\Administrator\oradata\orcl\redo01.log' reuse;
```

如果要创建的日志文件已经存在，则必须在 ALTER DTABASE 语句中使用 REUSE 子句，覆盖已有的操作系统文件。在使用了 REUSE 的情况下，不能再使用 SIZE 子句设置重做日志文件的大小,重做日志文件的大小将由已存在日志文件的大小决定。

2．创建日志成员文件

建立日志组时,至少要为日志组指定一个日志成员。为了防止日志成员损坏而导致日志组无法使用,Oracle 建议每个日志组至少包含两个或两个以上的日志成员。如果日志组只有一个日志成员,并且该日志成员出现损坏,那么当后台进程 LGWR 切换到该日志组时,Oracle 会停止工作,并对该数据库执行不完全恢复。

为重做日志组添加新的成员时,只需要使用带 ADD LOG MEMBER 子句的 ALTER DATABASE 语句即可。例如,下面示例为第 1 组重做日志文件添加了一个新的成员日志文件。

```
SQL> alter database add logfile member
  2  'e:\oradata\orcl\redo01b.log' to group 1;
```

数据库已更改。

此外,也可以通过指定重做日志组中其他成员的名称,以确定要添加的成员所属的重做日志组。例如,下面的语句为第 2 组添加一个新成员。

```
SQL> alter database add logfile member
  2  'e:\oradata\orcl\redo02b.log' to
  3  ('d:\app\Administrator\oradata\orcl\redo02.log');
```

数据库已更改。

> **注意**：为日志组添加新的成员时,必须指定文件名,但是不可以指定大小,新成员的大小是由组中其他成员的大小决定。

11.2.3 删除重做日志

当日志成员出现损坏或丢失时,后台进程 LGWR 不能将事务变化写入到该日志成员中,在这种情况下应该删除该日志成员;当日志组大小不合适时,需要重新建立日志组,并删除原有的日志组。删除重做日志是使用 ALTER DATABASE 语句来完成的,执行该语句要求数据库用户必须具有 ALTER DATABASE 系统权限。

1．删除日志成员

要删除一个成员日志文件,需要使用带 DROP LOGFILE MEMBER 子句的 ALTER DATABASE 语句。例如,下面的语句将删除 4 号日志组的第 2 个成员。

```
SQL> alter database drop logfile member
  2  'e:\oradata\orcl\redo04b.log';
```

数据库已更改。

上面的语句只是在数据字典和控制文件中将重做日志成员的信息删除,要在操作系统中物理地删除相应的文件,需要确认删除成功后手工在操作系统中删除文件。

2．删除日志组

由于已经存在的日志组的大小不能改变,所以当日志组大小不合适时,就需要重新建立日志组并指定合适大小,然后删除不符合大小要求的日志组。在删除一个日志组时,其中的成员文件也将全部被删除。在删除日志组时，首先需要考虑如下几点。

- 无论日志组中有多少个成员，一个数据库至少需要两个日志组。
- 只能删除处于 INACTIVE 状态的日志组。如果要删除 CURRENT 状态的重做日志组，则必须将它切换到 INACTIVE 状态。
- 如果数据库处于归档模式下，则在删除重做日志组之前必须确定它已经被归档。

因此，在删除重做日志组之前，可以查询 V$LOG 动态性能视图来获知各个重做日志组的状态以及它是否已经归档。例如：

```
SQL> select group#,archived,status from v$log;

   GROUP#   ARC    STATUS
   ------   ---    ----------------
        1   NO     CURRENT
        2   NO     INACTIVE
        3   NO     INACTIVE
        4   YES    UNUSED
```

要删除一个重做日志组，需要使用带有 DROP LOGFILE 子句的 ALTER DATABASE 语句。例如，下面的语句可以删除 4 号重做日志组。

```
SQL> alter database drop logfile group 4;
```

同样，该语句只是在数据字典和控制文件中将重做日志组的记录信息删除，要物理地删除操作系统中相应的文件，需要手工在操作系统中将相应的文件删除。

3．清空重做日志组

清空重做日志文件就是将重做日志文件中的内容全部初始化，这相当于删除该重做日志文件，然后再重新建立它。即使数据库只拥有两个重做日志组，或者要清空的重做日志组正处于 CURRENT 状态，也都可以成功执行清空操作。

要清空一个重做日志组，需要使用带有 CLEAR LOGFILE 子句的 ALTER DATABASE 语句。例如，下面的语句将清空 3 号重做日志组。

```
SQL> alter database clear logfile group 3;
数据库已更改。
```

如果要清空的重做日志组尚未归档，则必须在 ALTER DATABASE 语句中指定 UNARCHIVED 子句，例如：

```
SQL> alter database clear unarchived logfile group 3;
数据库已更改。
```

注意　如果被清空的重做日志组没有被归档，则有可能造成数据丢失。

11.2.4　改变重做日志的位置或名称

在所有后台进程中，LGWR 进程活动最为频繁，它需要不断地将事务变化由重做日志缓冲区写入重做日志中。在数据库文件、控制文件和重做日志这 3 种文件中，重做日志的 I/O 操作最频繁。为了提高 I/O 性能，应将重做日志分布到 I/O 操作相对较少、速度较快的磁盘设备上。规划重做日志时，应将同一个日志组的不同日志成员尽可能地分布到不同磁盘上，以防止磁盘损坏而导致所有日志成员丢失。例如，假设在初始阶段，日志组 2 中的日志成员被放在同一块磁盘上，但是后来出于安全和性能方法的考虑，DBA 为服务器新增加了一块磁盘，并且将日志组 2 中的一个日志成员移动到新磁盘上，此时就需要改变该日志成员的存放位置。

修改重做日志文件的名称和位置的具体操作步骤如下。

（1）关闭数据库。

```
SQL> connect /as sysdba
SQL> shutdown
```

（2）复制或移动日志成员到目标位置。关闭数据库后，DBA 就可以使用操作系统命令复制或移动日志成员到新位置。例如，修改原日志文件的名称。

（3）重新启动数据库实例，加载数据库，但是不打开数据库。

```
SQL> startup mount;
```

（4）使用带 RENAME FILE 子句的 ALTER DATABASE 语句重新设置重做日志文件的路径和名称。

```
SQL> alter database rename file
  2  'd:\app\Administrator\oradata\orcl\redo03.log',
  3  'd:\app\Administrator\oradata\orcl\redo02.log',
  4  'd:\app\Administrator\oradata\orcl\redo01.log'
  5  to
  6  'd:\app\Administrator\oradata\orcl\redo03a.log',
  7  'd:\app\Administrator\oradata\orcl\redo02a.log',
  8  'd:\app\Administrator\oradata\orcl\redo01a.log';
```

数据库已更改。

（5）打开数据库。

```
SQL> alter database open;
```

（6）备份控制文件。

重新启动数据库后，对联机重做日志文件的修改将生效。通过查询数据字典 V$LOGFILE 可以获知数据库现在所使用的重做日志文件。

11.2.5 显示重做日志信息

对于 DBA 而言，可能经常要查询重做日志文件，以了解其使用情况。要了解 Oracle 数据库的日志文件信息，可以查询如表 11-2 所示的数据字典视图和动态性能视图。

表 11-2 包含重做日志文件信息的视图

视图	说明
V$LOG	包含从控制文件中获取的所有重做日志文件的基本信息
V$LOGFILE	包含各个成员日志文件的信息，例如成员的状态和所属的重做日志组
V$LOG_HISTROY	包含重做日志文件的历史信息

下面列出了 V$LOG 的结构信息。

```
SQL> desc v$log
 名称                     是否为空?      类型
 ----------------        ---------    --------------
 GROUP#                                NUMBER
 THREAD#                               NUMBER
 SEQUENCE#                             NUMBER
 BYTES                                 NUMBER
 MEMBERS                               NUMBER
 ARCHIVED                              VARCHAR2(3)
 STATUS                                VARCHAR2(16)
 FIRST_CHANGE#                         NUMBER
 FIRST_TIME                            DATE
```

其中，GROUP#字段显示的是重做日志文件组的编号，THREAD#显示的是重做日志组所属的日志写入线程，SEQUENCE#字段显示的是重做日志组的日志序列号，BYTES字段显示重做日志组中各个成员的大小，MEMBERS 字段显示的是重做日志组中的成员数，ARCHIVED 字段显示的是重做日志的归档情况，STATUS 字段显示重做日志组的状态（CURRENT 表示当前正在使用，NACTIVE 表示非活动组，ACTIVE 表示归档未完成），FIRST_CHANGE#字段显示的是重做日志组上一次写入时的系统改变号 SCN，FIRST_TIME 字段显示的是重做日志组上一次写入的时间。

11.3 管理归档日志

归档日志是非活动重做日志的备份。通过使用归档日志，可以保留所有重做历史记录。当数据库处于 ARCHIVELOG 模式并进行日志切换时，后台进程 ARCH 会将重做日志的内容保存到归档日志中。当数据库出现介质故障时，使用数据文件的备份、归档日志和重做日志可以完成数据库的完全恢复。

11.3.1 日志操作模式

日志操作模式是指 Oracle 数据库处理重做日志的方式，它决定了是否保存重做日志，以保留重做日志所记载的事务变化。Oracle 数据库包括非归档日志（NOARCHIVELOG）模式和归档日志（ARCHIVELOG）模式。

1．NOARCHIVELOG（非归档模式）

NOARCHIVELOG 是指不保留重做记录的日志操作模式，只能用于保护实例故障，而不能保护介质故障。当数据库处于 NOARCHIVELOG 模式时，如果进行日志切换，生成的新内容将直接覆盖日志原来的内容。

NOARCHIVELOG 模式具有如下一些特点。

- ❏ 当检查点完成之后，后台进程 LGWR 可以覆盖原来的重做日志内容。
- ❏ 如果数据库备份后的重做日志内容已经被覆盖，那么当出现数据文件损坏时只能恢复到过去的完全备份点。

2．ARCHIVELOG（归档模式）

Oracle 利用重做日志文件记录对数据库所做的修改，但是重做日志文件是以循环方式使用的，在发生日志切换时，原来重做日志中的重做记录会被覆盖。为了完整地记录数据库的全部修改过程，可以使 Oracle 数据库的日志操作模式处于归档模式。

当数据库的运行在归档模式时具有如下优势。

- 如果发生磁盘介质损坏，则可以使用数据库备份与归档重做日志恢复已经提交的事务，保证不会发生任何数据丢失。
- 利用归档日志文件，可以实现使用数据库打开状态下创建的备份文件来进行数据库恢复。
- 如果为当前数据库建立一个备份数据库，通过持续地为备份数据库应用归档重做日志，可以保证源数据库与备份数据库的一致性。

在归档模式下，归档操作可以由后台进程 ARCn 自动完成，也可以由 DBA 手工来完成。为了提高效率、简化操作，通常使用自动归档操作。图 11-3 显示了利用归档进程 ARC0 进行自动归档操作的过程。

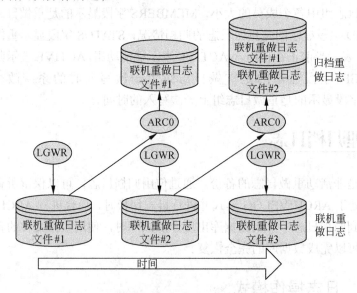

图 11-3　处于归档模式的联机重做日志文件

是否将数据库的日志操作置为归档模式取决于对数据库应用环境的可靠性和可用性的要求。如果任何由于磁盘物理损坏而造成的数据丢失都是不允许的，那么应该让数据库运行在归档模式下。这样，在发生磁盘介质故障后，DBA 就能够使用归档重做日志文件和数据文件的备份来恢复丢失的数据。

11.3.2　控制归档

在安装 Oracle 11g 时，默认为数据库运行在非归档模式下，这样可以避免在创建数据库的过程中对生成的重做日志进行归档。当数据库开始正常运行后，就可以将它切换到归档模式。要将数据库在归档模式与非归档式之间进行切换，需要使用带

ARCHIVELOG 或 NOARCHIVELOG 子句的 ALTER DATABAS 语句。

1. 改变日志操作模式

从 Oracle 10g 开始，改变日志操作模式已经变得很简单，很容易管理。在 Oracle 11g 中，默认情况下，归档日志会存放到快速恢复区所对应的目录（由初始化参数 DB_RECOVERY_FILE_DEST 设定）中，并且会按照特定的格式生成归档日志文件名。当想要将归档日志放在默认的路径下时，只需执行 ALTER DATABASE ARCHIVELOG 即可。

改变日志操作模式时，必须以 SYSDBA 和 SYSOPER 身份执行相应操作。将数据库由非归档模式切换为归档模式的具体操作步骤如下。

（1）检查当前日志操作模式。

在改变日志操作模式之前，DBA 应首先检查当前日志操作模式。通过查询动态性能视图 V$DATABASE，可以确定当前日志操作模式。示例如下：

```
SQL> select log_mode from v$database;

LOG_MODE
------------
NOARCHIVELOG
```

（2）关闭数据库，然后装载数据库。

改变日志操作模式只能在 MOUNT 状态下进行，因此必须先关闭数据库，然后重新装载数据库。需要注意，如果要改变日志操作模式，那么在关闭数据库时不能使用 SHUTDOWN ABORT 命令。示例如下：

```
SQL> shutdown immediate;
SQL>startup mount
```

（3）改变日志操作模式，然后打开数据库。

将数据库转变为 MOUNT 状态后，就可以使用 ALTER DATABASE 语句将数据库切换到归档模式了。改变日志操作模式后，打开数据库。示例如下：

```
SQL> alter database archivelog;
数据库已更改。
SQL> alter database open;
数据库已更改。
```

可以使用如下语句查看数据库是否已经处于归档模式。

```
SQL> archive log list;
数据库日志模式              存档模式
自动存档                    启用
存档终点                    USE_DB_RECOVERY_FILE_DEST
最早的联机日志序列          68
下一个存档日志序列          71
当前日志序列                71
```

从这里可以看出，数据库是否已经被置于归档模式下，是否启用了自动归档功能，以及归档的重做日志等信息。

2. 配置归档进程

为避免 LGWR 进程出现等待状态，可以考虑启动多个 ARCn 进程。修改初始化参数 LOG_ARCHIVE_MAX_PROCESSES 可以调整启动 ARCn 进程的数量。当将数据库转变为 ARCHIVELOG 模式时，默认情况下 Oracle 会自动启动两个归档进程。通过改变初始化参数 LOG_ARCHIVE_MAX_PROCESSES 的值，DBA 可以动态地增加或减少归档进程的个数。例如：

```
SQL> alter system set log_archive_max_processes=5;
系统已更改。
```

11.3.3 配置归档文件格式

数据库处于 ARCHIVELOG 模式时，如果进行日志切换，后台进程将自动生成归档日志。归档日志的默认位置为%ORACLE_HOEM%\RDBMS，在 Oracle 11g 中，归档日志的默认文件名格式为 ARC%S%_%R%T。为了改变归档日志的位置和名称格式，必须改变相应的初始化参数。

初始化参数 LOG_ARCHIVE_FORMAT 用于指定归档日志的文件名称格式，设置该初始化参数时，可以指定以下匹配符。

- %s 日志序列号。
- %S 日志序列号，但带有前导 0。
- %t 重做线程号。
- %T 重做线程号，但带有前导 0。
- %a 活动 ID 号。
- %d 数据库 ID 号。
- %r RESETLOGS 的 ID 值。

需要注意，在 Oracle 11g 中，配置归档日志文件格式时，必须带有%s、%t 和%r 匹配符，其他匹配符可有可无。配置了归档文件格式后，必须重新启动数据库。例如：

```
SQL> alter system set log_archive_format='%s_%t_%r.arc'
  2  scope=spfile;

系统已更改。
SQL> shutdown immediate;
SQL> startup
```

修改初始化参数 LOG_ARCHIVE_FORMAT 并重启数据库后，初始化参数配置将会生效。进行日志切换时，会生成该格式的归档日志文件。

11.3.4 配置归档位置

归档日志文件保存的位置称为归档目标，归档目标在初始化参数中进行设置。DBA 可以为数据库设置多个归档目标，不同的归档目标最好位于不同的磁盘中，以分布归档时磁盘的 I/O 操作。

通过设置初始化参数 LOG_ARCHIVE_DEST_n，可以为数据库指定 1 到 10 个归档目标（n 为 1 到 10 的整数）。在进行归档时，Oracle 会将重做日志组以相同的方式归档到每一个归档目标中。利用 LOG_ARCHIVE_DEST_n 参数可以指定本地系统为归档目标，也可以指定远程的数据库为归档目标。

如果在设置 LOG_ARCHIVE_DEST_n 参数时使用了 LOCATION 关键字，则指定的归档目标为一个本地系统的目录。例如：

```
SQL> alter system set
  2  log_archive_dest_1='location=d:\oracledata\archive1';
系统已更改。

SQL> alter system set
  2  log_archive_dest_2='location=d:\oracledata\archive2';
系统已更改。

SQL> alter system set
  2  log_archive_dest_3='location=d:\oracledata\archive3';
系统已更改。
```

如果在设置 LOG_ARCHIVE_DEST_n 参数时使用了 SERVICE 关键字，指定的归档目标则是一个远程数据库。例如：

```
SQL>alter system set log_archive_dest_2='service=DBY1'
```

其中，DBY1 是一个远程备用数据库的服务器名。

使用初始化参数 LOG_ARCHIVE_DEST_n 配置归档位置时，可以在归档位置上指定 OPTIONAL 或 MANDATORY 选项。指定 MANDATORY 选项时，可以设置 REOPEN 属性，分别介绍如下。

- **OPTIONAL** 该选项是默认选项，使用该选项时，无论归档是否成功，都可以覆盖重做日志。
- **MANDATORY** 该选项用于强制归档。使用该选项时，只有在归档成功后，重做日志才能被覆盖。
- **REOPEN** 该属性用于指定重新归档的时间间隔，默认值为 300 秒。需要注意，REOPEN 属性必须跟在 MANDATORY 选项后。

为了强制归档到特定位置，必须指定 MANDATORY 选项。下面以强制归档到特定目录为例，说明 MANDATORY 和 OPTIONAL 选项使用方法。

```
SQL> alter system set
  2  log_archive_dest_1='location=d:\oracledata\archive1 mandatory';
系统已更改。

SQL> alter system set
  2  log_archive_dest_2='location=d:\oracledata\archive2 mandatory
     reopen=500';
系统已更改。
```

```
SQL> alter system set
  2  log_archive_dest_3='location=d:\oracledata\archive3 optional';
系统已更改。
```

使用初始化参数 LOG_ARCHIVE_DEST_n 配置归档位置时，DBA 可以使用初始化参数 LOG_ARCHIVE_MIN_SUCCEED_DEST 控制本地归档的最小成功个数。示例如下：

```
SQL> alter system set
  2  log_archive_min_succeed_dest=2;
系统已更改。
```

执行上述语句后，如果生成的归档日志少于两份，重做日志将不能被覆盖。

另外，DBA 可以使用初始化参数 LOG_ARCHIVE_DEST_STATE_n 控制归档位置的可用性。设置该参数为 ENABLE，表示会激活相应的归档位置；设置该参数为 DEFER，表示会禁用相应的归档位置。当归档日志的所在的磁盘损坏或填满时，DBA 需要暂时禁用该归档位置。例如：

```
SQL> alter system set
  2  log_archive_dest_state_3=defer;
系统已更改。
```

执行以上语句后，会禁用初始化参数 LOG_ARCHIVE_DEST_STATE_3 所对应的归档位置。为了重新启用该归档位置，可以执行以下语句：

```
SQL> alter system set
  2  log_archive_dest_state_3=enable;
系统已更改。
```

> **注意**
> 从 Oracle 10g 开始不再使用 LOG_ARCHIVE_DEST 参数，若设置该参数后重启实例，则系统会提示使用了过时的参数这一错误提示。另外，不能同时使用 LOG_ARCHIVE_DEST 和 LOG_ARCHIVE_DEST_N 两种参数，在设置 LOG_ARCHVIE_DEST_N 之前必须先清除 LOG_ARCHIVE_DEST 参数。

11.3.5 显示归档日志信息

查询关于归档的信息有两种方法：一种是使用数据字典和动态性能视图；另一种是使用 ARCHIVE LOG LIST 命令。在 SQL*Plus 中执行 ARCHIVE LOG LIST 命令，将显示当前数据库的归档信息。例如：

```
SQL> connect /as sysdba
已连接。
SQL> archive log list;
数据库日志模式              存档模式
自动存档                   启用
存档终点                   d:\oracledata\archive3
最早的联机日志序列          68
```

| 下一个存档日志序列 | 71 |
| 当前日志序列 | 71 |

执行上述命令可以得知以下信息。
- 数据库处于归档模式。
- 自动归档功能被启用。
- 归档目标为本地目录 D:\ORACLEDATA\ARCHIVE3。
- 已经归档的最早的重做日志序号为 68。
- 当前正在归档的重做日志序列号为 71。

表 11-3 列出了各种包含归档信息的数据字典视图和动态性能视图。

表 11-3　包包含归档信息的视图

视图	描述
V$DATABASE	用于查询数据库是否处于归档模式
V$ARCHIVED_LOG	包含控制文件中所有已经归档的日志信息
V$ARCHIVED_DEST	包含所有归档目标信息
V$ARCHIVE_PROCESSES	包含已启动的 ARCn 进程状态信息
V$BACKUP_REDOLOG	包含所有已经备份的归档日志信息
V$LOG	包含所有重做日志组的信息,还可以查看日志组是否需要归档

11.4　查看日志信息

在重做日志文件中记录了数据库中曾经过发生过的操作,对重做日志进行归档后,所有已经执行的操作都将被记录在案。DBA 可以利用这些归档日志将数据库恢复到任意时刻的状态,还可以利用一些工具对日志进行分析,以便对数据库操作进行跟踪和统计分析。本节将介绍如何利用 LogMiner 工具对归档日志进行基本的分析。

11.4.1　LogMiner 概述

使用 LogMiner 工具可以对重做日志文件或归档重做日志文件进行分析,以便 DBA 对数据库用户的操作进行审计,或者撤销数据库中已经执行过的、指定的操作。此外,DBA 还能够通过分析日志文件来追踪某个用户的所有操作,或者追踪某个数据库对象的变更过程,并由此生成统计信息。

LogMiner 工具由一系列内置 DBMS 包和动态视图组成。在使用 LogMiner 的过程中,主要用到以下两个 DBMS 包。
- **DBMS_LOGMNR_D**　在这个包中包含提取数据字典信息和创建 LogMiner 字典文件所必需的过程,即 DBMS_LOGMNR_D.BUILD()过程。
- **DBMS_LOGMNR**　在这个包中包含有初始化和运行 LogMiner 所必需的过程。它有 3 个过程:用来添加/删除用于分析的日志文件的过程 ADD_LOGFILE();用来开启日志分析,同时确定分析的时间/SCN 号以及确认是否使用提取出来的数据字典信息的过程 START_LOGMNR();用来终止分析会话、回收 LogMiner 所占用内存的过程 END_LOGMNR()。

DBMS 包是随 Oracle 服务器软件一同提供的另一种类型的实用工具。在 DBMS 包中包含了许多 PL/SQL 过程，利用这些过程能够完成许多数据库操作。组成 LogMiner 的包均位于 SYS 模式中。

与 LogMiner 相关的数据字典包括以下几种。

- ❑ **v$logmnr_dictionary** 包含 LogMiner 可能使用的数据字典信息，因 logmnr 可以有多个字典文件，该视图用于显示这方面的信息。
- ❑ **v$logmnr_parameters** 当前 LogMiner 所设定的参数信息。
- ❑ **v$logmnr_logs** 当前用于分析的日志列表。
- ❑ **v$logmnr_contents** 日志分析结果。

在 Oracle 11g 中，还需要安装 LogMiner 工具。在数据库安装目录下的 rdbms\admin 子目录中，可以找到两个 SQL 脚本文件：DBMSLM.SQL 和 DBMSLMD.SQL。这两个脚本必须均以 SYS 用户身份运行。其中第一个脚本文件用来创建 DBMS_LOGMNR 包，该包用来分析日志文件。第二个脚本文件用来创建 DBMS_LOGMNR_D 包，该包用来创建数据字典文件。下面是运行脚本文件安装 LogMiner 的过程。

```
SQL> @ D:\app\Administrator\product\11.1.0\db_1\RDBMS\ADMIN\dbmslmd.sql;
程序包已创建。
同义词已创建。
SQL> @ D:\app\Administrator\product\11.1.0\db_1\RDBMS\ADMIN\dbmslm.sql;

程序包已创建。
授权成功。
同义词已创建。
```

利用 LogMiner 分析日志组文件的操作主要包括以下几步。

（1）解读数据字典，创建 LogMiner 字典文件。
（2）指定用于分析的重做日志文件。
（3）启动 LogMiner。
（4）生成分析结果视图。
（5）结束 LogMiner。

11.4.2 创建 LogMiner 使用的字典文件

LogMiner 只有在实例启动的情况下才可以运行。在使用 LogMiner 工具分析重做日志文件之前，可以使用 DBMS_LOGMNR_D 包将数据字典导出为一个文本文件。该字典文件是可选的，LogMiner 使用这个字典文件来实现 Oracle 内部对象名称的转换，如果没有这个字典文件，则直接显示内部对象编号，这部分内容是无法直接理解的。

创建字典文件的目的就是让 LogMiner 引用所涉及到的内部数据字典，提供它们实际的名字，而不是系统内部的对象编号。数据字典文件是一个文本文件，用于存放表及对象 ID 号之间的对应关系。使用字典文件时，它会在表名和对象 ID 号之间建立一一对应的关系。如果要分析的数据库中的表有变化，则数据库的数据字典也会发生变化，这时就需要重新创建该字典文件。

如果要使用字典文件，数据库至少应该处于 MOUNT 状态。然后执行

DBMS_LOGMNR_D.BUILD 过程将数据字典信息提取到一个外部文件中。具体步骤如下：

（1）确认设置了初始化参数 UTL_FILE_DIR，并确认 Oracle 对目录拥有读写权限，然后启动实例。

```
SQL> show parameter utl

NAME                                 TYPE        VALUE
------------------------------------ ----------- ---------
create_stored_outlines               string
utl_file_dir                         string
```

参数 UTL_FILE_DIR 指定的目录主要用于存放 DBMS_LOGMNR_D.BUILD 过程所产生的字典信息文件。如果未设置该参数，则可以通过如下语句修改：

```
SQL> alter system set utl_file_dir='e:\orcldata\logminer' scope=spfile;
系统已更改。
```

（2）重新启动数据库（STARTUP）。

由于 UTL_FILE_DIR 参数不是一个动态参数，在为其设置参数值后还需要重新启动数据库。

（3）执行 PL/SQL 过程 DBMS_LOGMNR_D.BUILD 创建字典文件。

```
SQL> execute dbms_logmnr_d.build('e:\orcldata\logminer\sqltrace.ora',
'e:\orcldata\logminer');
PL/SQL 过程已成功完成。
```

其中，第一个参数用于指定字典文件的存放位置，它必须完全匹配 UTL_FILE_DIR 的值，第二个参数用于指示字典文件的名称。

11.4.3 指定分析的日志文件

在使用 LogMiner 进行日志分析之前，必须指定它将对哪些重做日志文件进行分析。LogMiner 可以一次对多个重做日志文件进行分析。

执行 DBMS_LOGMNR.ADD_LOGFILE()过程可以指定要分析的重做日志文件。利用这个过程可以依次添加多个重做日志文件，或删除已经添加的重做日志文件。下面是指定重做日志文件列表的具体操作步骤。

（1）确保数据库实例已经启动（STARTUP）。
（2）创建重做日志文件列表。

通过指定 DBMS_LOGMNR.ADD_LOGFILE()过程的 NEW 选项来创建重做日志文件的列表。例如，利用下面的语句建立一个重做日志文件列表，并向其中添加一个重做日志文件。

```
SQL> execute
dbms_logmnr.add_logfile(logfilename=>'d:\app\user\oradata\orcl\redo01a
.log',options=>dbms_logmnr.new);
```

（3）根据需要，使用 ADDFILE 选项继续向列表中添加其他重作日志文件。比如，利用下面的语句向列表中添加重做日志文件。

```
execute dbms_logmnr.add_logfile(logfilename=>'d:\app\user\
oradata\orcl\redo02a.log',
options=>dbms_logmnr.addfile);
```

（4）如果需要，还可以通过指定 DBMS_LOGMNR.ADD_LOGFILE()过程的 REMOVEFILE 选项来删除重做日志文件。例如，利用下面的语句可以将重做日志文件 REDO02A.LOG 从日志文件列表中删除。

```
execute dbms_logmnr.add_logfile(logfilename=>'d:\app\user\
oradata\orcl\redo02a.log',
options=>dbms_logmnr.removefile);
```

DBMS_LOGMNR.ADD_LOGFILE()过程的 OPTIONS 各选项的含义如下。
- **NEW**　表示创建一个新的日志文件列表。
- **ADDFILE**　表示向列表中添加日志文件。
- **REMOVEFILE**　与 ADDFILE 相反，为在列表中删除日志文件。

11.4.4　启动 LogMiner

在为 LogMiner 创建了字典文件，并且指定了要分析的重做日志文件列表后，就可以启动 LogMiner 开始分析日志文件了。执行 DBMS_LOGMNR.START_LOGMNR()过程将启动 LogMiner。

启动 LogMiner 非常方便，只需要执行 DBMS_LOGMNR.START_LOGMNR()过程即可。执行该过程时，需要为参数 DICTFILENAME 指定一个已经建立的字典文件。例如，下面的语句在执行 DBMS_LOGMNR.START_LOGMNR()过程时，指定了前面所创建的字典文件 E:\ORCLDATA\LOGMINER\SQLTRACE.ORA。

```
SQL> execute dbms_logmnr.start_logmnr(dictfilename=>'e:\orcldata\
logminer\sqltrace.ora');
PL/SQL 过程已成功完成。
```

如果不指定字典文件，那么生成的分析结果中将使用 Oracle 内部的对象标识和数据格式，这些数据的可读性非常差。指定字典文件后，Oracle 会将内部对象标识和数据类型转换为用户可读的对象名称和外部数据格式。

另外，如果在执行 DBMS_LOGMNR.START_LOGMNR()过程时没有指定其他参数，则在分析结果中包含重做日志文件的所有内容。因此，DBA 可以在启动 LogMiner 时，为其限定要分析的范围。DBMS_LOGMNR.START_LOGMNR()过程提供了基于分析日志时间和 SCN 号的参数，它们分别是：表示分析的起始/结束 SCN 号的 STARTSCN/ENDSCN；表示分析的起始/结束时间的 STARTTIME/ENDTIME。

例如，下面的语句在执行 DBMS_LOGMNR.START_LOGMNR()过程时，将过滤 2008 年 5 月 1 日以后，2008 年 5 月 10 日以前的数据。

```
execute dbms_logmnr.start_logmnr(dictfilename=>'e:\orcldata\
logminer\sqltrace.ora',
starttime=>to_date('2008/05/01 01:00:00','yyyy/mm/dd hh:mi:ss'),
endtime=>to_date('2008/05/10 10:30:00',' yyyy/mm/dd hh:mi:ss '));
```

在使用 SCN 号限定分析范围时，必须明确地知道事务的 SCN 范围，这通常可以从重做日志的基本信息中获取。

11.4.5 查看分析结果

动态性能视图 V$LOGMNR_CONTENTS 中包含 LogMiner 分析得到的所有信息。分析结果中包含了执行的 SQL 语句、数据库对象名、会话信息、回退信息以及用户名等信息。

例如，下面的语句可以查看一个分析结果。

```
select operation,sql_redo from v$logmnr_contents;
```

如果仅仅想知道某个用户对于某个表的操作，则可以使用如下 SQL 查询：

```
select sql_redo from v$logmnr_contents where username='SCOTT' and table_name='EMP';
```

需要强调的一点是，动态性能视图 V$LOGMNR_CONTENTS 中的分析结果仅在运行过程 DBMS_LOGMNR.START_LOGMNR() 的会话的生命期中存在。因为所有的 LogMiner 分析结果都存储在 PGA 内存中，其他进程是看不到它的，同时随着进程的结束，分析结果也随之消失。

11.4.6 结束 LogMiner

正常退出 LogMiner 会话时，必须使用 DBMS_LOGMNR.END_LOGMNR() 过程。例如：

```
execute dbms_logmnr.end_logmnr;
```

过程 DBMS_LOGMNR.END_LOGMNR() 将终止日志分析事务，并且释放 PGA 内存区域，分析结果也将随之不再存在。如果没有执行该过程，则 LogMiner 将保留所有它分配的资源，直到启动 LogMiner 的会话结束为止。

11.5 实验指导

1. 备份控制文件

备份控制文件有两种方式，即二进制文件形式和脚本文件形式。本练习将分别备份控制文件为二进制文件和脚本文件。

（1）以二进制文件形式备份控制文件。

```
alter database backup controlfile
to 'd:\backup_controlfile\control.bkp';
```

（2）以脚本文件形式备份控制文件。

```
alter database backup controlfile to trace;
```

（3）查看脚本文件的存放位置。

```
show parameter user_dump_dest;
```

（4）打开以脚本文件形式备份的控制文件，查看生成的控制文件的脚本。

2. 控制归档

改变日志操作模式时，必须以 SYSDBA 和 SYSOPER 身份连接到数据库。本练习将控制数据库的日志操作模式。

（1）检查当前日志操作模式。

```
select log_mode from v$database;
```

（2）改变数据库状态到 MOUNT 状态。

```
shutdown immediate;
startup mount;
```

（3）改变日志操作模式，然后打开数据库。

```
alter database archivelog;
alter database open;
```

（4）查看数据库是否已经处于归档模式。

```
archive log list;
```

11.6 思考与练习

一、填空题

1. 假设数据库包含 3 个控制文件，如果其中一个控制文件被用户误删除，则数据库将_____启动。

2. 执行 COMMIT 操作时，后台进程会在_____上执行操作。

3. 如果某个数据库的 LGWR 进程经常会因为检查点未完成而进入等待状态，则 DBA 应当采取_____措施来解决该问题。

4. 启用复合控制文件后，由于多个控制文件互为镜像，内容总是_____。这样在装载 Oracle 数据库时，系统会读取并打开_____参数所对应的所有控制文件。

5. 使用 LogMiner 进行日志分析的基本步骤为：_____、指定日志文件、_____、查询输出结果。

二、选择题

1. 每个 Oracle 数据库至少应包含几个重做日志组？（   ）
   A. 1 个   B. 2 个
   C. 3 个   D. 4 个

2. 如果某个数据库拥有两个重做日志组，当第 2 个重做日志组突然损坏时，DBA 应当采取下列哪项操作？（   ）
   A. 删除原有的第 2 个重做日志组，然后使用 ALTER DATABASE ADD LOGFILE GROUP 2 语句建立新的第 2 个重做日志组
   B. 删除所有重做日志组，然后再使用 ALTER DATABASE ADD LOGFILE GROUP 语句建立新的重做日志组
   C. 使用 ALTER DATABASE CLEAR LOGFILE GROUP 2 语句对第 2 个重做日志组进行初始化
   D. 使用 ALTER DATABASE CLEAR LOGFILE GROUP 2 语句对第 2 个重做日志组进行初始化，然后删除它，再重新建立第 2 个重做日志组

3. 在哪种情况下，可能需要增加重做日志组？（   ）
   A. 检查点完成
   B. 日志组未归档
   C. 多元化重做日志
   D. 重做日志组成员被损坏

4．通过执行 ALTER SYSTEM ARCHIVE LOG ALL 语句进行归档时，该归档操作将由哪个进程完成？（ ）
　　A．LGWR　　　　B．服务器进程
　　C．DBWR　　　　D．ARCH

5．在为已有的数据库创建复合控制文件的过程中，数据库应当处于什么状态？（ ）
　　A．打开状态　　　B．关闭状态
　　C．未加载状态　　D．静默状态

6．假设用户通过操作系统命令将数据库的控制文件重命名，但是没有对初始化参数进行相应的修改，那么在下一次启动数据库时将会发生下列哪种情况？（ ）
　　A．数据库无法加载
　　B．Oracle 能够自动搜索到更名后的控制文件，并利用它来打开数据库
　　C．数据库能够加载，但是却无法打开
　　D．Oracle 将自动创建一个新的控制文件，并利用它来打开数据库

7．为数据库添加一个新的数据文件之后，应当立即执行下列哪个操作？（ ）
　　A．重新启动实例
　　B．备份所有的表空间
　　C．备份控制文件
　　D．更新初始化参数

8．下列关于创建重做日志文件中的描述哪项是不正确的？（ ）
　　A．如果要覆盖已有的日志文件，则必须在 ALTER DATABASE ADD LOG FILE 语句中指定 REUSE 子句
　　B．在使用 ALTER DATABASE ADD LOGFILE MEMBER 语句添加重做日志组成员时，可以使用 SIZE 子句设置重做日志文件的大小
　　C．在使用 ALTER DATABASE ADD LOGFILE GROUP 语句创建新的重做日志组时，可以显式地指定组号，也可以让 Oracle 对新建组进行自动编号
　　D．如果选择显式地新建重做日志组进行编号，编号应当连续

三、简答题
1．重新建立控制文件，修改以下永久参数。
❑ 最大数据文件个数：100。
❑ 最大日志组个数：50。
❑ 每个日志组的最大日志成员个数：4。
2．为数据库添加两个控制文件 D:\ORCL\ORCL01.CTL 和 D:\ORCL\ORCL02.CTL。
3．为数据库添加一个新的日志组，日志组大小为 10MB。
4．改变数据库的日志操作模式。
5．查看数据库的日志文件。

第 12 章 管理表空间和数据文件

在物理上，数据库中的数据存储在数据文件中，而在逻辑上，数据库中的数据存储在表空间中。这也就意味着表空间与数据文件之间存在着对应关系，对表空间的管理操作与对数据文件的管理操作密切相关。通过使用表空间，可以有效地部署不同类型的数据，加强数据管理，从而提高数据库的运行性能。

本章将介绍如何在数据库中创建新的表空间和数据文件，以及如何对已有的表空间进行维护和管理。

本章学习要点：
- ➢ 掌握各种表空间的建立方法
- ➢ 掌握改变表空间状态的方法
- ➢ 掌握扩展表空间的方法
- ➢ 掌握管理数据文件的方法
- ➢ 掌握对 UNDO 表空间的管理

12.1 建立表空间

在 Oracle 11g 中，当数据库管理员（DBA）创建数据库时，Oracle 不仅会创建 SYSTEM 表空间，还会创建一些辅助表空间，如 UNDO 表空间和默认临时表空间。为了简化表空间的管理并提高性能，Oracle 建议将不同类型的数据部署到不同的表空间中。因此，在创建数据库后，数据库管理员还应该根据具体应用的情况，建立不同类型的表空间。例如，专门存放表数据的表空间、存放索引的索引表空间等。

12.1.1 建立普通表空间

根据表空间对盘区的管理方式，表空间可以分为数据字典管理的表空间和本地化管理的表空间。数据字典表空间是传统的表空间类型，其主要用于早期的 Oracle 数据库版本中，它是通过数据字典对表空间中的盘区进行管理的。而本地管理表空间，则不再使用数据字典去寻找空闲空间，而使用位图的方法使用表空间中的数据块，从而避免使用 SQL 语句引起系统性能的下降。从 Oracle 9i R2 后，系统默认创建的表空间为本地管理表空间。

要创建本地管理方式的表空间，可以在 CREATE TABLESPACE 语句中显式地使用 EXTENT MANAGEMENT 子句指定 LOCAL 关键字。省略 EXTENT MANAGEMENT 子句时，创建的是本地管理方式的表空间。例如，下面的语句创建表空间 USER01，该表空间具有一个 50MB 的数据文件，并且使用本地管理方式。

```
SQL> create tablespace user01
  2  datafile 'd:\oracledata\user01' size 50M
  3  extent management local;
```

表空间已创建。

在创建本地管理方式的表空间时，可以通过 EXTENT MANAGEMENT 子句和

SEGMENT SPACE MANAGEMENT 子句来为表空间设置区的分配管理方式和段的存储管理方式。

1. 本地管理表空间中区的分配管理方式

在创建本地管理方式的表空间时,可以为它应用两种区的分配管理方式。

- **AUTOALLOCATE** 如果在 EXTENT MANAGEMENT 子句中指定了 AUTOALLOCATE 关键字,则说明由 Oracle 负责对区的分配进行自动管理。这也是默认的设置。
- **UNIFORM** 如果在 EXTENT MANAGEMENT 子句中指定了 UNIFORM 关键字,则说明表空间中所有的区都具有统一的大小。

如果 DBA 能够预测到表空间中将存放的是大小经常变化的、需要使用许多不同大小的区的对象,那么可以使用 AUTOALLOCATE 关键字。该关键字提供了一种最简单的区的分配管理方式。

例如,下面的语句将创建一个 AUTOALLOCATE 方式的本地管理表空间。

```
SQL> create tablespace user02
  2  datafile 'd:\oracledata\user02.dbf' size 50m
  3  extent management local autoallocate;

表空间已创建。
```

如果 DBA 能够预测到表空间中存放的大部分对象都要求使用相同大小的区,那么 UNIFORM 关键字是更好的选择。在这种方式下,Oracle 将为表空间中所有的对象分配相同大小的区。

例如,下面的语句可以创建一个 UNIFORM 方式的本地管理表空间,表空间中所有区的大小都是 512KB。

```
SQL> create tablespace user03
  2  datafile 'd:\oracledata\user03.dbf' size 50m
  3  extent management local uniform size 512k;

表空间已创建。
```

如果在 UNIFORM 关键字后没有指定 SIZE 参数值,则 SIZE 参数值为 1MB。

2. 本地管理表空间中段的存储管理方式

在创建本地管理方式的表空间时,除了需要选择区的分配管理方式外,还可以选择表空间中段的存储管理方式。段的存储管理主要是指 Oracle 用来管理段中已用数据块和空闲数据块的机制。

在 CREATE TABLESPACE 语句中可以通过使用 SEGMENT SPACE MANAGEMENT 子句来设置段的存储管理方式。可以为本地管理方式的表空间设置如下两种段的存储管理方式。

- **手动方式** 使用 SEGMENT SPACE MANAGEMENT MANUAL 子句可以将段的存储管理方式设置为手动方式。这时 Oracle 将使用可用列表来管理段中的空闲数据块,手动方式也是默认的方式。
- **自动方式** 自动管理方式使用 SEGMENT SPACE MANAGEMENT AUTO 子句来设置,这时 Oracle 将使用位图来管理已用数据块和空闲数据块。Oracle 通过位图中的单元的取值来判断段中的块是否可用。

可用列表是管理存储空间的传统方式,段中所有空闲的数据块都被放入这个列表,在需要存储空间时,系统将在可用列表中搜索。与可用列表方式相比,使用位图的自动化管理可以提供更好的存储利用率。在自动化方式下,用户不需要在创建对象时通过指定 PCTFREE、PCTUSED 等参数来为段管理数据块。如果用户设置了这些参数,则在自动化方式下将被忽略。

例如,下面的语句将创建一个具有手动段存储管理方式的表空间。

```
SQL> create tablespace user04
  2  datafile 'd:\oracledata\user04.dbf' size 50m
  3  extent management local uniform size 512k
  4  segment space management manual;
```

表空间已创建。

12.1.2 建立大文件表空间

从 Oracle 10g 开始,Oracle 引入了一个新增的表空间类型——大文件(BIGFILE)表空间,从而显著地增强了存储能力。一个大文件表空间对应一个单一的数据文件或临时文件,但是文件可以达到 4G 个数据块大小。理论上,当数据块大小为 8KB 时,大文件表空间的数据文件最大可以达到 32TB;当数据块大小为 32KB 时,那么大文件表空间的数据文件最大可以达到 128TB。在实际环境中,这还受到操作系统中文件系统的限制。

在创建表空间时,默认创建的表空间为 SMALLFILE 类型的表空间,通过查询数据字典视图 DATABASE_PROPERTIES,可以显示当前数据库默认创建的表空间是否为 BIGFILE 类型的。具体如下:

```
SQL> select *
  2  from database_properties
  3  where property_name ='DEFAULT_TBS_TYPE';

PROPERTY_NAME          PROPERTY_VALUE         DESCRIPTION
---------------------  ---------------------  -----------------------
DEFAULT_TBS_TYPE       SMALLFILE              Default tablespace type
```

从这里可以看出,如果在创建表空间时不指定数据文件的类型,那么默认创建的表空间都是 SMALLFILE 类型的。用户可以通过 ALTER DATABASE 命令来修改数据库默认认的表空间类型。

```
SQL> alter database set default bigfile tablespace;
数据库已更改。

SQL> select *
  2  from database_properties
  3  where property_name = 'DEFAULT_TBS_TYPE';

PROPERTY_NAME          PROPERTY_VALUE         DESCRIPTION
---------------------  ---------------------  -----------------------
DEFAULT_TBS_TYPE       BIGFILE                Default tablespace type
```

```
SQL> alter database set default smallfile tablespace;
数据库已更改。
```

建立大文件表空间是使用 CRETAE BIGFILE TABLESPACE 语句完成的。需要注意，当执行该语句建立大文件表空间时，不能使用 SEGMENT SPACE MANAGEMENT MANUAL 子句，并且只能指定一个数据文件。例如，下面的语句将创建一个大文件表空间 BIG_TBS。

```
SQL> create bigfile tablespace big_tbs
  2  datafile 'd:\oracledata\bigfile_tbs01.dbf' size 10m;

表空间已创建。
```

执行上述语句后，将建立名称为 BIG_TBS 的大文件表空间，该表空间的空间管理方式为本地化管理，并且区大小由系统自动分配。

通过查询数据字典 DBA_TABLESPACES，可以了解表空间是否为大文件表空间类型。例如：

```
SQL> select tablespace_name, bigfile
  2  from dba_tablespaces
  3  where tablespace_name='BIG_TBS';

TABLESPACE_NAME                BIG
------------------------------ ---
BIG_TBS                        YES
```

在前面曾提及过，大文件表空间的最大大小与数据块有关。例如，下面将显示当前数据库的数据块大小。

```
SQL> show parameters db_block_size;

NAME                                 TYPE        VALUE
------------------------------------ ----------- ------------
db_block_size                        integer     8192
```

也就是说，理论上创建的 BIGFILE 表空间最大可以创建 32TB。

12.1.3 建立临时表空间

通过在表空间中分配临时存储空间，Oracle 能够使带有排序等操作的 SQL 语句获得更高的执行效率。如果创建了专门的临时表空间，Oracle 就可以不必在其他表空间中为排序操作分配临时空间，这样不仅可以实现临时数据的集中化管理，而且还不会影响到其他表空间的使用效率。

在数据库中创建用户时必须为用户指定一个表空间作为临时表空间使用，该用户所生成的所有临时表数据都将存储在这个表空间中。如果使用其他表空间作为临时表空间，这不仅会占用其中的存储空间，而且会在该表空间中生成许多存储碎片，从而影响整个数据库的性能。因此，最好为数据库创建一个专门的临时表空间。

一个临时表空间可以被多个数据库用户共享使用。在临时表空间中创建的段称为临时段。Oracle 只会为一个实例创建一个临时段，这个临时段被实例中的所有排序操作共享使用，但是临时段中的每个区只能由一个事务使用。

另外，如果在数据库运行过程中经常有大量并发排序操作，那么为了提高排序性能，可以建立多个临时表空间。建立临时表空间是使用 CREATE TEMPORARY TABLESPACE 命令完成的。

1. 建立本地管理临时表空间

建立本地管理临时表空间时，使用 UNIFORM 选项可以指定区的大小。需要注意，当建立临时表空间时，不能指定 AUTOALLOCATE 选项。

例如，下面的语句在数据库中创建一个临时表空间 TEMP01。

```
SQL> create temporary tablespace temp01
  2  tempfile 'd:\oracledata\temp01.dbf' size 10m
  3  extent management local
  4  uniform size 256k;
```

表空间已创建。

上面创建的表空间的管理方式为本地化管理，并且区的大小统一为 256KB。需要注意，本地化管理临时表空间不使用数据文件，而使用临时文件，也就是说，在创建临时表空间时，必须将表示数据文件的 DATAFILE 改为表示临时文件的 TEMPFILE。

2. 建立大文件临时表空间

在 Oracle 11g 中，允许使用 CREATE BIGFILE TEMPORARY TABLESPACE 语句建立只包含一个临时文件的大文件临时表空间。例如：

```
SQL> create bigfile temporary tablespace big_temp02
  2  tempfile 'd:\oracledata\temp02.dbf' size 10m;
```

表空间已创建。

上述语句创建了一个名为 BIG_TEMP02 的临时表空间，该表空间只能包含一个临时文件，并且其空间管理方式为本地管理。

3. 使用临时表空间组

临时表空间组是多个临时表空间的集合，它使得一个数据库用户可以使用多个临时表空间。临时表空间组具有如下特点。

- 临时表空间组至少要包含一个临时表空间。
- 临时表空间组不能与任何表空间同名。
- 当指定数据库的默认临时表空间或用户的临时表空间时，可以直接指定临时表空间。

使用临时表空间时，必须首先执行 CREATE TEMPORARY TABLESPACE 语句显式地建立临时表空间，而临时表空间组则是隐含建立的。当执行 CREATE TEMPORARY TABLESPACE 语句时，通过指定 TABLESPACE GROUP 选项，可以隐含地建立临时表空间组。例如，下面的语句将隐含建立临时表空间组 GROUP1：

```
SQL> create bigfile temporary tablespace temp03
  2  tempfile 'd:\oracledata\temp03.dbf' size 2m
  3  tablespace group group1;
```

表空间已创建。

执行上述语句后，会显式建立临时表空间 TEMP03，隐含建立临时表空间组 GROUP1，并且将临时表空间 TEMP03 添加到临进表空间组 GROUP1 中。当执行 ALTER TABLESPACE 语句时，通过指定 TABLESPACE GROUP 选项，可以隐含建立临时表空间组。下面以隐含建立临时表空间组 GROUP2 为例，说明使用 ALTER TABLESPACE 隐含建立临时表空间组的方法。例如：

```
SQL> alter tablespace temp01 tablespace group group2;
表空间已更改。
```

上述语句将隐含地创建表空间组 GROUP2，并将临时表空间 TEMP01 追加到该组中。

使用 ALTER TABLESPACE 语句不仅可以隐含地建立临时表空间组，而且可以将已创建的临时表空间添加到临时表空间组中，或者从临时表空间组中删除其成员。例如，下面的语句将 TEMP01、TEMP03 添加到临时表空间组 GROUP1 中。

```
SQL> alter tablespace temp01 tablespace group group1;
表空间已更改。

SQL> alter tablespace temp03 tablespace group group1;
表空间已更改。
```

当要从临时表空间组中删除成员时，也可以使用 ALTER TABLESPACE 语句。例如，下面的语句从临时表空间组 GROUP1 中删除成员 TEMP03。

```
SQL> alter tablespace temp03 tablespace group '';
表空间已更改。
```

12.1.4　建立非标准块表空间

前面所创建的表空间中，所有的数据块大小都是相同的。数据块的大小由参数 DB_BLOCK_SIZE 决定，并且在创建数据库后不能再进行修改。为了优化 I/O 性能，Oracle 系统允许不同的表空间使用不同大小的数据块，这样可以实现将大规模的表存储在由大数据块构成的表空间中，而小规模的表则存储在由小数据块构成的表空间中。在创建非标准数据块的表空间时，用户需要显式地使用 BLOCKSIZE 选项。

当在数据库中使用多种数据块大小时，必须为每种数据块分配相应的数据高速缓存，并且数据高速缓存的大小可以动态修改。具体而言，参数 BLOCKSIZE 必须与数据缓冲区参数 DB_nk_CACHE_SIZE 相对应，BLOCKSIZE 与数据缓冲区参数 DB_nk_CACHE_SIZE 的对应关系如表 12-1 所示。

表 12-1　BLOCKSIZE 与 DB_nk_CACHE_SIZE 对应关系

BLOCKSIZE	DB_nK_CACHE_SIZE
2KB	DB_2K_CACHE_SIZE
4KB	DB_4K_CACHE_SIZE
8KB	DB_8K_CACHE_SIZE
16KB	DB_16K_CACHE_SIZE
32KB	DB_32K_CACHE_SIZE

例如，下面的语句为 16KB 数据块设置了 20MB 的高速缓冲区。

```
SQL> alter system set db_16k_cache_size=20m;
系统已更改。
```

分配了非标准数据高速缓存后，就可以建立非标准块表空间了。建立非标准块表空间时，必须指定 BLOCKSIZE 参数。例如，下面的语句创建了数据块大小为 16KB 的非标准块表空间。

```
SQL> create tablespace bigblock_tbs
  2  datafile 'd:\oracledata\big_blick_tbs01.dbf' size 2m
  3  blocksize 16k;

表空间已创建。
```

查询数据字典视图 USER_TABLESPACES，可以显示表空间的数据块大小，具体如下：

```
SQL> select tablespace_name,block_size
  2  from user_tablespaces
  3  where tablespace_name='BIGBLOCK_TBS';

TABLESPACE_NAME                BLOCK_SIZE
------------------------------ ----------
BIGBLOCK_TBS                        16384
```

12.2 维护表空间

对于数据库管理员而言，在创建各种表空间后，还需要经常维护表空间，如改变表空间的可用性和读写状态，改变表空间的名称、备份和恢复表空间、删除不需要的表空间等。

12.2.1 改变表空间可用性

当建立表空间时，表空间及其所有数据文件都处于 ONLINE 状态，此时该表空间及其数据文件都是可以访问的。在多表空间数据库中，DBA 可以通过将某个表空间设置为脱机状态，使数据库的某部分暂时无法被用户访问。同时，数据库的其他表空间不会受到任何影响。相反地，也可以将某个处于脱机状态的表空间重新设置为联机状态，使用户能够重新访问其中的数据。

1. 使表空间脱机

为了实现如下目的时，DBA 可能需要将一个表空间设置为脱机状态。

- ❑ 要禁止用户访问数据库中的一部分数据，但又不影响对数据库中其他部分的正常访问。
- ❑ 要进行脱机表空间备份。
- ❑ 在升级或维护应用程序时，要禁用与该应用程序相关的表空间数据操作。

在将某个表空间设置为脱机状态时，属于这个表空间的所有数据文件也被设置为脱机状态。需要注意，SYSTEM 表空间和 SYSAUX 表空间不能被脱机，因为在数据库运行期间始终会使用 SYSTEM 表空间中的数据。

设置表空间为脱机状态时，可以使用如下 4 个参数来控制脱机方式。

- **NORMAL** 该参数表示将表空间以正常方式切换到脱机状态。在进入脱机状态的过程中，Oracle 会执行一次检查点，将 SGA 区中与该表空间相关的脏缓存块写入数据文件中，然后再关闭表空间的所有数据文件。如果在这个过程中没有发生任何错误，则可以使用 NORMAL 参数，这也是默认的方式。
- **TEMPORARY** 该参数将表空间以临时方式切换到脱机状态。这时 Oracle 在执行检查点时并不会检查各个数据文件的状态，即使某些数据文件处于不可用状态，Oracle 也会忽略这些错误。这样在将表空间设置为联机状态时，可能需要进行数据库恢复。
- **IMMEDIATE** 该参数将表空间以立即方式切换到脱机状态。这时 Oracle 不会执行检查点，也不会检查数据文件是否可用，而是直接将属于表空间的数据文件设置为脱机状态。下一次将表空间恢复为联机状态时必须进行数据库恢复。
- **FOR RECOVER** 该参数将表空间以用于恢复方式切换到脱机状态。如果要对表空间进行基于时间的恢复，可以使用这个参数将表空间切换到脱机状态。

例如，下面的语句将表空间 USER01 以立即方式切换到脱机状态。

```
SQL> alter tablespace user01 offline immediate;
表空间已更改。
```

注意 如果数据库运行在非归档模式下（NOARCHIVELOG），由于无法保留恢复表空间所需的重做日志，所以不能将表空间以立即方式切换到脱机状态。

将表空间设置为脱机状态时，应当尽量使用 NORMAL 方式，这样在将表空间恢复联机状态时不需要进行数据库恢复。只有在无法使用 NORMAL 方式进入脱机状态时才考虑使用 TEMPORARY 方式，当上述两种方式失败时，才需要使用 IMMEDIATE 方式。

例如，下面的语句以 NORMAL 方式将表空间 USER01 转变为 OFFLINE 状态。

```
SQL> alter tablespace user01 offline normal;
表空间已更改。
```

当表空间处于 OFFLINE 状态时，该表空间将不能被访问。

2．使表空间联机

在数据库处于打开状态时，DBA 可以将脱机的表空间重新恢复为联机状态。表空间恢复为联机状态后，用户可以重新访问其中的数据。

如果在表空间进入脱机状态时，属于该表空间的所有脏缓存块都已经被写入数据文件，则称该表空间在切换到脱机状态时是"干净的"（以 NORMAL 方式切换）。如果脱机表空间是"干净的"，在将它恢复到联机状态时不需要进行数据恢复，否则恢复为联机状态之前必须先对表空间进行数据库恢复。

例如，下面的语句将表空间 USER01 转变为 ONLINE 状态。

```
SQL> alter tablespace user01 online;
表空间已更改。

SQL> create table employees(
  2   id number(4),
  3   name varchar(20),
  4   salary number(7,2)
  5  )tablespace user01;

表已创建。
```

12.2.2 改变表空间读写状态

表空间可以是读写方式，也可以是只读方式。默认情况下，所有的表空间都是读写方式，任何具有配额并且具有适当权限的用户都可以写入表空间。但是如果将表空间设置为只读方式，则任何用户都无法向表空间写入数据，也无法修改表空间中已有的数据，这种限制与权限无关。

将表空间设置为只读方式的主要目的是为了避免对数据库中的静态数据进行更改。用户只能查询只读表空间中的数据，而不能进行修改。

1．设置表空间为只读状态

所有的表空间在创建后都是处于读写状态。通过在 ALTER TABLESPACE 语句中使用 READ ONLY 子句，可以将表空间设置为只读状态。将表空间设置为只读状态时，表空间必须处于联机状态，另外，SYSEM 表空间不能设置为只读状态。

例如，下面的语句将把表空间 USER01 设置为只读状态。

```
SQL> alter tablespace user01 read only;
表空间已更改。

SQL> insert into employees
  2  values(100,'SWITH',1200);
insert into employees
            *
第 1 行出现错误：
ORA-00372: 此时无法修改文件 10
ORA-01110: 数据文件 10: 'D:\ORACLEDATA\USER01'
```

上述语句执行后，不必等待表空间中的活动事务结束即可立即生效，USER01 表空间将进入"事务只读状态"。以后任何用户都不能再创建针对该表空间的读写事务，而当前正在活动的事务则可以继续向表空间中写入数据，直到它们结束为止。当针对该表空间的所有事务都结束之后，表空间才进入只读状态。

2．设置表空间为读写状态

将表空间恢复为读写状态时，需要在 ALTER TABLESPACE 语句中使用 READ WRITE 子句。将表空间恢复为读写状态时，必须保证表空间的所有数据文件都处于联机状态，同时表空间本身也必须处于联机状态。

例如，下面的语句可以将表空间 USER01 恢复为读写状态。

```
SQL> alter tablespace user01 read write;
表空间已更改。
```

12.2.3 改变表空间名称

在 Oracle 10g 之前,表空间的名称是不能被修改的。在 Oracle 11g 中,通过在 ALTER TABLESPACE 语句中使用 RENAME 子句,数据库管理员可以改变表空间的名称。例如,下面的语句将修改表空间 BIG_TBS 为 BIG_FILE_TBS。

```
SQL> alter tablespace big_tbs rename to big_file_tbs;
表空间已更改。
```

需要注意,SYSTEM 表空间和 SYSAUX 表空间的名称不能被修改,并且当表空间或其中的任何数据文件处于 OFFLINE 状态时,该表空间的名称也不能修改。

12.2.4 设置默认表空间

在 Oracle 10g 前,建立数据库用户时,如果不指定其默认的表空间,则系统将使用 SYSTEM 表空间作为用户的默认表空间。在 Oracle 11g 中,使用 ALTER DATABASE DEFAULT TABLESPACE 语句可以设置数据库的默认表空间,这样当建立用户时,默认将使用指定的表空间。设置数据库默认表空间的示例如下:

```
SQL> alter database default tablespace users;
数据库已更改。
```

与此类似,使用 ALTER DATABASE DEFAULT TEMPORARY TABLESPACE 语句可以为数据库设置默认的临时表空间。例如,下面的语句改变数据库的默认临时表空间为临时表空间组 GROUP1。

```
SQL> alter database default temporary tablespace group1;
数据库已更改。
```

12.2.5 删除表空间

如果表空间和其中保存的数据不再使用时,可以从数据库中删除这个表空间。除了 SYSTEM 表空间外,数据库中的任何表空间都可以删除。删除表空间将使用 DROP TABLESPACE 语句,执行该语句的用户必须具有 DROP TABLESPACE 系统权限。

删除表空间时,Oracle 仅仅是在控制文件和数据字典中删除与表空间和数据文件相关的信息,默认情况下,Oracle 并不会在操作系统中删除相应的数据文件。因此,在成功执行删除表空间的操作后,需要手动删除操作系统中的数据文件。如果在删除表空间的同时要删除对应的数据文件,则必须显式地指定 INCLUDING CONTENTS AND DATAFILES 子句。

例如,下面的语句将删除表空间 USER01。

```
SQL> drop tablespace user01 including contents;
表空间已删除。
```

> **注意**：如果在表空间中包含数据库对象，则必须在 DROP TABLESPACE 语句中显式地指定 INCLUDING CONTENTS 子句。

如果要在删除表空间 USERS 的同时删除它所对应的数据文件，则可以使用如下语句：

```
SQL> drop tablespace user02 including contents and datafiles;
表空间已删除。
```

12.2.6 查询表空间信息

表 12-2 列出了各种包含有表空间信息的数据字典和动态性能视图。

表 12-2 包含表空间信息的视图

视图	说明
V$TABLESPACE	包含从控制文件中获取的表空间名称和编号信息
DBA_TABLESPACE	包含数据库中所有表空间的描述信息
DBA_SEGMENTS	包含所有表空间中的段的描述信息
DBA_EXTENTS	包含所有表空间中的区的描述信息
V$DATAFILE	包含从控制文件中获取的数据文件的基本信息，包括它所属的表空间名称、编号等
V$TEMPFILE	包含所有临时数据文件的基本信息
DBA_DATA_FILES	包含数据文件以及所属表空间的描述信息
DBA_TEMP_FILES	包含临时数据文件以及所属表空间的描述信息
V$TEMP_SPACE_POOL	包含本地管理方式的临时表空间的缓存信息
V$TEMP_EXTENT_MAP	包含本地管理方式的临时表空间中所有区的描述信息
V$SORT_SEGMENT	包含实例所创建的排序区的描述信息
V$SORT_USER	包含描述排序区的用户使用情况的信息

12.3 管理数据文件

数据文件在创建数据库或表空间时建立。表空间创建后，DBA 可以根据需要为表空间添加新的数据文件，或者更改已有数据文件的大小、名称和位置。

12.3.1 数据文件的管理策略

数据文件是物理上存储表空间数据的操作系统文件，在创建表空间的同时将为它建立数据文件。在创建表空间前，DBA 不仅要考虑表空间的管理方式，还需要决定与表空间对应的数据文件的数量、大小以及位置。

管理表空间和数据文件

1. 确定数据文件的数量

在为其他非 SYSTEM 表空间设置数据文件的数量时，需要考虑如下限制条件。

- 初始化参数 DB_FILES 指定在 SGA 区中能够保存的数据文件信息的最大数量，也就是一个实例所能支持的数据文件的最大数量。
- 操作系统中每一个进程能够同时打开的文件数量是有限的，这个限制的大小取决于操作系统本身。
- 每新建一个数据文件，都会在数据库的控制文件中添加一条记录。如果在控制文件中指定了 MAXDATAFILES 子句，那么在控制文件中最多只能保存 MAXDATAFILES 条数据文件的记录。但是数据库所拥有的数据文件的最大值仍然是 DB_FIELS 参数指定。如果 MAXDATAFILES 参数小于 DB_FILES 参数，则 Oracle 会自动对控制文件进行扩展，以便容纳更多的数据文件记录。

2. 确定数据文件的存放位置

表空间数据的物理存放位置由数据文件的存放位置决定。因此，要正确地为表空间设置物理存储位置，就必须合理地选择数据文件的存放位置。

例如，如果数据库可以使用多个磁盘，可以考虑将可能并发访问的数据文件分散存储在各个磁盘中，这样可以减少由于磁盘 I/O 冲突对系统性能造成的影响。

3. 分离存放数据文件与日志文件

如果数据库的可靠性要求较高，则必须保证数据文件与重做日志文件分别保存在不同的磁盘中。如果数据文件和重做日志文件保存在同一个磁盘中，当这个磁盘损坏时，数据库中的数据将永久性地丢失。

在使用复合重做日志文件时，如果各个成员日志文件分别存放在独立的磁盘中，那么同时丢失所有重做日志的可能性很小，这时将数据文件与重做日志文件保存在相同的磁盘中是允许的。

12.3.2 添加表空间数据文件

在创建表空间时，通常会预先估计表空间所需的存储空间大小，然后为它建立若干适当大小的数据文件。如果在使用过程中发现表空间存储空间不足，可以再为它添加新的数据文件，以增加表空间的总存储空间。

要为普通表空间添加新的数据文件，可以使用 ALTER TABLESPACE…ADD DATAFILE 语句，执行该语句的用户必须具有 ALTER TABLESPACE 系统权限。

例如，下面的语句为表空间 USER03 添加一个大小为 10MB 的数据文件。

```
SQL> alter tablespace user03
  2  add datafile 'd:\oracledata\user03_02.dbf' size 10m;
```

表空间已更改。

例如，下面的语句为临时表空间 TEMP01 添加一个新的临时文件。

```
SQL> alter tablespace temp01
  2  add tempfile 'd:\oracledata\temp01_02.dbf' size 10m reuse;
```

表空间已更改。

在添加新的数据文件时,如果同名的操作系统文件已经存在,ALTER TABLESPACE 语句将失败。如果要覆盖同名的操作系统文件,则必须在 ALTER TABLESPACE 语句中显式地指定 REUSE 子句。

12.3.3 改变数据文件的大小

除了为表空间增加新的数据文件外,另一种增加表空间的存储空间的方法是改变已经存在的数据文件的大小。改变数据文件大小的方式一共有两种:设置数据文件为自动增长;手动改变数据文件的大小。

1. 设置数据文件为自动增长

在创建数据文件时,或者在数据文件创建以后,都可以将数据文件设置为自动增长方式。如果数据文件是自动增长的,当表空间需要更多的存储空间时,Oracle 会以指定的方式自动增大数据文件的大小。

使用自动增长的数据文件具有以下优势。

❑ DBA 无须过多地干涉数据库的物理存储空间分配。
❑ 可以保证不会出现由于存储空间不足而导致的应用程序错误。

例如,下面的语句在创建表空间 USER01 时将数据文件 USER01_01.DBF 设置为自动增长方式。

```
SQL> create tablespace user01
  2  datafile 'd:\oracledata\user01_01.dbf' size 10m
  3  autoextend on
  4  next 2m
  5  maxsize 500m
  6  extent management local;

表空间已创建。
```

其中,AUTOEXTEND 指定数据文件是否为自动增长。如果指定数据文件为自动增长,则通过 NEXT 语句可以指定数据文件每次增长的大小。MAXSIZE 表示当数据文件为自动增长时,允许数据文件增长的最大限度。

如果数据文件已经创建,则可以使用 ALTER DATABASE 语句为它应用自动增长方式。例如,下面的语句将数据文件 USER03.DBF 设置为自动增长方式。

```
SQL> alter database
  2  datafile 'd:\oracledata\user03.dbf'
  3  autoextend on
  4  next 512k
  5  maxsize 250m;

数据库已更改。
```

使用 ALTER DATABASE 语句也可以取消已有数据文件的自动增长方式。例如:

```
SQL> alter database
  2  datafile 'd:\oracledata\user03.dbf'
```

```
  3  autoextend off;
```

数据库已更改。

2. 手动改变数据文件的大小

除了自动增长方式外，DBA 还可以通过手动方式来增大或减小已有数据文件的大小。手动方式改变数据文件的大小时，需要在 ALTER DATABASE 语句中使用 RESIZE 子句。例如，下面的语句将数据文件 USER03.DBF 增长为 500MB。

```
SQL> alter database
  2  datafile 'd:\oracledata\user03.dbf'
  3  resize 500m;
```

数据库已更改。

在使用 RESIZE 子句缩小数据文件时，必须保证缩小后的数据文件足够容纳其中已有的数据。

12.3.4 改变数据文件的可用性

与表空间类似，联机的数据文件或临时数据文件也可以被设置为脱机状态。将数据文件设置为脱机状态时，不会影响到表空间的状态。但是反过来，将表空间设置为脱机状态时，属于该表空间的数据文件将全部同时进入脱机状态。

一种典型的情况，如果 Oracle 在写入某个数据文件时发生错误，则系统会自动将这个数据文件设置为脱机状态，并且记录在警告文件中。随后，DBA 在排除了故障后，需要以手动方式重新将数据文件恢复为联机状态。

使用 ALTER DATABASE 语句，可以改变表空间中单独的数据文件的可用性。而使用 ALTER TABLESPACE 语句则可以改变表空间的所有数据文件的可用性。例如，下面的语句将数据文件 USER03.DBF 设置为脱机状态。

```
SQL> alter database
  2  datafile 'd:\oracledata\user03.dbf' offline;
```

数据库已更改。

在使用 ALTER DATABASE 语句改变数据文件的可用性时，数据库必须运行在归档模式下，因为脱机状态的数据文件被丢失的可能性很大。

12.3.5 改变数据文件的名称和位置

在建立数据文件后，还可以改变它们的名称或位置。通过重命名或移动数据文件，可以在不改变数据库逻辑结构的情况下对数据库的物理存储结构进行调整。

改变数据文件名称和位置的操作分为两种情况：要改变的数据文件属于同一个表空间；要改变的数据文件分别属于多个表空间。在这两种情况下，分别需要使用不同的语句进行操作。

> **注意**
> 在改变数据文件的名称或位置时，Oracle 只是改变记录在控制文件和数据字典中的数据文件信息，实际上并不会改变操作系统数据文件的名称和位置。

1. 改变属于单独表空间的数据文件

如果要改变属于某一个表空间的数据文件的名称和位置，则可以按照如下步骤进行。

（1）将包含数据文件的表空间设置为脱机状态。

将表空间设置为脱机状态是为了关闭该表空间所有的数据文件。

```
SQL> alter tablespace user01 offline normal;
表空间已更改。
```

（2）在操作系统中重新命名或移动数据文件。

（3）在 ALTER TABLESPACE 语句中使用 RENAME FILE 子句，在数据库内部修改数据文件的名称。

例如，在操作系统中将数据文件 USER01_01.DBF 和 USER01_02.DBF 从 D:\ORACLEDATA\ 目录移动到 E:\ORADATA\ORCL\ 目录下，则可以使用如下语句在数据库内部修改数据文件的位置。

```
SQL> alter database
  2  rename file
  3    'd:\oracledata\user01_01.dbf',
  4    'd:\oracledata\user01_02.dbf'
  5  to
  6    'e:\oradata\orcl\user01_01.dbf',
  7    'e:\oradata\orcl\user01_02.dbf';

数据库已更改。
```

TO 子句后指定的数据文件必须已经存在，ALTER DATABASE 语句实际上不会创建这些数据文件。另外，语句必须提供完整的文件路径和名称并指向正确的操作系统文件。

（4）重新将表空间设置为联机状态。

```
SQL> alter tablespace user01 online;
表空间已更改。
```

可以通过查询 DBA_DATA_FILES 数据字典视图，以显示数据文件的准确路径和名称。例如：

```
SQL> col file_name format a60
SQL> select file_name,file_id
  2  from dba_data_files
  3  where tablespace_name='USER01';

FILE_NAME                                                    FILE_ID
------------------------------------------------------------ ----------
E:\ORADATA\ORCL\USER01_01.DBF                                11
E:\ORADATA\ORCL\USER01_02.DBF                                16
```

2. 改变属于多个表空间的数据文件

如果要改变名称和位置的数据文件分别属于不同的表空间，则可以按照如下步骤进行修改。

（1）关闭数据库。
（2）在操作系统中，将要改动的数据文件复制到新的位置，或者改变它们的名称。
（3）启动实例，加载数据库。
（4）在 ALTER DATABASE 语句中使用 RENAME FILE 子句，在数据库内部修改数据文件的名称。
（5）使用如下语句打开数据库。

```
alter database open;
```

12.4 管理 UNDO 表空间

UNDO 表空间用于存放 UNDO 数据。当执行 DML 操作时（INSERT、UPDATE 和 DELETE），Oracle 会将这些操作的旧数据写入到 UNDO 段。在 Oracle 9i 前，管理 UNDO 段是使用回退段完成的。从 Oracle 9i 开始，管理 UNDO 数据不仅可以使用回退段，还可以使用 UNDO 表空间。因为管理回退段比较复杂，所以 Oracle 11g 已经完全弃用回退段，并且使用 UNDO 表空间来管理 UNDO 数据。

12.4.1 UNDO 概述

UNDO 数据也称为回退数据，它用于确保数据的一致性。当执行 DML 操作时，事务操作前的数据将被称为 UNDO 记录。UNDO 段用于保存事务所修改数据的旧值，其中存储着被修改数据块的位置以及修改前的数据。因为使用回退段管理 UNDO 数据比较复杂，所以在 Oracle 11g 中，已经完全弃用了回退段，并且 DBA 可以使用 UNDO 表空间实现回退段所能实现的所有功能。通过使用 UNDO 表空间，可以实现回退事务、确保事务的读一致性和事务恢复等功能。

❑ 回退事务

当用户执行 DML 操作修改数据时，UNDO 数据被存放到 UNDO 段，而新数据则被存储在数据段中。如果事务操作存在问题，就需要回退事务，以取消事务变化。例如，当要撤销事务对数据表的修改时，可以使用 ROLLBACK 语句回退该事务，这时 Oracle 会将 UNDO 段中相应的数据写回到数据段中。

❑ 读一致性

用户检索数据库数据时，Oracle 总是使用户只能看到被提交的数据，或者特定时间点的数据，这样可以确保数据的一致性。读一致性是由 Oracle 自动提供的，并且该特征通过 UNDO 记录实现。例如，当用户 A 更新 EMP 表时，UNDO 记录会被保存到回退段中，而新数据则会存放到 EMP 段中；假设此时该事务未提交，并且用户 B 要查询 EMP 表中的数据，而该数据正是从 UNDO 记录中取得的。

❑ 事务恢复

事务恢复是实例恢复的一部分，它是由 Oracle 自动完成的。如果在数据库运行过程中出现实例故障,那么当启动 Oracle 时,后台进程 SMON 会自动执行实例恢复。执行实例恢复时,Oracle 会重做所有未应用的记录。然后打开数据库,回退未提交事务。

12.4.2 UNDO 参数

常用的 UNDO 参数包括 UNDO_MANAGEMENT、UNDO_TABLESPACE 和 UNDO_RETENTION。其中,UNDO_MANAGEMENT 参数用于指定 UNDO 数据的管理方式。如果要使用自动管理模式,必须设置该参数为 AUTO;如果使用手动管理模式,必须设置该参数为 MANUAL。

> **注意**
> 因为 SYSTEM 回退段只能用于维护 SYSTEM 表空间上的事务操作,所以该情况属于异常情况。在实际的应用中,如果使用自动 UNDO 管理模式,必须建立 UNDO 表空间。

初始化参数 UNDO_TABLESPACE 用于指定实例所要使用的 UNDO 表空间。使用自动 UNDO 管理模式时,通过配置该参数可以指定实例所要使用的 UNDO 表空间。但是一定要注意,设置初始化参数 UNDO_TABLESPACE 时,必须确保 UNDO 表空间已经存在,否则将导致实例启动失败。

UNDO_RETENTION 参数用于控制 UNDO 数据的最大保留时间,其默认值为 900 秒。在 Oracle 11g 中,系统会自动收集相关的统计数据,并估算出所需要的撤销能力,然后进行自动调节撤销空间。用户也可以通过设置参数 UNDO_RETENTION,为撤销表空间设置保留撤销记录时间的一个底线值。这样系统就能够在 UNDO 表空间有足够空间的情况下,保留撤销记录设置的时间;而当 UNDO 表空间不足时,系统相应地就保留较短的时间。

通过 SHOW PARAMETER UNDO 命令,可以查询系统的 UNDO 参数设置状态情况,具体如下:

```
SQL> show parameter undo;

NAME                                 TYPE        VALUE
------------------------------------ ----------- ------------------------------
undo_management                      string      AUTO
undo_retention                       integer     900
undo_tablespace                      string      UNDOTBS1
```

12.4.3 建立 UNDO 表空间

使用自动 UNDO 管理模式时,必须建立并配置 UNDO 表空间。建立数据库后,还可以使用 CREATE UNDO TABLESPACE 语句建立 UNDO 表空间。需要注意,UNDO 表空间专门用于存放 UNDO 数据,并且在 UNDO 表空间上不能建立任何数据对象。

例如,下面的语句将创建一个名为 UNDOTBS02 的撤销表空间。

```
SQL> create undo tablespace undotbs02
  2  datafile 'd:\oracledata\undotbs02_01.dbf' size 5m
  3  autoextend on;
```

表空间已创建。

为了进一步减少在自动撤销管理方式下 DBA 的维护工作,可以将撤销表空间的数据文件设置为自动增长方式。

12.4.4 修改 UNDO 表空间

与普通表空间一样,可以通过 ALTER TABLESPACE 语句对 UNDO 表空间进行修改。但是 UNDO 表空间的大部分设置都由 Oracle 本身自动进行管理,用户对撤销表空间可以执行的操作主要包括以下几个。

- 添加新的数据文件。
- 移动数据文件。
- 修改数据文件的 OFFLINE 和 ONLINE 状态。

如果需要为 UNDO 表空间增加更多的存储空间,那么可以通过添加新的数据文件或修改已存在的数据文件的大小为它增加存储空间。

例如,下面的语句为撤销表空间 UNDOTBS1 添加了一个新的数据文件。

```
SQL> alter tablespace undotbs1
  2     add datafile 'd:\oracledata\undotbs01_02.dbf' size 100m
  3     autoextend on
  4     next 1m
  5     maxsize unlimited;
```

表空间已更改。

也可以使用 ALTER DATABASE 语句来修改撤销表空间 UNDOTBS01 已有的数据文件的大小,例如:

```
SQL> alter database
  2     datafile 'd:\app\Administrator\oradata\orcl\undotbs01.dbf'
  3     resize 500m;
```

数据库已更改。

12.4.5 切换 UNDO 表空间

在数据库的运行过程中,可以切换使用另一个撤销表空间。由于 UNDO_TABLESPACE 是一个动态初始化参数,所以可以通过 ALTER SYSTEM 语句在实例运行过程中改变它的值,这样无须重新启动数据库就可以改变其所使用的撤销表空间。

例如,下面的语句可以将数据库所使用的撤销表空间切换为 UNDOTBS02。

```
SQL> alter system set undo_tablespace = undotbs02;
系统已更改。

SQL> show parameter undo;
NAME                    TYPE        VALUE
```

```
undo_management                 string      AUTO
undo_retention                  integer     900
undo_tablespace                 string      UNDOTBS02
```

如果指定的表空间不是 UNDO 表空间，或者指定的 UNDO 表空间正在被其他实例使用，则进行切换时将产生错误。

在成功切换 UNDO 表空间后，任何新开始的事务都将在新的 UNDO 表空间中存放撤销记录。但是在旧的撤销表空间中可能还存储撤销记录，这是因为当前事务仍然使用旧的 UNDO 表空间。这将持续到当该事务全部结束之后，才会使用新的 UNDO 撤销表空间。

12.4.6 设置 UNDO 记录保留的时间

当一个事务成功提交后，它的 UNDO 记录将被标记为失效。UNDO 表空间也是以循环方式写入的，在新事务开始时可能会覆盖已经失效的 UNDO 记录。因此，在执行某些耗时较长的查询时，可能会由于查询所需要的 UNDO 记录被覆盖而出现错误，这种由于 UNDO 记录被覆盖而产生的错误称为"快照太旧"错误。如果出现了这种错误，在自动管理方式下，DBA 可以通过设置初始化参数 UNDO_RETENTION 显式地指定 UNDO 记录的保留时间。

UNDO_RETENTION 参数也是一个动态参数，在实例运行过程中可以通过 ALTER SYSTEM 语句来修改。注意，撤销记录的保留时间以秒为单位。例如，下面的语句设置保留的时间为 30 分钟。

```
SQL> alter system set undo_retention = 1800;
系统已更改。

SQL> show parameter undo;
NAME                            TYPE        VALUE
------------------------------  ----------  -----------
undo_management                 string      AUTO
undo_retention                  integer     1800
undo_tablespace                 string      UNDOTBS02
```

该参数被修改后将立即生效。但是有一点需要注意，UNDO 记录在 UNDO 表空间中保留的时间并不一定会大于 UNDO_RETENTION 参数所指定的时间，如果新的事务开始时，UNDO 表空间已经被写满，则新事务的 UNDO 记录仍然会覆盖已经提交事务的 UNDO 记录。因此，如果设置的 UNDO_RETENTION 参数较大，那么必须保证 UNDO 表空间具有足够的存储空间。

12.4.7 删除 UNDO 表空间

与普通表空间一样，利用 DROP TABLESPACE 语句可以删除 UNDO 表空间。例如，下面的语句将删除撤销表空间 UNDOTBS01。

```
SQL> drop tablespace undotbs01;
表空间已删除。
```

只有在 UNDO 表空间未被数据库使用时才能被删除它。此外，如果在 UNDO 表空间中包含有任何未决定事务的 UNDO 记录，则不能使用 DROP TABLESPACE 语句删除该撤销表空间。

此外，即使成功地使用 DROP TABLESPACE 语句删除了 UNDO 表空间，在被删除的 UNDO 表空间中也有可能包含有未过期的失效 UNDO 记录。这时有可能会丢失某些复杂查询所需的 UNDO 记录，从而导致产生"快照太旧"错误。

在利用 DROP TABLESPACE 语句删除 UNDO 表空间时也可以指定 INCLUDING CONTENTS AND DATAFILES 子句，同时删除 UNDO 表空间中的内容和对应的操作系统数据文件。

12.4.8 查看 UNDO 表空间信息

由于 UNDO 表空间的重要性，Oracle 专门提供了几个包含 UNDO 表空间信息的数据字典视图和动态性能视图，如表 12-3 所示。

表 12-3 包包含 UNDO 表空间的视图

视图	说明
V$UNDOSTAT	包含所有 UNDO 表空间的统计信息，用于对 UNDO 表空间进行监视和调整；DBA 可以利用这个视图来估算 UNDO 表空间所需的大小，Oracle 则利用这个视图来完成 UNDO 表空间的自动管理
V$ROLLSTAT	在自动 UNDO 管理方式下，可以利用该视图来查询关于 UNDO 表空间中各个 UNDO 段的信息
V$TRANSACTION	包含关于各个事务所使用的 UNDO 段信息
DBA_UNDO_EXTENTS	通过该视图可以查询 UNDO 表空间中每个区所对应的事务的提交时间

其中，最重要的是 V$UNDOSTAT 数据字典视图，DBA 经常会使用它来监视 UNDO 表空间的使用情况。每间隔 10 分钟，Oracle 将会根据收集到的 UNDO 表空间信息作为一条记录添加到该数据字典中，V$UNDOSTAT 数据字典可以记录 24 小时内的撤销表空间统计信息。

使用自动 UNDO 管理模式时，Oracle 会在 UNDO 表空间上自动建立 10 个 UNDO 段。通过查询动态性能视图 V$ROLLNAME，可以显示所有联机 UNDO 段的名称；通过查询动态性能视图 V$ROLLSTAT，可以显示 UNDO 段的统计信息；通过对这两个视图进行连接查询，可以监视特定 UNDO 段的统计信息。

12.5 实验指导

1. 创建表空间

在 SQL*Plus 环境下创建各种表空间，并操作表空间的状态。

（1）创建一个表空间 EXER_TABSPACE，该表空间采用本地化管理方式，分配的初始空间为 10MB，使用空间配额不受限制，对应的数据文件名为 TEST_TBS01.DBF。

```
create tablespace exer_tabspace
datafile 'd:\oracle_data\test_tbs01.dbf' size 10m
```

```
autoextend on
extent management local;
```

（2）查看创建的表空间信息。

```
select tablespace_name,initial_extent,next_extent,
extent_management,allocation_type
from dba_tablespaces;
```

（3）创建本地化管理的临时表空间 TEMP02，分配的初始大小为 20MB，对应的临时文件名为 TEMP_TBS02.DBF，表空间的最大配额为 100MB。

```
create temporary tablespace temp02
tempfile 'd:\oracle_data\temp_tbs02.dbf'
size 20m reuse
autoextend on
maxsize 100m
extent management local;
```

（4）查看创建的临时表空间参数信息。

```
select * from v$tempfile;
```

（5）创建大文件表空间，表空间名为 BIGFILE_TBS，数据文件名为 BIG_FILE_TBS01.DBF，数据文件的初始大小为 5MB。

```
create bigfile tablespace bigfile_tbs
datafile 'd:\oracle_data\big_file_tbs01.dbf' size 5m;
```

（6）创建撤销表空间 UNDO2，数据文件为 UNDO_TBSO1.DBF。

```
create undo tablespace undo2
datafile 'd:\oracle_data\undo_tbs01.dbf' size 50m
autoextend on
extent management local;
```

（7）立即修改表空间 EXER_TABSPACE 为脱机状态。

```
alter tablespace exer_tabspace offline immediate;
```

（8）为表空间 EXER_TABSPACE 增加数据文件。

```
alter tablespace exer_tabspace
    add datafile 'd:\oracle_data\exer_tabspace02.dbf' size 20m;
```

（9）修改新增加的数据文件为脱机状态。

```
alter database
datafile 'd:\oracle_data\exer_tabspace02.dbf' offline;
```

12.6 思考与练习

一、填空题

1. 表空间的管理类型可以分为_____和_____。

2. 在 Oracle 的早期的版本中，对撤销信息的管理采用_____，从 Oracle 9i 后采用_____方式管理撤销信息。

3．一个表空间具有_____、联机（ONLINE）、只读（READ ONLY）、_____状态。

4．在创建 UNDO 表空间时，所使用的表空间管理方式为_____，并且盘区的管理方式只允许使用_____方式。

5．在创建本地化管理临时表空间时，不得指定盘区的管理方式为_____，临时表空间的盘区管理统一使用_____方式。

二、填空题

1．哪一个表空间不能切换为脱机状态？（　　）

A．临时表空间 TEMP
B．用户表空间 USER
C．索引表空间 INDEX
D．系统表空间 SYSTEM

2．下列关于脱机表空间的描述中，哪一项是正确的？（　　）

A．任何表空间都可以被置为脱机状态
B．可以利用 ALTER DATABASE 语句将脱机表空间恢复为联机状态
C．在将表空间设置为脱机状态时，属于该表空间的数据文件仍然处于联机状态
D．如果将表空间设置为脱机状态，在下一次启动数据库时，不会对该表空间的数据文件的可用性进行检查

3．假设某个表空间只具有一个大小 100MB 的数据文件，现在需要将该数据文件的大小修改为 10MB，下列操作方法中哪一项是正确的？（　　）

A．删除数据文件后再重建它
B．使用带有 RESIZE 子句的 ALTER DATABASE DATAFILE 语句
C．在 ALTER DATABASE DATAFILE 语句中使用 Size 子句
D．将数据文件的 AUTOEXTENT 参数设置为 TRUE，这样数据文件会自动逐渐缩减

4．DBA 在使用下面的语句删除表空间时返回了错误信息，

```
DROP TABLESPACE USER02;
```

导致错误的原因可能是下列哪一项？（　　）

A．该表空间处于联机状态
B．该表空间处于脱机状态
C．该表空间处于只读状态
D．该表空间非空，即包含数据库对象

5．在设置撤销表空间的自动管理功能时，DBA 通过使用相关的初始化参数对自动撤销表空间进行配置。在下面的 4 个参数中，哪一个不是与自动撤销管理功能相关的参数？（　　）

A．UNDO_MANAGEMENT
B．UNDO_TABLESPACE
C．UNDO_RETENTION
D．TRANSACTIONS

6．在设置自动撤销管理时，下列哪一个参数用于设置所使用的撤销表空间？哪一个参数设置撤销数据的保留时间？（　　）

A．UNDO_MANAGEMENT
B．UNDO_TABLESPACE
C．UNDO_RETENTION
D．ROLLBACK_SEGMENTS

7．在只读表空间中可以执行以下哪些操作？（　　）

A．CREATE TABLE
B．ALTER TABLE
C．INSERT
D．SELECT

8．在以下哪些表空间中不能执行 CREATE TABLE 操作？（　　）

A．SYSTEM 表空间
B．UNDO 表空间
C．EXAMPLE 表空间
D．USERS 表空间

三、选择题

1．简要介绍什么是自动撤销管理以及自动撤销管理有哪些好处。

2．简要介绍本地化管理方式表空间中对段和盘区的管理方式。

3．什么是大文件表空间？

4．如何创建非标准数据块表空间？

5．将表空间转变为只读状态，然后检测以下操作。

❑ 在该表空间上创建表 T1。
❑ 在 T1 表插入新数据。
❑ 查询 T1 表中的数据。
❑ 删除 T1 表。

第 13 章　用户权限与安全

当储户到银行存款、取款时，出于安全方面的考虑，储户必须提供账号和密码，只有账号和密码正确时才能取款。同样，当访问 Oracle 数据库时，为了确保数据库的安全性，用户也必须提供用户名和密码，然后才能连接到数据库。另外，为了防止合法用户的非法访问，Oracle 提供了权限、角色机制，以防止用户对数据库进行非法操作。所有这些，共同构成了 Oracle 数据库的安全机制。

本章将详细介绍管理数据库用户的方法，以及如何向用户授予权限、限制用户的非法访问。

本章学习要点：
- ➢ 用户与模式
- ➢ 创建用户
- ➢ 修改用户
- ➢ 管理用户会话
- ➢ 资源配置文件 PROFILE
- ➢ PROFILE 密码保护
- ➢ PROFILE 资源保护
- ➢ 管理系统权限
- ➢ 管理对象权限
- ➢ 预定义角色
- ➢ 管理自定义角色

13.1　用户和模式

Oracle 数据库的安全保护流程可以分为 3 个步骤。首先，用户向数据库提供身份识别信息，即提供一个数据库账号。接下来用户还需要证明他们所给出的身份识别信息是有效的，这是通过输入密码来实现的，用户输入的密码经过数据库的核对确认用户提供的密码是否正确。最后，假设密码是正确的，那么数据库认为身份识别信息是可信赖的。此时，数据库将会在基于身份识别信息的基础上确定用户所拥有的权限，即用户可以对数据库执行什么操作。因此，为了确保数据库的安全，首要的问题就是对用户进行管理。

这里所说的用户并不是数据库的操作人员，而是定义在数据库中的一个名称，更准确地说它是账户，只是习惯上称其为用户。它是 Oracle 数据库的基本访问控制机制，当连接到 Oracle 数据库时，操作人员必须提供正确的用户名和密码。

连接到数据库的用户所具有权限是不同的。Oracle 提供了一些特权用户（SYSDBA 或 SYSOPER），这类用户主要用于执行数据库的维护操作，如启动数据库、关闭数据库、建立数据库，以及执行备份和恢复等操作。SYSDBA 和 SYSOPER 的区别在于：SYSDBA 不仅具备 SYSOPER 的所有权限，而且还可以建立数据库，执行不完全恢复。在 Oracle 11g 中，Oracle 提供了默认的特权用户 SYS，当以特权用户身份登录数据库时，必须带有 AS SYSDBA 或 AS SYSOPER 选项。例如：

```
SQL> conn /as sysdba
已连接。
SQL> grant sysdba to system;
授权成功。
SQL> conn system/password as sysdba
```

已连接。

与用户密切关联的另一个概念是模式,模式也称为方案(Schema)。模式或方案实际上是用户所拥有的数据库对象的集合。在 Oracle 数据库中,对象是以用户来组织的,用户与模式是一一对应的关系,并且两者名称相同。

如图 13-1 所示,SYSTEM 用户拥有的所有对象都属于 SYSTEM 模式,而 SCOTT 用户拥有的所有对象都属于 SCOTT 模式。当访问数据库对象时,需要注意如下一些事项。

- 在同一个模式中不能存在同名对象,但是不同模式中的对象名称则可以相同。
- 用户可以直接访问其他模式对象,但如果要访问其他模式对象,则必须具有对象权限。例如,用户 SCOTT 可以直接查询其模式中的 EMP 表,但如果用户 HR 要查询 SCOTT 模式中的 EMP 表时,则必须在 EMP 表上具有 SELECT 对象权限。
- 当用户要访问其他模式对象时,必须附加模式名作为前缀。

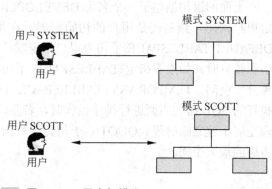

图 13-1　用户与模式

13.2　管理用户

Oracle 数据库提供了对用户非常有效的管理方式。管理员可以对用户账户设置各种安全参数,以防止授权用户、非授权用户对数据库进行非法访问。可以设置的安全参数主要包括用户名/口令、用户默认表空间、用户临时表空间、空间存取限额和用户配置文件。

13.2.1　创建用户

创建一个新的数据库用户是使用 CREATE USER 语句完成的,该语句一般是由 DBA 用户来执行;如果要以其他用户身份创建用户,则要求用户必须具有 CREATE USER 系统权限。

每个用户在连接到数据库时,都需要进行身份验证。身份验证可以通过操作系统进行,也可以通过数据库进行,或者通过独立的网络服务器进行。数据库验证是指使用数据库来检查用户、密码以及连接用户的身份,该方式也是最常用的用户验证方式,因此本书重点介绍数据库验证方式。采用数据库验证具有如下优点。

- 用户账号及其身份验证全部由数据库控制,不需要借助数据库外的任何控制。
- 使用数据库验证时,Oracle 提供了严格的密码管理机制,加强了密码的安全性。

如果使用数据库验证,则创建用户时必须提供连接密码,并且密码必须是单字节字符。例如,下面的语句创建了一个用户 DEVELOPER,并为该用户指定了登录密码、默认表空间、临时表空间。

```
SQL> connect system/password
已连接。
SQL> create user developer
  2    identified by developer
  3    default tablespace user01
  4    quota 10m on user01
  5    temporary tablespace temp;

用户已创建。
```

上面的语句创建了一个名为 DEVELOPER 的用户。其中，子句 IDENTIFIED BY 指定用户密码，该密码是用户的初始密码，在用户登录到数据库后可以对其进行修改。DEFAULT TABLESPACE 子句为用户指定默认表空间，这样在建立数据库对象（表、索引和簇）时，如果不指定 TABLESPACE 子句，Oracle 会自动在默认表空间中为这些对象分配空间。TEMPORARY TABLESPACE 子句用于为用户指定临时表空间，当用户所执行的 SQL 语句需要进行排序操作时，若临时数据的大小超过 PGA 工作区，则会在该表空间上建立临时段。QUOTA 子句为用户指定表空间配额，即用户对象在表空间中可占用的最大空间。

注意

使用过 Oracle 10g 以及早期版本的用户需要注意，11g 中的用户密码是区分大小写的。

在创建用户时需要注意，Oracle 不允许使用其他类型的表空间作为临时表空间，同样，也不允许使用临时表空间作为默认表空间。否则会出现如下错误：

```
SQL> create user developer02
  2    identified by developer
  3    default tablespace USER01
  4    quota 128m on users
  5    temporary tablespace USERS;
create user atg02
            *
第 1 行出现错误：
ORA-10615: Invalid tablespace type for temporary tablespace
```

在创建用户时，还可以增加 PASSWORD EXPIRE 子句，这可以强制用户在每一次登录数据库后必须修改密码。例如：

```
SQL> create user developer02
  2    identified by developer
  3    default tablespace USER01
  4    quota 128m on users
  5    temporary tablespace TEMP
  6    password expire;

用户已创建。
```

```
SQL> connect developer02/developer
ERROR:
ORA-28001: the password has expired


更改 developer02 的口令
新口令：
重新键入新口令：
```

在执行 CREATE USER 创建用户后，需要注意如下事项。
- 初始建立的用户没有任何权限，不能执行任何数据库操作。
- 如果建立用户时不指定 TEMPORARY TABLESPACE 子句，Oracle 会将数据库默认的临时表空间作为用户的临时表空间。
- 如果建立用户时不指定 DEFAULT TABLESPACE 子句，Oracle 会将 USERS 表空间作为用户的默认表空间。
- 如果建立用户时没有为表空间指定 QUOTA 子句，则用户在特定表空间上的配额为 0，用户将不能在相应表空间上建立数据对象。

因为初始建立的用户没有任何权限，所以为了使用户可以连接到数据库，必须授予其 CREATE SESSION 权限。当采用数据库验证方式时，必须通过用户名和密码连接到数据库。例如：

```
SQL> connect developer/developer
ERROR:
ORA-01045: user DEVELOPER lacks CREATE SESSION privilege; logon denied


警告：您不再连接到 ORACLE。
SQL> connect system/admin
已连接。
 SQL> grant create session,create table to developer;
授权成功。
SQL> conn developer/developer;
已连接。
```

当要在表空间上建立数据对象时，用户必须具有相应的空间配额，或者 UNLIMITED TABLESPACE 系统权限。建立 DEVELOPER 用户时，由于没有为其在 USER03 表空间上指定空间配额，所以该用户在 USER03 表空间上的空间配额为 0，即该用户不能使用 USER03 表空间。例如：

```
SQL> create table test2(col int) tablespace user03;
create table test2(col int) tablespace user03
                                       *
第 1 行出现错误：
ORA-01950: 对表空间 'USER03' 无权限
```

这里有一个技巧，如果要收回某用户创建数据库对象的权限，可以通过修改其所有表空间中的配额为 0 来实现，这样用户已经创建的数据库对象仍然被保留，但是无法再创建新的数据库对象。

13.2.2 修改用户

在创建用户后,还允许对其进行修改,修改用户信息是使用 ALTER USER 命令完成的。一般情况下,该命令是由 DBA 执行的,如果要以其他用户身份修改用户信息,则必须具有 ALTER USER 系统权限。对用户的修改包括:登录密码、用户默认表空间、临时表空间、磁盘的限额等。

> 用户名是不可以修改的,除非删除后重建。

1. 修改密码

为了防止其他人员窃取用户密码,并以该用户的身份连接到数据库执行非法操作,DBA 或用户应该定期改变用户密码。需要注意,普通用户可以执行 ALTER USER 修改其自身密码,而 DBA 用户可以执行该命令修改任何用户的密码。下面的语句将修改 DEVELOPER 用户的密码。

```
SQL> connect developer/developer;
已连接。
SQL> alter user developer identified by developer;
用户已更改。
```

2. 修改表空间配额

表空间配额用于限制用户对象在表空间上可占用的最大空间。如果用户对象已经占据了表空间配额所允许的最大空间,将不能在该表空间上为用户对象分配新的空间。此时如果执行了涉及空间分配的 SQL 操作,将会显示如下错误信息:

```
ORA-01536:space quota exceeded for tablespace 'USERS'
```

当用户耗尽了空间配额时,为了使用户操作可以继续进行,必须由 DBA 为其分配更多配额。示例如下:

```
SQL> connect system/password
已连接。
SQL> alter user developer quota 10 on user01;
用户已更改。
```

3. 锁定用户账户

为了禁止特定的数据库用户访问数据库,DBA 可以锁定用户账户。下面以锁定 DEVELOPER 为例,说明如何使用 ATLER USER 命令锁定用户账户。

```
SQL> alter user developer account lock;
用户已更改。
```

锁定用户 DEVELOPER 后,该用户将无法访问数据库。此时如果以该用户账户的身份连接到数据库,将会显示如下错误信息:

```
SQL> conn developer/developer
```

```
ERROR:
ORA-28000: the account is locked
```

4. 解锁用户账户

为了使数据库用户可以访问数据库，DBA 可以解锁用户账户。下面的语句将解锁 DEVELOPER 用户账户。

```
SQL> alter user developer account unlock;
用户已更改。

SQL> conn developer/developer;
已连接。
```

5. 修改用户的默认表空间

用户的默认表空间也可以通过 ALTER USER 语句来完成。例如：

```
SQL> alter user developer
  2    default tablespace EXAMPLE;

用户已更改。
```

修改用户的默认表空间后，先前已经创建的表仍然存储在原表空间中。如果再创建数据对象，则新创建的对象将存储在新的默认表空间中。

6. 修改用户的临时表空间

修改用户的临时表空间时需要注意，新的临时表空间必须是专用的临时表空间，不允许使用其他类型的表空间。例如：

```
SQL> alter user developer
  2    temporary tablespace temp;

用户已更改。
```

13.2.3 删除用户

删除一个用户时，系统会将该用户账号以及用户模式的信息从数据字典中删除。用户被删除后，用户创建的所有数据库对象也被全部删除。删除用户可以使用 DROP USER 语句。如果用户当前正连接到数据库，则不能删除该用户，必须等到该用户退出系统后再删除。

另外，如果要删除的用户模式中包含有模式对象，则必须在 DROP USER 子句中指定 CASCADE 关键字，表示在删除用户时，也将该用户创建的模式对象全部删除。例如，删除用户 SCOTT 时，由于该用户已经创建了大量的模式对象，则在删除该用户时，系统将自动提示增加 CASCADE 选项，否则将返回如下错误：

```
SQL> drop user scott
  2  /
drop user scott
           *
第 1 行出现错误：
```

ORA-01922: 必须指定 CASCADE 以删除 'SCOTT'

> **注意** 在删除用户账户前，必须仔细检查该用户是否还有具有使用价值的模式对象。一种安全的做法是为用户加锁，而不是删除用户。

13.3 资源配置 PROFILE

访问 Oracle 数据库时，必须提供用户名和密码，然后才能连接到数据库。为了防止其他人员窃取用户密码，DBA 必须充分考虑用户密码的安全性，以防止非法人员连接到数据库执行非法操作。对于大型数据库管理系统而言，数据库用户众多，并且不同用户担负不同的管理任务，为了有效地利用服务器资源，还应该限制不同用户的资源占用。

13.3.1 PROFILE 概念

PROFILE 作为用户配置文件，它是密码限制、资源限制的命名集合。PROFILE 文件作为 Oracle 安全策略的重要组成部分，利用它可以对数据库用户进行基本的资源限制，并且可以对用户的密码进行管理。

在安装数据库时，Oracle 会自动建立名为 DEFAULT 的默认配置文件。如果没有为新创建的用户指定 DEFAULT 文件，Oracle 将自动为它指定 DEFAULT 配置文件。初始的 DEFAULT 文件没有进行任何密码和资源限制。使用 PROFILE 文件时需要注意如下事项。

- 建立 PROFILE 文件时，如果只设置了部分密码和资源限制选项，其他选项会自动使用默认值，即使 DEFAULT 文件中有相应选项的值。
- 建立用户时，如果不指定 PROFILE 选项，Oracle 会自动将 DEFAULT 分配给相应的数据库用户。
- 一个用户只能分配一个 PROFILE 文件。如果要同时管理用户的密码和资源，那么在建立 PROFILE 时应该同时指定密码和资源选项。
- 使用 PROFILE 管理密码时，密码管理选项总是处于被激活状态，但如果使用 PROFILE 管理资源，必须要激活资源限制。

13.3.2 使用 PROFILE 管理密码

当操作人员要连接到 Oracle 数据库时，需要提供用户名和密码。对于黑客或某些人而言，他们可能通过猜想或反复试验来破解密码。为了加强密码的安全性，可以使用 PROFILE 文件管理密码。PROFILE 文件提供了一些密码管理选项，它们提供了强大的密码管理功能，从而确保密码的安全。为了实现密码限制，必须首先建立 PROFILE 文件。建立 PROFILE 文件是使用 CREATE PROFILE 语句完成的，一般情况下，该语句是由 DBA 执行的，如果要以其他用户身份建立 PROFILE 文件，则要求该用户必须具有 CREATE PROFILE 系统权限。

使用 PROFILE 文件可以实现如下 4 种密码管理：账户锁定、密码的过期时间、密码历史和密码的复杂度。

1．账户锁定

账户的锁定策略是指用户在连续输入多少次错误密码后，Oracle 会自动锁定用户的账户，并且可以规定账户的锁定时间。Oracle 为锁定账户提供了以下两个参数。

- **FAILED_LOGIN_ATTEMPTS** 该参数限制用户在登录到 Oracle 数据库时允许失败的次数。一旦某用户尝试登录数据库的次数达到该值，则系统会将该用户账户锁定。
- **PASSWORD_LOCK_TIME** 用于指定账户被锁定的天数。

例如，下面创建的 PROFILE 文件设置连续连接失败次数为 3，超过该次数后，账户将被锁定 10 天，并使用 ALTER USER 语句将 PROFILE 文件分配给用户 DEVELOPER。

```
SQL> create profile lock_account limit
  2     failed_login_attempts 3
  3     password_lock_time 10;
配置文件已创建

SQL> alter user developer profile lock_account;
用户已更改。
```

当建立 LOCK_ACCOUNT 文件，并将该 PROFILE 文件分配给用户 DEVELOPER 后，如果以账户 DEVELOPER 身份连接到数据库，并且连续连接失败 3 次后，Oracle 将自动锁定该用户账户。此时，即使为用户账户 DEVELOPER 提供正确的密码，也无法连接到数据库。

在建立 LOCK_ACCOUNT 文件时，由于指定 PASSWORD_LOCK_TIME 的参数为 10，所以账户锁定天数达到 10 天后，Oracle 会自动解锁账户。如果建立 PROFILE 文件时没有提供该参数，将自动使用默认值 UNLIMITED。这种情况下，需要 DBA 手动解锁用户账户。

2．密码的过期时间

密码的过期时间是指强制用户定期修改自己的密码，当密码过期后，Oracle 会随时提醒用户修改密码。密码宽限期是指用户账户密码到期之后的宽限使用时间。默认情况下，建立用户并为其提供密码之后，密码会一直生效。为了防止其他人员破解用户账户的密码，可以强制普通用户定期改变密码。为了加强用户定期改变密码，Oracle 提供了如下参数。

- **PASSWORD_LIFE_TIME** 该参数用于设置用户密码的有效时间，单位为天数。超过这一段时间，用户必须重新设置口令。
- **PASSWORD_GRACE_TIME** 设置口令失效的"宽限时间"。如果口令达到 PASSWORD_LIFE_TIME 设置的失效时间，设置宽限时间后，用户仍然可以使用。

为了强制用户定期改变密码，两者应该同时进行设置。下面创建一个 PROFILE 文件，以控制用户的密码有效期为 10 天，密码宽限期为 2 天。

```
SQL> create profile password_life_time limit
  2     password_life_time 10
```

```
    3    password_grace_time 2;
```

配置文件已创建

当建立 PASSWORD_LIFE_TIME LIMIT 配置文件，并将该 PROFILE 文件分配给用户 DEVELOPER 后，如果用户 DEVELOPER 在 10 天之内没有修改密码，则会显示如下警告信息：

```
ORA-28002:the password will expire within 2 days
```

如果在第 10 天没有修改密码，那么在第 11 天、第 12 天连接时，仍然会显示类似的警告信息。如果第 12 天后仍然没有修改密码，那么当第 13 天连接时，Oracle 会强制用户修改密码，否则不允许连接到数据库。

3．密码历史

密码历史用于控制账户密码的可重用次数或可重用时间。使用密码历史参数后，Oracle 会将密码修改信息存放到数据字典中。这样，当修改密码时，Oracle 会对新、旧密码进行比较，以确保用户不会重用过去已经用过的密码。关于密码历史有如下两个参数。

- **PASSWORD_REUSE_TIME**　指定密码可重用的时间，单位为天。
- **PASSWORD_REUSE_MAX**　设置口令在能够被重新使用之前，必须改变的次数。

在使用密码历史选项时，只能使用其中的一个参数，并将另一个参数设置为 UNLIMITED。例如，在下面创建的 PROFILE 文件中，强制该用户在密码终止 10 天之内不能重用以前的密码。

```
SQL> create profile password_history limit
  2    password_life_time 10
  3    password_reuse_time 10
  4    password_reuse_max unlimited
  5    password_grace_time 2;
```

配置文件已创建

当创建 PASSWORD_HISTORY 配置文件并将其分配给用户后，如果在前 12 天没有修改用户密码，那么在第 13 天连接数据库时，Oracle 会强制用户修改密码。但是如果此时仍然使用过去的密码，则密码修改将不成功。

4．密码的复杂度

在 PROFILE 文件中，可以通过指定的函数来强制用户的密码必须具有一定的复杂度。例如，强制用户的密码不能与用户名相同。使用校验函数验证用户密码的复杂度时，只需要将这个函数的名称指定给 PROFILE 文件中的 PASSWORD_VERIFY_FUNCTION 参数，Oracle 就会自动使用该函数对用户的密码内容和格式进行验证。

在 Oracle 11g 中，验证密码复杂度功能具有新的改进。在 $ORACLE_HOME/rdbms/admin 目录下创建了一个新的密码验证文件 UTLPWDMG.SQL，其中不仅提供了先前的验证函数 VERIFY_FUNCTION，还提供了一个新建的 VERIFY_FUNCTION_11G 函数。并且在脚本末尾添加了如下语句：

```
ALTER PROFILE DEFAULT LIMIT
PASSWORD_LIFE_TIME 180
PASSWORD_GRACE_TIME 7
PASSWORD_REUSE_TIME UNLIMITED
PASSWORD_REUSE_MAX UNLIMITED
FAILED_LOGIN_ATTEMPTS 10
PASSWORD_LOCK_TIME 1
PASSWORD_VERIFY_FUNCTION verify_function_11G;
```

这部分脚本,将该函数附加到配置文件 DEFAULT 中,这样,DBA 只需要运行该脚本以创建 11g 版的密码检查函数,该脚本将通过将自身附加到默认配置文件中来启用密码验证功能。在脚本文件中提供了大量的注释,可以打开该脚本查看对密码复杂度的控制。

需要注意,当使用密码校验函数时,该密码校验函数不仅可以是系统预定义的校验函数,还可以是自定义的密码校验函数。自定义校验函数必须符合如下规范:

```
function_name(
  userid_param in varchar2(30),
  password_param in varchar2(30),
  old_password_param in varchar2(30)
) return Boolean
```

其中,USERID_PARAM 用于标识用户名,PASSWORD_PARAM 用于标识用户的新密码,OLD_PASSWORD_PARAM 用于标识用户的旧密码。如果函数返回值为 TRUE,则表示新密码可以使用;如果函数返回值为 FALSE,则表示新密码不能使用。

如果要禁用密码校验函数,可以将 PASSWORD_VERIFY_FUNCTION 参数设置为 NULL。

13.3.3 使用 PROFILE 管理资源

在大而复杂的多用户数据库环境中,因为用户众多,所以系统资源可能会成为影响性能的主要"瓶颈"。为了有效地利用系统资源,应根据用户所承担任务的不同为其分配合理的资源。PROFILE 不仅可用于管理用户密码,还可用于管理用户资源。需要注意,如果使用 PROFILE 管理资源,必须将 RESOURCE_LIMIT 参数设置为 TRUE 以激活资源限制。由于该参数是动态参数,所以可以使用 ALTER SYSTEM 语句进行修改。

```
SQL> show parameter resource_limit

NAME                    TYPE        VALUE
----------------------- ----------- ----------
resource_limit          boolean     FALSE
SQL> alter system set resource_limit=true;
系统已更改。
```

利用 PROFILE 配置文件,可以对以下系统资源进行限制。

- **CPU 时间** 为了防止无休止地使用 CPU 时间，限制用户每次调用时使用的 CPU 时间以及在一次会话期间所使用的 CPU 时间。
- **逻辑读** 为了防止过多使用系统的 I/O 操作，限制每次调用及会话时读取的逻辑数据块数目。
- **用户的并发会话数**
- **会话空闲的限制** 当一个会话空闲的时间达到限制值时，当前事务被回滚，会话被终止并且所占用的资源被释放。
- **会话可持续的时间** 如果一个会话的总计连接时间达到该限制值，当前事务被回滚，会话被终止并释放所占用的资源。
- **会话所使用的 SGA 空间限制**

大部分资源限制都可以在两个级别进行：会话级和调用级。会话级资源限制是对用户在一个会话过程中所使用的资源进行限制；而调用级资源限制是对一个 SQL 语句在执行过程中所使用的资源进行限制。

当一个会话或 SQL 语句占用的资源超过 PROFILE 文件中的限制时，Oracle 将终止并回退当前的事务，然后向用户返回错误信息。如果受到的限制是会话级的，在提交或回退事务后用户将话将被终止；而受到调用级限制时，用户会话还能够继续进行，只是当前执行的 SQL 语句将被终止。

下面是 PROFILE 文件中对各种资源限制的参数。

- **SESSION_PER_USER** 用户可以同时连接的会话数量。如果用户的连接数达到该限制，则再试图登录时将产生一条错误信息。
- **CPU_PER_SESSION** 限制用户在一次数据库会话期间可以使用的 CPU 时间，单位为百分之一秒。当达到该时间值后，系统就会终止该会话。如果用户还需要执行操作，则必须重新建立连接。
- **CPU_PER_CALL** 该参数用于限制每条 SQL 语句所能使用的 CPU 时间。参数值是一个整数，单位为百分之一秒。
- **LOGICAL_READS_PER_SESSION** 限制每个会话所能读取的数据块数量。包括从内存中读取的数据块和从磁盘中读取的数据块。
- **LOGICAL_READS_PER_CALL** 限制每条 SQL 语句所能读取的数据块数。
- **PRIVATE_SGA** 在共享服务器模式下，该参数限定用户的一个会话可以使用的内存 SGA 区的大小，单位为数据块。在专用服务器模式下，该参数不起作用。
- **CONNECT_TIME** 限制每个用户连接到数据库的最长时间，单位为分钟，当连接时间超出该设置时，该连接终止。例如，如果设置 CONNECT_TIME 为 20 分钟，则当用户连接到数据库 20 分钟后，无论用户是否在该会话中执行了操作，系统都会终止该用户的连接。
- **IDLE_TIME** 该参数限制每个用户会话连接到数据库的最长时间。超过该空闲时间的会话，系统会终止该会话。例如，某用户已经登录到数据库并且空闲了 20 分钟，如果 IDLE_TIME 设置为 15 分钟，则该用户的连接在第 15 分钟过去后已经被断开。
- **COMPOSITE_LIMIT** 该参数是一项由多个资源限制参数构成的复杂限制参数，利用该参数可以对所有混合资源限定作用设置。

例如，下面在创建 PROFILE 文件时，对用户可以访问的系统资源进行如下限制。

- 用户最多只能建立 5 个数据库会话。
- 每个会话持续连接到数据库的最长时间为 16 个小时。
- 保持 30 分钟的空闲状态后会话被自动断开。
- 会话中每条 SQL 语句最多只能读取 1000 个数据块。
- 会话中每条 SQL 语句最多占用 100 个单位的 CPU 时间。

根据上面的资源限制要求，创建 PROFILE 文件如下：

```
SQL> create profile resource_limit limit
  2     sessions_per_user 5
  3     cpu_per_session unlimited
  4     cpu_per_call 100
  5     connect_time 960
  6     idle_time 30
  7     logical_reads_per_session unlimited
  8     logical_reads_per_call 1000;
```

配置文件已创建

13.3.4 修改和删除 PROFILE

在 Oracle 中，PROFILE 文件也是一种数据资源。DBA 也可以使用相应的语句对其进行管理，包括修改配置文件、删除配置文件、激活/禁用配置文件。

1. 修改 PROFILE 文件

在创建 PROFILE 文件之后，还可以使用 ALTER PROFILE 语句修改其中的资源参数和密码参数。例如，下面的语句对 PROFILE 文件的 RESOURCE_LIMIT 进行修改。

```
SQL> alter profile resource_limit limit
  2     cpu_per_session 15000
  3     sessions_per_user 5
  4     cpu_per_call 500
  5     password_life_time 30
  6     failed_login_attempts 5;
```

配置文件已更改

对配置文件所做的修改只有在用户开始新的会话时才会生效。另外，如果使用 ALTER PROFILE 语句对 DEFAULT 配置文件进行了修改，则所有配置文件设置为 DEFAULT 的用户都会受到影响。

2. 删除 PROFILE 文件

使用 DROP PROFILE 语句可以删除 PROFILE 文件。如果要删除的配置文件已经被指定给了用户，则必须在 DROP PROFILE 语句中使用 CASCADE 关键字。

例如，下面的语句将删除 PASSWORD_HISTORY 配置文件。

```
SQL> drop profile password_history;
```
配置文件已删除。

如果为用户指定的配置文件被删除，则 Oracle 将自动为用户重新指定 DEFAULT 配置文件。

13.3.5 显示 PROFILE 信息

在 PROFILE 文件被创建后，其信息被存储在数据字典中。通过查询这些数据字典，可以了解 PROFILE 文件的信息。

1. 显示用户的 PROFILE 信息

建立或修改用户时，可以为用户分配 PROFILE 文件。如果没有为用户分配 PROFILE 文件，Oracle 会自动将 DEFAULT 分配给用户。通过查询数据字典视图 DBA_USERS，可以显示用户使用的 PROFILE 文件。例如，下面的语句将显示用户 DEVELOPER 所使用的 PROFILE 文件。

```
SQL> select profile
  2  from dba_users
  3  where username='DEVELOPER';
```

2. 显示 PROFILE 的密码和资源限制信息

建立或修改 PROFILE 文件时，Oracle 会将 PROFILE 参数存放到数据字典中。通过查询 DBA_PROFILES，可以显示 PROFILE 的密码限制、资源限制信息。例如，下面的语句将显示 RESOURCE_LIMIT 文件的密码和资源限制信息。

```
SQL> column limit format a20
SQL> select resource_name,resource_type,limit
  2  from dba_profiles
  3  where profile='RESOURCE_LIMIT';

RESOURCE_NAME                    RESOURCE    LIMIT
-------------------------        --------    -----------
COMPOSITE_LIMIT                  KERNEL      DEFAULT
SESSIONS_PER_USER                KERNEL      5
CPU_PER_SESSION                  KERNEL      15000
CPU_PER_CALL                     KERNEL      500
LOGICAL_READS_PER_SESSION        KERNEL      UNLIMITED
LOGICAL_READS_PER_CALL           KERNEL      1000
IDLE_TIME                        KERNEL      30
CONNECT_TIME                     KERNEL      960
PRIVATE_SGA                      KERNEL      DEFAULT
FAILED_LOGIN_ATTEMPTS            PASSWORD    5
PASSWORD_LIFE_TIME               PASSWORD    30
PASSWORD_REUSE_TIME              PASSWORD    DEFAULT
PASSWORD_REUSE_MAX               PASSWORD    DEFAULT
PASSWORD_VERIFY_FUNCTION         PASSWORD    DEFAULT
PASSWORD_LOCK_TIME               PASSWORD    DEFAULT
PASSWORD_GRACE_TIME              PASSWORD    DEFAULT

已选择 16 行。
```

从上面的信息可以看出，用户配置文件实际上是对用户使用的资源进行限制的参数集。一般来说，为了有效地节省系统硬件资源，在设置配置文件中的限制参数时，通常会设置SESSION_PER_USER和IDLE_TIME，以防止多个用户使用同一个用户账户连接，并限制会话的空闲时间，而对于其他限制参数不进行设置。

13.4 管理权限

刚建立的用户没有任何权限，这也就意味着该用户不能执行任何操作。如果用户要执行特定的数据库操作，则必须具有系统权限；如果用户要访问其他模式中的对象，则必须具有相应的对象权限。

13.4.1 权限简介

权限（PRIVILEGE）是指执行特定类型的 SQL 语句或访问其他模式对象的权利。Oracle 的权限可以分成两类：系统权限和对象权限。

系统权限是指执行特定类型 SQL 语句的权利。它用于控制用户可以执行的一个或一组数据库操作，例如，当用户具有 CREATE TABLESPACE 权限时，可以在其模式中创建表；当用户具有 CREATE ANY TABLE 权限时，可以在任何模式中创建表。系统权限是针对用户而设置的，用户必须被授予相应的系统权限，才可以连接到数据库并进行相应的操作，如图 13-2 所示。

图 13-2 系统权限

对象权限是指在对象级控制数据库的存取和使用的机制，即访问其他用户模式对象的权力。例如，如果 HR 用户要访问 SCOTT.EMP 表，则必须在 SCOTT.EMP 表上具有对象权限。对象权限一般是针对用户模式对象的，如图 13-3 所示。

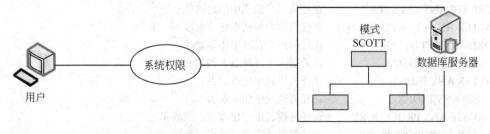

图 13-3 对象权限

此外，Oracle 数据库还允许传递权限，即允许已经具有权限的用户将其权限授予其他用户，从而使数据的存取更加灵活。

13.4.2 管理系统权限

系统权限是指执行特定类型 SQL 语句的权利。一般情况下，系统权限需要授予数据库管理人员和应用程序开发人员。数据库管理人员还可以将系统权限授予其他用户，并允许用户将该系统权限再授予另外的用户。同时，也可以将系统权限从被授权用户中收回。

1. 系统权限的分类

Oracle 提供了 200 多种系统权限，每一种系统权限分别能使用户进行某种或某一类特定的操作。数据字典视图 SYSTEM_PRIVILEGE_MAP 中包括了 Oracle 数据库中的所有系统权限，通过查询该视图可以了解系统权限的信息。

```
SQL> connect system/password
已连接。
SQL> select count(*) from system_privilege_map;

  COUNT(*)
----------
       206
```

数据库管理员可以将系统权限授予用户、角色、PUBLIC 公共用户组。一般情况下，系统权限只能授予值得信任的用户，以免系统权限被滥用，而危及到数据库的安全性。

> **注意**　PUBLIC 公共用户组是在创建数据库时被自动创建的用户组。该用户组有什么权限，数据库中所有用户就有什么权限。可以利用这个特点，将公共权限授予数据库中所有的用户。

对于数据库管理员而言，如果要对数据库中的对象进行管理，所以必须具有如表 13-1 所示的系统权限。

表 13-1　DBA 系统权限（数据库对象管理部分）

系统权限	权限功能
ANALYZE ANY	允许对任何模式中的任何表、聚簇或者索引执行分析，查找其中的迁移记录和链接记录
CREATE ANY CLUSTER	在任何用户模式中创建聚簇
ALTER ANY CLUSTER	在任何用户模式中更改聚簇
DROP ANY CLUSTER	在任何用户模式中删除聚簇
CREATE ANY INDEX	在数据库中任何表上创建索引
ALTER ANY INDEX	在任何模式中更改索引
DROP ANY INDEX	在任何模式中删除索引
CREATE ANY PROCEDURE	在任何模式中创建过程、函数和包
ALTER ANY PROCEDURE	在任何模式中更改过程、函数和包
DROP ANY PROCEDURE	在任何模式中删除过程、函数或包
EXECUTE ANY PROCEDURE	在任何模式中执行或者引用过程
GRANT ANY PRIVILEGE	将数据库中任何权限授予任何用户，这是 DBA 授予系统权限的基本要求

续表

系统权限	权限功能
ALTER ANY ROLE	修改数据库中任何角色
DROP ANY ROLE	删除数据库中任何角色
GRANT ANY ROLE	允许用户将数据库中任何角色授予数据库中其他用户
CREATE ANY SEQUENCE	在任何模式中创建序列
ALTER ANY SEQUENCE	在任何模式中更改序列
DROP ANY SEQUENCE	在任何模式中删除序列
SELECT ANY SEQUENCE	允许使用任何模式中的序列
CREATE ANY TABLE	在任何模式中创建表
ALTER ANYTABLE	在任何模式中更改表
DROP ANY TABLE	允许删除任何用户模式中的表
COMMENT ANY TABLE	在任何模式中为任何表、视图或者列添加注释
SELECT ANY TABLE	查询任何用户模式中基本表的记录
INSERT ANY TABLE	允许向任何用户模式中的表插入新记录
UPDATE ANY TABLE	允许修改任何用户模式中表的记录
DELETE ANY TABLE	允许删除任何用户模式中表的记录
LOCK ANY TABLE	对任何用户模式中的表加锁
FLASHBACK ANY TABLE	允许使用 AS OF 子句对任何模式中的表、视图执行一个 SQL 语句的闪回查询
CREATE ANY VIEW	在任何用户模式中创建视图
DROP ANY VIEW	在任何用户模式中删除视图
CREATE ANY TRIGGER	在任何用户模式中创建触发器
ALTER ANY TRIGGER	在任何用户模式中更改触发器
DROP ANY TRIGGER	在任何用户模式中删除触发器
ADMINISTER DATABASE TRIGGER	允许创建 ON DATABASE 触发器。在能够创建 ON DATABASE 触发器之前，还必须先拥有 CREATE TRIGGER 或 CREATE ANY TRIGGER 权限
CREATE ANY SYNONYM	在任何用户模式中创建专用同义词
DROP ANY SYNONYM	在任何用户模式中删除同义词

如果数据库管理员需要对数据库进行维护，则必须具有如表 13-2 所示的系统权限。

表 13-2　DBA 系统权限（数据库维护部分）

系统权限	权限功能
ALTER DATABASE	修改数据库的结构权限，如打开数据库、管理日志文件等
ALTER SYSTEM	修改数据库系统的初始化参数
DROP PUBLIC SYNONYM	删除公共同义词
CREATE PUBLIC SYNONYM	创建公共同义词
CREATE PROFILE	创建资源配置文件
ALTER PROFILE	更改资源配置文件
DROP PROFILE	删除资源配置文件
CREATE ROLE	创建角色
ALTER ROLE	修改角色
DROP ROLE	删除角色
CREATE TABLESPACE	创建表空间

续表

系统权限	权限功能
ALTER TABLESPACE	修改表空间
DROP TABLESPACE	删除表空间，包括表、索引和表空间的聚簇
MANAGE TABLESPACE	管理表空间，使表空间处于ONLINE（联机）、OFFLINE（脱机）、BEGIN BACKUP（开始备份）、END BACKUP（结束备份）状态
UNLIMITED TABLESPACE	不受配额限制地使用表空间
CREATE SESSION	允许用户连接到数据库
ALTER SESSION	修改用户会话
ALTER RESOURCE COST	更改配置文件中的计算资源消耗的方式
RESTRICTED SESSION	在数据库处于受限会话模式下连接到数据库
CREATE USER	创建用户
ALTER USER	更改用户
BECOME USER	当执行完全装入时，成为另一个用户
DROP USER	删除用户
SYSOPER（系统操作员权限）	STARTUP
	SHUTDOWN
	ALTER DATABASE MOUNT/OPEN
	ALTER DATABASE BACKUP CONTROLFILE
	ALTER DATABASE BEGIN/END BACKUP
	ALTER DATABASE ARCHIVELOG
	RECOVER DATABASE
	RESTRICTED SESSION
	CREATE SPFILE/PFILE
SYSDBA（系统管理员权限）	SYSOPER的所有权限，并带有WITH ADMIN OPTION子句
SELECT ANY DICTIONARY	允许查询以"DBA_"开头的数据字典

对于数据库开发人员而言，他们需要创建所有的数据库模式对象，例如，创建基本表、视图、同义词等，但是不能修改数据库结构。表13-3列出了数据库开发人员应具有的权限。

表13-3 数据库开发人员的权限

系统权限	权限功能
CREATE CLUSTER	在自己模式中创建聚簇
DROP CLUSTER	删除自己模式中的聚簇
CREATE PROCEDURE	在自己模式中创建存储过程、函数和包
DROP PROCEDURE	删除自己模式中的存储过程、函数和包
CREATE DATABASE LINK	创建数据库链路权限，通过数据库链路允许用户存取远程的数据库
DROP DATABASE LINK	删除数据库链路
CREATE SYNONYM	创建私有同义词
DROP SYNONYM	删除同义词
CREATE SEQUENCE	创建开发者所需要的序列
CREATE TIGGER	创建触发器的权限
CREATE TABLE	创建表的权限
CREATE VIEW	创建视图的权限
CREATE TYPE	创建对象类型的权限

2. 系统权限的授权

一般情况下，授予系统权限是由 DBA 完成的；如果要以其他用户身份授予系统权限，则要求该用户必须具有 GRANT ANY PRIVILEGE 系统权限，或在相应系统权限上具有 WITH ADMIN OPTION 选项。向用户授予权限的 GRANT 语句的语法如下：

```
grant system_priv [,system_priv,...]
to { PUBLIC | role | user }[,{user|role|PUBLIC}]...
[with admin option]
```

其中，SYSTEM_PRIV 用于指定系统权限，如果指定多个系统权限，那么各系统权限之间用逗号隔开；USER 用于指定被授权的用户；ROLE 用于指定被授权的角色，如果要指定多个用户或角色，它们之间用逗号隔开。另外，在授予系统权限时可以附加 WITH ADMIN OPTION 选项，使用该选项后，被授权的用户、角色还可以将相应的系统权限授予其他用户、角色。

例如，以下语句使用 GRANT 语句向用户 DEVELOPER 授予 CREATE SESSION、CREATE TABLE 和 CREATE VIEW 权限，并且前两个权限使用 WITH ADMIN OPTION 选项。

```
SQL> grant create session,create table to developer
  2  with admin option;
授权成功。

SQL> grant create view to developer;
授权成功。
```

将系统权限 CREATE SESSION 授予用户 DEVELOPER 后，该用户将可以登录到数据库。由于用户 DEVELOPER 在系统权限 CREATE SESSION 和 CREATE TABLE 上具有 WITH ADMIN OPTION 选项，所以可以将这两个权限授予其他用户。另外，由于在系统权限 CREATE VIEW 上不具备 WITH ADMIN OPTION 选项，所以用户 DEVELOPER 不能将 CREATE VIEW 权限授予其他用户。

3. 显示系统权限

Oracle 提供了一些数据字典，以记录数据库中各种权限信息。表 13-4 列出了与系统权限相关的数据字典视图。

表 13-4 系统权限信息的数据字典视图

数据字典视图	描述
DBA_SYS_PRIVS	包含了数据库管理员拥有的所有系统权限信息
SESSION_PRIVS	包含了当前数据库用户可以使用的权限信息
SYSTEM_PRIVILEGE_MAP	包含了系统中所有的系统权限信息

如果想查看用户拥有的系统权限，可以查询 DBA_SYS_PRIVS 数据字典视图。该数据字典视图的结构如下：

```
SQL> desc dba_sys_privs;
 名称                                      是否为空?   类型
 ----------------------------------------- ---------- ----------------
```

```
GRANTEE                                  NOT NULL          VARCHAR2(30)
PRIVILEGE                                NOT NULL          VARCHAR2(40)
ADMIN_OPTION                                               VARCHAR2(3)
```

其中，GRANTEE 表示拥有权限的用户或角色名，PRIVILEGE 表示相应的系统权限，ADMIN_OPTION 表示是否使用 WITH ADMIN OPTION 选项。

如果想了解当前会话可以使用的权限，可以查询 SESSION_PRIVS 数据字典视图。该数据字典视图仅一列，记录用户的权限。例如，以 SYSTEM 用户登录到数据库后，查询会话可以使用的权限如下：

```
SQL> select * from session_privs;

PRIVILEGE
----------------------------------------
ALTER SYSTEM
AUDIT SYSTEM
CREATE SESSION
ALTER SESSION
...
```

4．收回系统权限

一般情况下，收回系统权限都是由 DBA 完成的，如果要以其他用户身份收回系统权限，要求该用户必须具有相应的系统权限及其转授系统权限（WITH ADMIN OPTION）。收回系统权限是使用 REVOKE 语句完成的。

```
revoke system_priv[,system_priv] ...
from { PUBLIC | role | user }[,{user | role | public}]...
```

例如，下面的语句将收回用户 DEVELOPER 的创建会话和创建基本表的权限。

```
SQL> revoke create session,create table from developer;
撤销成功。
```

用户的系统权限被收回后，经过传递获得权限的用户不受影响。例如，如果用户 A 将系统权限 a 授予了用户 B，用户 B 又将系统权限 a 授予了用户 C。那么，当删除用户 B 或从用户 B 收回系统权限 a 后，用户 C 仍然保留着系统权限 a，如图 13-4 所示。

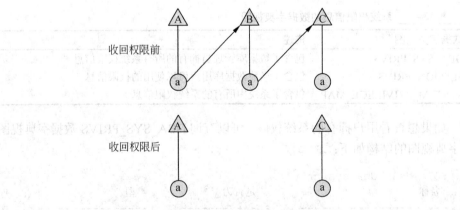

图 13-4　系统权限的传递及其收回

13.4.3 管理对象权限

对象权限指访问其他用户模式对象的权利。在 Oracle 数据库中，用户可以直接访问其模式对象，但如果要访问其他用户的模式对象时，必须具有相应的对象权限。

1. 对象权限的分类

根据不同的对象类型，Oracle 数据库设置了不同类型的对象权限。对象权限及对象之间的对应关系如表 13-5 所示。

表 13-5 对象、对象权限的对应关系

	ALTER	DELETE	EXECUTE	INDEX	INSERT	READ	REFERENCE	SELECT	UPDATE
DIRECTORY						√			
FUNCTION			√						
PROCEDURE			√						
PACKAGE			√						
SEQUENCE	√							√	
TABLE	√	√		√	√		√	√	√
VIEW		√			√			√	√

其中，"√"表示某种对象所具有的对象权限，空格表示该对象没有某种权限。例如，对于基本表 TABLE，具有 ALTER、DELETE、INDEX、INSERT、REFERENCES、SELECT、UPDATE 权限，而没有 EXECUTE 权限。

多种权限组合在一起时，可以使用 ALL 关键字，表示该对象的全部权限，对于不同的对象，ALL 组合的权限数量是不相同的。对于表 TABLE 而言，ALL 表示 ALTER、DELETE、INDEX、INSERT、REFERENCES、SELECT、UPDATE 权限；对于存储过程，ALL 只代表 EXECUTE 权限。

2. 授予对象权限

对象权限由该对象的拥有者为其他用户授权，非对象的拥有者不得向其他用户授予对象权限。将对象权限授出后，获权用户可以对对象进行相应的操作，没有授予的权限不得操作。从 Oracle 9i 开始，DBA 用户可以将任何对象权限授予其他用户。授予对象权限所使用的 GRANT 语句的形式如下：

```
grant { object_priv [ (column_list) ] [,object_priv[(column_list)]]...
      | ALL [PRIVILEGES] ON [ schema.]object
TO { user | role | PUBLIC} [,{user | role | public}] ...
[with grant option]
```

其中，OBJECT_PRIV 是对象权限，COLUMN_LIST 用于标识权限所对应列的列表，SCHEMA 表示模式名，USER 表示被授权的用户，ROLE 表示被授权的角色。对象权限不仅可以授予用户、角色，也可以授予 PUBLIC。将对象权限授予 PUBLIC 后，会使所有用户都具有该对象权限。授予对象权限时，可以带有 WITH GRANT OPTION 选项，若使用该选项，被授权用户可以将对象权限转授给其他用户。

> 需要注意,WITH GRANT OPTION 选项不能授予角色。

例如,以下的示例向用户 DEVELOPER 授予了对 EMP 表的 SELECT 权限。

```
SQL> grant select on scott.emp
  2 to developer;
授权成功。

SQL> conn developer/developer
已连接。

SQL> select ename,job,sal
  2 from scott.emp
  3 where deptno=10;

ENAME      JOB         SAL
--------   ---------   ----------
MARY       CLERK       1000
ATG        CLERK       1200
CLARK      MANAGER     2550
KING       PRESIDENT   5100
MILLER     CLERK       1400
```

在直接授予对象权限时,用户可以访问对象的所有列。在向用户授予对象权限时,还可以控制用户对模式对象列的访问,即列权限。需要注意,只能在 INSERT、UPDATE 和 REFERENCES 上授予列权限。例如,将更新 SAL 列的权限授予 DEVELOPER 用户后,该用户将只能更新 SAL 列。

```
SQL> grant update(sal) on scott.emp to developer;
授权成功。

SQL> conn developer/developer
已连接。
SQL> update scott.emp
  2 set sal=sal*1.1
  3 where deptno=10;
已更新 5 行。
```

3. 显示对象权限

授予对象权限时,Oracle 会将对象权限的信息存放到数据字典中。表 13-6 列出了与对象权限相关的数据字典视图。

表 13-6 对象权限信息的数据字典视图

数据字典视图	描述
DBA_TAB_PRIVS	显示所有用户或角色的对象权限信息
DBA_COL_PRIVS	显示所有用户或角色的列权限信息
ALL_COL_PRIVS_MADE	显示对象所有者或授权用户授出的所有列权限
ALL_COL_PRIVS_RECD	显示用户或 PUBLC 组被授予的列权限
ALL_TAB_PRIVS_MADE	显示对象所有者或授权用户所授出的所有对象权限
ALL_TAB_PRIVS_RECD	显示用户所具有的对象权限

例如,下面的语句将查询 DBA_TAB_PRIVS 显示 DEVELOPER 用户被授予的所有对象权限。

```
SQL> col grantor format a10
SQL> col object format a15
SQL> col privilege format a10
SQL> select grantor,owner || '.' ||table_name oject,privilege
  2  from dba_tab_privs
  3  where grantee='DEVELOPER';

GRANTOR          OJECT              PRIVILEGE
----------       ----------         ----------------
SCOTT            SCOTT.EMP          SELECT
```

其中,GRANTOR 表示授权用户,OWNER 表示对象所有者,TABLE_NAME 为数据库对象,PRIVILEGE 表示相应的对象权限,GRANTEE 表示被授权的用户或角色。

4. 收回对象权限

一般情况下,收回对象权限是由对象的所有者完成的。如果以其他用户身份收回对象权限,则要求该用户必须是权限授予者。收回对象权限的 REVOKE 语句的形式如下:

```
revoke { object_priv [,object_priv]...| ALL [PRIVILEGES] }
ON [ schema.]object
FROM { user | role | PUBLIC};
[cascade constraints];
```

收回对象权限时需要注意,授权者只能从自己授权的用户那里收回对象权限。如果被授权用户基于一个对象权限创建了过程、视图,那么当收回该对象权限后,这些过程、视图将变为无效。

例如,下面的语句收回 DEVELOPER 用户的对象权限。

```
SQL> revoke select on scott.emp from developer;
撤销成功。

SQL> connect developer/developer
已连接。
SQL> select * from scott.emp;
select * from scott.emp
              *
第 1 行出现错误:
ORA-01031: 权限不足
```

在收回对象权限时,经过传递获得对象权限的用户将会受到影响,如图 13-5 所示。如果用户 A 将对象权限 a 授予了用户 B,用户 B 又将对象权限 a 授予了用户 C。那么,当删除用户 B 或从用户 B 收回对象权限 a 后,用户 C 将不再具有对象权限 a,并且用户 B 和 C 中与该对象权限有关的对象都变为无效。

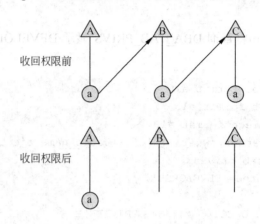

图 13-5 对象权限的传递及其收回

13.5 管理角色

Oracle 的权限非常繁多，这就为 DBA 有效地管理数据库权限带来了困难。另外，数据库的用户经常有几十个、几百个，甚至成千上万。如果管理员为每个用户授予或者撤销相应的系统权限和对象权限，则这个工作量是非常庞大的。为简化权限管理，Oracle 提供了角色的概念。

13.5.1 角色的概念

角色是具有名称的一组相关权限的组合，即将不同的权限组合在一起就形成了角色。可以使用角色为用户授权，同样也可以从用户中收回角色。由于角色集合了多种权限，所以当为用户授予角色时，相当于为用户授予了多种权限。这样就避免了向用户逐一授权，从而简化了用户权限的管理。

例如，在图 13-6 中，DBA 需要为 3 个用户授予 5 个不同的权限，在未使用角色时，需要为每个用户授予 5 个不同的权限，3 个用户一共需要执行 15 次才能完成。采用角色后，可以将这 5 个不同的权限组合成一个角色，然后将该角色分别授予上述 3 个用户。另外，如果需要为用户增加或减少权限，则只需要增加或减少角色的权限即可实现。

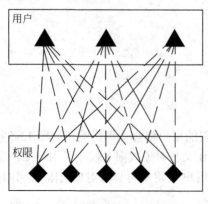 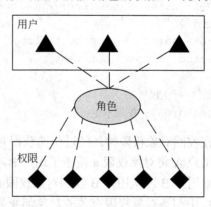

图 13-6 使用角色管理权限

在为用户授予角色时，既可以向用户授予系统预定义的角色，也可以授予自定义角色。在创建角色时，可以为角色设置应用安全性，即为角色设置密码进行保护，这样只有提供正确的密码才允许修改或设置角色。

13.5.2 预定义角色

系统预定义角色就是在安装数据库后，由系统自动创建的一些角色，这些角色已经由系统授予了相应的权限。管理员不需要先创建预定义角色，就可以将它们授予用户。下面介绍这些常用的系统预定义角色的作用。

1. CONNECT 角色

CONNECT 角色是在建立数据库时，由脚本 SQL.BSQ 自动建立的角色。它是授予最终用户的最基本的权限，它所具有的系统权限如下。

- **CREATE CLUSTER**　建立簇。
- **CREATE DATABASE LINK**　建立数据库连接。
- **CREATE SEQUENCE**　建立序列。
- **CREATE SESSION**　建立会话。
- **CREATE SYNONYM**　建立同义词。
- **CREATE VIEW**　建立视图。
- **CREATE TABLE**　建立表。

2. RESOURCE 角色

RESOURCE 角色是在建立数据库时，由脚本 SQL.BSQ 自动建立的角色，该角色是授予开发人员的建立数据库用户后，一般情况下只要给用户授予 CONNECT 和 RESOURCE 角色就足够了。RESOURCE 角色还具有 UNLIMITED TABLESPACE 系统权限。

- **CREATE CLUSTER**　建立聚簇。
- **CREATE PROCEDURE**　建立过程。
- **CREATE SEQUENCE**　建立序列。
- **CREATE TABLE**　建立表。
- **CREATE TRIGGER**　建立触发器。
- **CREATE TYPE**　建立类型。

3. DBA 角色

DBA 角色具有所有系统权限和 WITH ADMIN OPTION 选项。默认 DBA 用户为 SYSTEM，该用户可以将系统权限授予其他用户。需要注意，DBA 角色不具备 SYSDBA 和 SYSOPER 特权，而 SYSDBA 特权自动具有 DBA 角色所有的权限。

4. EXP_FULL_DATABASE

EXP_FULL_DATABASE 角色是安装数据字典时执行脚本 CATEX.SQL 创建的角色，该角色用于执行数据库导出操作。该角色具有的权限和角色如下。

- **BACKUP ANY TABLE**　备份任何表。
- **EXECUTE ANY PROCEDURE**　执行任何过程、函数和包。
- **SELECT ANY TABLE**　查询任何表。
- **EXECUTE ANY TYPE**　执行任何对象类型。

- **ADMINISTER_RESOURCE_MANAGER** 管理资源管理器。
- **EXECUTE_CATALOG_ROLE** 执行任何 PL/SQL 系统包。
- **SELECT_CATALOG_ROLE** 查询任何数据字典。

5. IMP_FULL_DATABASE 角色

IMP_FULL_DATABASE 角色用于执行数据库导入操作，它包含了 EXECUTE_CATALOG_ROLE、SELECT_CATALOG_ROLE 角色和大量的系统权限。

6. EXECUTE_CATALOG_ROLE 角色

该角色提供了对所有系统 PL/SQL 包的 EXECUTE 对象权限。

7. DELETE_CATALOG_ROLE 角色

该角色提供了系统审计表 SYS、AUDS 上的 DELETE 对象权限。

8. SELECT_CATALOG_ROLE 角色

该角色提供了对所有数据字典（DBA_XXX）上的 SELECT 对象权限。

9. RECOVERY_CATALOG_OWNER 角色

该角色为恢复目录所有者提供了系统权限，该角色所具有的权限和角色如下。

- **CREATE SESSION** 建立会话。
- **ALTER SESSION** 修改会话参数设置。
- **CREATE SYNONYM** 建立同义词。
- **CREATE VIEW** 建立视图。
- **CREATE DATABASE LINK** 建立数据库连接。
- **CREATE TABLE** 建立表。
- **CREATE CLUSTER** 建立簇。
- **CREATE SEQUENCE** 建立序列。
- **CREATE TRIGGER** 建立触发器。
- **CREATE PROCEDURE** 建立过程、函数和包。

最后，通过查询数据字典 DBA_ROLES，可以显示数据库中全部的角色信息。例如：

```
SQL> select role,password_required from dba_roles;

ROLE                    PASSWORD
----------------        -------------
CONNECT                 NO
RESOURCE                NO
DBA                     NO
...
已选择 51 行。
```

13.5.3 管理自定义角色

自定义角色是在建立数据库之后由 DBA 用户建立的角色。该类角色初始没有任何权限，为了使角色起作用，可以为其授予相应的权限。角色不仅可以简化权限管理，还可以通过禁止或激活角色控制权限的可用性。

1. 建立角色

如果预定义的角色不符合用户的需要，数据库管理员还可以根据自己的需求创建更多的自定义角色。创建角色是使有 CREATE ROLE 语句完成的，一般情况下，该语句由 DBA 执行，如果要以其他用户身份建立角色，则要求该用户必须具有 CREATE ROLE 系统权限。使用 CREATE ROLE 语句创建角色时，可以指定角色的验证方式是非验证方式还是数据库验证方式。

如果角色是公用角色或用户的默认角色，可以采用非验证方式。建立角色时，如果不指定任何验证方式，表示该角色使用非验证方式，也可以通过指定 NOT IDENTIFIED 选项指定角色为非验证方式。例如：

```
SQL> create role public_role not identified;
角色已创建。
```

数据库验证是使用数据库来检查角色、密码的方式。采用这种验证方式时，角色名及密码被存放在数据库中。激活角色时，必须提供密码。对于用户所需的私有角色而言，建立角色时应为其提供密码。例如：

```
SQL> create role private_role identified by private;
角色已创建。
```

2．角色授权

在角色建立时，它并不具有任何权限，为了使角色可以完成特定的任务，必须为其授予系统权限和对象权限。

为角色授权与为用户授权完全相同。但是需要注意，系统权限 UNLIMITED TABLESPACE 和对象权限的 WITH GRANT OPTION 选项不能授予角色；不能用一条 GRANT 语句同时授予系统权限和对象权限。

例如，下面的语句将系统权限和对象权限授予 PUBLIC_ROLE 和 PRIVATE_ROLE 角色。

```
SQL> grant create session to public_role with admin option;
授权成功。
SQL> grant select on scott.emp to public_role;
授权成功。
SQL> grant insert,update,delete on scott.emp to private_role;
授权成功。
```

因为将系统权限 CREATE SESSION 授予角色 PUBLIC_ROLE 时附带 WITH ADMIN OPTION 选项，所以具有该角色的用户可以将 CREATE SESSION 权限授予其他用户或角色。

为角色授予权限后，可以将角色分配到用户。一般情况下，分配角色是由 DBA 完成的，如果以其他用户的身份分配角色，则要求该用户必须具有 GRANT ANY ROLE 系统权限或角色上具有 WITH ADMIN OPTION 选项。例如：

```
SQL> grant public_role,private_role to developer
  2  with admin option;
授权成功。
```

3．激活和禁止角色

激活角色是指使角色具有的权限生效，禁止角色是指使角色具有的权限临时失效。将系统权限或对象权限直接授予用户后，用户可以直接执行这些权限所对应的 SQL 操作；将角色分配给用户后，会间接地将角色所具有的权限授予用户。使用角色不仅可以简化权限管理，还可以控制权限的可用性。

由于用户可以具有多个角色，因此，可以指定某角色在用户登录数据库时自动激活，这就是默认角色。如果使用角色进行权限限制，那么应该将公用角色设置为默认角色。设置默认角色一般是由 DBA 完成的，如果要以其他用户身份设置用户的默认角色，则要求该用户必须具有 ALTER USER 系统权限。为用户设置默认角色的语法如下：

```
alter user user_name default role
{role[,role]...| all [except role[,role]...] | none}
```

例如，下面的语句设置用户 DEVELOPER 的默认角色为 PUBLIC_ROLE。

```
SQL> alter user developer default role public_role;
用户已更改。
```

为用户设置了默认角色后，当以该用户身份登录时会自动激活默认角色。因为用户 DEVELOPER 的默认角色为 PUBLIC_ROLE，所以当以该用户身份登录时，只会激活角色 PUBLIC_ROLE，即用户 DEVELOPER 在初始登录时可以执行角色 PUBLIC_ROLE 具有的权限操作。例如：

```
SQL> conn developer/developer
已连接。
SQL> select ename,job,sal
  2  from scott.emp
  3  where ename='BLAKE';

ENAME      JOB        SAL
---------- ---------- ----------
BLAKE      MANAGER    2850
```

这也意味着，用户 DEVELOPER 在初始登录时不能执行角色 PRIVATE_ROLE 具有的权限操作。

在 SQL*Plus 中激活或禁止角色是使用 SET ROLE 语句完成的，而在其他应用环境中可以使用过程 DBMS_SESSION.SET_ROLE()激活或禁止角色。在激活角色时，如果角色未使用任何验证方式，则可以直接激活角色。例如：

```
SQL> set role public_role;
角色集


SQL> exec dbms_session.set_role('public_role');
PL/SQL 过程已成功完成。
```

4．修改和删除角色

修改角色是由语句 ALTER ROLE 完成的，对角色的修改主要就是设置角色是否为验证方式。

例如，修改角色 PRIVATE_ROLE 不使用任何验证方式，可以使用如下的 ALTER ROLE 语句形式：

```
SQL> alter role private_role not identified;
```

角色已丢弃。

同样，也可以修改非验证方式的角色为验证方式。例如：

```
SQL> alter role public_role identified by public;
角色已丢弃。
```

删除角色是使用 DROP ROLE 语句完成的。一般情况下，删除角色由 DBA 执行，如果要以其他用户身份删除角色，则要求该用户必须具有 DROP ANY ROLE 系统权限，或者在角色上具有 WITH ADMIN OPTION 选项。例如：

```
SQL> drop role private_role;
角色已删除。
```

5. 显示角色信息

在建立角色时，Oracle 会将角色信息存放到数据字典中。表 13-7 列出了一些关于角色信息的数据字典视图。

表 13-7 存储角色信息的数据字典视图

数据字典视图	描述
DBA_ROLES	记录数据库中所有的角色
DBA_ROLE_PRIVS	记录所有已经被授予用户和角色的角色
USER_ROLES	包含已经授予当前用户的角色信息
ROLE_ROLE_PRIVS	包含角色授予的角色信息
ROLE_SYS_PRIVS	包含为角色授予的系统权限信息
ROLE_TAB_PRIVS	包含为角色授予的对象权限信息
SESSION_ROLES	包含当前会话所包含的角色信息

如果要查看数据库中所有的角色，可以查询 DBA_ROLES 数据字典视图。DBA_ROLES 的结构信息如下：

```
SQL> desc dba_roles;
 名称                                      是否为空？ 类型
 ----------------------------------------- -------- ----------
 ROLE                                      NOT NULL VARCHAR2(30)
 PASSWORD_REQUIRED                                  VARCHAR2(8)
```

其中，PASSWORD_REQUIRED 列记录角色是否使用了验证方式。

如果要查看某个用户所拥有的角色，可以查看 DBA_ROLE_PRIVS 数据字典视图。DBA_ROLE_PRIVS 的结构信息如下：

```
SQL> desc dba_role_privs
 名称                                      是否为空？ 类型
 ----------------------------------------- -------- ----------
 GRANTEE                                            VARCHAR2(30)
 GRANTED_ROLE                              NOT NULL VARCHAR2(30)
 ADMIN_OPTION                                       VARCHAR2(3)
 DEFAULT_ROLE                                       VARCHAR2(3)
```

其中，GRANTEE 列记录被授予角色的用户或角色名，GRANTED_ROLE 表示授予角色的角色名，ADMIN_OPTION 表示授予角色时是否使用了 WITH ADMIN OPTION 选项，DEFAULT_ROLE 表示是否为用户的默认角色。

13.6 实验指导

1. 用户账号

本练习将创建一个用户 EXERCISE_USER，并为其分配相应的系统权限或角色，以便可以在数据库中执行相应的操作。

（1）使用 SYSTEM 身份连接到数据库。

（2）创建用户账号 EXERCISE_USER，其口令为 exercise，默认表空间为 USERS，临时表空间为 TEMP，对表空间没有配额限制。

```
create user exercise_user
identified by exercise
default tablespace users
temporary tablespace temp
quota unlimited on users;
```

（3）创建一个用户配置文件 EXERCISE_PROFILE，包含的资源及口令限制如下。
- 该用户最多可以建立 3 个并发的会话连接。
- 用户执行语句使用的 CPU 最长时间为 10 分钟。
- 空闲时间超过 15 分钟后，断开与用户的连接。
- 限制用户每次调用 SQL 语句时，能够读取的数据库块数为 100。
- 限制用户在登录到 Oracle 数据库时允许失败的次数为 3。

```
create profile exercise_profile limit
sessions_per_user 3
cpu_per_call 1000
idle_time 15
logical_reads_per_call 100
failed_login_attempts 3;
```

（4）为用户 EXERCISE_USER 指定资源配置文件 PROFILE。

```
alter user exercise_user profile exercise_profile;
```

（5）向用户授予连接数据库系统权限。

```
grant create session to exercise_user;
```

（6）向用户授予对对象 HR.EMPLOYEES 的 SELECT 权限，并以 EXERCISE_USER 身份连接到数据库，查询 EMPLOYEES 表。

```
grant select on hr.employees to exercise_user;
connect exercise_user/exercise;
select * from hr.employees;
```

（7）撤销向用户 EXERCISE_USER 授予的系统权限，取而代之向用户授予 CONNECT

角色。

```
revoke select on hr.employees from exercise_user;
revoke create session from exercise_user;
grant connect to exercise_user;
```

13.7 思考与练习

一、填空题

1．如果要获取数据库中创建的配置文件的信息，可以通过查询数据字典视图_____。

2．在 Oracle 数据库中的权限可以分为两类，即_____和_____。_____是指在系统级控制数据库的存取和使用机制，_____是指在模式对象上控制存取和使用的机制。

3．_____是具有名称的一组相关权限的组合。

4．连接到数据库的最低系统预定义角色是_____。

5．在用户连接到数据库后，可以查询数据字典视图_____，了解用户所具有的系统权限。

二、选择题

1．假设用户 USER1 的默认表空间为 USERS，他在该表空间的配额为 10MB，则 USER1 在 USERS 表空间中创建基本表时，他应具有什么权限？（　　）

    A．CREATE TABLE
    B．CREATE USER
    C．UNLIMITED TABLESPACE
    D．UNLIMITED TABLESPACE

2．下列哪一项资源不能在用户配置文件中限定？（　　）

    A．各个会话的用户数
    B．登录失败的次数
    C．使用 CPU 时间
    D．使用 SGA 区的大小

3．检查下面的 SQL 语句，哪一项是错误的？（　　）

```
alter user tempuser
identified by oracle
default tablespace users
default temporary tablespace temp
quota 100M on users;
```

    A．default tablespace users
    B．default temporary tablespace temp
    C．quota 100M on users;
    D．identified by oracle

4．如果想要在另一个模式中创建表，用户最少应该具有什么系统权限？（　　）

    A．CREATE TABLE
    B．CRATE ANY TABLE
    C．RESOURCE
    D．DBA

5．下列关于资源配置文件的描述中，哪一项是正确的？（　　）

    A．无法通过资源配置文件来锁定用户账号
    B．无法通过资源配置文件来限制用户资源
    C．DBA 可以通过资源配置文件来改变用户密码
    D．DBA 可以通过资源配置文件来设置密码的过期时限

6．假设用户 A 将 SELECT ANY TABLE 权限授予用户 B，并且使用 ADMIN OPTION 选项；用户 B 又将 SELECT ANY TABLE 权限授予了用户 C。那么当 DBA 收回用户 A 的 SELECT ANY TABLE 权限后，下列中还有哪些用户将失去这个权限？（　　）

    A．只有用户 B 失去
    B．只有用户 C 失去
    C．用户 B 与用户 C 都失去
    D．没有任何用户失去

7．通过查询数据字典视图 SESSION_PRIVS，能够获得下列哪项信息？（　　）

    A．授予当前用户的所有对象权限
    B．授予当前用户的所有系统权限
    C．授予当前用户的所有对象权限和系统权限
    D．当前会话所具有的所有对象权限和系统权限

三、简答题

1. 资源配置文件可以对系统的哪些资源进行限制？

2. 简述向用户授予系统权限时，使用 WITH GRANT OPTION 选项的作用。

3. 简述角色的优点。

4. 使用 PROFILE 管理资源。

（1）以 SYSTEM 用户连接到数据库，然后建立 PROFILE。

- 并发会话个数：2。
- 连接时间：1 小时。
- 空闲时间：10 分钟。

（2）激活资源限制。

（3）将该资源配置文件分配给用户 SCOTT。

（4）以 SCOTT 用户建立 3 个并发会话，检查显示信息。

（5）显示资源配置文件选项。

第 14 章 导出与导入

在数据库的应用过程中,经常需要将一个数据库中的数据移动到另一个数据库,或从外部文件直接提取数据到数据库中。为此,Oracle 提供了几种常用的工具。最常用的就是 Export 和 Import 工具,使用这两个命令行工具可以在 Oracle 数据库之间进行数据的导入/导出操作,也可以利用 Export/Import 工具对数据库进行逻辑备份。另外在 Oracle 11g 中还可以使用数据泵(Data Dump Export),使 DBA 或应用开发人员可以将数据库的元数据(对象定义)和数据快速移动到另一个 Oracle 数据库中。而 SQL*Loader 工具可以用来从非 Oracle 数据库或其他任何能够生成 ASCII 文本文件的数据源加载数据。本章将对这些常用的数据导出与导入工具进行介绍。

本章学习要点:

- ➢ 了解 EXPDP 和 IMPDP 的作用
- ➢ 使用数据泵导出工具 EXPDP
- ➢ 使用数据泵导入工具 IMPDP
- ➢ 使用 EXPDP 和 IMPDP 移动表空间
- ➢ 使用 SQL*Loader 加载外部数据

14.1 EXPDP 和 IMPDP 简介

数据泵导出是 Oracle 10g 新增加的功能,它使用工具 EXPDP 将数据库对象的元数据(对象结构)或数据导出到转储文件中。而数据泵导入则是使用工具 IMPDP 将转储元件中的元数据及其数据导入到 Oracle 数据库中。假设 EMP 表被意外删除,那么可以使用 IMPDP 工具导入 EMP 的结构信息和数据。

使用数据泵导出或导入操作时,可以获得如下好处。

- ❏ 数据泵导出与导入可以实现逻辑备份和逻辑恢复。通过使用 EXPDP,可以将数据库对象备份到转储文件中;当表被意外删除或其他误操作时,可以使用 IMPDP 将转储文件中的对象和数据导入到数据库中。
- ❏ 数据泵导出和导入可以在数据库用户之间移动对象。例如,使用 EXPDP 可以将 SCOTT 模式中的对象导出存储在转储文件中,然后再使用 IMPDP 将转储文件中的对象导入到其他数据库模式中。
- ❏ 使用数据泵导入可以在数据库之间移动对象。
- ❏ 数据泵可以实现表空间的转移,即将一个数据库的表空间移动到另一个数据库中。

在 Oracle 11g 中,进行数据导入或导出操作时,既可以使用传统的导出导入工具 EXP 和 IMP 完成,也可以使用数据泵 EXPDP 和 IMPDP。但是,由于工具 EXPDP 和 IMPDP 的速度优于 EXP 和 IMP,所以建议在 Oracle 11g 中使用 EXPDP 执行数据泵导出,使用工具 IMPDP 执行数据导入。

使用数据泵导出导入和传统的导出导入工具时,还应该注意如下事项。

- ❏ EXP 和 IMP 是客户端的工具程序,它们既可以在客户端使用,也可以在服务器端使用。
- ❏ EXPDP 和 IMPDP 是服务器端的工具程序,它们只能在 Oracle 服务器端使用,而不能在 Oracle 客户端使用。
- IMPDP 只适用于 EXPDP 导出的文件，而不适用于 EXP 导出的文件。

14.2 EXPDP 导出数据

Oracle 提供的 EXPDP 可以将数据库对象的元数据或数据导出到转储文件中。EXPDP 可以导出表、用户模式、表空间和全数据库 4 种数据。

14.2.1 调用 EXPDP

EXPDP 是服务器端工具，这意味着该工具只能在 Oracle 服务器端使用，而不能在 Oracle 客户端使用。通过在命令提示符窗口中输入 EXPDP HELP 命令，可以查看 EXPDP 的帮助信息，从中可以看到如何调用 EXPDP 导出数据，具体如下：

```
C:\>expdp help=y

Export: Release 11.1.0.6.0 - Production on 星期四, 05 6月, 2008 16:24:22

Copyright (c) 2003, 2007, Oracle. All rights reserved.

数据泵导出实用程序提供了一种用于在 Oracle 数据库之间传输
数据对象的机制。该实用程序可以使用以下命令进行调用:

  示例: expdp scott/tiger DIRECTORY=dmpdir DUMPFILE=scott.dmp

您可以控制导出的运行方式。具体方法是: 在 'expdp' 命令后输入
各种参数。要指定各参数，请使用关键字:

  格式:  expdp KEYWORD=value 或 KEYWORD=(value1,value2,...,valueN)
  示例: expdp scott/tiger DUMPFILE=scott.dmp DIRECTORY=dmpdir SCHEMAS=
scott
         或 TABLES=(T1:P1,T1:P2), 如果 T1 是分区表

USERID 必须是命令行中的第一个参数。
```

数据泵导出包括导出表、导出模式、导出表空间和导出全数据库 4 种模式。需要注意，EXPDP 工具只能将导出的转储文件存放在 DIRECTORY 对象对应的 OS 目录中，而不能直接指定转储文件所在的 OS 目录。因此，使用 EXPDP 工具时，必须首先建立 DIRECTORY 对象，并且需要为数据库用户授予使用 DIRECTORY 对象的权限。例如：

```
SQL> create or replace directory dump_dir
  2  as 'F:\Oracle 11g\dump';
目录已创建。

SQL> grant read,write on directory dump_dir to scott;
授权成功。
```

上面的语句建立了目录对象 DUMP_DIR，并且为 SCOTT 用户授予了使用该目录的对象权限。

1. 导出表

导出表是指将一个或多个表的结构及其数据存储到转储文件中。普通用户只能导出自身模式中的表，如果要导出其他模式中的表，则要求用户必须具有 EXP_FULL_DATABASE 角色或 DBA 角色。在导出表时，每次只能导出一个模式中的表。

例如，下面的语句将导出 SCOTT 模式中的 DEPT 和 EMP 表。

```
C:\>expdp scott/tiger dIRECTORY=dump_dir dumpfile=tab.dmp tables=
dept,emp;

Export: Release 11.1.0.6.0 - Production on 星期四, 05 6月, 2008 16:37:18

Copyright (c) 2003, 2007, Oracle.  All rights reserved.

连接到: Oracle Database 11g Enterprise Edition Release 11.1.0.6.0 -
Productio
With the Partitioning, OLAP, Data Mining and Real Application Testing
options
启动 "SCOTT"."SYS_EXPORT_TABLE_01":  scott/******** dIRECTORY=dump_dir
dumpfi
tab.dmp tables=dept,emp;
正在使用 BLOCKS 方法进行估计...
处理对象类型 TABLE_EXPORT/TABLE/TABLE_DATA
使用 BLOCKS 方法的总估计: 64 KB
处理对象类型 TABLE_EXPORT/TABLE/TABLE
处理对象类型 TABLE_EXPORT/TABLE/INDEX/INDEX
处理对象类型 TABLE_EXPORT/TABLE/CONSTRAINT/CONSTRAINT
处理对象类型 TABLE_EXPORT/TABLE/INDEX/STATISTICS/INDEX_STATISTICS
处理对象类型 TABLE_EXPORT/TABLE/STATISTICS/TABLE_STATISTICS
. . 导出了 "SCOTT"."DEPT"                           5.960 KB       5 行
...
```

上述命令将 DEPT 和 EMP 表的相关信息存储到转储文件 TAB.DMP 中，并且该转储文件位于 DUMP_IDR 目录对象所对应的 OS 目录中。

2. 导出模式

导出模式是指将一个或多个模式中的所有对象结构及数据存储到转储文件中。导出模式时，要求用户必须具有 DBA 角色或 EXP_FULL_DATABASE 角色。

例如，下面的语句将导出 SYSTEM 和 SCOTT 模式中的所有对象。

```
C:\>expdp system/password directory=dump_dir dumpfile=schema.dmp
schemas=
system,scott;

Export: Release 11.1.0.6.0 - Production on 星期四, 05 6月, 2008 16:58:58

Copyright (c) 2003, 2007, Oracle.  All rights reserved.

连接到: Oracle Database 11g Enterprise Edition Release 11.1.0.6.0 -
Production
With the Partitioning, OLAP, Data Mining and Real Application Testing
options
```

```
启动 "SYSTEM"."SYS_EXPORT_SCHEMA_01":  system/******** directory=
dump_dir dumpfi
le=schema.dmp schemas=system,scott;
正在使用 BLOCKS 方法进行估计...
处理对象类型 SCHEMA_EXPORT/TABLE/TABLE_DATA
使用 BLOCKS 方法的总估计: 320 KB
处理对象类型 SCHEMA_EXPORT/USER
处理对象类型 SCHEMA_EXPORT/SYSTEM_GRANT
处理对象类型 SCHEMA_EXPORT/ROLE_GRANT
处理对象类型 SCHEMA_EXPORT/DEFAULT_ROLE
处理对象类型 SCHEMA_EXPORT/PRE_SCHEMA/PROCACT_SCHEMA
  ...
```

执行上面的语句，将在 SYSTEM 模式和 SCOTT 模式中的所有对象存储到转储文件 SCHEMA.DMP 中。并且该转储文件位于 DUMP_DIR 目录对象所对应的 OS 目录中。

3．导出表空间

导出表空间是指将一个或多个表空间中的所有对象及数据存储到转储文件中。导出表空间要求用户必须具有 DBA 角色或 EXP_FULL_DATABASE 角色。例如：

```
C:\>expdp system/admin directory=dump_dir dumpfile=tablespace.dmp
tablespaces=example

Export: Release 11.1.0.6.0 - Production on 星期四, 05 6月, 2008 17:12:08

Copyright (c) 2003, 2007, Oracle.  All rights reserved.

连接到: Oracle Database 11g Enterprise Edition Release 11.1.0.6.0 -
Production
With the Partitioning, OLAP, Data Mining and Real Application Testing
options
启动 "SYSTEM"."SYS_EXPORT_TABLESPACE_01":  system/******** directory=
dump_dir du
mpfile=tablespace.dmp tablespaces=example
正在使用 BLOCKS 方法进行估计...
处理对象类型 TABLE_EXPORT/TABLE/TABLE_DATA
使用 BLOCKS 方法的总估计: 50.68 MB
处理对象类型 TABLE_EXPORT/TABLE/TABLE
  ...
```

4．导出全数据库

导出全数据库是指将数据库中的所有对象及数据存储到转储文件中。导出数据库要求用户必须具有 DBA 角色或 EXP_FULL_DATABASE 角色。需要注意，导出数据库时，不会导出 SYS、ORDSYS、ORDPLUGINS、CTXSYS、MDSYS、LBACSYS 以及 XDB 等模式中的对象。例如：

```
C:\>expdp system/manager directory=dump_dir dumpfile=full.dmp full=y;
```

14.2.2 EXPDP 命令参数

在调用 EXPDP 工具导出数据时，可以为该工具附加多个命令行参数。事实上，只要通过在命令提示符窗口中输入 EXPDP HELP 命令，就可以了解 EXPDP 各个参数的信息。下面将介绍 EXPDP 工具的常用命令行参数及其作用。

1. CONTENT

该参数用于指定要导出的内容，默认值为 ALL。语法如下：

```
CONTENT={ALL | DATA_ONLY | METADATA_ONLY}
```

当设置 CONTENT 参数为 ALL 时，将导出对象定义及其所有数据；当设置该选项为 DATA_ONLY 时，只导出对象数据；当设置该选项为 METADATA_ONLY 时，只导出对象定义。例如：

```
C:\>expdp scott/tiger DIRECTORY=dump_dir DUMPFILE=dump_file.dmp content=METADATA_ONLY;
```

2. DIRECTORY

该参数指定转储文件和日志文件所在的目录。语法如下：

```
DIRECTORY=directory_object
```

其中，DIRECTORY_OBJECT 用于指定目录对象的名称。需要注意，目录对象是使用 CREATE DIRECTORY 语句建立的对象，而不是 OS 目录。示例如下：

```
C:\>expdp scott/tiger DIRECTORY=dump_dir DUMPFILE=dump_file.dump
```

3. DUMPFILE

该参数用于指定转储文件的名称，默认名称为 EXPDAT.DMP。语法如下：

```
DUMPFILE=[directory_object:]file_name [,...]
```

其中，DIRECTORY_OBJECT 用于指定目录对象名，FILE_NAME 用于指定转储文件名。需要注意，如果不指定 DIRECTORY_OBJECT，导出工具会自动使用 DIRECTORY 选项指定的目录对象。示例如下：

```
C:\>expdp scott/tiger DIRECTORY=dump_dir DUMPFILE=dump_file.dmp
```

4. EXCLUDE

该参数用于指定执行导出操作时要排除的对象类型或相关对象。语法如下：

```
EXCLUDE=object_type[:name_clause] [,...]
```

其中，OBJECT_TYPE 用于指定要排除的对象类型，NAME_CLAUSE 用于指定要排除的具体对象。需要注意，EXCLUDE 和 INCLUDE 不能同时使用。示例如下：

```
C:\>expdp scott/tiger DIRECTORY=dump_dir DUMPFILE=dump_file.dup EXCLUDE=VIEW
```

5. FILESIZE

该参数用于指定导出文件的最大大小，默认为 0（表示文件大小无限制）。语法如下：

```
FILESIZE=integer
```

如果要将数据库及其数据导出到多个文件中,必须设置该参数。示例如下:

```
C:\>expdp scott/tiger DIRECTOTY=dump_dir DUMPFILE=dump_file.dmp
filesize=3M
```

6. FLASHBACK_TIME

该参数用于指定导出特定时间点的表数据。语法如下:

```
FLASHBACK_TIME=" TO_TIMESTAMP(time_value)"
```

7. FULL

该参数用于指定数据库模式导出,默认为 N。语法如下:

```
FULL={Y | N}
```

其中,当设置该选项为 Y 时,表示执行数据库导出。需要注意,执行数据库导出时,数据库用户必须具有 EXP_FULL_DATABASE 角色或 DBA 角色。示例如下:

```
C:\>expdp scott/tiger DIRECTORY=dump_dir DUMPFILE=full.dmp FULL=Y
```

8. INCLUDE

该参数用于指定导出时要包含的对象类型及相关对象。语法如下:

```
INCLUDE = object_type[:name_clause] [,... ]
```

其中,OBJECT_TYPE 用于指定要导出的对象类型,NAME_CLAUSE 用于指定要导出的对象名。需要注意,INCLUDE 和 EXCLUDE 选项不能同时使用。

9. JOB_NAME

该参数用于指定要导出作业的名称,默认名称为 SYS_XXX。语法如下:

```
JOB_NAME=jobname
```

10. LOGFILE

该参数用于指定导出日志文件的名称,默认名称为 EXPORT.LOG。语法如下:

```
LOGFILE=[directory_object:]file_name
```

11. PARALLEL

该参数用于指定执行导出操作的并行进程个数,默认值为 1。语法如下:

```
PARALLEL=integer
```

通过执行并行导出操作,可以加快导出速度。

12. QUERY

该参数用于指定过滤导出数据的 WHERE 条件。语法如下:

```
QUERY=[schema.] [table_name:] query_clause
```

其中,SCHEMA 用于指定模式名,TABLE_NAME 用于指定表名,QUERY_CLAUSE 用于指定条件限制子句。需要注意,QUERY 参数不能与 CONNECT=METADATA_ONLY、EXTIMATE_ONLY、TRANSPORT_TABLESPACES 等参数同时使用。示例如下:

```
C:\>expdp scott/tiger directory=dump_dir dumpfiel=dump_file.dmp tables=
emp query='where deptno=20'
```

13. STATUS

该参数用于指定显示导出作业进程的详细状态，默认值为 0。语法如下：

```
STATUS=integer
```

INTEGER 用于指定显示导出作业状态的时间间隔，单位为秒。指定该参数后，每隔特定时间间隔会显示作业完成的百分比。

14. TABLES

访参数用于指定表模式导出。语法如下：

```
TABLES=[schema_name.]table_name[:partition_name][,...]
```

其中，SCHEMA_NAME 用于指定模式名，TABLE_NAME 用于指定要导出的表名，PARTITION_NAME 用于指定要导出的分区名。

15. TABLESPACES

该参数用于指定要导出表空间列表。

16. TRANSPORT_TABLESPACES

该参数用于指定执行表空间模式导出。导出表空间时，要求数据库用户必须具有 EXP_FULL_DATABASE 角色或 DBA 角色。

14.3 IMPDP 导入数据

IMPDP 是服务器端的工具，该工具只能在 Oracle 服务器端使用，不能在 Oracle 客户端使用。与 EXPDP 相似，数据泵导入时，其转储文件被存放在 DIRECTORY 对象所对应的 OS 目录中，而不能直接指定转储文件所在的 OS 目录。

14.3.1 IMPDP 参数

同样，在调用 IMPDP 工具导入数据时，也可以为该工具附加多个命令行参数。通过在命令提示符窗口中输入 IMPDP HELP 命令，就可以了解 IMPDP 的各个参数信息。其中，大部分参数与 EXPDP 的参数相同，本节将主要介绍 IMPDP 所特有的参数。

1. REMAP_DATAFILE

该参数用于将源数据文件名转变为目标数据文件名，在不同平台之间移动表空间时可能需要该参数，以避免数据文件重名。语法如下：

```
REMAP_DATAFILE=source_datafie:target_datafile
```

2. REMAP_SCHEMA

该参数用于将源模式中的所有对象装载到目标模式中。语法如下：

```
REMAP_SCHEMA=source_schema:target_schema
```

3. REMAP_TABLESPACE

该参数用于指定导入时更改表空间名称。在 10g 版本出现以前，这一操作非常复杂。

首先，因为没有写操作权限，必须移除原始表空间的限额，然后再设置表空间。在导入过程中，原始表空间中的对象可以存储在设置后的表空间中。当任务完成后，必须进行将表空间恢复到原来的状态。在 10g 中导入时，REMAP_TABLESPACE 参数的设置大大简化了该操作，这样只需要对目标表空间进行限额，而不需要其他条件。语法如下：

```
REMAP_TABLESPACE=source_tablespace:target_tablespace
```

4. REUSE_DATAFILES

该参数用于指定建立表空间时是否覆盖已存在的数据文件，默认为 N。语法如下：

```
REUSE_DATAFILES={Y | N}
```

5. SKIP_UNUSABLE_INDEXES

该参数用于指定导入时是否跳过不可使用的索引，默认为 N。

6. SQLFILE

IMPDP 允许导出 DMP 文件来创建 DMP 文件中包含对象的 DDL 脚本，以便之后使用。该参数用于指定将导入的 DDL 操作写入到 SQL 脚本中。语法如下：

```
SQLFILE=[directory_object:]file_name
```

在 IMPDP 中使用该参数时，可以从 DMP 文件中提取对象的 DDL 语句，这样 IMPDP 并不把数据导入数据库中，只是创建 DDL 语句文件。示例如下：

```
C:\>impdp scott/tiger DIRECTORY=dump_dir DUMPFILE=tab.dmp SQLFILE=
sql_file.sql
```

7. STREAMS_CONFIGURATION

该参数用于指定是否导入元数据，默认值为 Y。

8. TABLE_EXISTS_ACTION

该参数用于指定当表已经存在时导入作业要执行的操作，默认为 SKIP。

```
TABLE_EXISTS_ACTION={SKIP | APPEND | TRUNCATE | FRPLACE }
```

当设置该参数为 SKIP 时，导入作业会跳过已存在表处理下一个对象；当设置为 APPEND 时，会追加数据；设置为 TRUNCATE 时，导入作业会截断表，然后为其追加新数据；当设置为 REPLACE 时，导入作业会删除已存在表，然后重建表并追加数据。

TRUNCATE 选项不适用于簇表和 NETWORK_LINK 选项。

9. TRANSFORM

该参数用于指定是否应用于适用对象的元数据转换，有效的转换关键字为：SEGMENT_ATTRIBUTES、STORAGE、OID 和 PCTSPACE。语法如下：

```
TRANSFORM=transform_name:value[:object_type]
```

其中，TRANSFORM_NAME 用于指定转换名，SEGMENT_ATTRIBUTES 用于标识段属性（物理属性、存储属性、表空间、日志等信息），STORAGE 用于标识段存储属性，VALUE 用于指定是否包含段属性或段存储属性，OBJECT_TYPE 用于指定对象类型。示例如下：

```
C:\>impdp scott/tiger directory=dump dumpfile=tab.dmp transform=
segment_attributes:n:table
```

10. TRANSPORT_DATAFILES

该参数用于指定移动空间时要被导入到目标数据库的数据文件。语法如下：

```
TRANSPORT_DATAFILES=datafile_name
```

其中，DATAFILE_NAME 用于指定被复制到目标数据库的数据文件。示例如下：

```
C:\>impdp system/password directory=dump dumpfile=tts.dmp transport_
datafiles='/user01/data/tbs.f'
```

14.3.2 调用 IMPDP

与 EXPDP 类似，调用 IMPDP 时只需要在命令提示符窗口中输入 IMPDP 命令即可。同样，IMPDP 也可以进行 4 种类型的导入操作：导入表、导入用户模式、导入表空间和导入全数据库。

1. 导入表

导入表是指将存放在转储文件中的一个或多个表的结构及数据装载到数据库中，导入表是使用 TABLES 参数完成的。普通用户只可以将表导入到自己的模式中，但如果以其他用户身份导入表，则要求该用户必须具有 IMP_FULL_DATABASE 角色或 DBA 角色。导入表时，既可以将表导入到源模式中，也可以将表导入到其他模式中。

例如，下面的语句将表 DEPT、EMP 分别导入到其自身模式 SCOTT 和模式 SYSTEM 中。

```
C:\>impdp scott/tiger DIRECTORY=dump_dir dumpfile=tab.dmp tables=
dept,emp
C:\>impdp system/admin DIRECTORY=dump_dir dumpfile=tab.dmp tables=scott.
dept,scott.emp REMAP_SCHEMA=SCOTT:SYSTEM
```

其中，第一种方法表示将 DEPT 和 EMP 表导入到 SCOTT 模式中，第二种方法表示将 DEPT 和 EMP 表导入到 SYSTEM 模式中。

注意

如果要将表导入到其他模式中，则必须指定 REMAP_SCHEMA 参数。

2. 导入模式

导入模式是指将存放在转储文件中的一个或多个模式的所有对象装载到数据库中，导入模式时需要使用 SCHEMAS 参数。普通用户可以将对象导入到其自身模式中，但如果以其他用户身份导入模式时，则要求该用户必须具有 IMP_FULL_DATABASE 角色或 DBA 角色。导入模式时，既可以将模式的所有对象导入到源模式中，也可以将模式的所有对象导入到其他模式中。

例如，下面的语句将 SCOTT 模式中的所有对象分别导入到其自身模式 SCOTT 和模式 SYSTEM 中。

```
C:\>impdp scott/tiger directory=dump_dir dumpfile=schema.dmp schemas=
scott
C:\>impdp system/password directory=dump_dir dumpfile=schema.dmp
schemas=scott remap_schema=scott:system
```

如上所示,第一种方法表示将 SCOTT 模式中的所有对象导入到其自身模式中,第二种方法表示将 SCOTT 模式中的所有对象导入 SYSTEM 模式中。

 如果要将模式中的所有对象导入到其他模式中,则必须指定 REMAP_SCHEMA 参数。

3. 导入表空间

导入表空间是指将存放在转储文件中的一个或多个表空间中的所有对象装载到数据库中,导入表空间时需要使用 TABLESPACE 参数。例如,下面的语句将 EXAMPLE 表空间中的所有对象都导入到数据库中。

```
C:\>impdp system/password directory=dump_dir dumpfile=tablespace.dmp
tablespaces=example
```

4. 导入全数据库

导入全数据库是指将存放在转储文件中的所有数据库对象及相关数据装载到数据库中,导入数据库是使用 FULL 参数设置的。

需要注意,如果导出转储文件时要求用户必须具有 EXP_FULL_DATABASE 角色或 DBA 角色,则导入数据库时要求用户必须具有 IMP_FULL_DATABASE 角色或 DBA 角色。例如:

```
C:\>Impdp system/password DIRECTORY=dump_dir DUMPFILE=full.dmp FULL=y
```

14.3.3 移动表空间

使用 EXPDP 和 IMPDP 还可以实现移动表空间,即将表空间从一个数据库移动到另一个数据库中。在 Oracle 10g 前,移动表空间只能在相同的操作系统平台之间进行。在 Oracle 11g 中,不仅允许在相同平台之间移动表空间,而且允许在不同平台之间移动表空间。通过查询动态性能视图 V$TRANSPORTABLE_PLATFORM,可以显示在哪些 OS 平台之间可以移动表空间。例如:

```
SQL> select platform_name from v$transportable_platform;

PLATFORM_NAME
--------------------------------------------------------
Solaris[tm] OE (32-bit)
Solaris[tm] OE (64-bit)
Microsoft Windows IA (32-bit)
Linux IA (32-bit)
AIX-Based Systems (64-bit)
HP-UX (64-bit)
```

```
HP Tru64 UNIX
HP-UX IA (64-bit)
Linux IA (64-bit)
HP Open VMS
Microsoft Windows IA (64-bit)
IBM zSeries Based Linux
Linux 64-bit for AMD
Apple Mac OS
Microsoft Windows 64-bit for AMD
Solaris Operating System (x86)
IBM Power Based Linux
HP IA Open VMS
Solaris Operating System (AMD64)
```

已选择 19 行。

在 Oracle 10g 前,移动表空间是使用传统导出导入工具 EXP 和 IMP 实现的。从 Oracle 11g 开始,不仅可以使用传统导出导入工具 EXP 和 IMP 移动表空间,还可以使用数据泵导出导入工具 EXPDP 和 IMPDP 移动表空间,并且使用数据泵导出导入工具 EXPDP 和 IMPDP 的速度更快。移动表空间具有以下一些限制。

- ❏ 源数据库和目标数据库必须具有相同的数据库字符集和民族字符集,通过查询数据字典视图 NLS_DATABASE_PARAMETERS,DBA 用户可以取得数据库字符集 NLS_CHARACTERSET 和民族字符集 NLS_NCHAR_CHARACTERSET。
- ❏ 不能将表空间移动到具有同名表空间的目标数据库中。这可以通过使用 ALTER TABLESPACE RENAME 语句修改源数据库或目标数据库表空间的名称来实现。
- ❏ 不能移动 SYSTEM 表空间和 SYS 用户对象所在的表空间。
- ❏ 如果要将表空间移动到其他 OS 平台,必须将初始化参数 COMPATIBLE 设置为 10.0 以上。

在两个数据库之间移动表空间的具体操作步骤如下。

(1)确定自包含表空间集合。

自包含表空间集合是指具有关联关系的表空间集合。移动表空间时,如果两个表空间之间存在关联关系,必须同时移动这两个表空间。

假设表空间 A 包含表 EMP,表空间 B 包含 EMP 表的索引 EMP_PK,如果要移动表空间 B,则必须同时移动表空间 A,此时表空间 A 和 B 为自包含表空间集合。违反自包含表空间集合的最常见情况如下。

- ❏ 索引在表空间集合内,但是索引指向的表在表空间之外。
- ❏ 分区表的部分分区在迁移表空间之外。
- ❏ 完整性约束的参考对象在迁移表空间之外。
- ❏ 表中包含的 LOB 对象存储在表空间集合之外。

移动表空间之前,为了确保特定的表空间集合可以被移动,必须首先检查表空间集合是否为自包含,通过执行包 DBMS_TTS 中的 TRANSPORT_SET_CHECK 过程,可以检查一个表空间集合是否是自包含的。DBMS_TTS.TRANSPORT_SET_CHECK 过程的语法如下:

```
dbms_tts.transport_set_check(ts_list in varchar2,
```

```
                incl_constrations in BOOLEAN,
                full_closure     in BOOLEAN DEFAULT FALSE);
```

其中，第一个参数是表空间名称的列表；第二个参数表示是否检查完整性约束；第三个参数表示检查迁移表空间集合内参考集合外的同时，反过来检查迁移表空间集合外的表空间是否引用了集合内的对象，一般情况下为默认值 FALSE。

执行该过程后，系统会将违反自包含表空间集合的信息写入到临时表 TRANSPORT_SET_VIOLATIONS 中。查询该临时表时，如果没有返回任何信息，则说明表空间集合是自包含的，否则会返回违反自包含表空间集合的详细信息。需要注意，执行 DBMS_TTS 包要求用户必须具有 EXECUTE_CATALOG_ROLE 角色。

例如，下面的语句将检查表空间 EXAMPLE 是否为自包含的表空间集合。

```
SQL> connect / as sysdba
已连接。
SQL> execute dbms_tts.transport_set_check ('EXAMPLE',true);
PL/SQL 过程已成功完成。

SQL> select * from transport_set_violations;
未选定行
```

（2）设置要移动的表空间为 READ ONLY 状态。

确定自包含表空间集合后，为了生成要移动的表空间集合，必须首先将所有移动的表空间转变为只读状态，以确保其内容不会发生改变。例如：

```
SQL> alter tablespace example read only;
表空间已更改。
```

（3）导出表空间。

将表空间切换到只读状态后，就可以使用数据泵导出工具导出要移动的表空间集合了。需要注意，在导出移动表空间集合时，要求用户必须具有 EXP_FULL_DATABASE 角色或 DBA 角色。例如：

```
C:\>expdp system/password directory=dump_dir dumpfile=transport.dmp
transport_tablespaces=example

Export: Release 11.1.0.6.0 - Production on 星期五, 06 6月, 2008 15:17:07
Copyright (c) 2003, 2007, Oracle. All rights reserved.

连接到: Oracle Database 11g Enterprise Edition Release 11.1.0.6.0 -
Production
With the Partitioning, OLAP, Data Mining and Real Application Testing
options
启动 "SYSTEM"."SYS_EXPORT_TRANSPORTABLE_01": system/********
directory=dump_dir
 dumpfile=transport.dmp transport_tablespaces=example
处理对象类型 TRANSPORTABLE_EXPORT/PLUGTS_BLK
处理对象类型 TRANSPORTABLE_EXPORT/TYPE/TYPE_SPEC
处理对象类型 TRANSPORTABLE_EXPORT/TABLE
处理对象类型 TRANSPORTABLE_EXPORT/GRANT/OWNER_GRANT/OBJECT_GRANT
```

```
处理对象类型 TRANSPORTABLE_EXPORT/INDEX
处理对象类型 TRANSPORTABLE_EXPORT/CONSTRAINT/CONSTRAINT
处理对象类型 TRANSPORTABLE_EXPORT/INDEX_STATISTICS
处理对象类型 TRANSPORTABLE_EXPORT/COMMENT
处理对象类型 TRANSPORTABLE_EXPORT/CONSTRAINT/REF_CONSTRAINT
处理对象类型 TRANSPORTABLE_EXPORT/TRIGGER
   ...
******************************************************************
SYSTEM.SYS_EXPORT_TRANSPORTABLE_01 的转储文件集为:
  F:\ORACLE 11G\DUMP\TRANSPORT.DMP
******************************************************************
可传输表空间 EXAMPLE 所需的数据文件:
  D:\APP\ADMINISTRATOR\ORADATA\ORCL\EXAMPLE01.DBF
作业 "SYSTEM"."SYS_EXPORT_TRANSPORTABLE_01" 已于 15:18:55 成功完成
```

(4) 传送导出文件和数据文件。

生成转储文件后，可以使用任何复制工具将转储文件和自包含表空间集合的数据文件传送到目标数据库所在机器的合适位置。

在所有导出表空间集合的数据文件已经复制到指定位置后，将原数据库中的表空间设置为 READ WRITE 状态。

(5) 导入表空间到目标数据库中。

将转储文件和表空间的数据文件传送到目标数据库后，就可以使用数据库泵导入工具 IMPDP 将表空间 EXAMPLE 导入到目标数据库中了。如果目标数据库存在同名表空间，则需要执行 ALTER TABLESPACE RENAME 语句修改表空间名称。

```
C:\>impdp system/password directory=dump_dir dumpfile=transport.dmp
transport_datafles=d:\oracle\example.dbf rename_schema=soctt:hr
```

执行上述命令后，就会将 EXAMPLE 表空间插入到目标数据库中，因为该表空间处于只读状态，为了在该表空间上执行 DML 和 DDL 操作，还应该将该表空间转变为可读写状态。例如:

```
SQL> alter tablespace example read write;
表空间已更改。
```

14.4 SQL*Loader 导入外部数据

上面介绍的数据泵和 EXP/IMP 工具仅可以实现一个 Oracle 数据库与另一个 Oracle 数据库之间的数据传输，而 SQL*Loader 工具则可以实现将外部数据或其他数据库中的数据添加到 Oracle 数据库中。例如，将 ACCESS 中的数据加载到 Oracle 数据库。

14.4.1 SQL*Loader 概述

Oracle 提供的数据加载工具 SQL*Loader 可以将外部文件中的数据加载到 Oracle 数据库，SQL*Loader 支持多种数据类型（如日期型、字符型、数据字型等），即可以将多种数据类型加载到数据库。

使用 SQL*Loader 导入数据时，必须编辑一个控制文件（.CTL）和一个数据文件（.DAT）。控制文件用于描述要加载的数据信息，包括数据文件名、数据文件中数据的存储格式、文件中的数据要存储到哪一个字段、哪些表和列要加载数据、数据的加载方式等。

根据数据的存储格式，SQL*Loader 所使用的数据文件可以分为两种，即固定格式存储的数据和自由格式存储的数据。固定格式存储的数据按一定规律排列，控制文件通过固定长度将数据分割。自由格式存储的数据则是由规定的分隔符来区分不同字段的数据。

在 SQL*Loader 执行结束后，系统会自动产生一些文件。这些文件包括日志文件、坏文件以及被丢掉的文件。其中，日志文件中存储了在加载数据过程中的所有信息，坏文件中包含了 SQL*Loader 或 Oracle 拒绝加载的数据；被丢掉的文件中记录了不满足加载条件而被过滤掉的数据，用户可以根据这些信息了解加载的结果是否成功。

在使用 SQL*Loader 加载数据时，可以使用系统提供的一些参数控制数据加载的方法。调用 SQL*Loader 的命令为 SQLLDR，SQLLDR 命令的形式如下：'

```
C:\>sqlldr
```

14.4.2 加载数据

使用 SQL*Loader 加载数据的关键是编写控制文件，控制文件决定要加载的数据格式。根据数据文件的格式，控制文件也分为自由格式与固定格式。如果数据文件中的数据是按一定规律排列的，可以使用固定格式加载，控制文件通过数据的固定长度将数据分割。如果要加载的数据没有一定格式，则可以使用自由格式加载，控制文件将用分隔符将数据分割为不同字段中的数据。

1. 自由格式加载

本示例将使用自由格式加载 TXT 文件。

（1）创建一个空表结构，以存储要加载的数据。这里创建了一个基表 EMPLOYEES，其结构如下：

```
SQL> create table employees (
  2     empno   number(4),
  3     ename   varchar2(20),
  4     job     varchar2(20),
  5     sal     number(7,2),
  6     deptno  number(4)
  7  );
表已创建。
```

（2）整理数据文件 EMPLOYEES.TXT，整理后的格式如下：

```
198    OConnell        SH_CLERK        2860.00      50
199    Grant           SH_CLERK        2860.00      50
200    Whalen          AD_ASST         4840.00      10
201    Hartstein       MK_MAN         14300.00      20
202    Fay             MK_REP          6600.00      20
203    Mavris          HR_REP          7150.00      40
204    Baer            PR_REP         11000.00      70
```

```
205    Higgins           AC_MGR           13200.00        110
206    Gietz             AC_ACCOUNT         130.00        110
```

（3）编辑控制文件 EMPLOYEES.CTL，确定加载数据的方式。创建的控制文件的格式如下：

```
load   data
 infile 'f:\employees.txt'
 into   table   employees_copy
 (empno  position(01:04) integer external,
  ename  position(05:16) char,
  job    position(17:27) char,
  sal    position(28:36) decimal external,
  deptno position(40:45)       integer external)
```

其中，INFILE 指定源数据文件，INTO TABLE 指定添加数据的目标基本表，还可以使用关键字 APPEND 表示向表中追加数据，或使用关键字 REPLACE 覆盖表中原来的数据。加载工具通过 POSITION 控制数据的分割，以便将分割后的数据添加到表的各个列中。

（4）调用 SQL*Loader 加载数据。

在命令行中设置控制文件名，以及运行后产生的日志信息文件。

```
C:\>sqlldr system/admin control=f:\employees.ctl log=f:\emp_log
```

（5）检查日志文件确认是否有错误数据。

检查日志文件，以确认数据加载是否成功。可以根据日志文件中的提示信息，修改产生错误的原因。

2．固定格式加载 Excel 数据

Excel 保存数据的一种格式就为"CSV（逗号分隔）"，该文件类型通过指定的分隔符隔离各列的数据，这就为通过 SQL*Loader 工具加载 Excel 中的数据提供了可能。本示例将通过 SQL*Loader 加载 Excel 数据。

（1）打开 Excel，输入如表 14-1 所示的数据。

表 14-1 输入到 Excel 中的数据（1）

10	Administration	40	Human Resources
20	Marketing	50	Shipping
30	Purchasing	60	IT

（2）保存 Excel 文件为 DEPARTMENTS.CSV，注意保存文件的格式为"CSV（逗号分隔）"。

（3）创建一个与 Excel 数据相对应的表。

```
SQL> create table departments_copy(
  2   deptno  number(4),
  3   dname   varchar2(20));
```

表已创建。

（4）编辑控制文件 DEPT.CTL，内容如下：

```
load data
infile 'f:\departments.csv'
append into table departments
fields terminated by ','
(deptno,dname)
```

其中 FIELDS TERMINATED BY 指定数据文件中的分隔符为逗号","。数据的加载方式为 APPEND，表示在表中追加新数据。

（5）调用 SQL*Loader 来加载数据。

```
C:\>sqlldr system/admin control=f:\department.ctl
```

加载数据后，用户可以连接到 SQL*Plus，查询基本表 DEPT，查看是否有数据。

14.5 实验指导

1. 调用 EXP 和 IMP 备份数据库

本练习将使用 EXP 工具按用户模式方式对 SCOTT 模式中的对象进行备份，并使用该备份恢复被用户删除的表。

（1）在命令提示符窗口中输入命令，启动 EXP 工具按用户模式方式备份 SCOTT 模式中的对象。

```
exp userid=scott/tiger file=e:\oracle_data\scott_2008_6_2.bak log=
e:\oracle_data\scott.log
```

（2）模拟一个故障，删除表 EMP 中的所有数据。

```
delete emp;
```

（3）使用 IMP 工具按用户模式方式恢复 EMP 表中的数据。

```
imp userid= scott/tiger  ignore=y  fromuser=scott touser=scott file=
e:\oracle_data\scott_2008_6_2.bak
```

用户可以使用同样的方法调用 EXPDP 和 IMPDP 工具，完成对数据库的备份与恢复。

2. 调用 SQL*Loader 导入外部数据

本练习将使用 SQL*Loader 工具导入外部数据到数据库。

（1）打开 Excel，输入如表 14-2 所示的数据。

表 14-2 输入到 Excel 中的数据（2）

120	急救中心	114	号码百事通
110	报警中心	119	火警中心

（2）保存 Excel 文件为"应急电话.CSV"，注意保存文件的格式为"CSV（逗号分隔）"。

（3）创建与 Excel 数据相对应的表。

```
create table 应急电话(
num number(4),
name varchar2(90));
```

（4）创建控制文件"应急电话.CTL"。

```
load data
infile 'f:\应急电话.CSV'
append into table 应急电话
fields terminated by ','
(num,name)
```

（5）调用 SQL*Loader 来加载数据。

```
c:\>sqlldr system/password control=f:\应急电话.ctl
```

14.6 思考与练习

一、填空题

1．数据泵的导出与导入可以实现逻辑备份和逻辑恢复。通过使用_____，可以将数据库对象备份到转储文件中；当表被意外删除或其他误操作时，可以使用_____将转储文件中的对象和数据导入到数据库。

2．数据泵导出时，可以按导出表、_____、_____和导出全数据库 4 种方式。

3．使用 SQL*Loader 导入数据时，必须编辑_____和数据文件（.DAT）。

4．使用 EXPORT 导出数据时，可以根据需要按 3 种不同的方式导出数据。_____方式就是导出一个指定的基本表，包括表的定义、表中的数据，以及在表上建立的索引、约束等。_____方式是指导出属于一个用户的所有对象，包括表、视图、存储过程、序列等。_____方式是指导出数据库中所有的对象。

二、选择题

1．以下哪个 Oracle 工具可以在客户端使用？（ ）
A．EXP   B．EXPDP
C．IMPDP   D．全部都可以

2．使用数据泵导出工具 EXPDP 导出 SCOTT 用户的所有对象时，应该选择以下哪个选项？（ ）
A．TABLES
B．SCHEMAS
C．TABLESPACES
D．FULL=Y

3．如果某用户执行 DELETE 操作时误删了 EMP 表中的所有数据，为了使用数据泵导入工具 IMPDP 导入其数据，应该使用哪个选项设置？（ ）
A．CONTENT=ALL
B．CONTENT=DATA_ONLY
C．CONTENT=METADATA_ONLY
D．CONTENT=DATA

4．使用传统导出工具 EXP 导出 SCOTT 用户的所有对象时，应该选择下列哪一项？（ ）
A．TABLES   B．SCHEMAS
C．OWNER   D．FULL=Y

三、简答题

1．使用数据泵导出工具 EXPDP 执行导出操作。
- 以 SCOTT 用户身份导出表 DEPT 和 EMP 的结构和数据到文件 TAB.DMP 中。
- 以 SYSTEM 用户身份导出 SCOTT 模式中的所有对象到文件 SCOTT.DMP 中。
- 以 SYSTEM 用户身份导出表空间 USERS 的所有对象到文件 DATA01.DMP 中。
- 以 SYSTEM 用户身份导出数据库的所有对象到文件 DATABASE.DMP 中。

2．简述数据泵导出工具和传统导出工具之间的区别。

3．简述如何使用 SQL*Loader 导入外部数据。

第 15 章 备份与恢复

任何数据库在长期使用的过程中，都会存在一定的安全隐患，例如，由于数据库的物理结构被破坏，或由于机器硬件故障而遭到破坏。对于数据库管理员而言，这不能仅寄希望于计算机操作系统的安全运行，而要建立一整套的数据库备份与恢复机制。任何人为的或自然灾害出现，导致数据库崩溃、物理介质损坏等故障时，管理员都可以及时恢复系统中重要的数据，尽可能地避免数据损失，使用数据库正常运行。如果没有可靠的备份和恢复机制，就可能造成系统瘫痪、数据丢失等后果。本章将介绍数据库备份与恢复的概念，以及如何使用 RAMN 进行备份与恢复。

本章学习要点：
- Oracle 数据库备份概述
- 备份原则
- 备份和恢复策略
- 恢复管理器 RMAN
- RMAN 备份
- RMAN 进行完全数据库恢复
- RMAN 进行各种不完全数据库恢复
- 维护 RMAN

15.1 备份与恢复概述

为了保证数据库的高可用性，Oracle 数据库提供了备份与恢复机制，以便在数据库发生故障时完成对数据库的恢复操作，避免损失重要的数据资源。

丢失数据可以分为物理丢失和逻辑丢失。物理丢失是指操作系统的数据库组件（例如数据文件、控制文件、重做日志以及归档日志）丢失。引起物理数据丢失的原因可能是磁盘驱动毁损，也可能是有人意外删除了一个数据文件或者修改关键数据库文件造成了配置变化。逻辑丢失就是例如表、索引和表记录等数据库组件的丢失。引起逻辑数据丢失的原因可能是有人意外删除了不该删除的表、应用出错或者在 DELETE 语句中使用不适当的 WHERE 子句等。毫无疑问，Oracle 能够实现物理数据备份与逻辑数据备份。

虽然两种备份模式可以互相替代，但是在备份计划内有必要包含两种模式，以避免数据丢失。物理数据备份主要是针对如下文件备份。
- 数据文件。
- 控制文件。
- 归档重做日志。

物理备份通常按照预定的时间间隔运行以防止数据库的物理丢失。当然，如果想保证能够把系统恢复到最后一次提交时的状态，必须以物理备份为基础，同时还必须有自上次物理备份以来累积的归档日志与重做日志。

备份一个 Oracle 数据库有 3 种标准方式：导出、脱机备份和联机备份。导出方式是数据库的逻辑备份，其他两种备份方式都是物理文件备份。在 Oracle 中，EXP 和 EXPDP 工具就是用来完成数据库逻辑备份的，若要恢复需要调用 IMP 或 IMPDP 导入先前的逻辑备份文件。

Oracle 中的导出工具（EXPDP 和 EXP）可以读取数据库，并把其中的数据写入到二进制形式的转储文件中。可以导出整个数据库、指定的用户模式或指定的表。在导出期间，可以选择是否导出与表相关的数据字典信息，如权限、索引和与其相关的约束条件等。

在对数据库进行导出备份时，可以进行完全导出备份，也可以进行增量导出备份。增量导出有两种不同类型：INCREMENTAL（增量备份）和 CUMNLATIVE（累积备份）。INCREMENTAL 导出将导出上次导出后修改过的全部数据，而 CUMNLATIVE 导出将导出上次全导出后修改过的数据。EXP 和 EXPDP 还可以用来压缩数据段碎片。

将数据导出后，就可以通过 IMP 或 IMPDP 工具将其导入。已导出的数据不必导入到同一个数据库中，也不必导入到生成导出转储文件相同的模式中。如果导入一个全导出的整个导出转储文件，则所有数据库对象——包括表空间、数据文件和用户都会在导入时创建。

物理备份就是复制数据库中的文件，而不管其逻辑内容如何。由于使用操作系统的文件备份命令，所以这些备份也称为文件系统备份。Oracle 支持两种不同类型的物理文件备份：脱机备份和联机备份。

当数据库正常关闭时，对数据库的备份称为脱机备份。关闭数据库后，可以对如下文件进行脱机备份。

- ❑ 所有数据文件。
- ❑ 所有控制文件。
- ❑ 所有联机重做日志文件。
- ❑ 参数文件（可选择）。

当数据库关闭时，对所有这些文件进行备份可以得到一个数据库关闭时的完整镜像。以后可以从备份中获取整个文件集，并使用该文件集恢复数据库。除非执行一个联机备份，否则当数据库打开时，不允许对数据库执行文件系统备份。当数据库处于 ARCHIVELOG 模式时，可以对数据库进行联机备份。联机备份时需要先将表空间设置为备份状态，然后再备份其数据文件，最后再将表空间恢复为正常状态。

数据库可以从一个联机备份中完全恢复，并且可以通过归档的重做日志恢复到任意时刻。数据库打开时，可以联机备份如下文件。

- ❑ 所有数据文件。
- ❑ 归档的重做日志文件。
- ❑ 控制文件。

联机备份具有两个优点：第一，提供了完全的时间点恢复；第二，在文件系统备份时允许数据库保持打开状态。因此，即使在用户要求数据库不能关闭时也能备份文件系统。保持数据库打开状态，还可以避免数据库的 SGA 区被重新设置。避免内存重新设置可以减少数据库对物理 I/O 数量的要求，从而改善数据库性能。

为了简化数据库的备份与恢复，Oracle 提供了恢复管理器执行备份和恢复。

15.2 RMAN 概述

RMAN 是随 Oracle 服务器软件一同安装的 Oracle 工具软件，它专门用于对数据库进行备份、修复和恢复操作。如果使用 RMAN 作为数据库备份与恢复工具，那么所有的备份和恢复操作都可以在 RMAN 环境下使用 RMAN 命令完成，这样可以减少 DBA 在对数据库进行备份与恢复时产生的错误，提高备份与恢复的效率。

15.2.1 RMAN 组件

RMAN 是执行备份和恢复操作的客户端应用程序。最简单的 RMAN 只包括两个组件：RMAN 命令执行器与目标数据库。DBA 就是在 RMAN 命令执行器中执行备份与恢复操作，然后由 RMAN 命令执行器对目标数据库进行相应的操作。在比较复杂的 RMAN 中会涉及到更多的组件，图 15-1 显示了一个典型的 RMAN 运行时所使用的各个组件。

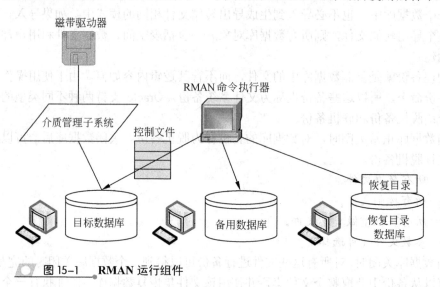

图 15-1　RMAN 运行组件

1. RMAN 命令执行器（RMAN EXECUTABLE）

RMAN 命令执行器提供了对 RMAN 实用程序的访问，它允许 DBA 输入执行备份和恢复操作所需的命令，DBA 可以使用命令行或图形用户界面（GUI）与 RMAN 交互。开始一个 RMAN 会话时，系统将为 RMAN 创建一个用户进程，并在 Oracle 服务器上启动两个默认进程，分别用于提供与目标数据库的连接和监视远程调用。除此之外，根据会话期间执行的操作命令，系统还会启动其他进程。

启动 RMAN 最简单的方法是从操作系统中运行 RMAN，不为其提供连接请求参数。在运行 RMAN 之后，再设置连接的目标数据库等参数。不指定参数启动 RMAN 的具体步骤如下。

（1）在操作系统上选择【开始】|【运行】命令，当【运行】对话框出现时，在如图 15-2 所示的对话框中输入 RMAN，然后单击【确定】按钮。

（2）在出现 RMAN>提示符窗口后，输入 SHOW ALL 命令，可以查看当前 RMAN 的配置，具体如下：

图 15-2　运行 RAMN 命令

```
恢复管理器：Release 11.1.0.6.0 - Production on 星期二 5月 8 09:15:27 200

Copyright (c) 1982, 2007, Oracle. All rights reserved.

RMAN> show all;
```

```
使用目标数据库控制文件替代恢复目录
RMAN-00571: ===========================================================
RMAN-00569: =============== ERROR MESSAGE STACK FOLLOWS ===============
RMAN-00571: ===========================================================
RMAN-03002: show 命令 (在 01/08/2008 09:16:42 上) 失败
RMAN-06171: 没有连接到目标数据库
```

在运行 RMAN 时,还可以指定连接的目标数据库、连接用户等参数。例如,在【运行】对话框中输入 RAMN TARGET SYSTEM/NOCATALOG,指定当前默认数据库为 RMAN 的目标数据库。

输入 SHOW ALL 命令显示当前的配置,因为 RMAN 连接到了一个目标数据库,所以显示了几个配置信息。具体如下:

```
RMAN> show all;
使用目标数据库控制文件替代恢复目录
db_unique_name 为 ORCL 的数据库的 RMAN 配置参数为:
CONFIGURE RETENTION POLICY TO REDUNDANCY 1; # default
CONFIGURE BACKUP OPTIMIZATION OFF; # default
   ...
```

2. 目标数据库(TARGET DATABASE)

目标数据库也就是要执行备份、转储和恢复的数据库。RMAN 将使用目标数据库的控制文件来收集关于数据库的相关信息,并使用控制文件来存储相关的 RMAN 操作信息。另外,实际的备份和恢复操作是由目标数据库中的进程执行的。

3. RMAN 恢复目录(RMAN RECOVER CATALOG)

恢复目录是 RMAN 在数据库上建立的一种存储对象,它由 RMAN 自动维护。当使用 RMAN 执行备份和恢复操作时,RMAN 将从目标数据库的控制文件中自动获取信息,包括数据库结构、归档日志、数据文件备份信息等,这些信息都将被存储到恢复目录中。

4. RMAN 资料档案库(RMAN REPOSITORY)

在使用 RMAN 进行备份与恢复操作时,需要使用到的管理信息和数据称为 RMAN 的资料档案库。RMAN 的资源档案库可以完全保存在目标数据库的控制文件中,也可以保存在一个可选的恢复目录中。资料档案库包括如下信息。

- 备份集　备份操作输出的所有文件。
- 备份段　备份集中的各个文件。
- 镜像副本　数据文件的镜像副本。
- 目标数据库结构　目标数据库的控制文件、日志文件和数据文件信息。
- 配置信息　在覆盖备份集之前应该将备份集存储多长时间、自动信息等。

5. 介质管理子系统(MEDIA MANAGEMENT SUBSYSTEM)

主要由第三方提供的介质管理软件和存储设备组成,RMAN 可以利用介质管理软件将数据库备份到类似磁带的存储设备中。

6. 备用数据库(STANDBY DATABASE)

备用数据库是对目标数据库的一个精确复制,通过不断地对应用由目标数据库生成归档重做日志,可以保持它与目标数据库的同步。RMAN 可以利用备份来创建一个备用数据库。

7. 恢复目录数据库

用来保存 RMAN 恢复目录的数据库,它是一个独立于目标数据库的 Oracle 数据库。

15.2.2 RMAN 通道

RMAN 具有一套配置参数,这类似于操作系统中的环境变量。这些默认配置将被自动应用于所有的 RMAN 会话,通过 SHOW ALL 命令可以查看当前所有的默认配置。DBA 可以根据自己的需求,使用 CONFIGURE 命令对 RMAN 进行配置。与此相反,如果要将某项配置设置为默认值,则可以在 CONFIGURE 命令中指定 CLEAR 关键字。

对 RMAN 的配置主要针对其通道进行。RMAN 在执行数据库备份与恢复操作时,都要使用服务器进程,启动服务器进程是通过分配通道来实现的。当服务器进程执行备份和恢复操作时,只有一个 RMAN 会话与分配的服务器进程进行通信,如图 15-3 所示。

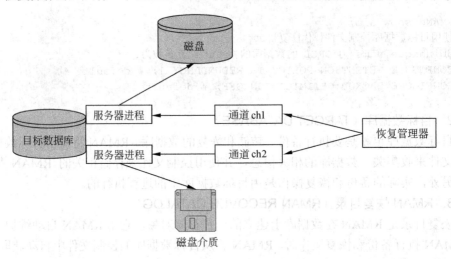

图 15-3 通道的使用

一个通道是与一个设备相关联的,RMAN 可以使用的通道设备包括磁盘(DISK)和磁带(TAPE)。通道的分配可以分为自动分配通道和 RUN 命令手动分配通道。通常情况下,DBA 将 RMAN 配置为在执行 BACKUP、RESTORE 等命令的时候自动分配通道。但是,在更改通道设备时,大多数 DBA 都会手动分配需要更改的通道。实际上,如果没有指定通道,那么将使用 RMAN 存储的自动分配通道。

1. 手动分配通道

手动分配通道时,必须使用 RUN 命令。在 RMAN 中,RUN 命令会被优先执行,也就是说,如果 DBA 手动分配了通道,则 RMAN 将不再使用任何自动分配通道。

RUN 命令的格式为:

```
RUN {命令;}
```

当在 RMAN 命令执行器中执行类似于 BACKUP、RESTORE 或 DELETE 等需要进行磁盘 I/O 操作的命令时,可以将这些命令与 ALLOCATE CHANNEL 命令包含在一个 RUN 命令块内部。利用 ALLOCATE CHANNEL 命令为其手动分配通道。

例如,下面的语句手动分配了一个名称为 CH1 的通道,通过这个通道创建的文件都具有统一的名称格式 F:\ORACLE-BACKUP\%U_%C.BAK,随后利用这个通道对表空间 SYSTEM 和 USERS 进行备份。

```
RMAN> run{
2> allocate channel ch1 device type disk
3> format='f:\oracle_backup\%u_%c.bak';
4> backup tablespace system,users channel ch1;
5> }

释放的通道: ORA_DISK_1
释放的通道: ORA_DISK_2
释放的通道: ORA_DISK_3
分配的通道: ch1
通道 ch1: SID=132 设备类型=DISK

启动 backup 于 09-5月 -08
通道 ch1: 正在启动全部数据文件备份集
通道 ch1: 正在指定备份集内的数据文件
输入数据文件: 文件号=00001 名称=D:\APP\USER\ORADATA\ORCL\SYSTEM01.DBF
输入数据文件: 文件号=00004 名称=D:\APP\USER\ORADATA\ORCL\USERS01.DBF
通道 ch1: 正在启动段 1 于 09-5月 -08
通道 ch1: 已完成段 1 于 09-5月 -08, 有 2 个副本和标记 TAG20080109T102841
段 handle=F:\ORACLEBACKUP\03J5NDQP_1 comment=NONE
段 handle=F:\ORACLEBACKUP\03J5NDQP_2 comment=NONE
通道 ch1: 备份集已完成, 经过时间:00:01:35
完成 backup 于 09-5月 -08

启动 Control File and SPFILE Autobackup 于 09-5月 -08
段 handle=D:\APP\USER\FLASH_RECOVERY_AREA\ORCL\AUTOBACKUP\2008_01_
09\O1_MF_S_643545027_3R8DGFG5_.BKP comment=NONE
完成 Control File and SPFILE Autobackup 于 09-5月 -08
释放的通道: ch1
```

在 RMAN 中执行每一条 BACKUP、COPY、RESTORE、DELETE 或 RECOVER 命令时,要求每个命令至少使用一个通道。

2. 自动分配通道

在下面两种情况下,由于没有手动为 RMAN 命令分配通道,RMAN 将利用预定义的设置来为命令自动分配通道。

❑ 在 RUN 命令块外部使用 BACKUP、RESTORE、DELETE 命令。
❑ 在 RUN 命令块内部执行 BACKUP 等命令之前,未使用 ALLOCATE CHANNEL 命令手动分配通道。

例如:

```
RMAN>backup tablespace users;
2>run {restore tablespace examples;}
```

在使用自动分配通道时,RMAN 将根据下面这些命令的设置自动分配通道。

❑ CONFIGURE DEVICE TYPE SBT/DISK PARALLELISM N。
❑ CONFIGURE DEFAULT DEVICE TYPE TO DISK/SBT。
❑ CONFIGURE CHANNEL DEVICE TYPE。
❑ CONFIGURE CHANNEL N DEVICE TYPE。

CONFIGURE DEVICE TYPE…PARALLELISM n 命令定义了 RMAN 使用的通道数量。例如，下面的命令分配了 3 个磁盘通道和 2 个磁带通道。

```
RMAN>configure device type disk parallelism 3;
RMAN>configure device type sbt parallelism 2;
```

在指定自动通道数量时，各个通道的取名格式为 ORA_DEVICETYPE_N。其中，DEVICETYPE 为设备类型，N 为通道号。例如，在上面分配的通道中，各通道的名称依次为 ORA_DISK_1、ORA_DISK_2、ORA_DISK_3、ORA_SBT_1 和 ORA_SBT_2。另外，管理员可以运行 SHOW DEVICE TYPE 命令查看并行度的默认设置。

命令 CONFIGURE DEFAULT DEVICE TYPE TO DISK/SBT 用于指定自动通道的默认设备。例如，当数据库使用磁盘备份时，可以进行如下设置：

```
RMAN>configure default device type to disk;
```

命令 CONFIGURE CHANNEL DEVICE TYPE 用于设置自动通道的参数。例如：

```
RMAN>configure channel device type disk format='/backup/%U' maxpiecesize 200M;
RMAN>configure channel device type sbt format='/store/%U.dbf' maxpiecesize 200M;
```

其中，FORMAT 参数用于指定备份集的存储目录及格式，MAXPIECESIZE 指定每个备份集的最大字节数。

也可指定某一个通道的配置，例如，设置通道 ORA_SBT_2 的参数。

```
RMAN>configure channel 2 device type sbt format='%s_%t.dbf' maxpiecesize 200M
```

清除自动分配通道设置，将通道清除为默认状态。清除命令的格式如下。
- ❑ CONFIGURE DEVICE TYPE DISK CLEAR。
- ❑ CONFIGURE DEFAULT DEVICE TYPE CLEAR。
- ❑ CONFIGRUE CHANNER DEVICE TYPE DISK/SBT CLEAR。

3．通道配置参数

无论是自动通道还是手动通道，每一个通道都可以设置一些参数，以控制通道备份时备份集的大小。通道配置参数包括如下几个。

❑ **FILESPERSET 参数**

该参数用于限制 BACKUP 时备份集的文件个数。例如，分配一个自动通道，并限制该通道每两个文件备份成为一个备份集。

```
RMAN>backup database filesperset=2;   #指定每两个文件备份为一个备份集
```

❑ **CONNECT 参数**

CONNECT 参数用于设置数据库实例，RMAN 允许连接到多个不同的数据库实例上。例如，定义了 3 个磁盘通道，分别连接 3 个数据库实例 Orac1、Orac2 和 Orac3。

```
RMAN>configure channel 1 device type disk connect='sys/passwc@Orac1';
RMAN>configure channel 2 device type disk connect='sys/passwc@Orac2';
RMAN>configure channel 3 device type disk connect='sys/passwc@Orac3';
```

第15章 备份与恢复

❑ **FORMAT 参数**

FORMAT 参数用于设置备份文件存储格式以及存储目录。在定义 FORMAT 的格式时,可以在 BACKUP 语句中定义,也可以在通道 CHANNEL 语句中定义。例如:

```
RMAN>backup database format '/oracle/backup/%U';
```

或者如下:

```
run{
allocate channel ch1 device type disk format '/disk1/%d_backups/%U';
allocate channel ch2 device type disk format '/disk2/%d_backups/%U';
allocate channel ch3 device type disk format '/disk3/%d_backups/%U';
backup database;
}
```

FORMAT 格式化字符串以及各字符的意义如表 15-1 所示。

表 15-1 FORMAT 格式字符串

字符串	说明	字符串	说明
%c	表示备份段中的文件备份段号	%d	指定数据库名
%D	以 DD 格式显示日期	%M	以 MM 格式显示月份
%Y	以 YYYY 格式显示年度	%F	结合数据库标识 DBID、日、月、年及序列构成的唯一的自动产生的名称
%n	字符串在数据库名右边添加若干字母构成 8 个字符长度的字符串,如 ora11g 自动形成为 ora11gXXX	%p	文件备份段号,在备份集中的备份文件片编码,从 1 开始每次增加 1
%s	备份集号,此数字是控制文件中随备份集增加的一个计数器,从 1 开始	%t	指定备份集的时间戳,是一个 4 字节值的秒数值。%t 与%s 结合构成的唯一的备份集名称
%T	指定年、月、日,格式为 YYYYMMDD	%u	指定备份集编码及备份集创建的时间构成的 8 个字符的文件名称
%U	指定一个便于使用的由%u_%p_%c 构成的确保不会重复的备份文件名称,RMAN 默认使用%U 格式	%%	指定字符串"%",如%%Y 表示为%Y

❑ **参数 RATE**

参数 RATE 用于设置通道的 I/O 限制。自动分配通道时,可以按如下方法设置:

```
configure channel 1 device type disk rate 200k;
configure channel 2 device type disk rate 300k;
```

❑ **MAXSETSIZE 参数**

参数 MAXSETSIZE 用于配置备份集的最大尺寸。

```
RMAN> configure maxsetsize to 1G;
```

❑ **MAXPIECESIZE 参数**

默认情况下一个备份集包含一个备份段,通过配置备份段的最大值,可以将一个备份集划分为几个备份段。MAXPIECESIZE 参数用于配置备份段的最大大小,设置自动通道的方法如下：

```
RMAN> configure channel device type disk maxpiecesize 500M;
```

15.2.3 RMAN 命令

RMAN 的操作命令非常简单，也无特定的技巧，只需要理解各个命令的含义，就可以灵活使用。本节将介绍一些 RMAN 中的基本命令，以及如何利用这些基本命令来完成各种操作。

1. 连接到目标数据库

在使用 RMAN 时，首先需要连接到数据库。如果 RMAN 未使用恢复目录，则可以使用如下形式的命令连接到目标数据库：

```
$rman nocatalog
$rman target sys/nocatalog
$rman target /
connect target sys/password@网络连接串
```

如果目标数据库与 RMAN 不在同一台服务器上时，必须使用"@网络连接串"的方法。

如果为 RMAN 创建了恢复目录，则可以按如下几种方法连接到目标数据库。如果目标数据库与 RMAN 不在同一个服务器上，则需要添加网络连接串。

```
$rman target /catalog rman/rman@rman
$rman target sys/change_on_install catalog rman/rman
connect catalog sys/passwd@网络连接串
```

在 RMAN 连接到数据库后，还需要注册数据库。注册数据库就是将目标数据库的控制文件存储到恢复目录中，同一个恢复目录只能注册一个目标数据库。注册目标数据库所使用的语句为 REGISTER DATABASE，例如：

```
C:\>rman target system/admin catalog rman/manager

恢复管理器: Release 11.1.0.6.0 - Production on 星期五 5月 9 16:06:33 2008
Copyright (c) 1982, 2007, Oracle. All rights reserved.
连接到目标数据库: ORCL (DBID=1168250550)
连接到恢复目录数据库

RMAN> register database;

注册在恢复目录中的数据库
正在启动全部恢复目录的 resync
完成全部 resync
```

到这里为止，RMAN 恢复目录与目标数据库已经连接成功。如果要取消已注册的数据库信息，可以连接到 RMAN 恢复目录数据库，查询数据库字典 DB，获取 DB_KEY 与 DB_ID，再执行 DBMS_RCVCAT.UNREGISTERDATABASE 命令注销数据库。

```
C:\>sqlplus rman/manager
```

```
SQL*Plus: Release 11.1.0.6.0 - Production on 星期五 5月 9 16:14:54 2008
Copyright (c) 1982, 2007, Oracle.  All rights reserved.

连接到:
Oracle Database 11g Enterprise Edition Release 11.1.0.6.0 - Production
With the Partitioning, OLAP, Data Mining and Real Application Testing
options

SQL> select * from db;
DB_KEY      DB_ID       CURR_DBINC_KEY
--------    --------    --------------
    1       1181003783   2
SQL> exec dbms_rcvcat.unregisterdatabase(1, 1181003783);
PL/SQL 过程已成功完成。
```

为了维护恢复目录与目标数据库控制文件之间的同步,在 RMAN 连接到目标数据库之后,必须运行 RESYNC CATALOG 命令,将目标数据库的同步信息输入到恢复目录。

```
RMAN>resync catalog;
```

如果目标数据库中的表空间、数据文件发生改变,则必须进行一次同步化过程。除手动同步外,还可以增加参数 CONTROL_FILE_RECORD_KEEP_TIME 设置同步时间,该参数默认为 7 天,即每 7 天系统自动同步一次。

2. 启动与关闭目标数据库

在 RMAN 中对数据库进行备份与恢复,经常需要启动和关闭目标数据库。因此,RMAN 也提供了一些与 SQL 语句完全相同的命令,利用这些命令可以在 RMAN 中直接启动或关闭数据库。启动和关闭数据库的命令包括:

```
RMAN>shutdown immediate;
RMAN>startup;
RMAN>startup mount;
RMAN>startup pfile= 'd:\app\oracle\product\initora11g.ora';
RMAN>alter database open;
```

15.3 使用 RMAN 备份数据库

使用 RMAN 备份为数据库管理员提供了更灵活的备份选项。在使用 RMAN 进行备份时,DBA 可以根据需要进行完全备份(FULL BACKUP)与增量备份(INCREMENTAL BACKUP)、联机备份和脱机备份。

15.3.1 RMAN 备份策略

RMAN 可以进行的两种类型的备份,即完全备份(FULL BACKUP)和增量备份(INCREMENTAL BACKUP)。在进行完全备份时,RMAN 会将数据文件中除空白数据块之外的所有数据块都复制到备份集中。需要注意,在 RMAN 中可以对数据文件进行完全备份或者增量备份,但是对控制文件和日志文件只能进行完全备份。

与完全备份相反，在进行增量备份时 RMAN 也会读取整个数据文件，但是只会备份与上一次备份相比发生了变化的数据块。RMAN 可以对单独的数据文件、表空间，或者整个数据库进行增量备份。

在使用 RMAN 进行数据库恢复时，既可以利用归档重做日志文件，也可以使用合适的增量备份进行数据库恢复。

使用 RMAN 进行增量备份可以获得如下好处。

- 在不降低备份频率的基础上能够缩小备份的大小，从而节省磁盘或磁带的存储空间。
- 当数据库运行在非归档模式时，定时的增量备份可以提供类似于归档重做日志文件的功能。

如果数据库处于 NOARCHIVELOG 模式，则只能执行一致的增量备份，因此数据库必须关闭；而在 ARCHIVELOG 模式中，数据库可以是打开的，也可以是关闭的。

在 RMAN 中建立的增量备份可以具有不同的级别（Level），每个级别都使用一个不小于 0 的整数来标识，例如级别 0、级别 1 等。

级别为 0 的增量备份是所有增量备份的基础，因为在进行级别为 0 的备份时，RMAN 会将数据文件中所有已使用的数据块都复制到备份集中，类似于建立完全备份，级别大于 0 的增量备份将只包含与前一次备份相比发生了变化的数据块。

增量备份有两种方式：差异备份与累积备份。差异备份是默认的增量备份类型，它会备份上一次进行的同级或者低级备份以来所有变化的数据块。而累积备份则备份上次低级备份以来所有的数据块。例如，周一进行了一次 2 级增量备份，周二进行了一次 3 级增量备份，如果周四进行 3 级差异增量备份时，那么只备份周二进行的 3 级增量备份以后发生变化的数据块；如果进行 3 级累积备份，那么就会备份上次 2 级备份以来变化的数据块。

图 15-4 显示了一系列差异增量备份的情况，在该备份策略中，一周之内各天的备份方法如下。

- 每周日进行一次 0 级增量备份，RMAN 将对数据文件中所有非空白的数据块进行备份。
- 每周一进行一次级别为 2 的差异方式增量备份。由于不存在任何最近一次建立的级别为 2 或级别为 1 的增量备份，RMAN 将会与周日建立的 0 级增量备份相比较，保存发生变化的数据块，即备份周日以后发生变化的数据。
- 每周二进行一次级别为 2 的差异增量备份。RMAN 只会与周一建立的级别为 2 的增量备份相比较，保存发生变化的数据块，即备份从周一开始发生变化的数据。
- 每周三进行一次级别为 2 的差异增量备份。RMAN 将与周二建立的级别为 2 的备份进行比较，保存发生变化的数据块，即备份从周二开始发生变化的数据。

- 每周四进行一次级别为 1 的差异增量备份。RMAN 将保存与周日建立的 0 级增量备份相比发生变化的数据块,即备份从周日以来发生变化的所有数据块,包括周一、周二、周三发生变化的数据块。该处备份的好处为:如果周五发生故障,则只需要利用周四的 1 级备份和周日的 0 级备份,即可以完成对数据库的恢复。
- 每周五进行一次级别为 2 的差异增量备份。RMAN 将把与周四建立的 1 级增量备份相比发生变化的数据块保存到备份集中,即只备份从周四开始发生变化的数据。
- 每周六进行一次级别为 2 的差异增量备份。RMAN 只备份从周五开始发生变化的数据。

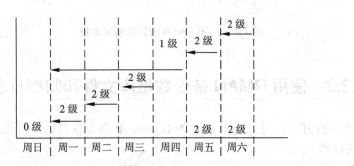

图 15-4　不同级别的差异增量备份

在相同的情况下,累积方式的备份集通常要比差异方式的备份集大,因为它使用比自己低一个级别的增量备份作为比较基准,而不是像差异增量备份那样使用与自己同级别的增量备份作为比较基准。

图 15-5 显示了累积增量备份的情况,该备份策略在一周内的备份情况如下。

- 每周日进行一次 0 级累积增量备份。这时 RMAN 将对数据文件中所有非空白数据块进行备份。
- 每周一进行一次 2 级累积增量备份。由于不存在任何最近一次建立的 1 级增量备份,RMAN 将周日的 0 级增量备份作为基准,保存之后发生变化的数据块,即备份从周日以来发生变化的数据。
- 每周二进行一次 2 级累积增量备份。由于不存在任何最近一次建立的级别为 1 的增量备份,RMAN 将以周日建立的 0 级备份作为基准,保存发生变化的数据块,即备份从周日开始发生变化的数据。需要注意,在周二建立的 2 级增量备份中实际上包含了周一的 2 级增量备份,因此这种增量备份方式称为累积方式。
- 每周三进行一次 2 级累积增量备份。由于不存在任何最近一次建立的 1 级增量备份,RMAN 将以周日建立的 0 级增量备份为基准,即备份从周日以来发生变化的数据。
- 每周四进行一次 1 级累积增量备份。RMAN 将以周日建立的 0 级增量备份为基准,保存之后发生变化的数据。
- 每周五进行一次 2 级累积增量备份。由于存在最近一次级别为 1 的增量备份,RMAN 将以周四建立的增量备份为基准,将之后发生变化的数据块复制到备份集中,即备份从周四以来发生变化的数据。

❏ 每周六进行一次级别为 2 的累积增量备份。RMAN 将以周四建立的 1 级增量备份为基准，备份之后发生变化的数据块，即备份周四以来发生变化的数据。

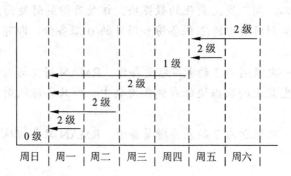

图 15-5　不同级别的累积增量备份

15.3.2　使用 RMAN 备份数据库文件和归档日志

当数据库打开时，可以使用 RMAN BACKUP 命令备份如下对象。
❏ 数据库。
❏ 表空间。
❏ 数据文件。
❏ 归档重做日志。
❏ 控制文件。
❏ 备份集。

> **注意**　BACKUP 命令只能对数据文件、归档重做日志文件和控制文件进行备份，如果要对其他重要的数据文件进行备份，则可以在操作系统中对其进行物理备份。

在使用 BACKUP 命令备份数据文件时，可以为其设置参数定义备份段的文件名、文件数和每个输入文件的通道。

1. 备份数据库

如果备份操作是在数据库被安全关闭之后进行的，那么对整个数据库的备份是一致的；与之相对应，如果是在打开状态下对整个数据库进行的备份，则该备份是非一致的。非一致性备份整个数据库的操作步骤如下。

（1）启动 RMAN 并连接到目标数据库，输入 BACKUP DATABASE 命令备份数据库。在 BACKUP 命令中可以指定 FORMAT 参数，为 RMAN 生成的每个备份片段指定一个唯一的名称以及存储的位置。

```
C:\>rman target system/admin nocatalog
RMAN> backup database format 'f:\oracle_backup\ora11g_%Y_%M_%D_%U.bak'
maxsetsize=2G;
```

还可以为 BACKUP 命令指定 TAG 参数，为备份片段定义备份标签。例如：

```
RMAN>backup database tag='weekly_backup';
```

（2）如果建立的是非一致性备份，那么必须在完成备份后对当前的联机重做日志进行归档，因为在使用备份恢复数据库时需要使用当前重做日志中的重做记录。

```
RMAN>sql'alter system archive log current';
```

（3）在 RMAN 中执行 LIST BACKUP OF DATABASE 命令，查看建立的备份集与备份片段的信息。

```
RMAN> list backup of database;
```

如果需要对整个数据库进行一致性备份，则首先需要关闭数据库，并启动数据库到 MOUNT 状态。例如：

```
RMAN>shutdown immediate
RMAN>startup mount
RMAN>backup database format='f:\oracle_backup\%d_%s.bak';
RMAN>alter database open;
```

如果想要对某个表空间以外的整个数据库进行备份，则可以使用如下一组命令：

```
//设定在备份数据库的时候排除 USER01;
RMAN>configure exclude for tablespace user01;
RMAN>backup database format=' f:\oraclebackup \%d_%s.bak';
RMAN>sql 'alter system archive log current';
```

2. 备份表空间

当数据库打开或关闭时，RMAN 还可以对表空间进行备份。但是，所有打开的数据库备份都是非一致的。如果在 RMAN 中对联机表空间进行备份，则不需要在备份前执行 ALTER TABLESPACE…BEGIN BACKUP 语句将表空间设置为备份模式。

执行表空间备份的具体步骤如下。

（1）启动 RMAN 并连接到目标数据库，在 RMAN 中执行 BACKUP TABLESPACE 命令。例如，下面的示例将使用手动分配的通道对两个表空间进行备份。

```
C:\>rman target system/admin nocatalog
RMAN> run{
2>    allocate channel ch1 type disk;
3>    backup tablespace example,user01
4>    format 'f:\oracle_backup\%d_%p_%t_%c.dbf';
5>    }
```

（2）执行 LIST BACKUP OF TABLESPACE 命令查看建立的表空间备份信息。

```
RMAN> list backup of tablespace example,user01;
```

3. 备份数据文件及数据文件的复制文件

在 RMAN 中可以使用 BACKUP DATAFILE 命令对单独的数据文件进行备份，备份数据文件时既可以使用其名称指定数据文件，也可以使用其在数据库中的编号指定数据文件。另外，还可以使用 BACKUP DATAFILECOPY 命令备份数据文件复件。

备份数据文件及数据文件的复制文件的语法为：

```
RMAN> backup datafile 1,2,3 filesperset 3;
RMAN>backup datafilecopy '\oracle_backup\copy\df.cop';
```

查看备份结果：

```
RMAN>list backup of datafile 1,2,3;
```

4. 备份控制文件

在 RMAN 中对控制文件进行备份的方法有很多种，最简单的方法是设置 CONFIGURE CONTROLFILE AUTOBACKUP 为 ON，这样将启动 RMAN 的自动备份功能。启动控制文件的自动备份功能后，当在 RMAN 中执行 BACKUP 或 COPY 命令时，RMAN 都会对控制文件进行一次自动备份。

如果没有启动自动备份功能，那么必须利用手动方式对控制文件进行备份。手动备份控制文件的方法有如下几种：

```
RMAN>backup current controlfile;
RMAN>backup tablespace users include current controlfile;
```

在完成对控制文件的备份后，可以利用 LIST BACKUP OF CONTROLFILE 命令来查看包含控制文件的备份集与备份段的信息。例如：

```
RMAN>list backup of controlfile;
```

5. 备份归档重做日志

归档重做日志是成功进行介质恢复的关键，需要周期性地进行备份。在 RMAN 中，可以使用 BACKUP ARCHIVELOG 命令对归档重做日志文件进行备份，或者使用 BACKUP PLUS ARCHIVELOG 命令，在对数据文件、控制文件进行备份的同时备份。

当使用 BACKUP ARCHIVELOG 命令来对归档重做日志文件进行备份时，备份的结果为一个归档重做日志备份集。如果将重做日志文件同时归档到多个归档目标中，RMAN 不会在同一个备份集中包含具有相同日志序列号的归档重做日志文件，一般情况下，BACKUP ARCHIVELOG ALL 命令会对不同日志序列号备份一个复件。

可以在 BACKUP 命令中定义 DELETE INPUT 参数，在备份以后删除归档日志。这样，管理员可以将归档日志备份到磁带上，并清除磁盘上旧的日志。如果定义了 DELETE ALL INPUT 参数，则 RMAN 对每个特定的日志序列执行备份，同时删除备份的归档重做日志。

使用 BACKUP ARCHIVELOG 命令备份归档重做日志的步骤如下。

（1）启动 RMAN 后，在 RMAN 中运行 BACKUP ARCHIVELOG 命令，下面的示例将使用配置的通道备份归档日志文件到磁带上，并删除磁盘上的所有复件。

```
RMAN> backup archivelog all delete all input;
```

在使用 BACKUP ARCHIVELOG ALL 命令进行备份时，RMAN 会在备份过程中进行一次日志切换，因此备份集中将包含当前联机重做日志。

需要注意，在备份归档日志时，还可以限制备份的归档重做日志文件的范围。可以指定的范围包括时间范围、顺序号范围或 SCN 范围。例如，下面的语句将对一周前生成的归档日志文件进行备份。

```
RMAN> backup archivelog from time 'sysdate-8'
2> until time 'sysdate-1';
```

（2）可以使用 LIST BACKUP OF ARCHIVELOG ALL 命令，查看包含归档重做日志文件的备份集与备份片段信息。

```
RMAN> list backup of archivelog all;
```

在对数据库、控制文件或其他数据库对象进行备份时，如果在 BACKUP 命令中指定了 PLUS ARCHIVELOG 参数，也可以同时对归档重做日志文件进行备份。例如，下面的语句在备份整个数据库时对归档重做日志文件进行备份。

```
backup database plus archivelog;
```

15.3.3 多重备份

为了避免灾难、介质破坏或者人为操作失误所带来的损失，可以维护备份的多个复件。在 RMAN 中可以通过如下几种命令形式对数据库进行多重备份。

- 在 RMAN 中执行 BACKUP 命令时使用 COPIES 参数指定多重备份。
- 在 RUN 命令块中使用 SET BACKUP COPIES 命令设置多重备份。
- 通过 CONFIGURE…BACKUP COPIES 命令配置自动通道为多重备份。

在 BACKUP 命令中使用 COPIES 参数时，会覆盖任何其他多重备份设置。例如，下面将在磁盘目录中备份 2 套备份集。

```
RMAN> backup copies 2 tablespace 'EXAMPLE'
2> format 'f:\oracle_backup\oracle11g_%d_%c.bak','e:\oracle_backup\oracle11g_%d_%c.bak';
```

利用 LIST BACKUP SUMMARY 命令查看所有备份集的信息，从这里可以看出各备份段的副本数量。

在一个 RUN 命令块中，通过设置 SET BACKUP COPIES 命令控制多重备份的数量。例如：

```
RMAN> run{
2> set backup copies=3;
3> backup device type disk
4> format 'f:\oracle_backup\oracle11g_%d_%c.bak','e:\orcle_backup\oracle11g_%d_%c.bak',
5> 'd:\orcle_backup\oracle11g_%d_%c.bak'
6> tablespace users;
7> }
```

CONFIGURE…BACKUP COPIES 命令配置自动通道的备份数量的语句形式如下：

```
CONFIGURE DEVICE TYPE disk PARALLELISM 1;
CONFIGURE DEFAULT DEVICE TYPE TO disk;
CONFIGURE DATAFILE BACKUP COPIES FOR DEVICE TYPE disk TO 2;
CONFIGURE ARCHIVELOG BACKUP COPIES FOR DEVICE TYPE disk TO 2;
```

15.3.4 BACKUP 增量备份

在 RMAN 中可以通过增量备份的方式对整个数据库、单独的表空间或单独的数据文件进行备份。如果数据库运行在归档模式下时，既可以在数据库关闭状态下进行增量备份，也可以在数据库打开状态下进行增量备份。而当数据库运行在非归档模式下时，则只能在关闭数据库后进行增量备份，因为增量备份需要使用 SCN 来识别已经更改的数据块。

例如，下面的语句对 SYSTEM、SYSAUX 和 USERS 表空间进行了一次 0 级差异增量备份。

```
RMAN> run{
2> allocate channel ch1 type disk;
3> backup incremental level=0
4> format 'f:\oracle_backup\oracle11g_%M_%D_%c.bak'
5> tablespace system,sysaux,users;
6> }
```

而下面的语句将为 SYSTEM 表空间进行 1 级增量备份。

```
RMAN> backup incremental level=1
2> format 'f:\oracle_backup\oracle11g_%Y_%M_%D_%c.bakf'
3> tablespace system;
```

如果仅在 BACKUP 命令中指定 INCREMENTAL 参数，默认创建的增量备份为差异增量备份。如果想要建立累积增量备份，还需要在 BACKUP 命令中指定 CUMULATIVE 选项。例如，下面的命令将对表空间 EXAMPLE 进行 2 级累积增量备份。

```
RMAN> backup incremental level=2 cumulative tablespace example
2> format 'f:\oracle_backup\oracle11g_%T_%c.bak';
```

15.3.5 镜像复制

在 RMAN 中还可以使用 COPY 命令创建数据文件的镜像准确副本，COPY 命令可以处理数据文件、归档重做日志文件和控制文件副本。当在 RMAN 中使用 COPY 命令创建文件的镜像副本时，它将复制所有的数据块，包括空闲数据块。这与使用操作系统命令复制文件相同，不过 RMAN 会检查创建的镜像副本是否正确。

镜像副本可以用作完全或增量备份策略的一部分，但是在增量备份策略中，因为 COPY 命令复制了所有数据块，所以只能在 0 级增量备份上创建。COPY 命令的基本语法如下：

```
copy [full | level 0] <input file> to <location>;
```

其中，INPUT FILE 是被备份的文件，主要包括：DATAFILE、ARCHIVELOG 和 CURRENT CONTROLFILE。如前所说，镜像副本可以是一个完全备份，也可以是增量备份策略中的 0 级增量备份。如果没有指定备份类型，则默认为 FULL。

使用 COPY 命令备份数据库时，具体的操作步骤如下。

（1）在 RMAN 中使用 REPORT 获取需要备份的数据文件信息。

```
RMAN> report schema;
```

（2）使用 COPY 命令对数据文件进行备份。

```
RMAN> copy
2> datafile 1 to 'f:\oracle_backup\tbs_1.cpy',
3> datafile 2 to 'f:\oracle_backup\tbs_2.cpy',
4>current controlfile to f:\oracle_backup\controlyfile_01.cpy';
```

(3) 使用 LIST COPY OF DATABASE 命令查看镜像复制备份的信息。

```
RMAN> list copy of database;
```

15.4 RMAN 完全恢复

RMAN 作为一个管理备份和恢复的 Oracle 实用程序，在使用它对数据库执行备份后，如果数据库发生故障，则可以通过 RMAN 使用备份对数据库进行恢复。在使用 RMAN 进行数据恢复时，它可以自动确定最合适的一组备份文件，并使用该备份文件对数据库进行恢复。根据数据库在恢复后的运行状态不同，Oracle 数据库恢复可以分为完全数据库恢复和不完全数据库恢复。完全数据库恢复可以使数据库恢复到出现故障的时刻，即当前状态；不完全数据库恢复使数据库恢复到出现故障的前一时刻，即过去某一时刻的数据库同步状态。

15.4.1 RMAN 恢复机制

RMAN 完全恢复是指当数据文件出现介质故障后，通过 RMAN 使用备份信息将数据文件恢复到失败点。图 15-6 显示了完全恢复的过程，从图中可以看出，对数据库进行恢复大致分为两个步骤。

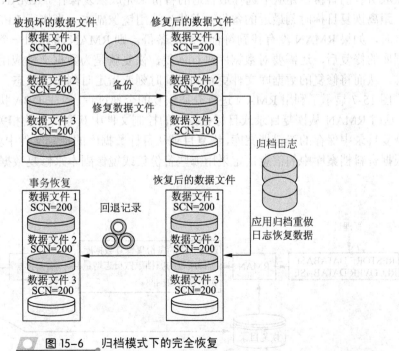

图 15-6 归档模式下的完全恢复

（1）发生介质故障后，利用备份修复被损坏或丢失的数据文件，假设图中数据文件

3 被损坏。

（2）修复数据文件 3 后，因为被修复的数据文件与其他数据文件相比要"旧"，所以这时数据库中的数据文件并不同步（文件头部信息中的检查点号 SCN 不同）。由于数据文件之间不一致，所以数据库仍然无法打开，这时就需使用归档日志对数据库进行恢复。恢复过程又包含两个主要步骤：缓存恢复和事务恢复。在缓存恢复完成后，数据库即可打开；但此时数据库中可能含有要提交的事务，因此，在事务恢复后，将提交所有的事务，使数据库进入一致状态。

> **注 意** 上面的恢复操作仅适用于归档模式下的数据库，如果数据库运行在非归档模式下，那么，即使只损坏或丢失了一个数据文件，也必须使用全数据库脱机备份进行修复，然后不经恢复过程直接打开数据库。

正是由于归档日志中记录了数据库的所有修改操作，从而保证了在数据库出现介质故障后，使用归档日志和备份就可以将数据库恢复到最近的状态。

在 RMAN 中使用 RESTORE 命令修复数据库时，RMAN 将启动一个服务器进程来完成将磁盘中的备份集或镜像副本修复数据文件、控制文件以及归档重做日志文件这一任务。在使用 RMAN 进行数据库修复时，可以根据出现的故障，选择修复整个数据库、单独的表空间、单独的数据文件、控制文件以及归档重做日志文件。例如，如果需要修复表空间 USERS，RMAN 将从备份集或镜像副本中查找 USERS 表空间的备份，然后将它复制到控制文件指定的位置。

使用 RMAN 进行修复操作时，RMAN 会通过恢复目录或者目标数据库的控制文件来获取所有备份，并从中选择最合适的备份来完成恢复操作。RMAN 选择备份的准则为：距离恢复目标时刻最近的备份；并优先选用镜像副本。当执行 RESTORE 命令进行恢复时，如果 RMAN 没有找到符合要求的备份，则 RMAN 将返回一个错误。在完成对数据库的修复后，还需要对数据库进行恢复，恢复就是为数据文件应用联机或归档重做日志，从而将修复的数据库文件更新到当前时刻或指定时刻下的状态。

图 15-7 显示了利用 RMAN 进行介质恢复的全部过程。首先 DBA 执行 RESTORE 命令，这时 RMAN 从恢复目录或目标数据库的控制文件中获取备份的相关信息，在图中使用恢复目录中保存的资料档案库，恢复目录从目标数据库的控制文件中获取所需的信息，并根据资料档案库中的信息决定采用哪些备份集或镜像副本来修复数据库。

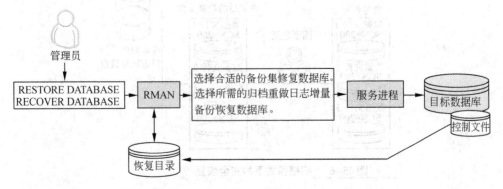

图 15-7　RMAN 介质恢复过程

然后，DBA 执行 RECOVER 命令对数据库进行恢复，这时 RMAN 将使用归档重做日志文件或增量备份来对数据库进行介质恢复，RMAN 是调用目标数据库中的一个服务进程来执行实际的修复与恢复操作的。

15.4.2 恢复处于 NOARCHIVELOG 模式的数据库

当数据库处于 NOARCHIVELOG 模式时，如果出现介质故障，则在最后一次备份之后对数据库所做的任何操作都将丢失。通过 RMAN 执行恢复时，只需要执行 RESTORE 命令将数据库文件修复到正确的位置，然后就可以打开数据库。也就是说，对于处于 NOARCHIVELOG 模式下的数据库，管理员不需要执行 RECOVER 命令。

> **注意** 在备份 NOARCHIVELOG 数据库时，数据库必须处于一致的状态，这样才能保证使用备份信息恢复数据后，各个数据文件是一致的。

NOARCHIVELOG 模式下的备份和恢复数据库所需要的操作步骤如下。

（1）使用具有 SYSDBA 特权的账号登录到 SQL*Plus，并确认数据库处于 NOARCHIVELOG 模式。

```
SQL> select log_mode from v$database;
LOG_MODE
------------
NOARCHIVELOG
```

（2）输入 EXIT 命令退出 SQL*Plus。

（3）运行 RMAN，并连接到目标数据库。

```
C:\>rman target system/password nocatalog
```

（4）在 RMAN 中关闭数据库，然后启动数据库到 MOUNT 状态。

```
RMAN> shutdown immediate
RMAN> startup mount
```

（5）在 RMAN 中输入下面的命令，以备份整个数据库。

```
RMAN> run{
2> allocate channel ch1 type disk;
3> backup database
4> format 'f:\oracle_backup\2008-5-15\orcl11g_%T_%U.bak';
5> }
```

（6）在完成备份过程后打开数据库。

（7）有了数据库的一致性备份后，为了模拟一个介质故障，将关闭数据库并删除 USERS01.DBF 文件。需要注意，介质故障通常是在打开数据库时发生的。但是如果想要通过删除数据文件来模拟介质故障，则必须关闭数据库，因为操作系统不能删除目前正在使用的文件。

（8）删除数据文件 USERS01.DBF 后启动数据库。因为 Oracle 无法找到数据文件

USERS01.DBF，所以会出现如下错误信息。

```
ORA-01157: 无法标识/锁定数据文件 4 - 请参阅 DBWR 跟踪文件
ORA-01110: 数据文件 4: 'D:\APP\USER\ORADATA\ORCL\USERS01.DBF'
```

（9）当 RMAN 使用备份恢复数据库时，必须使目标数据库处于 MOUNT 状态才能访问控制文件。当设置数据库到 MOUNT 状态后，就可以执行 RESTORE 命令了，让 RMAN 决定最新的有效备份集，并使用备份集修复损坏的数据库文件。

```
RMAN> startup mount
RMAN> run{
2> allocate channel ch1 type disk;
3> restore database;
5> }
```

（10）恢复数据库后，执行 ALTER DATABASE OPEN 命令打开数据库。

```
RMAN> alter database open;
数据库已打开
```

15.4.3 恢复处于 ARCHIVELOG 模式的数据库

完全恢复处于 ARCHIVELOG 模式的数据库，与恢复 NOARCHIVELOG 模式的数据库相比而言，基本的区别是恢复处于 ARCHIVELOG 模式的数据库时，管理员还需要将归档重做日志文件的内容应用到数据文件上。在恢复过程中，RMAN 会自动确定恢复数据库所需要的归档重做日志文件。

例如，下面的示例演示如何恢复 ARCHIVELOG 模式下的数据库。
（1）确认数据库处于 ARCHIVELOG 模式下。
（2）启动 RMAN，并连接到目标数据库。
（3）在 RMAN 中输入如下命令，对表空间 USERS 进行备份。

```
RMAN> run{
2> allocate channel ch1 type disk;
3> allocate channel ch2 type disk;
4> backup tablespace users
5> format 'f:\oracle_backup\2008-5-15\user\user_tablespace_%U.bak';
6> }
```

（4）模拟介质故障，关闭目标数据库，并通过操作系统删除表空间 USERS 对应的数据文件。
（5）启动数据库到 MOUNT 状态。
（6）运行下面的命令恢复表空间 USERS。

```
RMAN> run{
2> allocate channel ch1 type disk;
3> restore tablespace users;
4> recover tablespace users;
5> }
```

(7) 恢复完成后打开数据库。

在恢复 ARCHIVELOG 模式的数据库时，可以使用如下形式的 RESTORE 命令修复数据库。

- **restore datafile** 修复数据文件。
- **restore tablespace** 修复一个表空间。
- **restore database** 修复整个数据库中的文件。
- **restore controlfile to** 将控制文件的备份修复到指定的目录。
- **restore archivelog all** 将全部的归档日志复制到指定的目录，以便后续的 RECOVER 命令对数据库实施修复。

使用 RECOVER 命令恢复数据库的语法形式如下。

- **recover datafile** 恢复数据文件。
- **recover tablespace** 恢复表空间。
- **recover database** 恢复整个数据库。

15.5 RMAN 不完全恢复

如果需要将数据库恢复到引入错误之前的某个状态时，DBA 就可以执行不完全恢复。完全恢复 ARCHIVELOG 模式的数据库时，对于还没有更新到数据文件和控制文件的任何事务，RMAN 会将归档日志或联机日志全部应用到数据库。而在不完全恢复过程中，DBA 决定了这个更新过程的终止时刻。不完全数据库恢复可以将数据库恢复到一个指定的时刻，RMAN 执行的不完全恢复可以是基于时间的恢复、基于更改（SCN 号）的恢复和基于撤销的恢复。

15.5.1 基于时间的不完全恢复

对于基于时间的不完全恢复，由 DBA 指定存在问题的事务时间。这也就意味着如果知道存在问题的事务的确切发生时间，执行基于时间的不完全恢复是非常合适的。例如，假设用户在上午 9：30 将大量的数据库加载到一个错误的表中，如果没有一种合适的方法从表中删除这些数据，那么 DBA 可以执行基于时间的恢复，即将数据库恢复到上午 9：29 时的状态。当然，这些工作基于用户知道将事务提交到数据库的确切时间。

基于时间的不完全恢复有许多不确定因素。例如，根据将数据库加载到表中所使用的方法，可能会涉及到多个事务，而用户只注意到了最后一个事务的提交时间。此外，事务的提交时间是由 Oracle 服务器上的时间决定的，而不是由单个用户的计算机时间决定。这些因素都可能会导致数据库恢复不到正确的加载数据之前的状态。

在对数据库执行不完全恢复后，必须使用 RESETLOGS 选项打开数据库，这将导致以前的任何重做日志文件都变得无效。如果恢复不成功，那么将不能再次尝试恢复，因为重做日志文件是无效的。这就需要在不完全恢复之前从备份中恢复控制文件、数据文件以及重做日志文件，以便再次尝试恢复过程。

在 RMAN 中执行基于时间的不完全恢复的命令为 SET UNTIL TIME。对于用户管理的基于时间的恢复，时间参数是作为 RECOVER 命令的一部分指定的，但是在 RMAN 中执行恢复时，对恢复时间的指定则在 RECOVER 命令之前进行设置。下面通过一个实例来演示基于时间的不完全恢复。
（1）启动 RMAN，并连接到目标数据库。
（2）关闭数据库，并重新启动数据库到 MOUNT 状态。
（3）在 RMAN 中执行如下命令块，创建数据库的一个备份。

```
RMAN> run{
2> allocate channel ch1 type disk;
3> allocate channel ch2 type disk;
4> backup database
5> format 'f:\oracle_backup\2008-5-16\database\database_%T_%u_%c.bak';
6> backup archivelog all
7> format 'f:\oracle_backup\2008-5-16\archive\archivle_%T_%u_%c.arc';
8> }
```

（4）对数据库完成备份后打开数据库。接下来就需要模拟一个错误，以便确认不完全恢复。
（5）启动 SQL*Plus，查看 Oracle 服务器的当前时间。

```
SQL> select to_char(sysdate,'hh24:mi:ss')
  2  from dual;

TO_CHAR(
--------
10:30:24
```

（6）在 SQL*Plus 中向 SCOTT.EMP 表添加几行数据。

```
SQL> alter session set nls_date_format = 'yyyy-mm-dd';
会话已更改。
SQL> insert into scott.emp(empno,ename,job,hiredate,sal)
  2  values(8000,'刘丽','salesman','1980-12-17',2000);
已创建 1 行。
SQL> insert into scott.emp(empno,ename,job,hiredate,sal)
  2  values(8034,'董笑可','clerk','1995-10-17',2500);
已创建 1 行。
SQL> commit;
提交完成。
```

现在假设上述操作是误操作错误，DBA 需要执行基于时间的不完全恢复，将数据库恢复到发生错误之前的状态。
（7）在 RMAN 中关闭目标数据库。
（8）使用操作系统创建数据库的一个脱机备份，包括控制文件的所有副本、数据文件和归档的重做日志文件，以防止不完全恢复失败。
（9）启动数据库到 MOUNT 状态。
（10）在 RMAN 中输入如下命令块，执行基于时间的不完全恢复。

```
RMAN> run{
2> sql' alter session set nls_date_format="YYYY-MM-DD HH24:MI:SS"';
3> allocate channel ch1 type disk;
4> allocate channel ch2 type disk;
```

```
5> set until time '2008-05-16 10:30:24';
6> restore database;
7> recover database;
8> sql'alter database open resetlogs';
9> }
```

（11）在 SQL*Plus 中连接到数据库，确认数据库中不再包含错误的项目。

```
SQL> select empno,ename from scott.emp
  2  order by empno desc;
```
已选择 14 行。

15.5.2 基于撤销的不完全恢复

对于基于撤销的不完全恢复，由 DBA 指定用来终止恢复过程的日志文件序列号。当恢复过程需要将特定的重做日志文件中包含的事务更新到数据库之前终止时，可以执行基于撤销的不完全恢复。因为所指定的重做日志文件的全部内容以及随后的任何重做日志的内容都将丢失，所以这种方法通常会导致大量的数据丢失。

基于撤销的不完全恢复主要用于当联机重做日志文件被破坏时，将数据库恢复到重做日志文件中包含的事务之前的状态。基于撤销的不完全恢复所使用的语句为 SET UNTIL SEQUENCE 命令，该命令的语法形式如下：

```
set until sequence logseq=l thread =t;
```

其中，LOGSEQ 表示重做日志文件的序列号，它用来终止恢复过程；THREAD 为线程号。

例如，下面的示例将演示对重做日志文件的"破坏"（删除一个重做日志文件），并使用基于撤销的不完全恢复来恢复数据库。

（1）在 SQL*Plus 中连接到数据库，查询当前日志的序列号。

```
SQL> select group#,thread#,sequence#,status from v$log;

GROUP#     THREAD#    SEQUENCE#  STATUS
------     ---------  ---------  ----------------
1          1          1          ACTIVE
2          1          2          CURRENT
3          1          3          ACTIVE
```

（2）选择一个重做日志文件作为恢复过程，记录该文件的组号、线程号以及序列号。注意，不要选当前的联机重做日志文件。

（3）查询联机重做日志文件的名称和位置。

```
SQL> select group#,member from v$logfile;
```

（4）根据日志文件组号删除相应的日志文件。

在尝试恢复数据库之前，需要创建一个数据库的脱机备份，以防止在恢复过程中出现了错误。

（5）在 RMAN 中关闭目标数据库，并重新启动数据库到 MOUNT 状态。

（6）输入如下命令恢复数据库。

```
RMAN> run{
2> allocate channel ch1 type disk;
3> set until logseq=1;
4> restore database;
5> recover database;
6> sql'alter database open resetlogs';
7> }
```

在完成恢复之后，RMAN 将会重新创建被删除的联机重做日志文件，可以查询 V$LOGFILE 视图，确认所有联机重做日志文件都是可用的。

15.5.3 基于更改的不完全恢复

对于基于更改的不完全恢复，则以存在问题的事务的 SCN 号来终止恢复过程，在恢复数据库之后，将包含低于指定 SCN 号的所有事务。在 RMAN 中执行基于更改的不完全恢复时，可以使用 SET UNTIL SCN 命令来指定恢复过程的终止 SCN 号。其他的操作步骤与执行基于时间的不完全恢复或者基于撤销的不完全恢复完全相同。执行基于更改的不完全恢复时，DBA 唯一需要考虑的确定适当的 SCN 号。LogMiner 是确认事务 SCN 号的常用工具。

例如，假设某用户不小心删除了 SCOTT.EMP 表中的所有记录，DBA 需要查看删除数据的事务的 SCN 号，以执行基于更改的不完全恢复恢复被用户误删除的数据。下面是具体的操作步骤。

（1）在 SQL*Plus 中连接到数据库，并删除 SCOTT.EMP 表中的所有数据。

```
SQL> delete scott.emp;
SQL> commit;
SQL> alter system switch logfile;
```

（2）使用 DBMS_LOGMNR_D.BUILD()过程提取数据字典信息。

```
SQL> exec dbms_logmnr_d.build('e:\orcldata\logminer\director.ora','e:\orcldata\logminer');
```

（3）使用 DBMS_LOGMNR.ADD_LOGFILE()过程添加分析的日志文件。如果不能确定哪一个日志文件包含了删除 SCOTT.EMP 表中数据的事务，则必须对每一个重做日志文件进行分析。

```
SQL>exec dbms_logmnr.add_logfile(' d:\app\Administrator\oradata\orcl\redo01a.log',dbms_logmnr.new);
SQL>exec dbms_logmnr.add_logfile('d:\app\Administrator\oradata\orcl\redo02a.log',dbms_logmnr.addfile);
SQL>exec dbms_logmnr.add_logfile('d:\app\Administrator\oradata\orcl\redo03a.log',dbms_logmnr.addfile);
```

（4）启动 LogMiner 开始分析日志。

```
SQL> exec dbms_logmnr.start_logmnr(dictfilename=>'e:\orcldata\logminer\director.ora');
```

（5）查询 V$LOGMNR_CONTENTS 视图，查看为 DELETE SCOTT.EMP 语句分配的 SCN 号。为了减少搜索范围，可以限制只返回那些引用了名为 EMP 的段的记录。

```
SQL> select scn,sql_redo
  2  from v$logmnr_contents
  3  where seg_name='EMP';
```

（6）结束 LogMiner 会话并释放为其分配的所有资源。

```
SQL> exec dbms_logmnr.end_logmnr;
```

（7）关闭数据库，并创建数据库的脱机备份以防止不完全恢复失败。
（8）使用 RMAN 连接到目标数据库。
（9）在 RMAN 中启动数据库到 MOUNT 状态。
（10）输入如下的命令恢复数据库。

```
RMAN> run{
2> allocate channel ch1 type disk;
3> allocate channel ch2 type disk;
4> set until scn 3503266;
5> restore database;
6> recover database;
7> sql'alter database open resetlogs';
8> }
```

恢复数据库之后，可以通过在 SQL*Plus 查看 SCOTT.EMP 表的内容，确认是否成功地恢复了数据库。在恢复数据库后，应该立即创建数据库的一个备份，以防止随后出现错误。

15.6 维护 RMAN

RMAN 在恢复目录或控制文件中存储了关于目标数据库的备份与恢复信息等数据，正是通过这些数据，RMAN 才会在恢复数据库时选择最合适的备份副本。但是，RMAN 记录的大量信息有一个缺点，即当一个备份集不再可用时，与该备份集相关的数据仍然会包含在恢复目录中，这时就需要对恢复目录进行维护。管理维护 RMAN 主要包括：交叉验证备份、删除备份、删除备份引用、添加备份信息、查看备份信息和设置 RMAN 备份策略。

15.6.1 交叉验证备份 CROSSCHECK

在使用 RMAN 创建数据库备份后，用户可能无意通过操作系统物理地删除了备份文件，这时 RMAN 的资料档案库中仍然会保留与这些文件相关的信息。为了验证 RMAN 引用的备份集和镜像副本中包含的物理文件是否可用，可以使用 CROSSCHECK 命令进行交叉验证。

备份文件的 3 种可能的状态分别为：AVAILABLE，UNAVAILABLE 和 EXPIRED。EXPIRED 表示无法在所引用的位置找到物理文件，可以从 RMAN 中删除该信息；

AVAILABLE 表示成功找到了物理备份文件；UNAVAILABLE 表示在预定的位置找到了物理文件，但是该文件不可用。

例如，下面对使用 COPY 命令建立的镜像副本进行验证。

```
RMAN>crosscheck copy;
```

对 BACKUP 文件进行验证。

```
RMAN>crosscheck backup;
```

验证所有的日志文件的备份文件。

```
RMAN> crosscheck backup of archivelog all;
```

可以通过 LIST 命令显示交叉验证的结果，或者直接查询 V$BACKUP_FILES、RC_DATAFILE_COPY、RC_ARCHIVED_LOG 等数据字典视图和动态性能视图，查看交叉验证的结果。

15.6.2 添加操作系统备份

如果用户已经通过操作系统创建了数据库文件的备份，则可以通过 RMAN 提供的 CATALOG 命令将备份文件的信息添加到 RMAN 的资料档案库。CATALOG 命令的用法如下。

将数据文件的备份添加到 RMAN 资料档案库。

```
RMAN> catalog datafilecopy 'f:\oracle_backup\2008-5-16\orcl\system01.dbf';
```

也可以分别使用 ARCHIVELOG 和 CONTROLFILECOPY 关键字替换 DATAFILE-COYP 关键字，将归档重做日志文件和控制文件的备份副本添加到资料档案库，即：

- **CATALOG ARCHIVELOG;**
- **CATALOG CONTROLFILECOPY。**

15.6.3 查看备份信息

有两种方式查看备份信息，一种是使用 LIST 命令以列表的形式显示存储在 RMAN 资料档案库中的备份集、备份文件的状态信息；另一种是通过 REPORT 命令以报告的形式显示数据库中备份的对象，包括数据库、表空间、数据文件等。

1. LIST 命令

LIST 命令用于显示资料档案库中的备份集、镜像副本文件的状态信息。在使用 LIST 命令时必须连接到目标数据库，如果没有为 RMAN 建立恢复目录，则由于 RMAN 资料档案库将存储在目标数据库的控制文件中，还要求目标数据库必须已经加载。使用 LIST 命令查看备份集信息的示例如下。

概述可用的备份：

```
RMAN> list backup summary;
```

第15章 备份与恢复

```
备份列表
===============
关键字    TY LV S 设备类型   完成时间      段数 副本数  压缩标记
-----    -- -- - ---       ---          ---  ---   ---------
1        B  F  A  DISK     08-1月-08    1    1     NO TAG20080108T160800
3        B  F  A  DISK     09-1月-08    1    1     NO TAG20080109T103027
4        B  F  X  DISK     10-1月-08    1    2     NO TAG20080110T181518
5        B  F  A  DISK     10-1月-08    1    2     NO TAG20080110T181518
...
```

其中，B 表示 BACKUP，F 表示 FULL 全备份，A 表示 ARCHIVE LOG。

LIST 命令可以按备份类型列出备份信息，即按照数据文件备份，归档日志备份，控制文件备份，服务器参数文件备份分组列出。

```
RMAN> list backup by file;

数据文件备份列表
=========================
...
已存档的日志备份列表
===========================
...
控制文件备份列表
===========================
...
SPFILE 备份的列表
=====================
...
```

列出详细备份：

```
RMAN>list backup;
```

列出过期的备份信息：

```
RMAN>list expired backup;
```

列出特定表空间和数据文件的备份信息：

```
RMAN>list backup of tablespace users;
RMAN>list backup of datafile 3;
```

列出归档日志备份的简要信息：

```
RMAN>list archivelog all;
```

列出归档日志备份的详细信息：

```
RMAN>list backup of archivelog all;
```

列出控制文件和服务器参数文件备份的信息：

```
RMAN>list backup of controlfile;
RMAN>list backup of spfile;
```

使用 LIST COPY 命令可以显示存储在资料档案库中由 COPY 命令建立的镜像副本信息。它可以显示全部备份信息、特定表空间、控制文件、日志文件信息。LIST COPY 命令的组合形式如下。

```
RMAN>list copy;
RMAN>list copy of database;
RMAN>list copy of tablespace system;
RMAN>list copy of controlfile;
RMAN>list copy of archivelog all;
```

2. REPORT 命令

REPORT 命令同样可以查询 RMAN 资料档案库，并且 REPORT 命令获得的信息更为有用，尤其是还可以将输出信息保存到重做日志文件中。

使用 REPORT NEED BACKUP 命令报告数据库需要备份的对象信息。

```
RMAN> report need backup;
```

报告最近 3 天没有被备份的数据文件的语句如下。

```
RMAN> report need backup days=3;
```

REPORT UNRECOVERABLE 命令可以列出所有数据库中不能恢复的文件信息。

```
RMAN> report unrecoverable database;
RMAN> report unrecoverable tablespace users;
```

报告目标数据库中一周前的对象信息的语句如下。

```
RMAN> report schema at time 'sysdate-7';
```

15.6.4 定义保留备份的策略

为了简化对 RMAN 的管理，可以为 RMAN 设置备份保留策略，这样 RMAN 会自动判断哪些备份集或镜像副本文件不必再保留，这些备份文件将会被标记为"废弃（OBSOLETE）"。通过 REPORT OBSOLETE 命令可以查看当前处于废弃状态的备份文件，或者通过 DELETE OBSOLETE 命令删除这些废弃的备份。充分利用保留备份策略可以消除一些管理难题，这样就不必在每次执行维护操作时，都需要确定应该从资料档案库中删除哪些引用。

有两种类型的保留备份策略：基于时间的备份保留策略和基于冗余数量的备份保留策略，并且这两类策略互相排斥。基于时间的备份保留策略，可以将数据库恢复到设置的几天前的状态。例如，将恢复时间段设置为 7 天，那么 RMAN 保留的备份可以保证能够恢复到一周内的任何时刻。

设置基于时间的备份保留策略也是通过 CONFIGURE 命令设置的，例如：

```
RMAN> configure retention policy to recovery window of 7 days;
```

可以通过 SHOW ALL 查看配置参数。

执行该命令后，RMAN 将始终保留将数据库恢复到特定时间状态时需要用到的备份。任何不满足上述条件的备份都将被 RMAN 废弃,并且可以通过 DELETE OBSOLETE 命令删除。

基于冗余数量的备份保留策略实质上保留某个数据文件一定的备份数量。如果某个数据文件的冗余备份数量超出了指定数量,RMAN 将废弃最旧的备份。同样,基于冗余数量的备份保留策略也是通过 CONFIGURE 命令设置的,例如:

```
RMAN> configure retention policy to redundancy 3;
```

如果在备份时希望备份集不受保留策略的影响,则可以在 BACKUP 命令中使用 KEEP 参数,例如:

```
RMAN>backup database keep forever;
RMAN>backup database keep 5 days;
```

15.7 实验指导

1. RMAN 备份数据库

本练习将使用 RMAN 对数据库中的主要对象进行备份。

(1) 备份数据库。

启动 RMAN 并连接到目标数据库,输入 BACKUP DATABASE 命令备份数据库。

```
C:\>rman target system/password nocatalog
RMAN> backup database format 'f:\oracle_backup\ora11g_%Y_%M_%D_%U.bak';
RMAN> list backup of database;
```

(2) 备份表空间。

启动 RMAN 并连接到目标数据库,在 RMAN 中执行 BACKUP TABLESPACE 命令。

```
C:\>rman target system/password nocatalog
run{
allocate channel ch1 type disk;
backup tablespace example,user01
format 'f:\oracle_backup\%d_%p_%t_%c.dbf';
}
RMAN> list backup of tablespace example;
```

(3) 备份数据文件。

在 RMAN 中可以使用 BACKUP DATAFILE 命令对单独的数据文件进行备份。

```
RMAN> backup datafile 1,2,3 filesperset 3;
RMAN>backup datafilecopy '\oracle_backup\copy\df.cop';
```

(4) 手动备份控制文件。

```
RMAN>backup current controlfile;
RMAN>backup tablespace users include current controlfile;
RMAN>list backup of controlfile;
```

2. RMAN 恢复数据库

本练习将使用 RMAN 对数据库进行基于时间的不完全恢复。

（1）启动 RMAN，并连接到目标数据库。

（2）启动 SQL*Plus，查看 Oracle 服务器的当前时间。

```
select to_char(sysdate,'hh24:mi:ss')
from dual;
```

（3）在 SQL*Plus 中向 HR.EMPLOYEES 表添加几行数据。

（4）在 RMAN 中关闭目标数据库。

（5）启动数据库到 MOUNT 状态。

（6）在 RMAN 中执行基于时间的不完全恢复。

```
run{
sql' alter session set nls_date_format="yyyy-mm-dd hh24:mi:ss"';
allocate channel ch1 type disk;
set until time ' ';
restore database;
recover database;
sql'alter database open resetlogs';
}
```

15.8 思考与练习

一、填空题

1. RMAN 可以进行的两种不同类型的备份：_____ 和 _____。在进行 _____ 时，RMAN 会将数据文件中除空白数据块之外的所有数据块都复制到备份 _____ 集中。

2. 最简单的 RMAN 只包括两个组件：_____ 和 _____。

3. 在 RMAN 中，可以使用 _____ 命令对预定义的配置进行修改。

4. RMAN 是通过 _____ 进程来完成备份操作的。

5. 使用 RMAN 对整个数据库进行恢复的正确步骤为：启动实例并加载数据库、_____、_____、打开数据库。

二、选择题

1. RMAN 资料档案库可以保存在以下什么位置？（ ）
   A. 目标数据库的控制文件中
   B. 备用数据库的控制文件中
   C. 恢复目录数据库的控制文件中
   D. 都可以

2. 对恢复目录进行 CROSSCHECK 检验时，如果 RMAN 不能找到物理存储的备份文件，则备份文件的信息将被标记为什么？（ ）
   A. EXPIRED

   B. DELETE
   C. AVAILABLE
   D. UNAVAILABLE

3. 下列哪个命令可以用来确认恢复目录中记录的备份数据文件是否存在？（ ）
   A. CROSS CHECK BACKUP OF DATABASE
   B. CROSS CHECK COPY OF DATABASE
   C. CROSSCHECK COPY
   D. CROSSCHECK BACKUP OF ARCHIVELOG ALL

4. 下面哪种不完全恢复需要使用 SCN 号作为参数？（ ）
   A. 基于时间的不完全恢复
   B. 基于撤销的不完全恢复
   C. 基于更改的不完全恢复
   D. 基于顺序的不完全恢复

5. 执行不完全恢复时，数据库必须处于什么状态？（ ）
   A. 关闭   B. 卸载
   C. 打开   D. 装载

6. 下列哪个命令可以将一个文件的备份还原到数据库原目录中？（ ）
   A. RECOVER   B. BACKUP

  C. COPY   D. RESTORE

  7. 使用 RMAN 进行介质恢复时，执行命令的顺序是什么？（ ）

  A. RESTORE、RECOVER
  B. RECOVER RESTORE
  C. COPY、BACKUP
  D. COPY、RECOVER

  8. 下列哪个操作可以用来为一个备份操作手动分配通道？（ ）

  A. ALLOCATE CHANNEL
  B. CREATE CHANNEL
  C. CHANNEL ALLOCATAE
  D. CREATE LINK

  9. 下列哪个命令用来显示 RMAN 通道配置信息？（ ）

  A. LIST   B. DISPLAY
  C. SHOW   D. 都可以

  10. 下列哪个命令可以用来执行不完全恢复？（ ）

  A. RESTORE DATABASE UNTIL
  B. RECOVER DATABASE UNTIL
  C. RECOVER DATA UNTIL
  D. RESTORE DATA UNTIL

三、简答题

1. 简述不完全恢复与完全恢复的区别。
2. 描述逻辑备份的各种方式。
3. 描述如何创建恢复目录。
4. 如何使用 RMAN 对数据库进行恢复与备份？